· 通用智能与大模型丛书 ·

自动驾驶与机器人中的 SLAM技术 从理论到实践

高翔◎著

电子工业出版社
Publishing House of Electronics Industry
北京·BEIJING

内 容 简 介

本书系统介绍自动驾驶与机器人中的 SLAM 技术，从零开始搭建一套完整的激光雷达与惯性导航定位建图方案。理论方面使用现代化流形方法进行推导，代码方面则使用简洁明快的现代 C++ 语言实现。本书从最基本的理论与程序代码开始，一步步增加各种模块，省略复杂的工程细节，最后形成一个完整的系统。本书在逻辑上是完整自洽的，在内容上则是通俗易懂的。

本书从经典的卡尔曼滤波器讲到现代的预积分和图优化理论。读者可以通过实际操作，将这些算法重新实现一遍，并比较它们之间的异同。本书内容包括惯性导航、组合导航、误差状态卡尔曼滤波器、预积分和图优化、二维和三维激光点云的表达、最近邻数据结构、点云配准算法，等等。最后，本书将各种算法模块组合起来，形成完整的激光雷达 – 惯性导航里程计、离线地图构建和实时定位系统。

本书可作为自动驾驶和机器人定位领域的教材，适用于对该方向感兴趣的学生、教师和科研人员。

图书在版编目（CIP）数据

自动驾驶与机器人中的 SLAM 技术：从理论到实践/高翔著. —北京：电子工业出版社，2023.8
（通用智能与大模型丛书）
ISBN 978-7-121-45878-1

Ⅰ. ①自… Ⅱ. ①高… Ⅲ. ①移动式机器人 – 研究②计算机网络 – 应用 – 自动驾驶系统 – 研究
Ⅳ. ①TP242②V241.4

中国国家版本馆 CIP 数据核字（2023）第 119526 号

责任编辑：郑柳洁
印　　刷：固安县铭成印刷有限公司
装　　订：固安县铭成印刷有限公司
出版发行：电子工业出版社
　　　　　北京市海淀区万寿路 173 信箱　　　　邮编：100036
开　　本：787×980　1/16　　印张：24.25　　字数：585 千字
版　　次：2023 年 8 月第 1 版
印　　次：2025 年 3 月第 6 次印刷
定　　价：179.00 元

凡所购买电子工业出版社图书有缺损问题，请向购买书店调换。若书店售缺，请与本社发行部联系，联系及邮购电话：（010）88254888，88258888。

质量投诉请发邮件至 zlts@phei.com.cn，盗版侵权举报请发邮件至 dbqq@phei.com.cn。

本书咨询联系方式：（010）88254360，zhenglj@phei.com.cn。

谨以此书献给我亲爱的家人：刘丽莲女士和高胜寒小朋友！

读者寄语

本书以流畅自然的方式介绍了自动驾驶和机器人领域中与 SLAM 相关的核心问题和基础知识。本书理论推导深入浅出，工程代码优雅高效。读完本书，相信读者能够对 ESKF、预积分、卡尔曼滤波器与因子图优化、松耦合/紧耦合 LIO 系统、激光 SLAM 与高精定位等内容有更深入的理解和体会，并能结合实际应用场景进行实践。

——王谷博士

本书解决了长期以来困扰我的问题：虽然在与机器人相关的期刊和会议中，新的 SLAM 论文不断涌现，但我无法通过阅读这些论文获得具体的实现细节（虽然不少论文有开源代码，但代码的可读性有限，我越看越迷惑）。本书用有限的文字和丰富规范的开源代码，向读者解释了很多 SLAM 方法的核心算法和详细实现。机器人学是一门实践科学，本书为读者提供了大量 SLAM 关键算法的知识和实现细节。例如，如何利用 IMU 产品手册设置 IMU 运动方程噪声参数，NDT 有什么高效直接的实现方法，如何实现松耦合/紧耦合的激光雷达里程计，等等。

——林郁葱

高翔所著的《视觉 SLAM 十四讲：从理论到实践》带领我入门了视觉 SLAM。本书循序渐进的内容设计使我的学习过程非常愉快，前面章节的理论和实践不断地成为后续章节的子模块。读到最后一章时，我发现自己不知不觉地搭建了非常复杂的 SLAM 系统。虽然本书着眼于自动驾驶和机器人领域，但以点见面，很多技术在其他领域的 SLAM 系统中同样重要。例如 VR、AR 中的 SLAM，同样要用到卡尔曼滤波、预积分、子地图、回环检测等技术！

——张博文

高翔所著的《视觉 SLAM 十四讲：从理论到实践》和本书给我带来了莫大的帮助。学习 SLAM 后，我时常陷入复杂的知识体系中，找不到清晰的知识脉络。本书对激光雷达及其他传感器融合 SLAM 的知识框架进行梳理，让我对 SLAM 技术体系的学习更加明确清晰。

——在读硕士 崔同学

本书延续了高翔的写作风格，在理论方面讲得通俗易懂，条理清晰，框架完整。最重要的是，书中提到、用到的理论，有开源代码与之对应，对初学者来说，可以实现从理论到实践的跨越。相信本书可以给许多 SLAM 初学者带来收获。

——李勇良

本书由底层算法讲到顶层 SLAM 框架，循序渐进，有理论、有实践，是不可多得的 SLAM 好书。尤其是其中关于多传感器融合定位的知识，使我受益匪浅。

——刘贵涛

阅读完本书，我感到酣畅淋漓。所有的推理过程都非常流畅，前后逻辑严密。它像一本精彩的小说，却没有丧失专业性。本书的内容既有我预料中的，也有出乎意料的部分。总之，它非常精彩！

——孙天阔

本书延续了《视觉 SLAM 十四讲：从理论到实践》中生动有趣的语言风格、简明易懂的公式推导过程、理论与实践相结合的特点，为读者揭开了 SLAM 技术在自动驾驶与机器人应用中的面纱，讲解了 ESKF、预积分、点云处理、LIO 系统、建图定位等核心知识点。

——刘宸希

本书是不可多得的宝藏书！书中详细推导了 LIO 系统的各个组成部分并给出了非常有趣的代码实现，为我学习道路中缺失的知识做了全面的补充。

——在读硕士　冯同学

本书兼具学术深度和实际应用价值。对学者而言，书中深入探讨的 SLAM 理论基础和前沿进展是一笔宝贵的知识财富。对初学者而言，将受益于其清晰的图解和通俗易懂的文字，能够在较短时间内建立起对 SLAM 的基本理解。在工程实践方面，本书通过直观、完善的代码案例，为工程师提供了实用的指南和参考方案。总的来说，本书为读者提供了一把钥匙，开启了无限可能。

——纵目科技算法工程师　路古

本书采用统一的数学符号，并保持代码与理论统一，内容循序渐进，干货满满！本书使用了极简的代码风格，涉及大量 C++ 新特性。这些新特性正是我们在学校，甚至在工作中难以接触到的代码经验。一种高效的学习方法是：阅读本书的过程中，遇到不熟悉或不理解的地方就在 cppreference 文档中进行查找，而不是必须先完整地阅读新特性，再去查看本书提供的代码示例。此外，每学习完一章就合上书，尝试自己复现公式，即使没达到复现的水平，也可以对着源码手敲一遍，加深印象。只要动手实践，就会有收获！最后，本书的课后习题是对学习内容的拓展与提升，请读者认真思考，这样才能"榨干"本书的养分！

——陈梓杰博士

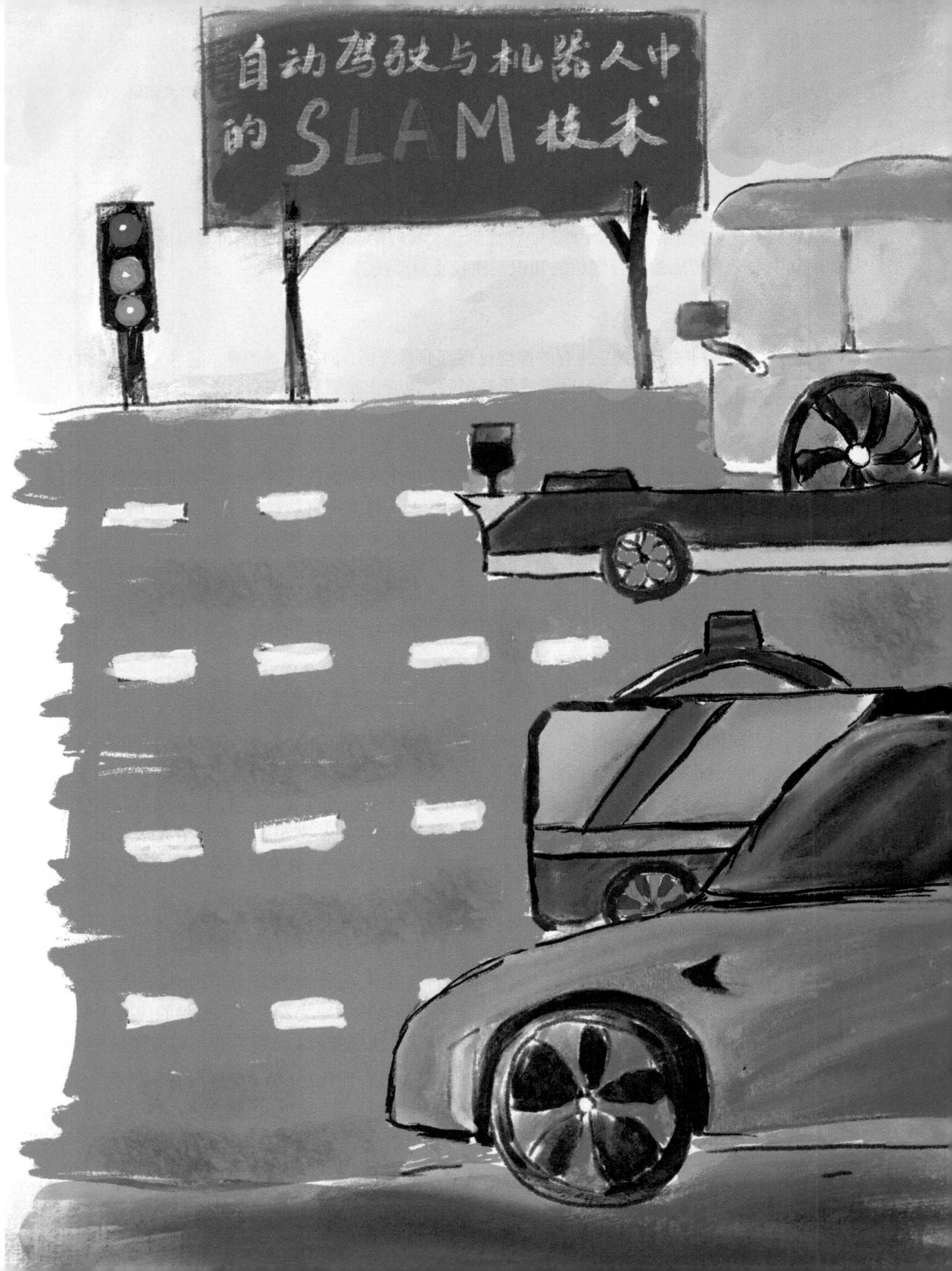
自动驾驶与机器人中
的SLAM技术

前　言

关于本书

自动驾驶是件很酷的事情，不是吗？

相信您应该在科幻电影里见过自动驾驶汽车的镜头。在自动驾驶的汽车里，方向盘可以自行转动，油门和刹车也可以自行控制，人们不必专注于枯燥的道路情况，可以更自由地享受自己的时间。实际上，部分 Level 2 级别的车辆已经在简单路况下实现了一部分自动驾驶功能。它们能帮助驾驶员保持车辆在车道中央，或者跟随前车一定的距离行驶。这些系统被称为**辅助驾驶系统**。而更高级别的自动驾驶系统（Level 4 级别），可以完全由计算机自主执行，不仅能帮助驾驶员操作车辆，也可以用于控制巴士、外卖车、机器人、机器狗甚至自行车，实现许多我们未曾想到的功能。随着时间的推移，这些带有科幻色彩的图景已经渐渐地变为现实。自动驾驶的岗位也已成为新兴的行业岗位，吸纳着整个社会的人才。这可真是一件令人兴奋的事情！

自动驾驶领域包含了许多新兴技术，而即时定位与地图构建（Simultaneous Localization and Mapping，SLAM）是其中的重点。自博士毕业之后，笔者一直在自动驾驶行业从事定位与建图的研发工作。这是一件很有意思的事情，因为无论对于大型的乘用车，还是小型的低速车、扫地车，定位与建图都是其中非常基础的技术。我们看到的大多数自动化功能，实际都体现在车辆的地图数据内部。例如，地图会告诉你，前方的路口应该沿着左侧车道行驶，转到对面道路的右侧车道中；或者，为了清扫前方的广场，车辆应该沿着右侧边界一圈一圈向内部行驶，中间还应该避开花坛区域。为了实现这些功能，我们需要综合使用来自 GPS、惯性导航、激光点云、视觉图像等多种不同类型的数据来构建地图，并且在构建好的地图上进行定位。

如果您从事这个行业，会发现在这个方向上汇集了许多不同背景的人。从事惯性导航的同事对捷联惯导非常熟悉，他们喜欢在一个小型 CPU 上写矩阵与向量计算程序，每每为一两个千分点的误差挠头；从事激光点云处理的同事会进行精细的地图重建，在显示屏上画出好看的三维点云；从事视觉图像的同事则整天在成像平面上做文章，他们做出的视觉效果十分酷炫，而不怎么谈论精度问题。不是不能谈精度，而是二维成像平面上的精度与三维世界中点的精度或者定位的精度不是一回事儿。相机不像其他传感器那样有固定的精度指标。它既可以看很近的东西以实现局部的高精度，也可以看很远的东西形成巨大的视野。想想显微镜与望远镜的不同点吧。得益于这些人的相互协作以及管理人员的良好沟通，最终车辆能够平稳地在路上行驶，但更多时候，我们并不清楚其他人具体在做什么、是怎么做的，这就是笔者撰写本书的动力之一。

笔者希望向读者介绍与自动驾驶、机器人相关的定位和建图技术，包括我们日常使用的传感器。尽管目前人们关于什么叫车辆、什么叫机器人尚未形成统一的意见，甚至可以把它们看成"带轮子的智能手机"。但从技术上说，这些智能的机器都会用到类似的传感器，背后的理论也基本相同。笔者期望通过这本书，让这个领域内的研究人员相互增进理解，或者让领域外的同事、学生了解我们正在做什么工作。笔者相信很多人会对这些技术感兴趣。

本书的内容和特点

本书介绍自动驾驶和机器人中使用到的 SLAM 相关技术。这里谈到的 SLAM 是比较广义的，笔者会把定位、建图相关的传感器与处理方法都包含进来。一辆常见的自动驾驶车辆会含有惯性测量单元、轮速计、车速计、多线激光雷达传感器等多种传感器，本书中的定位和建图也会涉及这些传感器的处理方法。于是，读者会在本书中看到诸如惯性导航的基础算法、以卡尔曼滤波为代表的滤波器、激光点云的匹配方式、轨迹融合算法，等等。

本书的写作思路和笔者之前写的书一样，追求**理论与实践统一**，且非常注重**原理层面的代码实现**。本书提到的所有算法，都会在对应章节中给出具体的代码实现。读者将和笔者一起，从头实现这个领域里的一些重要的、基础的算法结构，并且使用现代的编程方式，充分地利用并行化原理，让算法运行得比经典实现更流畅。相应地，笔者不会拘泥于某个开源代码的具体实现。例如，本书避免介绍 LOAM 的某几行做了什么，或者 Cartographer 的某个文件引用了哪个库。不谈论线程池、参数文件格式这些工程化的内容。是的，那样太琐碎，而且每个人的实现方式都不一样。本书尽量只保留核心部分的算法代码，让读者自己调试、理解整个过程。

笔者仍然会使用以往的写作风格。了解笔者的读者应该会快速适应，而不了解笔者的读者也不会觉得学习本书中的知识过于困难。笔者希望自己的写作就像谈话那样通俗易懂。在介绍内容的过程中，希望读者能够清晰地理解笔者的思路，而非堆砌零散的信息。尽管这种写作风格可能导致文字上有些啰嗦，但笔者相信这样做对表达观点是有益的。

本书的绝大多数重点内容配有对应的实现代码。这是本书最大的特点之一。笔者相信对于教学用书，给出所见即所得的代码永远是一个明智的选择。尽管笔者尽量精简了代码，但本书的代码部分仍然比笔者写的上一本书多了很多。

本书的代码仓库位于：

```
https://github.com/gaoxiang12/slam_in_autonomous_driving
```

本书的代码和数据全部开源，读者可以自由获取。本书使用 C++ 作为主要编程语言。请不要问为什么不用 Python 或 MATLAB 这些更简洁的语言，因为实际的车辆里运行的程序仍以 C++ 程序为主，本书中的实验不应离工业应用太远。请注意，本书的代码、勘误等文件将第一时间更新到 GitHub 上，而纸书可能随着出版社印刷时间安排，勘误存在一定时间的滞后。若读者发现手里的纸书的内容与代码仓库有所冲突，请以代码仓库内的实现为准。

欢迎读者在本书的代码仓库中提问，或者解答其他读者提出的问题。鼓励读者用英语交流，以便与国际上的朋友分享您的感受。

如何使用本书

本书的内容安排基本遵循由浅入深的原则，但即使像第 2 章那样的基础内容，也需要一些铺垫。笔者希望将本书作为《视觉 SLAM 十四讲：从理论到实践》[1] 的后续读物。读者至少应该先读完《视觉 SLAM 十四讲：从理论到实践》的前 6 章，熟悉一些基础的数学原理和优化库的基本使用方法。如果读者没有读过《视觉 SLAM 十四讲：从理论到实践》，那么至少应该具备以下几方面的知识。

- 大学本科阶段的基础数学知识，如微积分、线性代数、概率论。
- 大学研究生阶段的数学知识：最优化、矩阵论，一小部分李群与李代数知识。
- 计算机科学知识：Linux 系统操作、C++ 语言。

如果读者阅读本书某部分内容有困难，建议查阅对应的参考书作为补充。整体而言，本书比《视觉 SLAM 十四讲：从理论到实践》略难，知识点更密集。

本书的代码按照章节划分。例如，第 3 章的代码位于 src/ch3 目录下。各章的代码被编译为单独的库文件和可执行文件。此外，共有的代码会放置在 src/common 目录下（例如一些公有结构体、消息定义、UI 等）。各章的代码存在一定程度的依赖关系，后面几章的代码会复用前面几章的结果。本书的代码需要依赖 ROS 进行编译，但实际运行和测试过程不需要用到 ROS 的机制，仅使用 ROS 数据包进行存储。读者只需了解 ROS 的安装过程，不必事先熟悉 ROS 的相关细节。

数学符号习惯

本书的数学符号使用中国标准。大体来说，用细斜体表示标量，例如 a；用粗斜体表示矩阵和向量，例如 A；用空心白体表示特殊集合，例如 $\mathbb{R}$；用哥特体表示李代数相关集合，例如 $\mathfrak{so}(3)$。尽量保持全书符号的统一性，在可能引起歧义的地方另加说明。

与其他书、论文的关系

随着自动驾驶技术逐渐成熟，越来越多的作者把这些技术整理成书。大部分自动驾驶技术书试图从整体层面向读者描述整个技术栈的内容。例如，《第一本无人驾驶技术书》（第 2 版）[2]《无人驾驶原理与实践》[3] 是比较概括的介绍性技术书，而 2020 年由清华大学出版社出版的"自动驾驶丛书"[4-7] 则更加全面地介绍了自动驾驶感知、定位、决策等方面的技术。由于自动驾驶包括的技术门类实在过于广泛，写一本关于整个"自动驾驶"主题的书是非常困难的。这种类型的书很难由单个作者或部门完成。如果写成薄薄的概述类书籍，则难以深入探讨技术理论；如果介绍每项技术的理论细节，则势必导致书过于厚重。相比于这些概述类书籍，本书的内容聚焦于定位与建图层面。

巴富特教授的《机器人学中的状态估计》（*State Estimation for Robotics*）[8] 是一本专注于介绍状态估计理论的技术书。它的中译版也由笔者团队进行翻译。这本书一方面对比介绍了传统滤波器理论与现代优化理论的异同，另一方面为工科读者提供了一份非常优秀的李群与李代数介绍。本书将使用《机器人学中的状态估计》一书中的部分结论，主要是李群与李代数部分，来支撑一些公式的推导。

马毅教授的 *Introduction to 3D Vision: From Images to Geometric Models*[9] 也是一本介绍三维视觉知识的优秀图书，其中三维几何的基础知识部分与本书涉及的相关内容有很多类似之处。

Joan Solà 的论文 *Error State Kalman Filter*[10] 给出了非常简明到位的四元数视角误差状态卡尔曼滤波器理论。虽然篇幅不长，但对四元数和卡尔曼滤波器进行了非常充分的讨论，大部分该领域的推导都会基于此材料。本书也会使用它的一部分结果，但主要是在李群上推导各类滤波器公式，而非四元数形式。

特龙教授的《概率机器人》（*Probalistic Robotics*）[11] 也是机器人领域众所周知的经典书。该书介绍了机器人领域 SLAM 方面的一些结果，对传统的滤波器、二维栅格地图等内容介绍得非常详细。本书也会介绍二维栅格定位与建图方法，其中理论部分也会参考此书内容。

秦永元老师和严恭敏老师在惯性导航领域的著作《惯性导航》[12]《捷联惯导算法与组合导航原理》[13]《惯性仪器测试与数据分析》[14] 是该领域的经典教材，不少研究惯性导航方向的老师和同学会参照其推导过程。本书在惯性导航方面亦参考了这些书，与专精于惯性导航的教材相比，本书介绍的内容会比较浅显。本书主要介绍基础的惯性导航原理，不涉及复杂的参数补偿或者各种细分运动状态的讨论。相比之下，本书介绍的预积分原理和非线性优化部分，是这些传统教材中尚未完全引入的。

最后，相比于上面提到的图书，本书最大的特点是代码与理论结合。可以说，大部分书是用来看的，而本书是可以**运行**的。笔者认为，若要加深对算法层面的理解，必须让读者参与调试与运行的过程才行。

实验环境

本书使用 Ubuntu 20.04 作为实验环境。读者可以使用自己的个人电脑作为开发环境，若熟悉 Docker，也可以使用 Docker 环境。本书主要使用 **C++17** 作为 C++ 标准，这可能对部分读者来说比较新，一些低版本的机器或者环境并不一定能很好地支持。笔者建议读者使用 Ubuntu 20.04 以上的软件环境来运行本书代码，否则您可能需要解决一些 C++ 标准支持性方面的琐碎问题。

本书带有不少的测试数据，它们的容量还比较大（总容量约 270GB）。笔者建议读者至少留出 100GB 以上的磁盘空间来运行本书代码。读者可以通过本书代码仓库中提供的链接下载测试数据。

声明

1. 考虑到地理信息的保密性，如非必要，本书尽量避免使用国内的数据，更倾向于使用世界范围内的开源数据集。读者可将书里提供的轨迹或点云视为一般空间坐标系下的数据，不必在意这些数据的实际地理位置。

2. 同样，如非必要，本书提供的数据不会指明地点名称、范围等地理信息。读者可将其看作一般的道路、广场、楼宇场景。

3. 本书各章内容使用了不同来源的数据集，主要包括密歇根大学的 NCLT 数据集[15]，法国蒙贝利亚尔的 UTBM 数据集[16]，主要来自中国香港的 UrbanLoco 数据集[17]（ULHK），等等。本书在程序方面为它们设计了统一接口，方便读者测试算法在不同数据集下的表现。

致谢

本书的写作过程得到了许多人的支持与鼓励。在本书出版之前，众多朋友（参考表 1）为本书提供了非常细致的审稿意见。这些意见极大地提高了本书的文本质量与表达准确性，在此，笔者向他们表达衷心的感谢。

表 1　为本书提供审稿意见的朋友

胡佳兴	孙天阔	谢晓佳	韩松杉	陈梓杰	王谷	刘其朋	滕瀚哲
林郁葱	李成亮	熊明康	刘宇真	黄晓东	樊星		

电子工业出版社的郑柳洁编辑和白涛编辑为本书的顺利出版做出了贡献。

半闲居士

2023 年夏，于北京

读者服务

微信扫码回复：45878

- 获取本书配套代码、参考链接
- 加入本书读者交流群，与作者互动
- 获取【百场业界大咖直播合集】（持续更新），仅需 1 元

目　　录

第一部分

基础数学知识

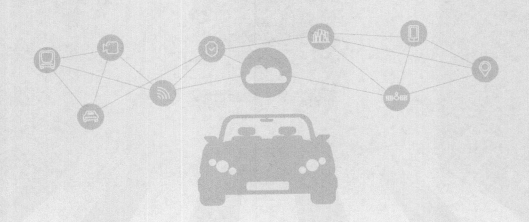

笔者也刚买了
新能源车. 看
着车自己开. 真
有趣!

第 1 章 自动驾驶

1.1 自动驾驶技术

1.1.1 自动驾驶能力与分级

自动驾驶，顾名思义，就是研究如何让汽车拥有自动行驶的能力。让您来设计一个自动驾驶系统，您会如何入手呢？

虽然汽车的内部结构十分复杂，但人类只需看着前方和后视镜，操作方向盘、加速踏板和制动踏板。如果一个计算机程序，也学会了将相机里的图像信息发送给方向盘、踏板，算不算学会了自动驾驶呢？如果算，这个程序应该如何设计呢？

在朴素的观念里，要让汽车学会自动驾驶，应该先观察人类的驾驶行为。人类主要通过视觉来判断自车与周围车辆、行人、道路之间的关系，通过观察路面的标线信息确定车道的走向，然后通过地图确定长时间的路径规划方案。类似地，自动驾驶车辆也应该具备这些能力，简单的类比归纳如下。

1. 自动驾驶车辆应该能够实时识别周围车辆的种类和行人，辨认道路标志与信号，例如常见的红绿灯、交通标志和标线等。这称为车辆的**感知**（Perception）能力[18-19]。

2. 车辆应该能判断自车的方向和位置，以及自车与上述元素之间的位置关系。这称为车辆的**定位**（Localization）能力[20-22]。

3. 车辆应该能够在上述信号识别结果的基础上，控制车辆的加速踏板、制动踏板、方向盘等执行机构，规划自身短期和长期的行驶路线。这称为车辆的**规划控制**（Planning and Control，P&C）能力[23-24]。

虽然要解决同样的问题，但是人类与计算机的能力侧重十分不同。在漫长的进化历史中，人类拥有极其强大的空间**感知**能力。我们可以在瞬间理解看到的绝大多数物体，基本不会出错。我们也具有强大的学习能力，即使前方出现从未见过的物体，我们也会下意识地避开。我们可以在任何天气和场景下快速理解前方道路的结构，甚至在没有线条标记的道路上正常行驶。我们也能通过灯光和声音与周围车辆交流，通过其他车辆的行为预测它们的行动路径。在一些防御性驾驶技巧中，我们甚至可以推断视野盲区中存在的潜在危险。由于拥有强大的理解能力，我们可以仅凭视觉，在没有精确位置姿态信息的情况下随心所欲地驾驶车辆，而不像自动驾驶车辆那样，需要激光雷达这种昂贵的测距设备，通过高精地图和高精度定位来精确控制车辆行为（如图 1-1 所示）。

图 1-1　人类驾驶的汽车与自动驾驶的汽车。人类可以仅凭视觉进行驾驶，而自动驾驶车辆目前还必须依赖高精度测距设备和后台的高精地图服务

　　如果以飞鸟和飞机来类比，则我们的驾驶能力就像飞鸟在天空飞翔一样轻松自然。对飞机设计人员来说，他们应该将飞机做成和鸟儿一样拍打翅膀吗？事实并非如此。飞机通过精密的操控设备来控制机翼上下的气流，获得所需要的升力；通过精确的测量设备来确定自身的姿态；通过现代的控制方法将自己固定在想要的姿态上。自动驾驶与人类驾驶的关系，与飞机和鸟儿的关系十分相似。设计自动驾驶车辆时可以类比人类的某些能力，但最终制造出来的自动驾驶车辆，必然和人类驾驶的车辆存在巨大的差异。我们并不需要一台自动驾驶车辆表现得完全像人类驾驶一样。自动驾驶车辆应该有它们自己的设计和运行逻辑。

　　事实上，现在的自动驾驶车辆已经能够带着您体验自动驾驶了。在中国的若干个大城市中（北京、上海、长沙、重庆、武汉、深圳等地），自动驾驶已经向公众开放，可以随时体验。如果您坐在一台自动驾驶车辆上，您会发现它的方向盘会自动转动，制动和加速也不需要人来控制。也就是说，如果完全通过计算机来控制车辆，则不需要在车上安装方向盘、踏板、中控台等装置。另外，您也可以在车辆屏幕上看到它规划的路径、周围的车辆和行人，以及高精地图提供的数据信息。2018 年起，这些车辆经历了数年的试点阶段，但是尚未真正走向消费者。

　　如果您想在近期买车，那么大部分厂商会宣传其产品的自动驾驶功能。它们可以在高速公路上自动保持固定的车速行驶，这样您就省去了踩加速踏板的操作；它们也可以自动地控制方向盘，让车辆保持在车道中央，这样您也不必操作方向盘了。有的车辆还有拨杆换道或者自动换道的功能，于是您连换道也可以交给车辆自己来处理。它们甚至可以在拥堵路段自动跟随前车。这些功能的确在帮助驾驶员操控车辆。而且，这些车辆是实实在在的，用大家普遍可以接受的价格就能购买到，它们大部分使用纯视觉，或者视觉为主的传感器方案[25]。

　　这些车辆是否都算**自动驾驶**呢？

　　这正是如今自动驾驶的境况。一方面，如果我们希望自动驾驶车辆达到和人一样的驾驶能力，希望车辆能够**完全**自己行驶，不需要驾驶员，只需要付出昂贵的代价来实现这种功能。这个代价可以是激光雷达传感器，也可以是后台的地图服务、机器费用、研发投入，等等。当车辆不再需要驾驶员，很多业务模式就会随之改变。出租车公司不再需要司机，外卖公司不再需要外卖员，所有运营人员只需维护自动驾驶车辆就行了。另一方面，如果我们希望用便宜、实用的传感器，让车辆的价格保持在家用车消费者可接受的范围内，那么必须正视现有算法可靠性不够，需要随时让人类驾驶员监督、接管车辆，无法完全代替人类的情况。事实上，目前整个自动驾驶业界也正在沿着这两条路径不断探索。前一条路有很大可能通往完全的自动驾驶，但目前看来价格过高，难以直接面向消费者；后一条路被称为**渐进式路线**，正在被越来越多的车辆生产厂商采用，但离完全自动驾驶仍有明显距离，不适合那些需要完全自动驾驶能力的任务。

这种路线上的分歧提醒我们，在谈论自动驾驶时，各方可能并不是在谈论同一个任务。事实上，如果我们仅关心**一部分**自动驾驶任务，如自动跟车、车道保持、自动换道，则它们并不需要多么复杂的技术或者传感器。尽管我们有时也把这些车辆称为**自动驾驶**车辆，它们的生产商也愿意宣称它们是"全自动驾驶"，但从标准上来说，这些依然属于**辅助驾驶**的功能（如图 1-2 所示）。这也提醒我们，应该对自动驾驶能力有一个明确的、标准化的刻画。

  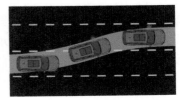

ACC：自适应巡航　　　　LCC：车道居中辅助　　　　ALC：智能换道辅助

图 1-2　辅助驾驶的典型任务

在国际上，研究人员早就按照自动驾驶的智能程度，将车辆分为 Level 1 至 Level 5 五个等级（SAE 分级[1]），参见表 1-1[2]。我国亦有类似的《汽车驾驶自动化分级》[3]，其摘要参见表 1-2。大体而言，各种标准对自动驾驶能力分级的依据主要体现在以下两方面。

表 1-1　SAE 自动驾驶分级

等级	Level 0 （L0）	Level 1 （L1）	Level 2 （L2）	Level 3 （L3）	Level 4 （L4）	Level 5 （L5）
车辆主体	驾驶员负责驾驶车辆			计算机负责驾驶车辆		
是否接管	驾驶员应时刻准备接管			车辆请求时应该接管	不需要接管	
典型功能	AEB：自动紧急制动　ALC：智能换道辅助 BSD：盲区警告　　　 LCC：车道居中辅助 LDW：车道偏离警告　ACC：自适应巡航		LCC+ACC	交通阻塞驾驶 自动泊车 自主召唤	Robotaxi Robotruck 去除方向盘、踏板	所有工况下 自动驾驶

①美国汽车工程师学会分级，见 SAE 标准《SAE J3016-202104》。相关信息见"链接 1"。
②功能缩写：LDW: Lane Departure Warning; ACC: Adaptive Cruise Control; LCC: Lane Centering Control; BSD: Blind Spot Detection; AEB: Automatic Emergency Braking; ALC: Auto Lane Change。
③完整标准参见 GB/T 40429-2021。

1. 系统是否需要人的参与，也就是**接管**（Intervention）。**辅助驾驶**系统在需要人工接管时，驾驶员应当接管；而**自动驾驶系统**则追求不需要人工接管，车辆可以去除方向盘、踏板等驾驶员设备。这是区别 L2 和 L3 以上自动驾驶能力的关键。

2. 系统是仅能在限定场景下正常工作，还是能够在大多数相对于人类驾驶员而言的正常场景下稳定运行。这是区分 L4 和 L5 的关键。

因此，尽管在分级方面存在五到六个等级，但对自动驾驶从业人员来说，最关心的是 L2 和 L4 这两个等级。L2 级别的自动驾驶车辆可以直接面向消费者，在传统车辆的基础上提高一定的驾驶舒适性。现今，L2 技术实现的功能与当前的法律法规的要求相差不远，已经逐渐在一些新车型上普及。而 L4 车辆应能具备在大多数场景下实现无人驾驶的能力，能够解决一些对自动化有需求的业务需求，这种车辆形态也被许多研究人员视为"无人驾驶"形态。虽然在大的定义范围内，L2 和 L4 都属于自动驾驶的一部分，然而落到实际问题上，两者在模块设计和实现方面有原则性的差异。L4 自动驾驶最关心的是**接管率**，要求车辆无故不能由人类驾驶员接管，因此对各种算法表现有着很高的要求。而 L2 自动驾驶的所有功能都可以由人类接管，因此更强调辨认哪些场景是**有效场景**，可以打开 L2 的功能。由于存在人类干预，L2 自动驾驶对大部分算法指标宽容得多，更强调功能的有无，而非完全自动。

表 1-2　中国汽车驾驶自动化分级

驾驶等级	名称	主要内容
L0	应急辅助（Emergency Assistance）	部分事件的探测与响应能力
L1	部分驾驶辅助（Partial Driver Assistance）	持续执行横向和纵向控制
L2	组合驾驶辅助（Combined Driver Assistance）	持续执行横向和纵向控制
L3	有条件自动驾驶（Conditionally Automated Driving）	持续执行全部驾驶任务
L4	高度自动驾驶（Highly Automated Driving）	用户可以不接管
L5	完全自动驾驶（Fully Automated Driving）	可在任意环境中自动驾驶

1.1.2　L4 的典型业务

L2 还是 L4，这是一个问题。

不过，这个问题的答案并不应该由技术人员给出。我们首先应该问，某种车辆是否真的需要完全自动地行驶呢？在一部分场景里，这个回答是"是的"。**自动化**是这些车辆的核心功能。如果没有完全的自动化，这些车辆就失去了存在的意义。而在另一些场景中，我们会说"并非如此"。我们更需要的是安全地驾驶车辆，让计算机帮助我们**减轻负担**。如果计算机能够提供更高级的功能，我们乐于接受，但也要关注这些功能需要的代价。如果代价过高，消费者就不会买单。

前者属于典型的 L4 应用，而且主体不必限于**车辆**。广义来说，只要某个底盘上携带了传感器，具有一定的自动化能力，它就可以被视为自动驾驶车辆。从这种角度来看，运动主体是不是汽车，是否载人，并不是区分自动驾驶的关键。它们执行的任务是否需要**完全的自动化**，才是区分其自动驾驶能力的关键。举例来说，一台自动驾驶配送车辆，它的主要功能是将配送物品自动地输送到用户手中。如果这个功能没有完全自动化，仍然需要驾驶员来配合，那么该业务就失去了它的主要特点。一台自动驾驶的清洁车，其主要功能是自动地对固定场景进行覆盖式清扫。如果这个过程仍需人员参与，也就意义不大了。对于这些业务来说，**去除驾驶员**是其最重要的特性，因此它们属于核心的 L4 应用（如图 1-3 所示）。这些车辆在设计时就不会考虑人员驾驶舱或者驾驶位这样的组件。

图 1-3　低速 L4 的一些应用：清扫、配送、巡检

我们也可以问，出租车需不需要自动驾驶？卡车需不需要自动驾驶？如果没有驾驶员，出租车就可以由出租公司单独运营，卡车也可以由物流公司单独运营，不再需要招募驾驶员，只需维护运营车辆即可。这种业务称为 Robotaxi 和 Robotruck，它与现有商业模式完全不同（如图 1-4 所示）。它向自动驾驶提出了很严格的要求。一旦车辆发生故障要求人工接管，在车上不存在驾驶员的情况下，难以及时让人类驾驶员来处理故障情况，则接管事件很可能变成事故事件。

图 1-4　L4 载人车辆的一些应用：无人出租车、巴士、卡车、矿车

Robotaxi、Robotruck、Robobus 等应用，在技术上同样属于 L4 自动驾驶。相比于清扫、配送、巡检等自动驾驶车辆，它们对自动驾驶安全性要求更高，对整车系统稳定性要求更严格，对风险和故障的容忍度更低，也需要更多的感知、高精定位、地图构建等技术支持。低速车辆如果发生故障，并不会直接发生人员伤亡的事件，大部分时候还可以由技术人员进行远程和现场的接管。而载人车辆一旦发生事故，后果不堪设想，容易在公司层面，甚至产业层面形成实质性的打击。那么，我们会问，目前的技术水平是否能够支持像 Robotaxi 那样的应用呢？很遗憾，这个问题目前并没有肯定性的回答。

一方面，自动驾驶系统属于复杂系统，并不像传统的电子或机械开关那样，可以很容易地给出功能安全验证方案，或者在发生故障时给出明确的故障原因。如果一台自动驾驶车辆未能识别前方的车辆而发生了碰撞，那么在目前的理论框架内，我们并不能很好地解释**该系统没能识别前方车辆**的原因。它只是一个现象，并且在现实中发生了，如此这般而已。也许某个文件中的某个数值增加了 0.001 之后，这个现象就不会发生，但可能使得在另一种天气下，另一种颜色的车辆无法被识别。像这样的参数总共有几亿个，它们都没有名称，以某种人为规定的方式连接在一起，相互计算。一项具体结果的发生，很难归因到某个参数过大或者过小，或者它们之间的计算顺序不够合理。一个制动系统基本不可能发生故障，但一个感知系统基本不可能百分百正确。总之，自动驾驶系统很难像传统的机械、电子系统那样，精确地分析某处的故障可能导致什么现象的产生，给出令人信服的理由。

另一方面，如果难以从理论层面验证自动驾驶车辆的安全性，那么能否从实验层面来统计自动驾驶系统的稳定性呢？这确实是目前许多自动驾驶公司正在做的事情。大部分 L4 自动驾驶公司会统计车辆的行驶里程数与接管次数的关系，例如计算**每次接管的里程数**（Miles Per Intervention，MPI）[1]，来衡量这个系统的稳定性。在 2021 年美国加州机动车辆管理局（DMV）的自动驾驶报告中，部分中国公司的 MPI 已经达到数千乃至数万千米（见表 1-3）[2]。MPI 被认为是衡量整车自动驾驶能力的指标，但目前为止，并没有一种公开、公正的 MPI 测试方式，我们能看到的更多是各个公司的自测报告。它们没有统一的测试环境，对于何时接管也缺少统一的标准。在数量和里程上，与传统量产车辆相比，大部分 L4 自动驾驶公司只拥有几十或几百台车辆组成的车队，其路测场景也通常比较简单。与月销几万台车辆的传统厂商相比，其积累的测试里程、场景数量都十分有限。

先有车还是先有自动驾驶，是放在所有 L4 自动驾驶公司面前的一个难题。如果没有足够数量的车，就难以证明一个自动驾驶系统足够稳定，也就难以真正地将 Robotaxi 等业务落地；但如果不关注自动驾驶技术，只做车本身，又很难吸引到足够多的技术人才，培养团队的技术能力。L4 科技公司不懂车，车厂不懂自动驾驶，是若干年前普遍存在的问题。同时进行这两方面的工作，需要具备巨大的规模和决心；两个不同公司合作，则需要充分的信任。所幸，随着中国新能源汽车的发展，各大汽车生产厂商都开始重视自动驾驶相关的业务（但目前仍集中于容易落地的 L2 业务），

---

[1] 有时也叫 Miles Per Disengagement，MPD。
[2] 相关信息见"链接 2"。

L2 自动驾驶相关功能已经搭载于众多车型之上。许多从业人员也相信，随着自动驾驶技术软硬件的发展，L2 自动驾驶的功能也会逐渐丰富，并逐渐向 L4 自动驾驶靠拢。自动驾驶相关的传感器、算法、芯片、硬件供应商，也会活跃在各种车型的舞台之上。

表 1-3　2021 年美国加州自动驾驶路测数据

路测企业	车辆数量（个）	接管次数	路测里程（英里）	MPI
Waymo	693	292	2,325,843	7,965
Cruise	138	21	876,105	41,719
小马智行	38	21	305,617	14,553
Zoox	85	21	155,125	7,387
Nuro	15	23	59,100	2,570
梅赛德斯-奔驰	17	272	58,613	215
文远知行	14	3	57,966	19,322
AutoX	44	1	50,108	50,108
滴滴	12	1	40,745	40,745
Argo AI	13	1	36,734	36,734
元戎启行	2	2	30,872	15,436
英伟达	6	82	28,004	342
丰田	4	419	13,959	33
苹果	37	663	13,272	20
Aurora	7	9	12,647	1,405
Lyft	23	23	11,200	487
Almotive	2	106	2,976	28
Gatik AI	3	6	1,924	321
高通	3	143	1,635	11
百度 Apollo	5	1	1,468	1,468
SF Motors	2	61	875	14
日产	5	17	508	39
法雷奥	2	205	336	2
Easymile	1	222	320	1
Udelv	1	46	60	1
赢彻科技	2	0	39	-
UATC	3	31	14	0.5

即便克服了技术问题，Robotaxi 等应用仍然面临实际的法律法规以及社会问题。毕竟，如果 L4 自动驾驶车辆大规模上路，其他驾驶员就要面临如何跟无人车[①]进行交互的问题。无人车会理解其他车辆变道、超车的意图吗？无人车会躲避逆行或者超车的车辆吗？无人车会绕行临时施工的路段吗？无人车会识别摔倒在路上的儿童吗？在法律上，如果无人车与其他车辆发生了碰撞，那么如何界定无人车的责任？应该由无人车的开发企业承担责任吗？如果碰撞是因为感知系统没有正确识别行人，或者因为地图标注人员错误地标注了某个路段的限速信息，或者因为当天的卫星信号较弱，车辆走错了一个车道，那么需要追究这些开发人员的责任吗？这些都是现实中可能会遇到，但又很难回答的问题。在有人驾驶的车辆上，大部分安全责任最终都会落到驾驶员身上。一旦主体变成了无人车，这些责任很难分散到各个模块中。让自动驾驶开发企业来承担这些责任，恐怕目前还没有哪家企业有这样的能力。总之，许多关于自动驾驶的法律、伦理、社会问题的讨论，仍将在未来的许多年中进行下去。

不过，自动驾驶依然代表着未来技术前进的方向。它的整体前景是光明的，道路必然是曲折的。未来的载人车辆、低速车辆、机器人都会变得越来越智能，在日常生活中承担越来越多的任务。自动驾驶所引申出来的一系列技术问题，也将充分地被各领域研究人员所关注、探讨。许多在科幻电影里出现的事物，在未来几年将会逐渐变成大家习以为常的景观。例如，在笔者读书期间，曾幻想的餐厅机器人是科幻事物代表之一，现在这种机器人已经在各大商场普遍出现，而且各大供应商开始打价格战了。未来，自动驾驶车辆也会出现这种状况吗？让我们拭目以待。

1.2 自动驾驶中的定位与地图

1.2.1 为什么 L4 自动驾驶需要定位与地图

在介绍之前，读者可能会问一个非常基础的问题：为什么自动驾驶需要定位与地图？

这是一个非常好的问题。笔者的回答是，如果不需要高精定位和高精地图来实现自动驾驶，那真是再好不过了。可惜，在现有的技术水平下，要实现**低接管率**的 L4 自动驾驶，仍然需要用到高精定位与高精地图。反过来，如果讨论的是不追求**接管率**的 L2 自动驾驶，那么可以不使用高精定位和高精地图（不过现在部分 L2 自动驾驶系统也开始使用高精地图了）[26-28]。这是现在智能化水平和可靠性水平的矛盾。AI[②]越智能，就越不可靠；越可靠，通常意味着结构简单，就越不智能。如果我们选择接受 AI 的结果，就要接受 AI 犯的错误。至于什么场合需要 L4 自动驾驶，什么场合需要 L2 自动驾驶，前面已经讨论过了。

为什么 L4 自动驾驶需要高精地图？这是因为 L4 自动驾驶与 L2 自动驾驶追求的目标不同。L2 自动驾驶并不关心接管率，而接管率又是 L4 自动驾驶的第一目标，这决定了它们的技术路径

[①] 为了增强代入感，用无人车指代 L4 自动驾驶车辆。

[②] AI: Artificial Intelligence，人工智能。

必然存在着根本性差异。L4 自动驾驶相关的技术具有很强的确定性。许多在 L2 自动驾驶层面看起来可以接受的行为，例如，在十字路口拐错车道、看错一个红绿灯等情况，在 L4 自动驾驶中都会引起接管，是不允许发生的。于是，L2 自动驾驶在技术实现上会更倾向于**实时感知**，乃至可以使用感知结果直接构建**鸟瞰图**（Bird Eye View，BEV）[29-31]，而 L4 自动驾驶则依赖**离线地图**[32-34]。简单来说，L2 自动驾驶更像是**看着路开车**，而 L4 自动驾驶则是在脑海中的地图里开车。**看着路开车**最大的优点是逻辑关系非常直接，更接近人类行为，而缺点是需要面对计算机检测结果的**局限性**和**不确定性**。车辆的相机通常只能看到前方几十米内的地面车道线。它们还可能被其他车辆挡住，可能被水坑淹没，也可能由于光线原因，道路两侧的护栏投在地上的影子被当成了车道线。这些结果都可能影响车辆的自动驾驶行为，在控制与决策层面必须考虑这些不确定性。相应地，L4 自动驾驶的高精地图是由人工标注的，每条车道线都有准确的位置。它们接下来连接哪个车道，在十字路口应该沿着哪个方向拐弯，看三维空间中的哪一个红绿灯，都是事先记录在地图内部的[35]。即便实时图像里看不到任何车道线，L4 自动驾驶车辆也可以准确地沿着地图里的直线行驶[36]。这样做的代价是：第一，要事先制作这样一个**高精地图**；第二，我们需要知道自己在这个地图中的**准确位置**[37-38]。高精定位和高精地图代表着一种**严格、准确**的理念。这种理念的背面是**死板、沉重**的业务负担。地图的本质是把那些局限的、不确定的感知元素，通过人工或者后处理的方式，变成一种静态的、精确的数据信息（如图 1-5 所示）。地图承载着和实时感知类似的业务，但地图可以给出不限范围的、正确的结果，在很大程度上减轻了感知的负担[39]。因此有人曾说，地图是一种作弊式的传感器，它相当于把考试答案直接给了自动驾驶车辆。有了高精地图之后，车辆对感知层面信息的依赖在很大程度上得以减轻。我们只须关注那些动态变化的行人、车辆信息，而不用在意路面的车道形状和拓扑关系。不过，地图与感知的轻重关系也在不断变化。有些公司使用的高精地图比其他公司更丰富，甚至可以包含路障、花坛形状等信息，也有些公司的方案里让感知模块来检测这些信息。也许在不久的将来，地图与感知的关系（孰轻孰重），会随着技术迭代而发生变化。

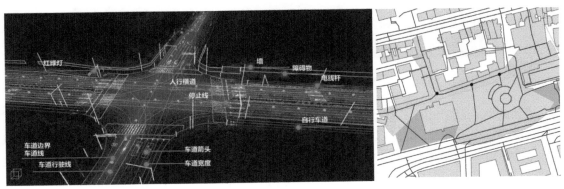

图 1-5　高精地图与传统电子导航地图的差异。导航地图以多边形和向量来表示道路和路口，而高精地图还会精确标注各车道的位置、停止线的位置，周边各种物体的精确位置和详细信息

在目前的 L4 自动驾驶方案中，大部分任务元素都是和地图绑定的。如果用户希望从城市中的 A 点开车去 B 点，那么自动驾驶车辆会先在地图上生成一条从 A 点去 B 点的路径。这种路径和我们常见的手机导航不同，它是车道级别的。导航系统会为车辆计算走哪条道路，经过哪个路口，从哪个车道拐弯。在执行自动驾驶任务时，车辆也会尽量保证实际执行的路径与高精地图导航的结果一致。为此，车辆就需要知道自己在地图中的实时位置，也需要车道内部的高精定位。

1.2.2　高精地图的内容与生产

高精地图本质上是**结构化的向量数据**[40]。它的基本元素是现实世界中的一段车道（如图 1-6 所示）。我们可以问各种关于车道的问题，例如：

1. 这段车道的几何形状是什么样子的？直线、折线，还是曲线？
2. 它左侧是哪个车道？右侧又是哪个车道？
3. 它的限速是多少？是直行车道还是左转车道？
4. 它是机动车道还是非机动车道？
5. 它和哪些车道是连接的？是顺序连接的，还是有分岔或者合并的？

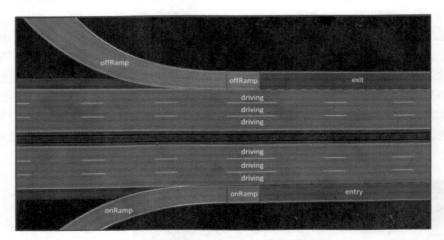

图 1-6　高精地图中最常见的车道信息

诸如此类。我们知道，这些信息很容易用程序中的**结构体**来描述和存储。而各种编程语言、标记语言中都带有结构体语法，所以高精地图软件普遍支持多种语言，包括 JSON、Protobuf、XML 等。一个车道的完整信息可以非常丰富，列举殊为不易。世界各地的研发人员为此制定了高精地图标准。常见的标准包括 OpenDrive[41]、LaneLet2[42]、Apollo OpenDrive 等。这些标准里定义了一段车道、一个路口，以及各种红绿灯的具体描述方式。读者可以参照这些标准了解完整的字段信息。

　　高精地图中的几何元素大部分由一些点来表述。例如，一段车道可以由中心参考线再加上它的宽度来描述，也可以由左右边界的线条来描述。这些线条则由底层的一系列点组成。每个点的坐标可以由地球经纬度，或者后面章节介绍的各种全局坐标系描述。总之，它们多数时候就是几个浮点数。而区域类的元素则可以由多个点组成的多边形来描述，如停车场、建筑物等。当这些信息被导出到文件以后，就可以用它们来渲染地图，或者用于车辆的导航和控制。

　　既然高精地图本质上是这些线条和信息，那我们是不是可以随意生成它们？当然可以。我们甚至可以用笔在纸上画一段路，然后说车辆在这段路上的行驶速度是 60 千米/小时，这样也可以算是高精地图，只是实际用途有限。计算机上的高精地图通常由一些专用的绘制软件生成（例如 ArcGIS[①]、Autoware Map Tool[②] 等，如图 1-7 所示），有些公司也会自行开发这些绘制软件。读者可以从一片空白区域开始绘制一份虚拟地图。然而，如果希望地图与现实世界相对应，就得想办法先获取真实世界的三维结构或二维俯视图。它们是现实世界高精地图的数据来源。

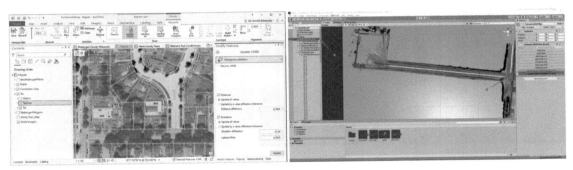

图 1-7　常见的高精地图绘制软件 ArcGIS 和 Autoware Map Tool

现实世界的二维或三维数据的主要来源如下。

1. 使用遥感卫星的影像。卫星影像图在各大地图软件中都可以获得，但民用卫星影像的最高分辨率在数米级别，实际上，图像缩放到 10 米/像素就会变得模糊。遥感卫星覆盖全球，可以用于标注电子导航地图，但用于高精地图则分辨率明显不足，难以看清车道的具体位置和路面图像（如图 1-8 中左上所示）。

2. 使用无人机航拍的俯视影像。无人机可以携带高精度定位设备，在任意高度进行俯视拍摄，再将图像拼接成俯视的影像图。这种图像分辨率高，属于高精度图像，但缺点是无人机飞行范围有限（大多数区域禁止无人机飞行）。

3. 使用自动驾驶车辆携带的传感器进行三维地图重建。最常见的做法是利用车载的激光雷达传感器构建场景的三维点云。这些点云反映了场景的三维结构和亮度信息，可以作为地图绘制的有效参照。由于车辆行驶的范围相对自由，因此大部分自动驾驶公司都采用这种方

---

① 相关信息见"链接 3"。
② 相关信息见"链接 4"。

式构建点云地图[43-44]。

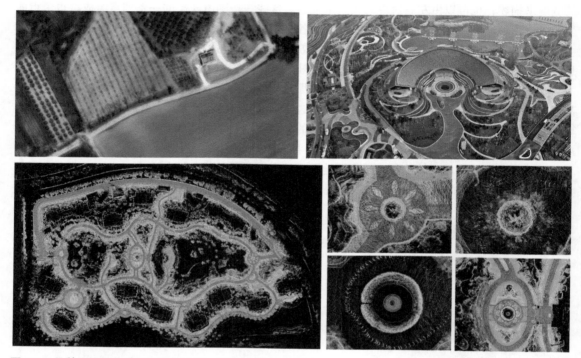

图 1-8   几种不同的高精地图数据来源：卫星影像图、无人机航拍图、激光雷达生成的点云地图（全局和局部）

图 1-8 所示为几种不同的高精地图数据来源。它们服从一个非常简单的逻辑：离得越近，看得越清。相比于离地几万千米的遥感卫星，无人机可以悬停在离地面几十米的空中，而汽车则可以直接在物体面前拍摄图像或者测量距离。卫星图像通常难以辨认路面细节，而无人机影像和无人车点云则可以反映路面的纹理、树干和树木的形状，以及场景中各种细小的物体。在车辆点云的基础上，可以进行各种细节物体的标注。如果有时间，甚至可以把地砖的纹路、树木的位置都标注在高精地图中。

1.3   本书内容的介绍顺序

接下来的问题就是，如何利用车载的传感器进行高精度的点云重建？这种三维重建结果基于什么原理？除了标注地图，它们还有什么用途？我们将在本书中探讨这些问题。我们将看到，高精度点云是一系列传感器综合作用的结果。它们的价格从数百元到数十万元不等，各有不同的用途。而三维重建系统的核心是估计各时刻车辆的位置与姿态，这会涉及车辆本身的**运动学理论**和利用传感器对车辆状态进行估计的**状态估计理论**。接下来的章节会按照一定顺序来介绍各种传感器的原理和整个估计理论的方法。大致顺序如下。

第 2 章介绍一些基础的几何知识，包括车辆本身有哪些传感器坐标系，地球本身又有哪些坐标系。同时，回顾状态估计理论的基础知识，包括卡尔曼滤波器与非线性优化理论。这部分知识在笔者写的《视觉 SLAM 十四讲：从理论到实践》中介绍过，所以本书不会展开，只做回顾。特别地，本书在处理旋转变量上，将主要使用 SO(3) 上的性质。读者需要对这部分内容保持一定的熟练度。

第 3 章和第 4 章将介绍两种主流的处理**惯性测量单元**（Intertial Measurement Unit，IMU）的方法。第 3 章介绍经典的误差状态卡尔曼滤波器，并以 SO(3) 的方式处理旋转，第 4 章主要介绍预积分方法。由于 IMU 并不直接测量车辆的物理状态（平移和旋转），而是测量它们在时间轴上微分之后的状态（角速度和加速度），因此必须介绍车辆状态的微分关系，以及它们在积分之后的各种性质。

第 5 章至第 7 章介绍激光 SLAM 的内容。第 5 章主要介绍基础的点云处理方法，包括如何表达激光点云，如何求它们的最近邻，如何对它们进行栅格化。笔者会实现一些经典的数据结构。第 6 章和第 7 章分别介绍二维和三维激光雷达的定位与建图方法。笔者将实现一些激光雷达的配准方法：二维和三维的 ICP、NDT、概率栅格等，然后使用子地图的方式来管理它们，最后加上回环检测，形成完整的 SLAM 系统。第 7 章还会介绍松耦合的激光雷达–惯性导航里程计。

第 8 章至第 10 章介绍典型的 SLAM 应用。第 8 章实现一个紧耦合的激光雷达–惯性导航里程计，分别用迭代误差状态卡尔曼滤波器和预积分优化器各实现一遍。第 9 章介绍离线的点云地图构建方法，将一些关键算法改写成容易并发处理的离线程序。第 10 章介绍在已有点云地图中进行高精定位的方法。把点云地图切分成空间中的小块，然后利用滤波器实现点云与惯性导航的融合定位。

以上就是本书的主要内容。整体围绕着惯性导航和激光点云两个层面介绍自动驾驶和机器人中的 SLAM 应用。大部分开放道路或者园区道路的车辆都可以按照这种方式建图和定位。本书不会详细介绍地图标注部分的内容，因为它们主要由人工绘制，不涉及太多算法方面的内容[①]。

除了本章，其他章节的末尾都留有一定数量的习题。请读者参考自己的学习状态安排习题时间。

---

① 自动生成高精地图也是自动驾驶领域的重点研究方向，但在方法上与本书关注的内容相差较大，效果也不太成熟，本书不做过多展开。读者可以参考相关文献，例如参考文献 [45-46]。

第 2 章　基础数学知识回顾

在正式介绍各种传感器处理方法之前，先来回顾一些基本的数学知识。本书大体上沿用《视觉 SLAM 十四讲：从理论到实践》中的符号习惯。为避免重复，笔者假设读者已经熟悉《视觉 SLAM 十四讲：从理论到实践》中的基础几何知识。本书不再对诸如四元数到旋转矩阵变换之类的过程进行详细展开，只是利用其结论，供读者随时查阅。对于《视觉 SLAM 十四讲：从理论到实践》中没有详细展开的内容，本章将适当增加一些讲解和推导过程。

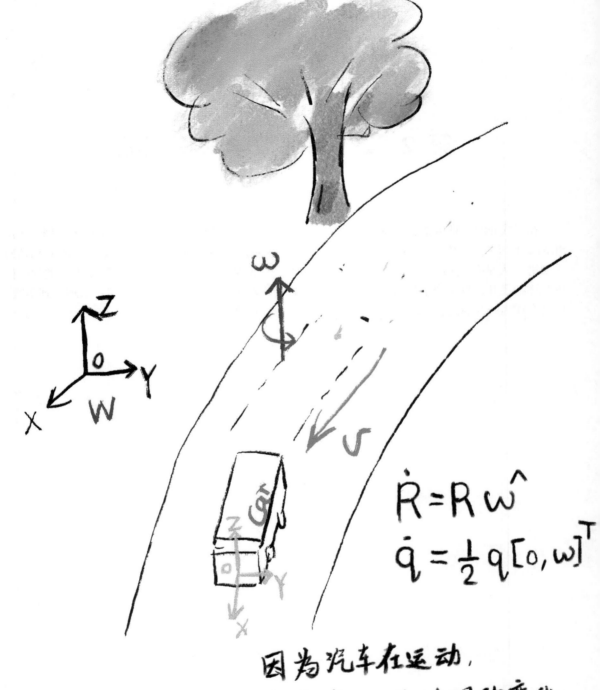

$$\dot{R} = R\,\hat{\omega}$$
$$\dot{q} = \frac{1}{2}q[0, \omega]^T$$

因为汽车在运动，
要考虑电随时间的变化。

2.1　几何学

2.1.1　坐标系

要描述自动驾驶车辆的位置和姿态，应该先定义它的各种坐标系。首先，假定世界上存在一个固定不动的坐标系，称为**世界坐标系**或者**惯性坐标系**。这种坐标系在现实世界有若干种取法，原则上可以简单地视为固定在某处不动的坐标系。车辆在世界坐标系中运动时，车辆自身的坐标系（称为**车体坐标系**或**车体系**）存在和世界坐标系之间的变换关系。这个变换关系随时间发生改变，因而可以定义车辆的**线速度**、**角速度**、**加速度**等物理量。这就是车辆的运动过程。

然而，要从数学层面解释何谓线速度，何谓角速度，并不是那么直观，尤其是关于姿态的问题。车辆的姿态通常由**旋转矩阵**或者**四元数**描述。它们随时间发生变化时，角速度应该用多少维向量来描述呢？角速度向量又如何作用于旋转矩阵或者四元数上？各种作用方式形式上有没有差异？它们在本质上相同吗？这是本章要回答的问题。

一个三维坐标系由空间中三个向量构成。通常，选择一组单位正交的向量构成参考系。例如，(e_1, e_2, e_3) 是世界坐标系的三个向量，意味着这三个向量长度为 1，且彼此内积为 0。这时，就可以说取了一个坐标系（参考系）$E = \{e_1, e_2, e_3\}$。那么，任意一个三维空间向量 a，就可以用这个参考系来计算坐标：

$$a = a_1 e_1 + a_2 e_2 + a_3 e_3, \tag{2.1}$$

那么 (a_1, a_2, a_3) 就是向量 a 的坐标。

即使没有指定参考系和坐标，向量之间也可以进行各种各样的运算。例如，两个向量 a 和 b 之间可以求以下运算结果：

1. **加减运算**。向量的加减运算结果仍是向量，符合平行四边形法则：

$$c = a \pm b, \tag{2.2}$$

如果向量带有坐标，那么只需对坐标分量进行加减。

2. **数乘**。对向量乘任意标量 $k \in \mathbb{R}$，可以对向量进行缩放：

$$b = ka, \tag{2.3}$$

此时仍得到一个向量。当 a 存在坐标时，可以对这些坐标进行缩放。

3. **取长度**。可以计算一个向量的长度，如：

$$\|a\|. \tag{2.4}$$

取长度的结果是一个数值。数学意义上，向量的长度可以为零或者负数，例如闵氏空间（Minkowski Space），但在自动驾驶的物理世界中，我们关心欧氏空间（Euclidean Space）

中的向量，因此它的长度总是大于等于零的。

4. **取内积**。可以计算两个向量的内积，结果为它们的长度积乘夹角的余弦值，为一个标量：

$$\boldsymbol{a} \cdot \boldsymbol{b} = \|\boldsymbol{a}\| \|\boldsymbol{b}\| \cos \langle \boldsymbol{a}, \boldsymbol{b} \rangle, \tag{2.5}$$

如果指定了向量的坐标，那么内积结果为各坐标分量乘积之和。

5. **取外积**。两个向量的外积也是一个向量，其方向垂直于两个向量，长度为向量长度之积乘其夹角的正弦值。设向量 $\boldsymbol{a}, \boldsymbol{b}$ 的坐标定义在 $\boldsymbol{e}_1, \boldsymbol{e}_2, \boldsymbol{e}_3$ 系下，那么外积写成

$$\boldsymbol{a} \times \boldsymbol{b} = \begin{Vmatrix} \boldsymbol{e}_1 & \boldsymbol{e}_2 & \boldsymbol{e}_3 \\ a_1 & a_2 & a_3 \\ b_1 & b_2 & b_3 \end{Vmatrix} = \begin{bmatrix} a_2 b_3 - a_3 b_2 \\ a_3 b_1 - a_1 b_3 \\ a_1 b_2 - a_2 b_1 \end{bmatrix} = \begin{bmatrix} 0 & -a_3 & a_2 \\ a_3 & 0 & -a_1 \\ -a_2 & a_1 & 0 \end{bmatrix} \boldsymbol{b} \overset{\text{def}}{=\!=} \boldsymbol{a}^{\wedge} \boldsymbol{b}. \tag{2.6}$$

外积也可以写成通常的矩阵与向量的乘法，这要求把第一个向量写成**反对称矩阵**（Skew Symmetric）的形式[①]，使用 $^{\wedge}$ 符号定义这个转换：

$$\boldsymbol{a}^{\wedge} = \begin{bmatrix} 0 & -a_3 & a_2 \\ a_3 & 0 & -a_1 \\ -a_2 & a_1 & 0 \end{bmatrix} = \boldsymbol{A}. \tag{2.7}$$

注意这个算子是一个**一一映射**，即对任意向量，都可以唯一地找到对应的反对称矩阵，反之亦然。用 $^{\vee}$ 符号表示从反对称矩阵到向量的映射：

$$\boldsymbol{A}^{\vee} = \boldsymbol{a}. \tag{2.8}$$

反对称矩阵算子是后文广泛使用的一个符号，请读者留意这里的记法。其他文献里会记成 $\boldsymbol{a}_{\times}, \boldsymbol{a}^{\times}, [\boldsymbol{a}]_{\times}, \hat{\boldsymbol{a}}$[47] 等，这些记法的含义是一样的。本书统一使用右上侧的 $\wedge$ 和 $\vee$ 符号，因为它看起来比较简洁。

最后，即使未指定参考系，向量也可以进行上述运算。它们的结果不依赖参考系的选择。如果指定了参考系和坐标，那么上述计算结果也可以用坐标的数值来表示。

自动驾驶车辆上会装有各式各样的传感器。通常认为每一个传感器都有各自的参考系，并且遵照各传感器的使用习惯来定义它们各轴的方向。例如，在图 2-1 中，车辆的 IMU、激光雷达与相机均定义了自己的参考系。车辆本体一般使用**前左上**[②]或者**右前上**的顺序来定义它的坐标系，而相机坐标系则普遍取**右下前**的顺序。于是，各个传感器坐标系之间就存在了旋转和平移关系，我们用旋转矩阵和平移向量来刻画它们。

[①]反对称矩阵是指满足 $\boldsymbol{A}^{\top} = -\boldsymbol{A}$ 的矩阵。

[②]所谓的前左上是指 X 向前，Y 向左，Z 向上，满足右手定则，后文同理。

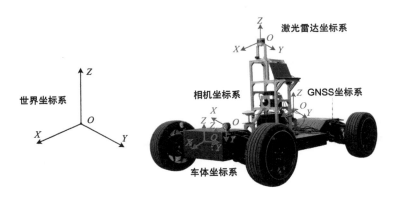

图 2-1　一辆典型的自动驾驶车辆的传感器坐标系与世界坐标系

假设世界坐标系下的某个点 p 坐标为 p_w，它在车辆本体坐标系下的坐标为 p_b，那么定义旋转矩阵 R_wb 和平移向量 t_wb，满足：

$$p_\mathrm{w} = R_\mathrm{wb} p_\mathrm{b} + t_\mathrm{wb}, \tag{2.9}$$

请读者务必理解这里的处理方式。它的要点如下：

1. 笔者定义的是**坐标**之间的变换关系。R_wb 和 t_wb 都用于处理向量之间的坐标变换。而有些材料处理的是**坐标轴**（或者坐标基底）之间的变换关系，把旋转和平移解释成某个**坐标轴**从一处变换到了另一处。那样的定义方式是与本书相反的[①]，请务必小心。

2. 可以把 $R_\mathrm{wb}, t_\mathrm{wb}$ 直接写成**变换矩阵** T_wb，把坐标变换写成齐次形式：

$$p_\mathrm{w} = T_\mathrm{wb} p_\mathrm{b}. \tag{2.10}$$

这样就变成了讨论变换矩阵 T_wb 的性质。此时 T_wb 的具体形式为

$$T_\mathrm{wb} = \begin{bmatrix} R_\mathrm{wb} & t_\mathrm{wb} \\ 0 & 1 \end{bmatrix} \in \mathbb{R}^{4\times 4}. \tag{2.11}$$

然而，后面章节要谈论的 IMU 并不直接测量 T_wb 的微分，所以更倾向于把 R_wb 和 t_wb 分开列写，而非写成变换矩阵的形式。

3. 笔者的下标阅读顺序是**从右到左**的，也就是 b 系下变量左乘 wb 之后得到 w 系下变量。这样做可以让书写和阅读更加流畅且直观。不同的书对坐标系的上下标处理方式也不一样。有的写在左侧，有的写在上方，有的书里一个变量甚至有上下左右四个标记。本书后文统一使用下标 wb 来定义各种变量。由于所有变量都为下标 wb，所以绝大部分内容中省略这些下标，力求简洁。讨论在不同时刻、不同迭代次数下的各种变量，会引入与时间相关

[①]一个是对坐标的变换，一个是对基底的变换。熟悉线性代数的读者应该能直接看出它们互为逆矩阵。

或者与迭代次数相关的上下标。如果再带上坐标系的下标，读者就要面对一大堆带各种上下标的公式。

所有三维旋转矩阵组成了**特殊正交群**（Special Orthogonal Group）SO(3)。它是一个 3×3 的实数矩阵，满足：

- 旋转矩阵为正交矩阵：$\boldsymbol{R}^\top = \boldsymbol{R}^{-1}$；
- 旋转矩阵的行列式为 1：$\det(\boldsymbol{R}) = 1$。

同时，一个旋转矩阵也可以转换为**四元数**或者**旋转向量**来描述。下面回顾它们的定义方式和转换关系。

旋转向量

旋转向量也称为**角轴**（Angle Axis），本身亦是 SO(3) 对应的李代数 $\mathfrak{so}(3)$。由于 $\mathfrak{so}(3)$ 是 SO(3) 的切空间，因此旋转向量也可用于表达角速度。

记一个旋转向量为 $\boldsymbol{w} \in \mathbb{R}^3$，且可以按方向和大小分解为 $\boldsymbol{w} = \theta \boldsymbol{n}$，那么从旋转向量到旋转矩阵的转换关系，可以由**罗德里格斯公式**（Rodrigues' Formula）或者 SO(3) 上的指数映射（Exponential Map）来描述：

$$\boldsymbol{R} = \cos\theta \boldsymbol{I} + (1 - \cos\theta)\, \boldsymbol{n}\boldsymbol{n}^\top + \sin\theta \boldsymbol{n}^\wedge = \exp(\boldsymbol{w}^\wedge). \tag{2.12}$$

此处的 exp 亦可由泰勒展开，化简后得到左侧的公式。为了简化符号，记大写的 Exp 为

$$\mathrm{Exp}(\boldsymbol{w}) = \exp(\boldsymbol{w}^\wedge), \tag{2.13}$$

这样可以省略一个 $\wedge$ 符号，在公式复杂时看起来更简洁。

反之，从旋转矩阵到旋转向量的转换关系可以由对数映射描述：

$$\boldsymbol{w} = \log(\boldsymbol{R})^\vee = \mathrm{Log}(\boldsymbol{R}). \tag{2.14}$$

其角轴的计算方法如下。对于角 θ，有

$$\theta = \arccos\left(\frac{\mathrm{tr}(\boldsymbol{R}) - 1}{2}\right). \tag{2.15}$$

而轴 $\boldsymbol{n}$ 则是 $\boldsymbol{R}$ 特征值为 1 的单位特征向量：

$$\boldsymbol{R}\boldsymbol{n} = \boldsymbol{n}. \tag{2.16}$$

四元数

三维旋转也可以由单位四元数来描述。所谓四元数，是一种扩展的复数，由一个实部和三个虚部构成。本书使用哈密顿四元数[①]，定义为

[①] 根据不同人的喜好，四元数的定义也存在着些许不同。哈密顿四元数是一种最常用的，也是最直观的定义方式。

$$q = q_0 + q_1\mathrm{i} + q_2\mathrm{j} + q_3\mathrm{k}, \tag{2.17}$$

其中 q_0 为实部，q_1, q_2, q_3 为虚部。虚部的 $\mathrm{i}, \mathrm{j}, \mathrm{k}$ 满足运算法则：

$$\begin{cases} \mathrm{i}^2 = \mathrm{j}^2 = \mathrm{k}^2 = -1 \\ \mathrm{ij} = \mathrm{k}, \mathrm{ji} = -\mathrm{k} \\ \mathrm{jk} = \mathrm{i}, \mathrm{kj} = -\mathrm{i} \\ \mathrm{ki} = \mathrm{j}, \mathrm{ik} = -\mathrm{j} \end{cases}. \tag{2.18}$$

为了简化运算符号，可以把三个虚部元素记成虚部的向量，那么四元数可以由标量部分 s 加向量部分 v 构成：

$$q = [s, v]^\top. \tag{2.19}$$

利用向量部分，可以写出紧凑的四元数相乘形式。

按照四元数的虚部运算法则，可以推导出一些常用的四元数计算公式，列举如下。

1. 加法和减法

   四元数 q_a, q_b 的加减运算为

   $$q_a \pm q_b = [s_a \pm s_b, v_a \pm v_b]^\top. \tag{2.20}$$

2. 乘法

   乘法是把 q_a 的每一项与 q_b 的每一项相乘，最后相加，虚部要按照式 (2.18) 进行运算。整理可得

   $$\begin{aligned} q_a q_b = {} & s_a s_b - x_a x_b - y_a y_b - z_a z_b + \\ & (s_a x_b + x_a s_b + y_a z_b - z_a y_b)\mathrm{i} + \\ & (s_a y_b - x_a z_b + y_a s_b + z_a x_b)\mathrm{j} + \\ & (s_a z_b + x_a y_b - y_a x_b + z_a s_b)\mathrm{k}. \end{aligned} \tag{2.21}$$

虽然稍复杂，但形式上是整齐有序的。如果写成向量形式并利用内外积运算，该表达会更加简洁：

$$q_a q_b = [s_a s_b - v_a^\top v_b, s_a v_b + s_b v_a + v_a \times v_b]^\top. \tag{2.22}$$

在该乘法定义下，两个实的四元数乘积仍是实的，这与复数是一致的。然而，一些读者已经注意到，由于最后一项外积的存在，四元数乘法通常是不可交换的，除非 v_a 和 v_b 在 $\mathbb{R}^3$ 中共线，此时外积项为零。

注意本书不刻意区分普通乘法和四元数乘法。部分资料里会用诸如 $\otimes$ 等符号来区分四元数乘法，但本书统一使用普通乘法。因为四元数并不会和普通向量或矩阵进行矩阵乘法，所以**乘法的含义应该是自明的**。

3. 模长

四元数的模长定义为

$$\|\boldsymbol{q}_a\| = \sqrt{s_a^2 + x_a^2 + y_a^2 + z_a^2}. \tag{2.23}$$

可以验证，两个四元数乘积的模即为模的乘积。这使得单位四元数相乘后仍是单位四元数。

$$\|\boldsymbol{q}_a\boldsymbol{q}_b\| = \|\boldsymbol{q}_a\|\|\boldsymbol{q}_b\|. \tag{2.24}$$

4. 共轭

四元数的共轭是把虚部取成相反数：

$$\boldsymbol{q}_a^* = s_a - x_a\mathrm{i} - y_a\mathrm{j} - z_a\mathrm{k} = [s_a, -\boldsymbol{v}_a]^\top. \tag{2.25}$$

四元数共轭与其本身相乘，会得到一个实四元数，其实部为模长的平方：

$$\boldsymbol{q}^*\boldsymbol{q} = \boldsymbol{q}\boldsymbol{q}^* = [s^2 + \boldsymbol{v}^\top\boldsymbol{v}, \boldsymbol{0}]^\top. \tag{2.26}$$

5. 逆

一个四元数的逆为

$$\boldsymbol{q}^{-1} = \boldsymbol{q}^*/\|\boldsymbol{q}\|^2. \tag{2.27}$$

按此定义，四元数和自己的逆的乘积为实四元数 1：

$$\boldsymbol{q}\boldsymbol{q}^{-1} = \boldsymbol{q}^{-1}\boldsymbol{q} = \boldsymbol{1}. \tag{2.28}$$

如果 $\boldsymbol{q}$ 为单位四元数，则其逆和共轭就是同一个量。同时，乘积的逆有和矩阵相似的性质：

$$(\boldsymbol{q}_a\boldsymbol{q}_b)^{-1} = \boldsymbol{q}_b^{-1}\boldsymbol{q}_a^{-1}. \tag{2.29}$$

6. 数乘

和向量相似，四元数可以与数相乘：

$$k\boldsymbol{q} = [ks, k\boldsymbol{v}]^\top. \tag{2.30}$$

用四元数描述旋转

可以用四元数描述对一个点的旋转。假设有一个空间三维点 $\boldsymbol{p} = [x, y, z] \in \mathbb{R}^3$，以及一个由单位四元数 $\boldsymbol{q}$ 指定的旋转。三维点 $\boldsymbol{p}$ 经过旋转之后变为 $\boldsymbol{p}'$。如果使用矩阵描述，那么有 $\boldsymbol{p}' = \boldsymbol{R}\boldsymbol{p}$。如果用四元数描述旋转，则如何表达它们的关系呢？

首先，用一个虚四元数来描述三维空间点：

$$\boldsymbol{p} = [0, x, y, z]^\top = [0, \boldsymbol{v}]^\top.$$

相当于把四元数的 3 个虚部与空间中的 3 个轴相对应。那么，旋转后的点 p' 即可表示为这样的乘积：

$$p' = qpq^{-1}. \tag{2.31}$$

这里的乘法均为四元数乘法，结果也是四元数。最后把 p' 的虚部取出，得到旋转之后点的坐标。并且可以验证，计算结果的实部为 0，故为纯虚四元数。

四元数到旋转矩阵和旋转向量的转换

任意单位四元数描述了一个旋转，该旋转亦可用旋转矩阵或旋转向量描述。现在来考察四元数与旋转向量、旋转矩阵之间的转换关系。在此之前，笔者要指出的是，四元数乘法也可以写成一种矩阵的乘法。设四元数 $q = [s, v]^\top$，那么，定义如下的符号 $^+$ 和 $\oplus$ 为[48]

$$q^+ = \begin{bmatrix} s & -v^\top \\ v & sI + v^\wedge \end{bmatrix}, \quad q^\oplus = \begin{bmatrix} s & -v^\top \\ v & sI - v^\wedge \end{bmatrix}, \tag{2.32}$$

这两个符号将四元数映射成为一个 4×4 的矩阵。于是四元数乘法可以写成矩阵的形式：

$$q_1^+ q_2 = \begin{bmatrix} s_1 & -v_1^\top \\ v_1 & s_1I + v_1^\wedge \end{bmatrix} \begin{bmatrix} s_2 \\ v_2 \end{bmatrix} = \begin{bmatrix} -v_1^\top v_2 + s_1 s_2 \\ s_1 v_2 + s_2 v_1 + v_1^\wedge v_2 \end{bmatrix} = q_1 q_2 \tag{2.33}$$

同理亦可证：

$$q_1 q_2 = q_1^+ q_2 = q_2^\oplus q_1. \tag{2.34}$$

然后，考虑使用四元数对空间点进行旋转的问题。根据前面的说法，有

$$p' = qpq^{-1} = q^+ p^+ q^{-1} = q^+ q^{-1\oplus} p. \tag{2.35}$$

代入两个符号对应的矩阵，得

$$q^+ (q^{-1})^\oplus = \begin{bmatrix} s & -v^\top \\ v & sI + v^\wedge \end{bmatrix} \begin{bmatrix} s & v^\top \\ -v & sI + v^\wedge \end{bmatrix} = \begin{bmatrix} 1 & 0 \\ 0^\top & vv^\top + s^2 I + 2sv^\wedge + (v^\wedge)^2 \end{bmatrix}. \tag{2.36}$$

因为 p' 和 p 都是虚四元数，所以事实上该矩阵的右下角即给出了**从四元数到旋转矩阵**的变换关系：

$$R = vv^\top + s^2 I + 2sv^\wedge + (v^\wedge)^2. \tag{2.37}$$

为了得到四元数到旋转向量的转换公式，对式 (2.37) 两侧求迹（Trace），得

$$\mathrm{tr}(R) = \mathrm{tr}(vv^\top) + 3s^2 + 2s \cdot 0 + \mathrm{tr}((v^\wedge)^2)$$
$$= v_1^2 + v_2^2 + v_3^2 + 3s^2 - 2(v_1^2 + v_2^2 + v_3^2)$$

$$= (1 - s^2) + 3s^2 - 2(1 - s^2)$$
$$= 4s^2 - 1. \tag{2.38}$$

又由式 (2.15) 得

$$\theta = \arccos\left(\frac{\mathrm{tr}(\boldsymbol{R}) - 1}{2}\right) \tag{2.39}$$
$$= \arccos(2s^2 - 1).$$

即

$$\cos\theta = 2s^2 - 1 = 2\cos^2\frac{\theta}{2} - 1, \tag{2.40}$$

所以：

$$\theta = 2\arccos s. \tag{2.41}$$

至于旋转轴，如果在式 (2.35) 中用 $\boldsymbol{q}$ 的虚部代替 $\boldsymbol{p}$，易知 $\boldsymbol{q}$ 的虚部组成的向量在旋转时是不动的，即构成旋转轴。于是只要将它除以它的模长，即得。总而言之，四元数到旋转向量的转换公式可列写如下：

$$\begin{cases} \theta = 2\arccos s \\ [n_x, n_y, n_z]^\top = \boldsymbol{v}^\top / \sin\frac{\theta}{2} \end{cases}. \tag{2.42}$$

由于四元数只需四个数值即可表达旋转，因此大部分程序在实现时会选择四元数作为旋转的底层表达方式。它们可以提供矩阵层面的操作接口，例如前面的 ∨ 或者 log 操作，也可以提供四元数的接口，例如取出四元数的四个分量，等等。在使用这些程序时，可以简单地使用这些矩阵接口，而不必在意它们的底层存储方式。

2.1.2 李群与李代数

三维旋转构成了三维旋转群 SO(3)，其对应的李代数为 $\mathfrak{so}(3)$；三维变换构成了三维变换群 SE(3)，对应的李代数为 $\mathfrak{se}(3)$。

李代数元素到李群元素的映射为指数映射，其中 $\mathfrak{so}(3)$ 至 SO(3) 的指数映射为

$$\exp(\boldsymbol{\phi}^\wedge) = \boldsymbol{R}, \tag{2.43}$$

具体计算过程由罗德里格斯公式 (2.12) 给出。反向的对数映射记作

$$\boldsymbol{\phi} = \log(\boldsymbol{R})^\vee, \tag{2.44}$$

具体的计算过程由式 (2.15) 和式 (2.16) 给出。

后文主要使用 SO(3) 加上平移向量的方式来推导后续的运动方程、滤波器等关系，不使用 SE(3)，因此省略关于 SE(3) 和 $\mathfrak{se}(3)$ 的介绍。

2.1.3　SO(3) 上的 BCH 线性近似式

Baker-Campbell-Hausdorff 公式给出了李代数上操作加法小量与李群上乘小量之间的关系，其线性近似式被广泛用于各种函数的线性化。同样，这里只给出结论。

在 SO(3) 中，对某个旋转 $\boldsymbol{R}$（对应的李代数为 $\boldsymbol{\phi}$），左乘一个微小旋转，记作 $\Delta\boldsymbol{R}$，对应的李代数为 $\Delta\boldsymbol{\phi}$。那么在李群上，得到的结果就是 $\Delta\boldsymbol{R}\boldsymbol{R}$，而在李代数上，根据 BCH 线性近似，为 $\boldsymbol{J}_l^{-1}(\boldsymbol{\phi})\Delta\boldsymbol{\phi}+\boldsymbol{\phi}$。合并后可以简单地写成

$$\exp\left(\Delta\boldsymbol{\phi}^\wedge\right)\exp\left(\boldsymbol{\phi}^\wedge\right)=\exp\left((\boldsymbol{\phi}+\boldsymbol{J}_l^{-1}\left(\boldsymbol{\phi}\right)\Delta\boldsymbol{\phi})^\wedge\right). \tag{2.45}$$

反之，如果在李代数上进行加法，让一个 $\boldsymbol{\phi}$ 加上 $\Delta\boldsymbol{\phi}$，那么可以近似为李群上带左右雅可比矩阵的乘法：

$$\exp\left((\boldsymbol{\phi}+\Delta\boldsymbol{\phi})^\wedge\right)=\exp\left((\boldsymbol{J}_l(\boldsymbol{\phi})\Delta\boldsymbol{\phi})^\wedge\right)\exp\left(\boldsymbol{\phi}^\wedge\right)=\exp\left(\boldsymbol{\phi}^\wedge\right)\exp\left((\boldsymbol{J}_r(\boldsymbol{\phi})\Delta\boldsymbol{\phi})^\wedge\right). \tag{2.46}$$

其中 SO(3) 的左雅可比矩阵为

$$\boldsymbol{J}_l(\theta\boldsymbol{a})=\frac{\sin\theta}{\theta}\boldsymbol{I}+\left(1-\frac{\sin\theta}{\theta}\right)\boldsymbol{a}\boldsymbol{a}^\top+\frac{1-\cos\theta}{\theta}\boldsymbol{a}^\wedge \tag{2.47}$$

$$\boldsymbol{J}_l^{-1}(\theta\boldsymbol{a})=\frac{\theta}{2}\cot\frac{\theta}{2}\boldsymbol{I}+\left(1-\frac{\theta}{2}\cot\frac{\theta}{2}\right)\boldsymbol{a}\boldsymbol{a}^\top-\frac{\theta}{2}\boldsymbol{a}^\wedge. \tag{2.48}$$

而 SO(3) 的右雅可比矩阵为

$$\boldsymbol{J}_r(\boldsymbol{\phi})=\boldsymbol{J}_l(-\boldsymbol{\phi}). \tag{2.49}$$

由于李代数 $\boldsymbol{\phi}$ 和 $\boldsymbol{R}$ 可以简单地对应起来，有时也把 $\boldsymbol{J}_r(\boldsymbol{\phi})$ 简单地记作 $\boldsymbol{J}_r(\boldsymbol{R})$ 而不是 $\boldsymbol{J}_r(\text{Log}(\boldsymbol{R}))$。这同样可以让公式看上去更简洁。在很多情况下，也会省略 $\boldsymbol{J}_r(\boldsymbol{\phi})$ 括号中的部分，直接记为 $\boldsymbol{J}_r$ 和 $\boldsymbol{J}_l$。

以上这些内容都已经在《视觉 SLAM 十四讲：从理论到实践》中展开介绍过。如果读者想了解它们的实际推导过程，则可以回顾《视觉 SLAM 十四讲：从理论到实践》或者《机器人学中的状态估计》。本书将直接使用上面介绍的这些结论。

2.2　运动学

下面探讨随时间运动的三维物体。本节将从不同角度探讨三维运动学的表达方式，而且会与后面章节对应。对三维运动学的考察会引起一系列有趣的讨论，让我们开始吧！

2.2.1　李群视角下的运动学

物体的旋转和平移可以由 $\boldsymbol{R}$ 和 $\boldsymbol{t}$ 来描述（此处省略坐标系下标 wb）。当它们随时间连续变化时，就成了随时间变化的函数 $\boldsymbol{R}(t)$ 和 $\boldsymbol{t}(t)$。显然，平移部分是"平凡的"，只是单纯的值域为 $\mathbb{R}^3$ 的函数而已，所以重点考察旋转部分。

假设 $\boldsymbol{R}$ 随着时间变化，也就是 $\boldsymbol{R}(t)$，那么根据 $\boldsymbol{R}$ 为正交矩阵的性质：

$$\boldsymbol{R}^\top \boldsymbol{R} = \boldsymbol{I}, \tag{2.50}$$

不难发现：

$$\frac{\mathrm{d}}{\mathrm{d}t}\left(\boldsymbol{R}^\top \boldsymbol{R}\right) = \dot{\boldsymbol{R}}^\top \boldsymbol{R} + \boldsymbol{R}^\top \dot{\boldsymbol{R}} = \boldsymbol{0}, \tag{2.51}$$

这表示：

$$\boldsymbol{R}^\top \dot{\boldsymbol{R}} = -(\boldsymbol{R}^\top \dot{\boldsymbol{R}})^\top. \tag{2.52}$$

可以看到，$\boldsymbol{R}^\top \dot{\boldsymbol{R}}$ 是一个反对称矩阵，而反对称矩阵可以由反对称符号 $\wedge$ 写成向量的表达形式。不妨取 $\boldsymbol{\omega}^\wedge = \boldsymbol{R}^\top \dot{\boldsymbol{R}} \in \mathbb{R}^{3\times3}$，那么可以将 $\boldsymbol{R}$ 写成微分方程的形式：

$$\dot{\boldsymbol{R}} = \boldsymbol{R}\boldsymbol{\omega}^\wedge. \tag{2.53}$$

式 (2.53) 也称为**泊松方程**[49]（Poisson Formula）。请注意，也可以从 $\boldsymbol{R}\boldsymbol{R}^\top = \boldsymbol{I}$ 出发，定义 $\boldsymbol{\omega}^\wedge = \dot{\boldsymbol{R}}\boldsymbol{R}^\top$，得到 $\dot{\boldsymbol{R}} = \boldsymbol{\omega}^\wedge \boldsymbol{R}$ 的结果。这两式没有本质意义上的区别，只是形式不同。

如果只考虑瞬时变化，那么在固定的时刻 t，$\boldsymbol{\omega}$ 可以视为定值。在物理意义上，称 $\boldsymbol{\omega}$ 为**瞬时角速度**（Instant Angular Velocity）。若给定初值 t_0 时刻的旋转矩阵为 $\boldsymbol{R}(t_0)$，那么上述微分方程的解为

$$\boldsymbol{R}(t) = \boldsymbol{R}(t_0)\exp(\boldsymbol{\omega}^\wedge(t - t_0)). \tag{2.54}$$

如果读者熟悉李群与李代数的知识，不难发现式 (2.54) 就是 SO(3) 上的指数映射关系。记 $\Delta t = t - t_0$，那么此式也可以写成

$$\boldsymbol{R}(t) = \boldsymbol{R}(t_0)\mathrm{Exp}(\boldsymbol{\omega}\Delta t). \tag{2.55}$$

从另一种视角来看，也可以对 $\boldsymbol{R}(t)$ 在时间 t_0 处做泰勒展开，得到一阶近似形式为

$$\begin{aligned}
\boldsymbol{R}(t_0 + \Delta t) &\approx \boldsymbol{R}(t_0) + \dot{\boldsymbol{R}}(t_0)\Delta t \\
&= \boldsymbol{R}(t_0) + \boldsymbol{R}(t_0)\boldsymbol{\omega}^\wedge \Delta t \\
&= \boldsymbol{R}(t_0)(\boldsymbol{I} + \boldsymbol{\omega}^\wedge \Delta t).
\end{aligned} \tag{2.56}$$

这侧面反映了指数映射的近似形式：

$$\mathrm{Exp}(\boldsymbol{\omega}\Delta t) = \boldsymbol{I} + \boldsymbol{\omega}^\wedge \Delta t + \frac{1}{2}(\boldsymbol{\omega}^\wedge \Delta t)^2 + \dots \tag{2.57}$$

完整的指数映射已在前文的罗德里格斯公式中给出。对比上面的各式可以看出：

1. 式 (2.55) 是式 (2.54) 在离散时间下的形式。
2. 式 (2.56) 又是式 (2.55) 的线性近似形式。

这两组公式在处理角速度时十分有用，后续还会不断地用到它们。

2.2.2 四元数视角下的运动学

如果使用四元数来表达旋转，那么运动学公式会发生什么变化？这是同一个问题在不同视角下的描述方式。考察这个问题可以帮助我们建立不同数学表达之间的联系。我们知道四元数对向量的旋转应该取式 (2.35) 的形式，同时四元数自身也携带单位性约束 $qq^* = q^*q = 1$。与 SO(3) 的情况一样，从 $q^*q = 1$ 出发，两侧对时间求导：

$$\dot{q}^*q + q^*\dot{q} = 0, \tag{2.58}$$

得到

$$q^*\dot{q} = -\dot{q}^*q = -(q^*\dot{q})^*. \tag{2.59}$$

因此 $q^*\dot{q}$ 是一个纯虚四元数（实部为 0）。可以记一个纯虚四元数为 $\boldsymbol{\varpi} = [0, \underbrace{\omega_1, \omega_2, \omega_3}_{\boldsymbol{\omega}}]^\top \in \mathcal{Q}$，于是有

$$q^*\dot{q} = \boldsymbol{\varpi}. \tag{2.60}$$

两侧左乘 q，得到

$$\dot{q} = q\boldsymbol{\varpi}. \tag{2.61}$$

式 (2.61) 与式 (2.53) 十分相似。类比于 SO(3) 的情况，我们也可以讨论在 t 时刻附近的瞬时角速度、李代数、指数映射与对数映射。在考虑瞬时变化时，可以认为 $\boldsymbol{\varpi}$ 为固定值，于是上述微分方程给出的解为

$$q(t) = q(t_0)\exp(\boldsymbol{\varpi}\Delta t) \tag{2.62}$$

这里用到了四元数的指数映射，笔者暂停推导过程，来介绍通常意义下的纯虚四元数指数映射。

对于任意一个纯虚四元数 $\boldsymbol{\varpi} = [0, \boldsymbol{\omega}]^\top \in \mathcal{Q}$，其指数映射定义为

$$\exp(\boldsymbol{\varpi}) = \sum_{k=0}^{\infty} \frac{1}{k!}\boldsymbol{\varpi}^k. \tag{2.63}$$

分离其方向和长度，令 $\boldsymbol{\varpi} = \theta\boldsymbol{u}$，其中 θ 为 $\boldsymbol{\varpi}$ 的长度，$\boldsymbol{u}$ 为纯虚单位四元数。那么，由于 $\boldsymbol{u}$ 为纯虚单位四元数，有

$$\boldsymbol{u}^2 = -1, \quad \boldsymbol{u}^3 = -\boldsymbol{u}, \tag{2.64}$$

这个性质类似于单位反对称向量的自乘性质，可以用于高阶次项的化简。使用该性质，可以得到

$$
\begin{aligned}
\exp(\theta\boldsymbol{u}) &= 1 + \theta\boldsymbol{u} - \frac{1}{2!}\theta^2 - \frac{1}{3!}\theta^3\boldsymbol{u} + \frac{1}{4!}\theta^4 + \dots \\
&= \underbrace{\left(1 - \frac{1}{2!}\theta^2 + \frac{1}{4!}\theta^4 - \dots\right)}_{\cos\theta} + \underbrace{\left(\theta - \frac{1}{3!}\theta^3 + \frac{1}{5!}\theta^5 - \dots\right)}_{\sin\theta}\boldsymbol{u} \\
&= \cos\theta + \boldsymbol{u}\sin\theta.
\end{aligned}
\tag{2.65}
$$

式 (2.65) 与复数的欧拉公式非常相似：

$$
\exp(\mathrm{i}\theta) = \cos\theta + \mathrm{i}\sin\theta,
\tag{2.66}
$$

实际上，也正是它在四元数上的拓展形式。

代入纯虚的 $\boldsymbol{\varpi}$，可以得到

$$
\exp(\boldsymbol{\varpi}) = [\cos\theta, \boldsymbol{u}\sin\theta]^\top.
\tag{2.67}
$$

同时，因为 $\boldsymbol{\varpi}$ 为纯虚四元数，所以：

$$
\|\exp(\boldsymbol{\varpi})\| = \cos^2\theta + \sin^2\theta\|\boldsymbol{u}\|^2 = 1.
\tag{2.68}
$$

因此，一个纯虚四元数的指数映射结果为单位四元数，这也是单位四元数到纯虚四元数之间的一种映射关系。读者不妨把纯虚四元数 $\boldsymbol{\varpi}$ 看成四元数形式的李代数。于是，一个很容易想到的问题是：四元数形式的李代数与旋转向量形式的李代数有什么关系呢？

2.2.3　四元数的李代数与旋转向量间的转换

考虑一个旋转矩阵 $\boldsymbol{R}$ 和其旋转向量 $\boldsymbol{\phi}$，显然，它们之间的关系由指数映射描述：

$$
\boldsymbol{R} = \mathrm{Exp}(\boldsymbol{\phi}) = \mathrm{Exp}(\theta\boldsymbol{n}),
\tag{2.69}
$$

其中 $\boldsymbol{n}$ 为旋转向量的方向，θ 为模长。又假设该旋转也可以由 $\boldsymbol{q} = \mathrm{Exp}(\boldsymbol{\varpi})$ 表达，其中 $\boldsymbol{\varpi}$ 为纯虚四元数 $[0, \boldsymbol{\omega}]^\top$，现在来考察这两者之间的变换关系。

由式 (2.42) 可知，$\boldsymbol{R}$ 对应的四元数为

$$
\boldsymbol{q} = \left[\cos\frac{\theta}{2}, \boldsymbol{n}\sin\frac{\theta}{2}\right],
\tag{2.70}
$$

对比式 (2.67)，很容易看出 $\boldsymbol{\varpi}$ 和 $\boldsymbol{\phi}$ 之间的关系：

$$
\boldsymbol{\varpi} = \left[0, \frac{1}{2}\boldsymbol{\phi}\right]^\top, \quad \text{或} \quad \boldsymbol{\omega} = \frac{1}{2}\boldsymbol{\phi}.
\tag{2.71}
$$

四元数表达的角速度正好是 SO(3) 李代数的一半！这与四元数在旋转一个向量时要乘两遍相对应。由于这层"减半"的关系，四元数对应的李代数与 $\mathfrak{so}(3)$ 稍有不同。为了保持后面推导和行文的连续性，笔者使用统一的 Exp 关系，把两个定义结合在一起。总而言之，对于一个三维瞬时角速度（或者优化函数的目标更新量）$\boldsymbol{\omega} \in \mathbb{R}^3$，定义它在 SO(3) 上的运动学形式为

$$\dot{\boldsymbol{R}} = \boldsymbol{R}\boldsymbol{\omega}^{\wedge} \tag{2.72}$$

其对应的指数映射为

$$\boldsymbol{R} = \mathrm{Exp}(\boldsymbol{\omega}) = \exp(\boldsymbol{\omega}^{\wedge}), \tag{2.73}$$

或者，如果这个量作为纯虚四元数的更新量（通常由优化函数求解得到），那么对应的四元数应该只更新它的一半。按照式 (2.61) 中的定义，四元数的运动方程与指数映射可以写为

$$\dot{\boldsymbol{q}} = \frac{1}{2}\boldsymbol{q}[0, \boldsymbol{\omega}]^{\top}, \tag{2.74}$$

式 (2.74) 通常可以简单记为[1]

$$\dot{\boldsymbol{q}} = \frac{1}{2}\boldsymbol{q}\boldsymbol{\omega}, \tag{2.75}$$

注意，这里的系数 1/2 是为了让 SO(3) 上的角速度定义与四元数角速度统一，所以式 (2.75) 才会和式 (2.61) 有所区别。读者也应该注意到，本式暗示的操作是先将三维向量 $\boldsymbol{\omega}$ 转换为四元数，再与 $\boldsymbol{q}$ 相乘，并非直接让 $\boldsymbol{q}$ 与 $\boldsymbol{\omega}$ 相乘。

四元数指数映射也可以类似地写作

$$\boldsymbol{q} = \exp\left(\frac{1}{2}[0, \boldsymbol{\omega}]^{\top}\right) \stackrel{\text{def}}{=\!=} \mathrm{Exp}(\boldsymbol{\omega}). \tag{2.76}$$

如果 $\boldsymbol{\omega}$ 较小，就有 $\cos\left(\frac{\theta}{2}\right) \approx 1, \boldsymbol{n}\sin\frac{\theta}{2} \approx \boldsymbol{n}\frac{\theta}{2}$，此时指数映射有简化的形式：

$$\mathrm{Exp}(\boldsymbol{\omega}) \approx \left[1, \frac{1}{2}\boldsymbol{\omega}\right], \tag{2.77}$$

于是四元数更新公式可以化简为[2]

$$\boldsymbol{q}\mathrm{Exp}(\boldsymbol{\omega}) \approx \boldsymbol{q}\left[1, \frac{1}{2}\boldsymbol{\omega}\right], \tag{2.78}$$

但式 (2.78) 相对于 SO(3) 的更新式有一个明显的劣势：右侧的四元数并不是单位四元数，所以长时间更新以后，需要对四元数重新归一化[10]。而旋转矩阵部分则不存在这个问题，$\mathrm{Exp}(\boldsymbol{\omega})$ 一直都是旋转矩阵。

---

[1]注意，这里 $\boldsymbol{\omega}$ 的含义发生了改变。在式 (2.74) 中是一个三维向量，而在式 (2.75) 中则是四元数。
[2]在式 (2.78) 中就不必改变 $\boldsymbol{\omega}$ 的定义了，它仍然是一个三维向量。

至此，笔者介绍了 SO(3) 和四元数视角下的运动学及它们之间的转换关系。有了这层关系，在书写车辆的运动方程，或者在求优化问题的雅可比矩阵时，既可以使用旋转矩阵，也可以使用四元数，只是要注意这里面的 1/2 系数。完全可以混合使用四元数和旋转矩阵，只是要注意在更新变量时，四元数只需更新一半的事实。

除此以外，还可以在李代数 $\mathfrak{so}(3)$ 层面考虑运动学。既可以将平移部分视为独立的三维变量，也可以将其放到 SE(3) 中统一考虑。在实践中，这些表达方式都是可以选择的，没有本质上的差异，不过实际操作起来会有难易程度的差别。

2.2.4　其他几种运动学表达方式

$\mathfrak{so}(3)$ 上的运动学

为了给数学符号一些物理意义，后面用 $\boldsymbol{\omega}$ 表示角速度，用 $\boldsymbol{\phi}$ 表示旋转向量。罗德里格斯公式告诉我们 $\boldsymbol{R} = \mathrm{Exp}(\boldsymbol{\phi})$，现在要考察 $\boldsymbol{\phi}$ 对时间的导数及其和瞬时角速度 $\boldsymbol{\omega}$ 之间的关系。

BCH 公式给出了李群与李代数上增量的关系。假设在 t 到 $t + \Delta t$ 时刻，$\mathfrak{so}(3)$ 上的 $\boldsymbol{\phi}(t)$ 变为 $\boldsymbol{\phi}(t) + \Delta\boldsymbol{\phi}$，同时 SO(3) 的 $\boldsymbol{R}$ 变为 $\boldsymbol{R}\Delta\boldsymbol{R}$，那么根据 BCH 线性近似，有

$$\Delta\boldsymbol{R} = \mathrm{Exp}(\boldsymbol{J}_\mathrm{r}\Delta\boldsymbol{\phi}), \tag{2.79}$$

那么在 SO(3) 层面，按照角速度的定义，有 $\dot{\boldsymbol{R}} = \boldsymbol{R}\boldsymbol{\omega}^\wedge$，所以：

$$
\begin{aligned}
\boldsymbol{R}\boldsymbol{\omega}^\wedge = \dot{\boldsymbol{R}} &= \lim_{\Delta t \to 0} \frac{\boldsymbol{R}(t + \Delta t) - \boldsymbol{R}(t)}{\Delta t} \\
&\approx \lim_{\Delta t \to 0} \frac{\boldsymbol{R}(t)\mathrm{Exp}\left(\boldsymbol{J}_\mathrm{r}\Delta\boldsymbol{\phi}\right) - \boldsymbol{R}(t)}{\Delta t} \\
&\approx \lim_{\Delta t \to 0} \frac{\boldsymbol{R}(t)\left(\mathrm{Exp}\left(\boldsymbol{J}_\mathrm{r}\Delta\boldsymbol{\phi}\right) - \boldsymbol{I}\right)}{\Delta t} = \boldsymbol{R}(\boldsymbol{J}_\mathrm{r}\dot{\boldsymbol{\phi}})^\wedge,
\end{aligned}
\tag{2.80}
$$

其中，最后一个等号需要对 Exp 函数进行泰勒展开。对比左右两边，易得

$$\boldsymbol{\omega} = \boldsymbol{J}_\mathrm{r}\dot{\boldsymbol{\phi}}, \tag{2.81}$$

或者

$$\dot{\boldsymbol{\phi}} = \boldsymbol{J}_\mathrm{r}^{-1}\boldsymbol{\omega} \tag{2.82}$$

这显示了 $\mathfrak{so}(3)$ 上时间导数与 SO(3) 上瞬时角速度之间的关系。原则上，也可以使用这个量来推导后续的滤波器或者优化器。因为它的物理意义没有 $\boldsymbol{\omega}$ 那么直观，所以选择这种方式的人相当少。

$\mathrm{SO}(3) + t$ 上的运动学

可以把线速度考虑进来。例如，令 $v = t$，那么系统运动方程可以写成

$$\dot{R} = R\omega^\wedge, \quad \dot{t} = v \tag{2.83}$$

这种做法是最简单直观的，也是被广泛采用的方式。

$\mathrm{SE}(3)$ 上的运动学

也可以在 $\mathrm{SE}(3)$ 上推导运动学，并且凑成和 $\mathrm{SO}(3)$ 指数映射一致的形式。此时，需要对线速度部分加一些修改。设变换矩阵

$$T = \begin{bmatrix} R & t \\ 0^\top & 1 \end{bmatrix} \in \mathrm{SE}(3), \tag{2.84}$$

那么它的时间导数为

$$\dot{T} = \begin{bmatrix} \dot{R} & \dot{t} \\ 0^\top & 0 \end{bmatrix} = \begin{bmatrix} R\omega^\wedge & v \\ 0^\top & 0 \end{bmatrix} \tag{2.85}$$

以右乘模型为例，为了凑成 $\mathrm{SE}(3)$ 上的运动学，希望得到 $\dot{T} = T\xi^\wedge$ 的形式[①]，令 $\xi = [\rho, \phi]^\top$，那么：

$$\begin{bmatrix} R\omega^\wedge & v \\ 0^\top & 0 \end{bmatrix} = T\begin{bmatrix} \phi^\wedge & \rho \\ 0^\top & 0 \end{bmatrix} \tag{2.86}$$

不难得到

$$\phi = \omega, \quad \rho = R^\top v. \tag{2.87}$$

所以，只要定义 $\xi = [R^\top v, \omega]^\top$，就可以得到 $\mathrm{SE}(3)$ 上的运动学表达：

$$\dot{T} = T\xi^\wedge. \tag{2.88}$$

$\mathfrak{se}(3)$ 上的运动学

设李代数为 φ。为了推导 φ 的运动学，仍使用 2.2.4 节的思路。根据 BCH 线性近似，当 φ 增加了 $\Delta\varphi$ 时，T 右乘了 ΔT。类比先前的思路，可以写出

$$\dot{T} = T\xi^\wedge = \lim_{\Delta t \to 0} \frac{T(t)\mathrm{Exp}(\mathcal{J}_\mathrm{r}\Delta\varphi) - T(t)}{\Delta t} \tag{2.89}$$

$$= T\mathcal{J}_\mathrm{r}\dot{\varphi}^\wedge \tag{2.90}$$

[①]$\mathrm{SE}(3)$ 上的 $\wedge$ 符号定义为 $\xi^\wedge = \begin{bmatrix} \phi^\wedge & \rho \\ 0^\top & 0 \end{bmatrix} \in \mathbb{R}^{4\times 4}$，其中 ϕ 为旋转部分，ρ 为平移部分。

这里略去了一些中间的步骤。最后得到

$$\dot{\boldsymbol{\varphi}} = \mathcal{J}_{\mathrm{r}}^{-1} \boldsymbol{\xi}. \tag{2.91}$$

这也可以用于刻画李代数上的运动学。然而，在这些表达方式中，只有在 SO(3) + $\boldsymbol{t}$ 的方式里，变量与实际物理意义能够对应，其他几种方式都需要一定程度的转换。在大量的论文中，研究人员都默认使用最简单的运动学表达方式，也就是旋转加平移的方式。在实践中，也没必要在理论上引入不必要的麻烦，所以**默认使用旋转加平移的运动学**，但旋转的表达可以自由地使用 SO(3) 或者四元数（对应的更新量也不一样）。

2.2.5 线速度与加速度

下面考虑线速度和加速度在不同坐标系之间的变换关系。简便起见，考虑**只带旋转关系**的两个坐标系之间的线速度和加速度的变换关系。

假设有坐标系 1 和 2。某个向量 $\boldsymbol{p}$ 在两个坐标系下的坐标分别为 $\boldsymbol{p}_1, \boldsymbol{p}_2$，显然它们之间满足关系 $\boldsymbol{p}_1 = \boldsymbol{R}_{12}\boldsymbol{p}_2$，这是很简单的几何关系。

现在考虑 $\boldsymbol{p}$ 随时间变化的情况，同时两个坐标系之间也在发生旋转。请读者注意，$\boldsymbol{p}$ **在两个坐标系下的速度向量是不同的**，不是同一个向量在不同坐标系中的表达。我们来看为什么。

对 $\boldsymbol{p}_1 = \boldsymbol{R}_{12}\boldsymbol{p}_2$ 求时间导数，得

$$\begin{aligned}
\dot{\boldsymbol{p}}_1 &= \dot{\boldsymbol{R}}_{12}\boldsymbol{p}_2 + \boldsymbol{R}_{12}\dot{\boldsymbol{p}}_2 \\
&= \boldsymbol{R}_{12}\boldsymbol{\omega}^{\wedge}\boldsymbol{p}_2 + \boldsymbol{R}_{12}\dot{\boldsymbol{p}}_2 \\
&= \boldsymbol{R}_{12}(\boldsymbol{\omega}^{\wedge}\boldsymbol{p}_2 + \dot{\boldsymbol{p}}_2).
\end{aligned} \tag{2.92}$$

在传统意义上，令 $\dot{\boldsymbol{p}}_1 = \boldsymbol{v}_1, \dot{\boldsymbol{p}}_2 = \boldsymbol{v}_2$，可以得到两个线速度的变换式：

$$\boldsymbol{v}_1 = \boldsymbol{R}_{12}(\boldsymbol{\omega}^{\wedge}\boldsymbol{p}_2 + \boldsymbol{v}_2). \tag{2.93}$$

可以看出，两个速度向量和角速度也存在关系。此时，并不是在讨论某个**速度向量的不同坐标表达**，而是在讨论**两个坐标系下的速度向量变换**。

对式 (2.93) 继续求时间导数，可以得到

$$\begin{aligned}
\dot{\boldsymbol{v}}_1 &= \dot{\boldsymbol{R}}_{12}\left(\boldsymbol{\omega}^{\wedge}\boldsymbol{p}_2 + \boldsymbol{v}_2\right) + \boldsymbol{R}_{12}\left(\dot{\boldsymbol{\omega}}^{\wedge}\boldsymbol{p}_2 + \boldsymbol{\omega}^{\wedge}\dot{\boldsymbol{p}}_2 + \dot{\boldsymbol{v}}_2\right) \\
&= \boldsymbol{R}_{12}\left(\boldsymbol{\omega}^{\wedge}\boldsymbol{\omega}^{\wedge}\boldsymbol{p}_2 + \boldsymbol{\omega}^{\wedge}\boldsymbol{v}_2 + \dot{\boldsymbol{\omega}}^{\wedge}\boldsymbol{p}_2 + \boldsymbol{\omega}^{\wedge}\dot{\boldsymbol{p}}_2 + \dot{\boldsymbol{v}}_2\right) \\
&= \boldsymbol{R}_{12}\left(\dot{\boldsymbol{v}}_2 + 2\boldsymbol{\omega}^{\wedge}\boldsymbol{v}_2 + \dot{\boldsymbol{\omega}}^{\wedge}\boldsymbol{p}_2 + \boldsymbol{\omega}^{\wedge}\boldsymbol{\omega}^{\wedge}\boldsymbol{p}_2\right).
\end{aligned} \tag{2.94}$$

定义 $\boldsymbol{a}_1 = \dot{\boldsymbol{v}}_1, \boldsymbol{a}_2 = \dot{\boldsymbol{v}}_2$，式 (2.94) 写为

$$\boldsymbol{a}_1 = \boldsymbol{R}_{12}(\underbrace{\boldsymbol{a}_2}_{\text{加速度}} + \underbrace{2\boldsymbol{\omega}^{\wedge}\boldsymbol{v}_2}_{\text{科氏加速度}} + \underbrace{\dot{\boldsymbol{\omega}}^{\wedge}\boldsymbol{p}_2}_{\text{角加速度}} + \underbrace{\boldsymbol{\omega}^{\wedge}\boldsymbol{\omega}^{\wedge}\boldsymbol{p}_2}_{\text{向心加速度}}). \tag{2.95}$$

式 (2.95) 给出了加速度在两个坐标系下的不同表达方式的转换。可以看到，由于两个坐标系自身的运动关系，加速度的转换比线速度更复杂，需要考虑两个坐标系之间的旋转角速度和角加速度。好在这些项都有特殊的名称，可以帮助读者记忆。在实际处理中，由于测量传感器只能测量离散化的值，在精度不高的应用场景中，通常会忽略后面三项，只保留最简单的转换关系。

此外，在实际中，我们通常将坐标系 1 和 2 分别取为世界坐标系和车辆坐标系。如果考虑车辆坐标系下的某个运动点，那么显然这个点在车辆坐标系下的线速度和在世界坐标系下的线速度并不是同一个向量，应该和车辆的转动有关。这两个线速度应满足本节所述的变换关系。然而，我们并不怎么谈论车辆中的一个运动点。更多情况下，我们谈论**车辆本身的速度**，也就是车体坐标系原点在世界坐标系下的速度（车体原点在车辆坐标系下速度一直是零，没有实际意义）。这个速度是定义在世界坐标系中的，记为 v_w。如果左乘 R_{bw}，则可以将这个向量转换到车辆坐标系下，记作 v_b。我们将 v_b 称为**车体系速度**，它本质的含义是世界坐标系速度向量转换到车辆坐标系下的结果，而且可以被各种传感器测量到（例如车速传感器、轮子上的转动传感器等）。注意，这个变换关系与式 (2.93) 并不相同，一个是不同向量间的关系，另一个是同一向量的坐标变换关系。请读者注意它们的区别。

2.2.6　扰动模型与雅可比矩阵

如果在李群上左乘或右乘增量（无论是用旋转矩阵表示，还是用四元数表示），则其对应的李代数上就会存在一个对应的增量，而这两个增量之间，由于 BCH 公式的存在，在一阶线性近似意义下，会存在一个雅可比矩阵。显然，这个雅可比矩阵随着表达方式不同，或者增量的加法定义不同，会存在差异。下面讨论一些可行的选择与定义方式，同时给出一些常见的雅可比矩阵计算方法。

如果希望对含有旋转或变换的函数求导，那么这种导数既可以定义在向量层面，即 $\mathfrak{so}(3)$ 和 $\mathfrak{se}(3)$，也可以定义在扰动层面，也就是在原有的 R, T, q 上面左乘或右乘扰动量，然后对扰动求导。通常，对扰动求导是更简洁明了的做法，下面讨论对旋转矩阵或四元数分别进行扰动，公式上会有什么差异。

典型算例：对向量进行旋转

假设有一个向量 a，我们对其进行了旋转。旋转可以由旋转矩阵 R 或四元数 q 表达，于是对 a 的旋转可以写成矩阵乘法意义下的 Ra 或者四元数乘法意义下的 qaq^*。

首先，对 a 本身的求导是"平凡的"[①]，无须赘述[②]：

$$\frac{\partial Ra}{\partial a} = \frac{\partial (qaq^*)}{\partial a} = R. \tag{2.96}$$

[①] 利用一般的矩阵导数知识就可以计算，不需要额外的转换操作。具备一定矩阵知识的读者应该能够操作。
[②] 按照惯例，省略分母处的转置符号，以保持公式的简洁性。

对 $\boldsymbol{R}$ 或 $\boldsymbol{q}$ 的求导取决于定义方式。一般来说，可以选择对 $\boldsymbol{q}$ 本身的四个元素或 $\boldsymbol{R}$ 对应的李代数求导，但是扰动模型对应的雅可比矩阵会更加简单。扰动模型又分为左扰动与右扰动，且对于 $\boldsymbol{R}$ 和 $\boldsymbol{q}$ 有不同的定义方式。因为本书前文在介绍角速度时使用了右侧方式，所以这里也考虑对 $\boldsymbol{R}$ 进行右扰动[①]。设右扰动的量为 $\boldsymbol{\phi}$，那么[②]：

$$
\begin{aligned}
\frac{\partial \boldsymbol{Ra}}{\partial \boldsymbol{R}} &= \lim_{\phi \to 0} \frac{\boldsymbol{R} \mathrm{Exp}\,(\boldsymbol{\phi})\,\boldsymbol{a} - \boldsymbol{Ra}}{\boldsymbol{\phi}} \\
&= \lim_{\phi \to 0} \frac{\boldsymbol{R}\,(\boldsymbol{I} + \boldsymbol{\phi}^{\wedge})\,\boldsymbol{a} - \boldsymbol{Ra}}{\boldsymbol{\phi}} = -\boldsymbol{Ra}^{\wedge}.
\end{aligned}
\tag{2.97}
$$

同理，对四元数本身求导，虽然可行，但是比较麻烦。参考文献 [10] 给出了一种针对 $\boldsymbol{q}$ 求导的方式。笔者在此不加推导地引用。设 $\boldsymbol{q} = [w, \boldsymbol{v}]$，那么可以对 $\boldsymbol{q}$ 的实部和虚部分别求偏导，得到

$$
\frac{\partial \boldsymbol{qaq}^*}{\partial \boldsymbol{q}} = 2\,[w\boldsymbol{a} + \boldsymbol{v}^{\wedge}\boldsymbol{a}, \boldsymbol{v}^{\top}\boldsymbol{a}\boldsymbol{I}_3 + \boldsymbol{v}\boldsymbol{a}^{\top} - \boldsymbol{a}\boldsymbol{v}^{\top} - w\boldsymbol{a}^{\wedge}] \in \mathbb{R}^{3 \times 4}.
\tag{2.98}
$$

这显然是过于复杂的做法。我们可以对 $\boldsymbol{q}$ 进行扰动。假设扰动量为 $\boldsymbol{\omega} \in \mathbb{R}^3$，为了保持和 SO(3) 一致，对 $\boldsymbol{q}$ 右乘 $\frac{1}{2}[1, \boldsymbol{\omega}]^{\top}$，由于对旋转矩阵的扰动大小仍是一样的，其雅可比矩阵也应该是一致的：

$$
\frac{\partial \boldsymbol{Ra}}{\partial \boldsymbol{\omega}} = -\boldsymbol{Ra}^{\wedge}.
\tag{2.99}
$$

这个例子告诉我们，在实际操作中，无论是以 $\boldsymbol{q}$，还是以 $\boldsymbol{R}$ 表示旋转，**都可以使用同一个雅可比矩阵**。如果扰动量是我们的优化量，那么只需在更新优化变量时，**使用对应的方式进行更新**，不必针对两种表达方式分别推导雅可比矩阵。

典型算例：旋转的复合

下面考虑对旋转进行复合。考虑 $\mathrm{Log}(\boldsymbol{R}_1\boldsymbol{R}_2)$ 对 $\boldsymbol{R}_1$ 求导的结果[③]。对 $\boldsymbol{R}_1$ 进行右扰动，不难得到

$$
\begin{aligned}
\frac{\partial \mathrm{Log}\,(\boldsymbol{R}_1\boldsymbol{R}_2)}{\partial \boldsymbol{R}_1} &= \lim_{\phi \to 0} \frac{\mathrm{Log}\,(\boldsymbol{R}_1 \mathrm{Exp}\,(\boldsymbol{\phi})\,\boldsymbol{R}_2) - \mathrm{Log}\,(\boldsymbol{R}_1\boldsymbol{R}_2)}{\boldsymbol{\phi}} \\
&= \lim_{\phi \to 0} \frac{\mathrm{Log}\,(\boldsymbol{R}_1\boldsymbol{R}_2 \mathrm{Exp}\,(\boldsymbol{R}_2^{\top}\boldsymbol{\phi})) - \mathrm{Log}\,(\boldsymbol{R}_1\boldsymbol{R}_2)}{\boldsymbol{\phi}} \\
&= \boldsymbol{J}_{\mathrm{r}}^{-1}(\mathrm{Log}(\boldsymbol{R}_1\boldsymbol{R}_2))\boldsymbol{R}_2^{\top}.
\end{aligned}
\tag{2.100}
$$

[①]左右扰动没有本质区别。但是，速度或加速度在不同的坐标系里表达方式会有差异。按照本书前文所述，我们主要使用 wb 顺序表达变换关系，此时角速度、速度等符号与测量到的数值是一致的。为了照顾这种表达方式，在求导时也使用右扰动模型。如果读者此处还无法体会理由，则可以待到后文再作思考。

[②]该式左侧记作 $\frac{\partial \boldsymbol{Ra}}{\partial \boldsymbol{R}}$ 或者 $\frac{\partial \boldsymbol{Ra}}{\partial \boldsymbol{\phi}}$ 都是可以的。

[③]注意：不能直接说 $\boldsymbol{R}_1\boldsymbol{R}_2$ 对 $\boldsymbol{R}_1$ 或 $\boldsymbol{R}_2$ 的导数，那样就变成矩阵对向量求导，无法使用矩阵来描述。在不引入张量的前提下，最多只能求向量到向量的导数。因此分子部分必须加上 Log 符号，取为向量。

其中，第 2 行需要用到 SO(3) 的伴随性质：

$$\boldsymbol{R}^{\top}\mathrm{Exp}(\boldsymbol{\phi})\boldsymbol{R} = \mathrm{Exp}(\boldsymbol{R}^{\top}\boldsymbol{\phi}). \tag{2.101}$$

第 3 行用到 BCH 的一阶线性近似式：

$$\mathrm{Log}\left(\boldsymbol{R}_1\boldsymbol{R}_2\mathrm{Exp}\left(\boldsymbol{R}_2^{\top}\boldsymbol{\phi}\right)\right) = \mathrm{Log}(\boldsymbol{R}_1\boldsymbol{R}_2) + \boldsymbol{J}_{\mathrm{r}}^{-1}(\boldsymbol{R}_1\boldsymbol{R}_2)\mathrm{Log}(\mathrm{Exp}(\boldsymbol{R}_2^{\top}\boldsymbol{\phi})). \tag{2.102}$$

类似地，对于 $\boldsymbol{R}_2$，也可以利用右扰动求取导数：

$$\frac{\partial \mathrm{Log}\left(\boldsymbol{R}_1\boldsymbol{R}_2\right)}{\partial \boldsymbol{R}_2} = \lim_{\boldsymbol{\phi}\to 0}\frac{\mathrm{Log}\left(\boldsymbol{R}_1\boldsymbol{R}_2\mathrm{Exp}\left(\boldsymbol{\phi}\right)\right) - \mathrm{Log}\left(\boldsymbol{R}_1\boldsymbol{R}_2\right)}{\boldsymbol{\phi}} = \boldsymbol{J}_{\mathrm{r}}^{-1}(\mathrm{Log}(\boldsymbol{R}_1\boldsymbol{R}_2)). \tag{2.103}$$

式 (2.100) 和式 (2.103) 是许多复杂函数求导的基础，请读者务必掌握。在实际问题中，最常见的就是旋转矩阵和另一矩阵，或者另一向量相乘。很多复合公式都可以由上述两式推导出来。

2.3　运动学演示案例：圆周运动

下面通过实际案例来演示四元数与旋转矩阵在角速度上的处理方法的差异。

开车时，如果把车辆控制在固定速度，方向盘打到固定角度，车辆应该就会画出一个圆周运动的轨迹。请考虑这件事情如何在程序中进行模拟。

显然，这样一台车应该有固定的角速度。由于取**前左上**作为坐标系，因此该车的角速度向量 $\boldsymbol{\omega}$ 应该指向 Z 方向。而前面讲的**固定速度**，则是指在车辆坐标系中，速度向量应该固定指向正前方 $\boldsymbol{v}_{\mathrm{b}} = [v_x, 0, 0]^{\top}$。当然，它在世界坐标系下的速度必定不是沿着 X 轴方向的，因为它还会同时拐弯。我们来实现一个模拟这种车辆运行的程序。我们会用旋转矩阵和四元数两种方法来处理车辆的旋转。

src/ch2/motion.cc

```
#include <gflags/gflags.h>
#include <glog/logging.h>

#include "common/eigen_types.h"
#include "common/math_utils.h"
#include "tools/ui/pangolin_window.h"

/// 本节程序演示正在做圆周运动的车辆
/// 车辆的角速度与线速度可以在GFlags中设置

DEFINE_double(angular_velocity, 10.0, "角速度，角度制");
DEFINE_double(linear_velocity, 5.0, "车辆前进线速度 m/s");
DEFINE_bool(use_quaternion, false, "是否使用四元数计算");

int main(int argc, char** argv) {
```

```
16   google::InitGoogleLogging(argv[0]);
     FLAGS_stderrthreshold = google::INFO;
     FLAGS_colorlogtostderr = true;
     google::ParseCommandLineFlags(&argc, &argv, true);

21   /// 可视化
     sad::ui::PangolinWindow ui;
     if (ui.Init() == false) {
       return -1;
     }

26   double angular_velocity_rad = FLAGS_angular_velocity * sad::math::kDEG2RAD;   // 弧度制角速度
     SE3 pose;                                                                    // TWB表示的位姿
     Vec3d omega(0, 0, angular_velocity_rad);                                     // 角速度向量
     Vec3d v_body(FLAGS_linear_velocity, 0, 0);                                   // 本体系速度
31   const double dt = 0.05;                                                      // 每次更新的时间

     while (ui.ShouldQuit() == false) {
       // 更新自身位置
       Vec3d v_world = pose.so3() * v_body;
36     pose.translation() += v_world * dt;

       // 更新自身旋转
       if (FLAGS_use_quaternion) {
         Quatd q = pose.unit_quaternion() * Quatd(1, 0.5 * omega[0] * dt, 0.5 * omega[1] * dt, 0.5 *
             omega[2] * dt);
41       q.normalize();
         pose.so3() = SO3(q);
       } else {
         pose.so3() = pose.so3() * SO3::exp(omega * dt);
       }
46
       LOG(INFO) << "pose: " << pose.translation().transpose();
       ui.UpdateNavState(sad::NavStated(0, pose, v_world));

       usleep(dt * 1e6);
51   }

     ui.Quit();
     return 0;
   }
```

由于这是本书出现的第一个程序，因此笔者展示完整代码。后面的程序就不会这样完整了，只展示核心代码。

本书使用 GLog 作为日志管理工具，使用 GFlags 作为程序参数管理工具。本程序可以接受用户指定的角速度与线速度大小，也可以指定是使用旋转矩阵的处理方式，还是使用四元数的处理方式。我们做了如下几件事。

首先，将用户给定的角速度转换为弧度制，将线速度转换到车体坐标系下的 v_body。设定仿真的时间间隔为 0.05 s。

每次更新时，先计算世界坐标系下的速度。为此，需要知道车辆的朝向，所以需要从变量 pose 中提取姿态信息，右乘车体速度。

再更新车辆状态。如果用户指定用四元数表示，则使用式 (2.78)；如果不使用四元数表示，则用式 (2.55) 更新自身姿态。

最后，将计算好的姿态交给 UI 显示，并等待一段时间。

为了实时显示本节程序的效果，笔者为读者准备了一个 UI 界面。如果往 UI 界面中更新当前的位姿与速度，它们就会实时显示在一个 3D 窗口中，如图 2-2 所示。在编译本节程序后，读者可以运行：

终端输入：

```
./bin/motion
```

来执行本节的程序。若需要改变参数或计算方式，填写它的 GFlags 即可：

终端输入：

```
bin/motion --use_quaternion=true --angular_velocity=15
```

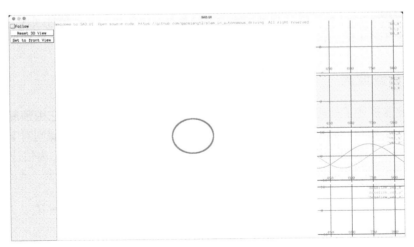

图 2-2　圆周运动车辆的运动学模拟

本书后文的大部分程序都可以通过这种方式执行。读者可以用本节的程序来适应本书的代码风格。通过本节的实验，可以看到车辆走出了一个完整的圆形轨迹，它的世界坐标系速度类似于三角函数，本体坐标系下的速度则保持 X 轴固定不变。使用四元数还是旋转矩阵，在处理运动学方面并无本质差异。读者可以利用本节程序，演示一些常见的自由落体或者抛物线运动。这些作为本节习题留给读者。

2.4 滤波器与最优化理论

下面回顾基础的滤波器原理，以及它和最优化方法之间的联系。我们仍然从状态估计讲起。

2.4.1 状态估计问题与最小二乘法

SLAM 问题、定位问题或者建图问题都可以概括为状态估计问题。典型的离散时间状态估计问题由一组运动方程和一组观测方程组成：

$$\begin{cases} \boldsymbol{x}_k = \boldsymbol{f}\left(\boldsymbol{x}_{k-1}, \boldsymbol{u}_k\right) + \boldsymbol{w}_k, \quad k = 1, \cdots, N \\ \boldsymbol{z}_k = \boldsymbol{h}\left(\boldsymbol{x}_k\right) + \boldsymbol{v}_k, \end{cases} \tag{2.104}$$

其中，$\boldsymbol{f}$ 称为运动方程，$\boldsymbol{h}$ 称为观测方程，$\boldsymbol{w}_k \sim \mathcal{N}(\boldsymbol{0}, \boldsymbol{R}_k), \boldsymbol{v}_k \sim \mathcal{N}(\boldsymbol{0}, \boldsymbol{Q}_k)$ 为高斯分布的随机噪声。设 $\boldsymbol{f}$ 和 $\boldsymbol{h}$ 为线性函数，可以得到线性高斯系统（Linear Gaussian，LG 系统）的状态估计问题：

$$\begin{cases} \boldsymbol{x}_k = \boldsymbol{A}_k \boldsymbol{x}_{k-1} + \boldsymbol{u}_k + \boldsymbol{w}_k \\ \boldsymbol{z}_k = \boldsymbol{C}_k \boldsymbol{x}_k + \boldsymbol{v}_k \end{cases}. \tag{2.105}$$

其中，$\boldsymbol{A}_k, \boldsymbol{C}_k$ 为系统的转移矩阵和观测矩阵。线性系统是最简单的状态估计问题，它的无偏最优估计由**卡尔曼滤波器**（Kalman Filter，KF）给出[8, 50]。

2.4.2 卡尔曼滤波器

卡尔曼滤波器描述了如何从一个时刻的状态估计递推到下一个时刻。它由**预测**（Prediction）和**更新**（Update）两个步骤组成。预测步骤对运动方程进行递推，更新步骤则对上一步的结果进行修正。设 $k-1$ 时刻的状态估计为 $\boldsymbol{x}_{k-1}, \boldsymbol{P}_{k-1}$，其中 $\boldsymbol{x}_{k-1}$ 为均值，$\boldsymbol{P}_{k-1}$ 为估计协方差矩阵。

---

1. 预测：

$$\boldsymbol{x}_{k,\mathrm{pred}} = \boldsymbol{A}_k \boldsymbol{x}_{k-1} + \boldsymbol{u}_k, \quad \boldsymbol{P}_{k,\mathrm{pred}} = \boldsymbol{A}_k \boldsymbol{P}_{k-1} \boldsymbol{A}_k^\top + \boldsymbol{R}_k. \tag{2.106}$$

2. 更新：先计算 $\boldsymbol{K}$，它又称为**卡尔曼增益**。

$$\boldsymbol{K}_k = \boldsymbol{P}_{k,\mathrm{pred}} \boldsymbol{C}_k^\top \left(\boldsymbol{C}_k \boldsymbol{P}_{k,\mathrm{pred}} \boldsymbol{C}_k^\top + \boldsymbol{Q}_k\right)^{-1}. \tag{2.107}$$

然后计算后验概率的分布。

$$\begin{aligned} \boldsymbol{x}_k &= \boldsymbol{x}_{k,\mathrm{pred}} + \boldsymbol{K}_k \left(\boldsymbol{z}_k - \boldsymbol{C}_k \boldsymbol{x}_{k,\mathrm{pred}}\right), \\ \boldsymbol{P}_k &= \left(\boldsymbol{I} - \boldsymbol{K}_k \boldsymbol{C}_k\right) \boldsymbol{P}_{k,\mathrm{pred}}. \end{aligned} \tag{2.108}$$

其中，下标 pred 表示预测得到的结果。不同书可能会使用不同的符号来表达它和最终估计值的差异，如 $\hat{x}, x^*, \tilde{x}$，等等。本书后文统一使用下标方式区分预测变量。

笔者不准备展开线性卡尔曼滤波器的推导过程，但要提醒读者，在线性系统中，各类方法（贝叶斯滤波、卡尔曼滤波、最小二乘法、增益最优化等）都会得出相同的结论，"条条大路通罗马"，所以卡尔曼滤波器可以由各种方法推导出来，例如：

1. 从增益最优化角度来推导，即假设最优估计由 $x_{k,\mathrm{pred}} + K_k(z_k - C_k x_{k,\mathrm{pred}})$ 形式构成，然后寻找最优的 K_k。这种推导方式最简单，也是大多数材料的首选推导方法。
2. 从贝叶斯滤波器来推导，需要用到高斯分布的线性变换和边缘化。这是参考文献 [11] 的首选做法，也是《视觉 SLAM 十四讲：从理论到实践》中的做法。
3. 从最大后验估计（MAP）来推导，这种方法只需要读者具备基础的线性代数知识。
4. 从批量 MAP 解出发，使用 Cholesky 分解区分前后向过程，由前向过程推导卡尔曼滤波。这是参考文献 [8] 的首选做法，优点是可以很好地显示卡尔曼滤波器与 Rauch-Tung-Stribel Smoother（RTS 平滑）方法的联系（以及与批量 MAP 间的联系），缺点是推导过程比较复杂。

与传统卡尔曼滤波器不同的是，本书会统一使用李群与李代数的方式来处理卡尔曼滤波器。因为需要考虑运动方程，所以状态变量 x 除了含有位置和姿态，还会带有速度、传感器零偏等其他变量。这样一个高维的 x 就落在一个高维流形 $\mathcal{M}$ 上，称为**流形上的卡尔曼滤波器**（KF on Manifold）[51]。从第 3 章可以看出，这种流形的处理方式要比基于欧拉角或者四元数原始分量的方式更简洁。

2.4.3　非线性系统的处理方法

在非线性系统中，首选的方式是对 f 和 h 进行**线性化**（Linearization）。线性化的本质是求一个函数在固定点的**泰勒展开**（Taylor Expansion），并保留一阶系数。线性化是后文广泛用到的理论。如果对一个普通的向量函数 $f(x)$ 在 x_0 点处进行线性化，应该得到

$$f(x_0 + \Delta x) = f(x_0) + J\Delta x + \frac{1}{2}\Delta x^\top H \Delta x + O(\Delta x^2), \tag{2.109}$$

这里 J 称为**雅可比矩阵**（Jacobians），H 称为**海塞矩阵**（Hessians），是线性化中最重要的两个矩阵。如果只保留一阶项，那么 $f(x)$ 可以近似为

$$f(x_0 + \Delta x) \approx f(x_0) + J\Delta x, \tag{2.110}$$

可以对非线性系统的运动方程和观测方程进行线性化，然后将卡尔曼滤波器的结论应用在非线性系统中，得到**扩展卡尔曼滤波器**（Extended Kalman Filter，EKF）。如果不展开讨论 x 的定义及各矩阵的详细形式，则通用的 EKF 可以简单描述如下。

首先，将运动方程在上一时刻的状态进行线性化，得到

$$x_k \approx f(x_{k-1}, u_k) + F_k \Delta x_k + w_k, \tag{2.111}$$

这里的 F 为运动方程相对于上一时刻状态的雅可比矩阵。该矩阵主要用于计算协方差的预测值。至于均值的预测值，可以将 x_{k-1} 代入 f 后得到。这样就写出了 EKF 的预测过程：

$$x_{k,\text{pred}} = f(x_{k-1}, u_k), \quad P_{k,\text{pred}} = F_k P_{k-1} F_k^\top + R_k. \tag{2.112}$$

注意，这里实际上假设了**一个高斯分布状态变量经过非线性函数后仍为高斯分布**。这其实是一个近似，可能与实际情况差别较大。对于观测方程，可以在 $x_{k,\text{pred}}$ 处做线性化，得到

$$z_k \approx h(x_{k,\text{pred}}) + H_k(x_k - x_{k,\text{pred}}) + n_k, \tag{2.113}$$

然后，代入卡尔曼滤波器的增益公式和更新方程，就可以得到 EKF 的更新过程：

$$K_k = P_{k,\text{pred}} H_k^\top (H_k P_{k,\text{pred}} H_k^\top + Q_k)^{-1}, \tag{2.114}$$

$$x_k = x_{k,\text{pred}} + K_k(z_k - h(x_{k,\text{pred}})), \tag{2.115}$$

$$P_k = (I - K_k C_k) P_{k,\text{pred}}. \tag{2.116}$$

对比 KF 和 EKF，会发现它们在公式上基本是一样的，只是 EKF 的几个系数矩阵并不固定，可以随着线性化点发生改变。

至此，我们快速地回顾了 KF 和 EKF 的公式，但这里的讨论并没有展开说明，当 x 中存在位移、旋转、速度等变量时，每个矩阵应该怎样计算。特别地，如果 x 中的旋转以 R 的形式来表示，则不能直接写成 $x_k - x_{k-1}$ 或者 $x_k - x_{k,\text{pred}}$，而应该使用左右扰动模型来处理这些项。引入李群与李代数之后，EKF 应该做出怎样的改变，是第 3 章要讨论的问题。

2.4.4 最优化方法与图优化

运动方程和观测方程都可以看成一个状态变量 x 与运动学输入、观测值之间的残差，这是一种**批量最小二乘法**（Batch Least Square）的视角：

$$e_{\text{motion}} = x_k - f(x_{k-1}, u) \sim \mathcal{N}(0, R_k), \tag{2.117}$$

$$e_{\text{obs}} = z_k - h(x_k) \sim \mathcal{N}(0, Q_k). \tag{2.118}$$

而滤波器中的最优状态估计可以看成关于各误差项的最小二乘问题：

$$x^* = \arg\min_x \sum_k \left(e_k^\top \Omega_k^{-1} e_k \right). \tag{2.119}$$

其中，e_k 表示第 k 项误差，Ω_k 为该误差的协方差矩阵。这里的 e_k 可以由前面的运动误差或观

测误差代入，但最小二乘法并不刻意区分运动误差或观测误差。对于一个由通用的误差函数 e_k 组成的最小二乘问题，可以用**迭代最优化方法**求解。它们的整体思路是这样的：

1. 从 x 的某个初始值出发，例如 x_0。
2. 设第 i 次的迭代值为 x_i，那么对上述误差函数，在 x_i 处进行线性化，得到

$$e_k(x_i + \Delta x) \approx e_k(x_i) + J_{k,i} \Delta x_i, \tag{2.120}$$

  这里的线性化矩阵为 $J_{k,i}$。
3. 利用高斯-牛顿法或者类似的求解方法，解得本次迭代的增量 Δx_i。以高斯-牛顿法为例，其求解的线性方程为

$$\sum_k (J_{k,i} \Omega_k^{-1} J_{k,i}^\top) \Delta x_i = -\sum_k (J_{k,i} \Omega_k^{-1} e_k). \tag{2.121}$$

4. 更新 x_i，得到下次迭代值：$x_{i+1} = x_i + \Delta x_i$。
5. 判断算法是否收敛。若收敛，则退出；若不收敛，则进行下一次迭代。

最优化方法与滤波器方法有千丝万缕的联系。它们在线性系统中会得到同样的结果[8]，但在非线性系统中则不然。主要原因有以下几个。

1. 最优化方法有迭代过程，而 EKF 没有。
2. 迭代过程会不断在新的线性化点 x_i 上求取雅可比矩阵，而 EKF 的雅可比矩阵只在预测位置上求取一次。
3. EKF 还会区分 $x_{k,\text{pred}}$，分开处理预测过程与观测过程。而最优化方法则没有 $x_{k,\text{pred}}$，统一处理各处的状态变量。

一个重要的问题是，如果忽略上述第 3 条，将卡尔曼滤波器看作非线性优化，那么卡尔曼滤波器应该有几个优化变量和几种误差函数呢？答案是：两个优化变量，三种误差函数。两个优化变量是指 x_{k-1} 和 x_k，三种误差函数分别是：

1. $k-1$ 时刻的状态 x_{k-1} 服从它的先验高斯分布。设 $x_{k-1} \sim \mathcal{N}(\bar{x}_{k-1}, P_{k-1})$[①]，那么此处产生了一个**先验误差**：

$$e_{\text{prior}} = x_{k-1} - \bar{x}_{k-1} \sim \mathcal{N}(0, P_{k-1}). \tag{2.122}$$

2. 从 $k-1$ 到 k 的**运动误差**。
3. k 时刻的**观测误差**。

后两者已经列写在式 (2.117) 中。这样，卡尔曼滤波器与最优化问题就等效了（卡尔曼滤波器与图优化模型如图 2-3 所示）。当然，它们的实际求解过程是有差异的。EKF 并不会更新 x_{k-1}，只计算 x_k 的变化量，而最优化则"一视同仁"。另外，EKF 也会更新协方差矩阵 P_k，而普通的优化器只计算均值部分 x_k。想得到 P_k，还需要对最优化问题进行**边缘化**（Marginalization）。

---

① 注意，这里必须引入 $\bar{x}_{k-1}$，它是一个已知的数值，在上一时刻算得。而 x_{k-1} 是一个可变化的变量，请注意区分。

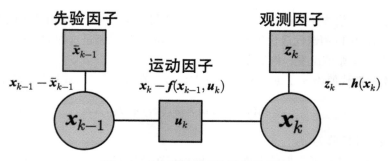

图 2-3　卡尔曼滤波器与图优化模型

在 SLAM 领域，最优化问题用图模型进行描述，对应的图模型称为**图优化**（Graph Optimization）或者**因子图**（Factor Graph）。因子图模型可以进一步引入**概率图模型**中的方法进行求解。本书不刻意区分图优化和因子图的概念，它们在实际操作中通常没有太大区别。但是，将卡尔曼滤波器与图优化方法进行对比和讨论，是本书后文的重点之一。笔者将带领读者实现一遍经典的 EKF 和图优化方法，来求解带有惯性导航、GPS 和激光点云的问题。笔者会将 EKF 拓展成迭代卡尔曼滤波器（Iterated Extended Kalman Filter，IEKF[①]），来处理观测模型中存在最近邻问题的情况（带有最近邻问题的观测模型，方程数量和形式可能在迭代过程中发生改变，而非简单地在不同点进行线性化）。

2.5　本章小结

本章向读者介绍了常见的各种坐标系、运动学理论，重点介绍了四元数与 SO(3) 两种处理运动学的方法，并讨论了它们的异同。回顾了 KF、EKF 的基本公式，讨论了它们和图优化之间的一些差异。

本章内容以回顾为主，第 3 章将展开介绍误差状态卡尔曼滤波器，并给出实现及动画演示。

习题

1. 分别使用左右扰动模型，计算

$$\frac{\partial \boldsymbol{R}^{-1}\boldsymbol{p}}{\partial \boldsymbol{R}}.$$

[①] 详细展开见本书 8.2 节。

2. 分别使用左右扰动模型，计算

$$\frac{\partial \boldsymbol{R}_1 \boldsymbol{R}_2^{-1}}{\partial \boldsymbol{R}_2}.$$

3. 将 2.3 节的实验修改成带旋转的抛物线运动。物体一方面沿 Z 轴自转，一方面存在水平的初始线速度，又受到 $-Z$ 方向的重力加速度影响。请设计程序并完成动画演示。

第 3 章　惯性导航与组合导航

　　本章向读者介绍最基本的惯性导航与组合导航技术。实际上，如果您在传统导航领域工作，那么工作的基本内容就是在组合导航层面完善一些细节。但是，本书希望向读者介绍传统惯性导航与激光雷达的融合定位知识，所以特意把这部分内容放到全书的开头部分来讲。

　　本节将介绍 IMU 与卫星定位的基础知识。探讨 IMU 的**测量模型**、**噪声模型**，演示它的积分效果。读者将发现单纯靠 IMU 估计系统状态并不现实，它们往往会很快地发散（在位置层面）。随后，笔者会用误差状态卡尔曼滤波器实现一个简单的组合导航方案。它和传统的组合导航的原理是一致的，只是使用了流形的写法，而且没有引入复杂的补偿参数。读者可以将它看成一种极简的组合导航方案。它们可以实现组合导航功能，也可以灵活地融入后续章节的其他数据源。笔者希望通过这样的方式，让读者更清楚地看到传统理论与现代理论之间的差异，而这对各研究方向的读者都有一定的启发性。

$$\delta x_{pred} = F \delta x$$
$$P_{pred} = FPF^T + Q$$

$$K = P_{pred} H^T (H P_{pred} H^T + V)^{-1}$$
$$\delta x = K(z - h(x_{pred}))$$
$$x = x_{pred} + \delta x$$
$$P = (I - KH) P_{pred}$$

ESKF 又简单，又好用
一学就会!

RTK

IMU

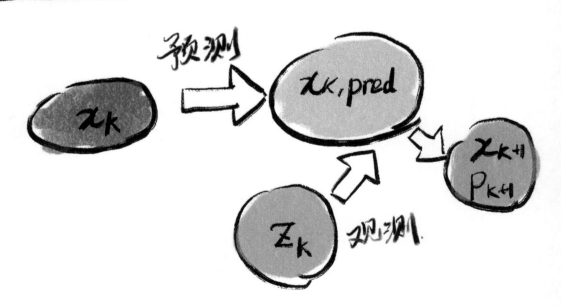

预测

x_k

$x_{k,pred}$

x_{k+1}
P_{k+1}

z_k

观测

3.1　IMU 系统的运动学

惯性测量单元（IMU）已经非常普及了。我们在绝大多数电子设备中都能找到 IMU：车辆、手机、手表、头盔，甚至足球当中都内置了 IMU。它们的体积很小，安装在设备内部，可以提供有效的局部运动估计，实现一些有趣的功能。在自动驾驶中，惯性导航器件也是十分基础的定位装置。惯性导航提供的定位效果基本与外部环境和其他传感器数据无关，具有很高的泛用性和可靠性。

典型的六轴 IMU 由**陀螺仪**（Gyroscope）和**加速度计**（Accelerator）组成。虽然它们测量的目标都是物体的惯性，但其实现手段非常多样，从低成本的 MEMS（Micro-electromechanical Systems，微机电）惯性导航到昂贵的光纤陀螺（如图 3-1 所示），它们的作用都是精确地测量物体的惯性。本书的目标不是介绍 IMU 本身的种类和工作原理[①]，而是从融合定位、状态估计的角度探讨其数学模型的性质，进一步介绍它们在激光、视觉系统中的应用。

图 3-1　各种 IMU 产品

IMU 通常安装在一个运动的系统中。通过测量运动载体的惯性，推断物体本身的状态。这些与惯性相关的物理量通常不是直接的位置和旋转，而是微分之后的物理量。IMU 的陀螺仪可以测量物体的**角速度**，而加速度计则可以测量物体的**加速度**。它们内部可以根据受力或者时间等其他物理量来推算角速度和加速度，但从外部来看，只需关心它们对角速度和加速度的测量是否精确，以及这些量和车辆位置、姿态之间的关系。

根据前面介绍的运动学，可以简单地把连续时间的运动方程列出来[②]：

[①] 如果读者对 IMU 如何测量角速度和加速度感兴趣，可以参考一些专门介绍 IMU 制造和测量原理的技术书，如参考文献 [12-13]。

[②] 本书的数学符号一切从简。尽量避免添加各种上下左右的角标，同时保持全书行文的一致性。但是目前大部分材料仍然倾向于写出完整的符号上下标[52]。那会使公式的形式变得复杂，读者应能够辨认不同技术书的书写习惯。

$$\dot{R} = R\omega^{\wedge}, \quad \text{或} \quad \dot{q} = \frac{1}{2}q\omega, \tag{3.1a}$$

$$\dot{p} = v, \tag{3.1b}$$

$$\dot{v} = a. \tag{3.1c}$$

其中，旋转部分既可以用旋转矩阵来表示，见式 (2.72)，也可以用四元数来表示，见式 (2.74)。这些物理量带上角标之后，应该写作 R_{wb}, p_{wb}。由于 p_{wb} 又对应车辆的世界坐标，在求导之后它就是车辆在世界坐标系下的速度 v_w 与加速度 a_w。这种写法是直观的，所以后文会省略与坐标系相关的下标。其他材料里可能会定义为诸如 $_wv_{wb}$ 这样的变量，以便区分世界坐标系速度和车体坐标系速度，而本书统一使用世界坐标系下的物理量，有特殊情况单独说明。

以上公式假设了世界坐标系是固定不动的，类似于宇宙空间或者虚拟空间。在不考虑地球自转时，也可以简单地将车辆行驶的大地视为固定的世界坐标系。这时，IMU 的测量值 $\tilde{\omega}, \tilde{a}$ 就是车辆本身的角速度，以及车体坐标系下的加速度[1]：

$$\tilde{a} = R^{\top}a, \tag{3.2a}$$

$$\tilde{\omega} = \omega. \tag{3.2b}$$

注意，$R^{\top}$ 带下标之后就是 R_{bw}。它将世界坐标系下的物理量转换到车体坐标系。

然而，实际的车辆、机器人都在地球表面运行。这些系统受到重力的影响，所以应该把重力写在系统方程中。在绝大多数 IMU 系统中，可以忽略地球自转的干扰[2]，从而把 IMU 测量值写为

$$\tilde{a} = R^{\top}(a - g), \tag{3.3a}$$

$$\tilde{\omega} = \omega. \tag{3.3b}$$

g 为地球的重力。当然，如果在无重力环境下测量物体的加速度，就不会出现重力项。

注意，这里 g 的符号和坐标系定义相关。我们的车体坐标系和世界坐标系都是 Z 轴向上，于是 g 通常取值 $(0, 0, -9.8)^{\top}$。但在一些技术书里，可以将 Z 轴定义成朝向地心的，那么 g 本身的取值，或者这里的符号都有可能取反。按照本书的坐标系定义，在测量方程中应该为 $a - g$。

为了便于理解，读者也可以试着想象一个水平放置的 IMU（如图 3-2 所示）。假设 IMU 静止，由于物体加速度的测量实际上是通过测量受力情况得到的，这个 IMU 应该受到一个反向的支持力，所以应测到一个 $-g$ 方向的重力。如果把 IMU 颠倒过来，$R^{\top}$ 就发生了改变，也可以读取到正的重力 g。另外，如果 IMU 在空中做自由落体运动，那么传感器本身将测不到外力影响，此时 $a - g = 0$，加速度计应该输出一个零测量值。

注意式 (3.3) 是在**无噪声影响**的情况下列写的。如果想要写一个仿真系统，那么可以用这种不带噪声模型的方程。不过，实际的 IMU 测量值通常都带有噪声，因此我们要考虑噪声的影响。

---

[1] 需要一个符号来区分**状态变量**和**测量值**。它们可以指代同一种物体量。状态变量是需要估计的、可变的，而测量值就是仪表的读数，是不变的。后文普遍使用带上波浪号的变量表示测量值，而不带的则表示状态变量。

[2] 在一些高精度系统中，IMU 可以测量到地球自转，但在车载、无人机等平台上，我们通常选择忽略这些物理量。

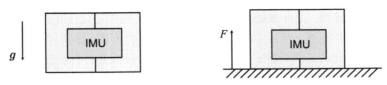

图 3-2　IMU 测量示意图：自由落体时，IMU 测不到任何读数；水平放置时，IMU 通过支持力测量反方向的重力

3.1.1　关于 IMU 测量值的解释

在此，对前面 IMU 的测量方程做一些解释，这也是很多读者在工程实践中可能遇到问题的地方。

理论上，根据牛顿第二定律，一个物体的受力情况与它的加速度呈正比，其系数即物体的质量。对某种位于宇宙空间，不受外力影响的物体来说，确实是这样的。我们也可以想象某个用弹簧测力的 IMU，在宇宙空间或自由落体时，各弹簧处于放松状态，应该测不到受力情况。但是，我们通常探讨的是实际的车辆、机器人等运动物体，它们绝大多数在地球表面运动。由于地球引力的作用，这类物体天生就受到一个外力 g 的作用。若一个物体在地球表面静止不动，尽管受合力情况为零，但 IMU 仍然"天生"受到一个反向的支持力。此时，物体虽然没有加速度，但 IMU 能够读到反向重力，所以测量方程中有一个 $-g$ 的值。如果考虑的是宇宙中的 IMU，就要移除这个测量方程中的重力。或者某地的重力大小与其他地区的不一样，就应该改变 g 的取值。但也有些材料里并不把重力写到测量方程中，现实中的 IMU 也可能在程序输出时将重力清除，请读者注意此类情况。

另外，如果不把 IMU 放在车辆中心，那么当车辆发生旋转和移动时，IMU 还应该测量到由车辆旋转导致的离心力、科氏力和角加速度，最后体现在加速度计的读数上。有些车辆还存在各种机械震动，如悬挂系统、车辆本身的运动部件（刷子、滚筒、机械臂等），它们也会影响 IMU 的读数。因此，完整的方程应该加入这些项。但是，将这些小项全部写入后面的状态估计方程中，势必使得方程变得极其冗长，不利于教学。在实践中，一方面，这些读数本身是小量；另一方面，可以通过尽量保证 IMU 的安装位置在车辆中心，避免由 IMU 与载体系不重合引来的这些问题。出于这些原因，在后续的介绍中，笔者将一直使用这种简单的 IMU 测量模型。

3.1.2　IMU 测量方程中的噪声模型

在大多数系统中，IMU 的噪声由两部分组成：**测量噪声**（Measurement Noise）与**零偏**（Bias）。为什么呢？由于各种各样的原因，即使在车辆静止时，IMU 的角速度和加速度输出也不一定形成均值为 **0** 的白噪声，而是带有一定的**偏移**。这个偏移量是由 IMU 内部的机电测量装置导致的，有些 IMU 的偏移较小，也有的会比较大。同时，该偏移还受温度等因素的影响，随时间发生变化。在数学上，我们将它**建模**出来，认为**零偏**也是系统的状态量，而且随时间随机改变。但是，读者要理解，这是一种**数学建模**，而非**系统本质**。我们并不是从 IMU 的机械特性或者物理特性得出零偏的变化关系，也没有在物理上描述 IMU 零偏和温度之间的关系，即使这种关系客观存在。我们只是**假定**数学模型是这样的，然后看它与实际的 IMU 器件读数是否有明显差异[1]。在大部分系统里，这样的建模关系是足够的。如果不够，也可以视情况添加各种补偿参数，来精确地描述零偏的变化。

记陀螺仪和加速度计的测量噪声分别为 $\boldsymbol{\eta}_\mathrm{g}, \boldsymbol{\eta}_\mathrm{a}$，同时记零偏为 $\boldsymbol{b}_\mathrm{g}, \boldsymbol{b}_\mathrm{a}$，下标 g 表示陀螺仪，a 表示加速度计。那么这几个参数在测量方程中体现为

$$\tilde{\boldsymbol{a}} = \boldsymbol{R}^\top(\boldsymbol{a} - \boldsymbol{g}) + \boldsymbol{b}_\mathrm{a} + \boldsymbol{\eta}_\mathrm{a}, \tag{3.4a}$$

$$\tilde{\boldsymbol{\omega}} = \boldsymbol{\omega} + \boldsymbol{b}_\mathrm{g} + \boldsymbol{\eta}_\mathrm{g}. \tag{3.4b}$$

在连续时间下，我们认为 IMU 测量噪声是一个方差为 $\mathrm{Cov}(\boldsymbol{\eta}_g), \mathrm{Cov}(\boldsymbol{\eta}_a)$ 的**零均值白噪声高斯过程**（Zero-mean White Gaussian Process）[2]。同时，认为零偏是一个**维纳过程**（Wiener Process），**或称布朗运动**（Brownian Motion）或**随机游走**（Random Walk）。它们都是常见的、经典的随机过程。

一个均值为零、协方差为 $\boldsymbol{\Sigma}$ 的白噪声高斯过程随机变量 $\boldsymbol{w}(t)$ 可以写为

$$\boldsymbol{w}(t) \sim \mathcal{GP}(\boldsymbol{0}, \boldsymbol{\Sigma}\delta(t - t')), \tag{3.5}$$

其中，$\boldsymbol{\Sigma}$ 称为**能量谱密度矩阵**，δ 为狄拉克函数。狄拉克函数的存在让我们可以轻松地从连续时间的高斯过程推导离散时间采样之后的 IMU 测量噪声，详细推导可以参考文献 [53] 中的附录，也将在本书的离散化模型中进行介绍。

另外，一个普通的零偏 $\boldsymbol{b}$ 的随机游走过程可以建模为

$$\dot{\boldsymbol{b}}(t) = \boldsymbol{\eta}_\mathrm{b}(t), \tag{3.6}$$

其中 $\boldsymbol{\eta}_\mathrm{b}(t)$ 也是一个高斯过程。于是，$\boldsymbol{b}_\mathrm{a}$ 和 $\boldsymbol{b}_\mathrm{g}$ 的随机游走都可以建模为

$$\dot{\boldsymbol{b}}_\mathrm{a}(t) = \boldsymbol{\eta}_\mathrm{ba}(t) \sim \mathcal{GP}(\boldsymbol{0}, \mathrm{Cov}(\boldsymbol{b}_\mathrm{a})\delta(t - t')), \tag{3.7a}$$

$$\dot{\boldsymbol{b}}_\mathrm{g}(t) = \boldsymbol{\eta}_\mathrm{bg}(t) \sim \mathcal{GP}(\boldsymbol{0}, \mathrm{Cov}(\boldsymbol{b}_\mathrm{g})\delta(t - t')). \tag{3.7b}$$

如果读者对随机过程不熟悉，则可以从直观上来理解。由于高斯过程的协方差随时间变得越来越大，IMU 本身的测量值会随着采样时间变长而变得更加不准确，因此采样频率越高的 IMU，其精度也会相对较高。而零偏部分由布朗运动描述，呈现随机游走状态。表现在实际当中，则可以认为一个 IMU 的零偏会从某个初始值开始，随机地向附近做不规律的运动。运动的幅度越大，就称它的零偏越不稳定。所以质量好的 IMU，零偏应该保持在初始值附近不动。

随机游走实际上就是导数为高斯过程的随机过程。从 IMU 的角度来看，由于我们关心的是测

---

[1] 所以，请读者不要认为 IMU 内部客观存在一个随机游走的称为零偏的物理量，然后测量值上面叠加了这个物理量。
[2] 有关高斯过程的基本信息，读者可以参考文献 [8] 中的 2.3 节。

量的角速度与加速度，所以零偏部分看起来是随机游走。若从高一级的系统层面来看，角速度就是角度的导数，加速度又是速度的导数。所以 IMU 的测量噪声，也可以解释为**角度的随机游走**和**速度的随机游走**。因此请不要看到随机游走这四个字，只想到零偏部分，而应该从整体层面看待问题。

请读者注意，这里的高斯过程和布朗运动过程，都是 IMU 测量数据的**数学模型**。数学模型并不一定是和真实世界完全对应的。有时，数学模型是对真实世界的一种**简化**，便于后续的算法计算。读者应当理解这种思想。后面我们对许多系统进行线性近似，保留各种一阶项，也是基于这种**简化**的思想。真实 IMU 的测量噪声和零偏受到非常多因素的影响，例如载体的震动、温度，IMU自身的受力、标定与安装误差，等等。把它们建模为两个随机过程，更多是为了方便状态估计算法的计算，不是完美、精确的建模方式。这种先**简化**、再**补偿**的思想，在现实中十分常见。

3.1.3　IMU 的离散时间噪声模型

尽管在连续时间下的 IMU 噪声方程比较复杂，但它们在离散时间下十分简单。现实中的 IMU会按照固定时间间隔对运动物体的惯性进行采样，因此总可以将我们拿到的数据看成离散的。完整的离散时间模型推导比较烦琐，感兴趣的读者请参考文献 [53]，这里只给出其结论。因为 IMU传感器按照固定频率进行采样，不妨设每次采样间隔为 Δt，那么对于噪声来说，陀螺仪和加速度计的离散测量噪声可以简化地描述为[①]

$$\boldsymbol{\eta}_{\mathrm{g}}(k) \sim \mathcal{N}\left(0, \frac{1}{\Delta t}\mathrm{Cov}(\boldsymbol{\eta}_{\mathrm{g}})\right), \tag{3.8a}$$

$$\boldsymbol{\eta}_{\mathrm{a}}(k) \sim \mathcal{N}\left(0, \frac{1}{\Delta t}\mathrm{Cov}(\boldsymbol{\eta}_{\mathrm{a}})\right). \tag{3.8b}$$

而对于零偏部分，则可以写为

$$\boldsymbol{b}_{\mathrm{g}}(k+1) - \boldsymbol{b}_{\mathrm{g}}(k) \sim \mathcal{N}(\boldsymbol{0}, \Delta t\,\mathrm{Cov}(\boldsymbol{b}_{\mathrm{g}})), \tag{3.9a}$$

$$\boldsymbol{b}_{\mathrm{a}}(k+1) - \boldsymbol{b}_{\mathrm{a}}(k) \sim \mathcal{N}(\boldsymbol{0}, \Delta t\,\mathrm{Cov}(\boldsymbol{b}_{\mathrm{a}})). \tag{3.9b}$$

因此，在离散时间系统中（也是我们平时操作的系统），两个噪声都是非常便于处理的。而且，在很多系统实现中，甚至不考虑用**协方差矩阵**来表示 IMU 测量噪声和零偏随机游走，而是简单地将它们表示为**对角矩阵**，这实际上忽略了各个轴之间的相关性。在程序里，往往使用诸如 $\sigma_{\mathrm{g}}, \sigma_{\mathrm{a}}$的参数表示 IMU 的噪声**标准差**，用 $\sigma_{\mathrm{bg}}, \sigma_{\mathrm{ba}}$ 参数表示零偏游走的**标准差**。这时，离散时间下的噪声标准差应该写为

$$\sigma_{\mathrm{g}}(k) = \frac{1}{\sqrt{\Delta t}}\sigma_{\mathrm{g}}, \quad \sigma_{\mathrm{a}}(k) = \frac{1}{\sqrt{\Delta t}}\sigma_{\mathrm{a}}, \tag{3.10a}$$

$$\sigma_{\mathrm{bg}}(k) = \sqrt{\Delta t}\sigma_{\mathrm{bg}}, \quad \sigma_{\mathrm{ba}}(k) = \sqrt{\Delta t}\sigma_{\mathrm{ba}}. \tag{3.10b}$$

[①]需要舍去参考文献 [53] 中的一些小项。

在后文介绍滤波器和预积分时，我们会使用这些符号来配置 IMU 的噪声情况。从物理单位上来看，离散时间的噪声是直接加在被测的物理量上的，很容易确定它们的物理单位。离散时间的零偏本身是加在被测物理量上的，因此它们与被测物理量具有相同单位[54]。

$$\sigma_{\mathrm{g}}(k) \to \frac{\mathrm{rad}}{\mathrm{s}}, \quad \sigma_{\mathrm{a}}(k) \to \frac{\mathrm{m}}{\mathrm{s}^2}, \quad \sigma_{\mathrm{bg}}(k) \to \frac{\mathrm{rad}}{\mathrm{s}}, \quad \sigma_{\mathrm{ba}}(k) \to \frac{\mathrm{m}}{\mathrm{s}^2}. \tag{3.11}$$

而连续时间的方差需要在离散方差上乘以或除以一个开方时间单位，因此它们的物理单位变为

$$\sigma_{\mathrm{g}} \to \frac{\mathrm{rad}}{\sqrt{\mathrm{s}}}, \quad \sigma_{\mathrm{a}} \to \frac{\mathrm{m}}{\mathrm{s}\sqrt{\mathrm{s}}}, \quad \sigma_{\mathrm{bg}} \to \frac{\mathrm{rad}}{\mathrm{s}\sqrt{\mathrm{s}}}, \quad \sigma_{\mathrm{ba}} \to \frac{\mathrm{m}}{\mathrm{s}^2\sqrt{\mathrm{s}}}. \tag{3.12}$$

请注意，同样的单位之间可以进行大小的转换，例如弧度可以转换为度，秒也可以转换为分钟、小时，等等。也有的材料里，将 $\frac{1}{\Delta t}$ 的单位记成 Hz，所以上述变量的物理单位也可以记为

$$\sigma_{\mathrm{g}} \to \frac{\mathrm{rad}}{\mathrm{s}\sqrt{\mathrm{Hz}}}, \quad \sigma_{\mathrm{a}} \to \frac{\mathrm{m}}{\mathrm{s}^2\sqrt{\mathrm{Hz}}}, \quad \sigma_{\mathrm{bg}} \to \frac{\mathrm{rad}}{\mathrm{s}^2\sqrt{\mathrm{Hz}}}, \quad \sigma_{\mathrm{ba}} \to \frac{\mathrm{m}}{\mathrm{s}^3\sqrt{\mathrm{Hz}}}. \tag{3.13}$$

3.1.4 现实中的 IMU

图 3-1 所示为一些典型 IMU 产品的样例。读者可以从市场上直接购买到 IMU 的相关产品，包括具有单独 IMU 的传感器及集成的产品。随着 IMU 本身的小型化，许多产品在出厂时也会在内部集成 IMU。最常见的就是我们平时使用的手机，普遍集成了低成本的 MEMS IMU 器件。而类似于激光、相机等机器人领域中常用的传感器，也越发普遍地集成了现成的 IMU。许多固态雷达（大疆 Livox 系列、Ouster OS2），双目相机（Zed 2、MYNT Eye S、RealSense D435i）都提供内置 IMU 作为惯性导航的数据源。

IMU 产品普遍提供自身的参数手册，以说明它在出厂时的数据精度、稳定性等指标。这些指标也可以用于指导我们调节状态估计算法的权重。图 3-3 展示了一个典型 IMU 的参数配置（ADIS 16448）。①

可以看到，与我们后续算法相关的主要有以下几项。

1. 测量噪声，在整个运动模型看来是**角度随机游走**和**速度随机游走**，对应**连续时间噪声模型**中的 $\sigma_{\mathrm{g}}, \sigma_{\mathrm{a}}$。我们也可以简单地将其称为**陀螺白噪声**和**加速度计白噪声**。可见，这个 IMU 的指标是 $0.66°/\sqrt{\mathrm{h}}$ 和 $0.11\mathrm{m/s}/\sqrt{\mathrm{h}}$。直观上可以理解为，在正确找到零偏的情况下，如果对这个 IMU 进行积分，那么每小时它积分误差的标准差应该为 $0.66°$ 和 $0.11\mathrm{m/s}$。

2. 零偏随机游走方差，也就是噪声模型中的 $\sigma_{\mathrm{bg}}, \sigma_{\mathrm{ba}}$。通常，这个量在手册中没有直接的对应项，在实际中也很难测量到。手册里经常用零偏重复性和运行时偏置稳定性来代替它。刚打开 IMU 时，可以在静止状态下估计 IMU 的零偏。每次零偏的大小变化由零偏重复

---

① 这是传感器的技术规格手册截图，由产商提供，量和单位的用法不一定与国标一致，但笔者希望读者能够阅读这样的技术手册来理解 IMU 参数。

性来描述。另外，如果其他客观条件不变，则这个开机零偏在运行过程中也会发生一定改变，其幅值就由**运行时零偏稳定性**描述，在该手册中为 14.5°/h。直观上讲，在理想条件下，可以认为 IMU 的零偏会在初始零偏附近的这个范围内。然而，实际中的 IMU 往往不会运行在恒温条件下，其零偏变化需要实时进行估计。整体而言，我们可以参考这个指标来设定零偏随机游走的幅值大小。[①]

ADIS16448

技术规格

除非另有说明，T_A = 25℃，VDD = 3.3 V，角速率 = 0°/秒，动态范围 = ±1000°/秒 ± 1 g。

表1.

参数	测试条件/注释	最小值	典型值	最大值	单位
陀螺仪					
动态范围		±1000	±1200		°/sec
初始灵敏度	±1000°/s，参见表12		0.04		°/sec/LSB
	±500°/s，参见表12		0.02		°/sec/LSB
	±250°/s，参见表12		0.01		°/sec/LSB
可重复性[1]	−40℃ ≤ T_A ≤ +70℃			1	%
灵敏度温度系数	−40℃ ≤ T_A ≤ +70℃		±40		ppm/℃
对准误差	轴到轴		±0.05		度
	轴到框架（封装）		±0.5		度
非线性度	最佳拟合直线		±0.1		% of FS
偏置可重复性[1,2]	−40℃ ≤ T_A ≤ +70℃，1 σ		0.5		°/sec
运动中偏置稳定度	1 σ，SMPL_PRD = 0x0001		14.5		°/hr
角度随机游走	1 σ，SMPL_PRD = 0x0001		0.66		°/√hr
偏置温度系数	−40℃ ≤ T_A ≤ +70℃		0.005		°/sec/℃
线性加速度对偏置的影响	任意轴，1 σ(MSC_CTRL[6] = 1)		0.015		°/sec/g
偏置电源灵敏度	−40℃ ≤ T_A ≤ +70℃		0.2		°/sec/V
输出噪声	±1000°/s范围，无滤波		0.27		°/sec rms
速率噪声密度	f = 25 Hz，±1000°/s范围，无滤波		0.0135		°/sec/√Hz rms
−3 dB带宽			330		Hz
传感器谐振频率			17.5		kHz
加速度计	各轴				
动态范围		±18			g
灵敏度	数据格式参见表16		0.833		mg/LSB
可重复性[1]	−40℃ ≤ T_A ≤ +70℃			1	%
灵敏度温度系数	−40℃ ≤ T_A ≤ +70℃		±40		ppm/℃
对准误差	轴到轴		0.2		度
	轴到框架（封装）		±0.5		度
非线性度	最佳拟合直线		0.2		% of FS
偏置可重复性[1,2]	−40℃ ≤ T_A ≤ +70℃，1 σ		20		mg
运动中偏置稳定度	1 σ，SMPL_PRD = 0x0001		0.25		mg
速度随机游走	1 σ，SMPL_PRD = 0x0001		0.11		m/sec/√hr
偏置温度系数	−40℃ ≤ T_A ≤ +70℃		±0.15		mg/℃
偏置电源灵敏度	−40℃ ≤ T_A ≤ +70℃		5		mg/V
输出噪声	无滤波		5.1		mg rms
噪声密度	无滤波		0.23		mg/√Hz rms
−3 dB带宽			330		Hz
传感器谐振频率			5.5		kHz

图 3-3　典型 IMU 的参数配置（ADIS16448）

[①] 关于这两个值的详细定义，请参考 GJB 585A—1998《惯性技术术语》。

3.2　使用 IMU 进行航迹推算

前面章节介绍了在运动系统中，角速度与加速度是如何测量的。这种思路是仿真的思路，或者说是描述已知系统的思路。也就是说，可以先假设物体发生了什么运动，再考虑这种运动下应该产生什么样的 IMU 测量。但是，实际情况是反过来的。我们能够读取到 IMU 传感器的读数，但必须根据 IMU 和其他传感器的读数来推断系统的运动，而不能直接获取系统的各种速度和加速度信息。

在有很多传感器的时候，我们会综合利用各种传感器数据，进行融合的定位或 SLAM，这也是本书的主要内容。后文会介绍 IMU 与 RTK、激光雷达等系统的融合。本节探讨只有 IMU 时，如何推断系统的运动状态。我们发现这样做是可行的，但只有 IMU 的系统需要对 IMU 读数进行二次积分，其测量误差与零偏的存在会导致状态变量很快地漂移。

3.2.1　利用 IMU 数据进行短时间航迹推算

3.1 节介绍了 IMU 系统本身的运动学模型，而 IMU 的测量模型则在式 (3.4) 中介绍。于是，直接把测量模型代入运动方程，忽略测量噪声的影响，即可得到连续时间下的积分模型：

$$\dot{\boldsymbol{R}} = \boldsymbol{R}(\tilde{\boldsymbol{\omega}} - \boldsymbol{b}_{\mathrm{g}})^{\wedge}, \quad \text{或} \quad \dot{\boldsymbol{q}} = \boldsymbol{q}\left[0, \frac{1}{2}\left(\tilde{\boldsymbol{\omega}} - \boldsymbol{b}_{\mathrm{g}}\right)\right], \tag{3.14a}$$

$$\dot{\boldsymbol{p}} = \boldsymbol{v}, \tag{3.14b}$$

$$\dot{\boldsymbol{v}} = \boldsymbol{R}(\tilde{\boldsymbol{a}} - \boldsymbol{b}_{\mathrm{a}}) + \boldsymbol{g}. \tag{3.14c}$$

有时，也把 $\boldsymbol{p}, \boldsymbol{v}, \boldsymbol{q}$ 称为 PVQ 状态。该方程可以从时间 t 积分至 $t + \Delta t$，推出下一个时刻的状态情况：

$$\boldsymbol{R}(t + \Delta t) = \boldsymbol{R}(t)\mathrm{Exp}\left((\tilde{\boldsymbol{\omega}} - \boldsymbol{b}_{\mathrm{g}})\Delta t\right), \quad \text{或} \quad \boldsymbol{q}(t + \Delta t) = \boldsymbol{q}(t)\left[1, \frac{1}{2}\left(\tilde{\boldsymbol{\omega}} - \boldsymbol{b}_{\mathrm{g}}\right)\Delta t\right], \tag{3.15a}$$

$$\boldsymbol{p}(t + \Delta t) = \boldsymbol{p}(t) + \boldsymbol{v}\Delta t + \frac{1}{2}\left(\boldsymbol{R}(t)(\tilde{\boldsymbol{a}} - \boldsymbol{b}_{\mathrm{a}})\right)\Delta t^2 + \frac{1}{2}\boldsymbol{g}\Delta t^2, \tag{3.15b}$$

$$\boldsymbol{v}(t + \Delta t) = \boldsymbol{v}(t) + \boldsymbol{R}(t)(\tilde{\boldsymbol{a}} - \boldsymbol{b}_{\mathrm{a}})\Delta t + \boldsymbol{g}\Delta t. \tag{3.15c}$$

通过该式，就可以用一个时刻的状态，加上下一个时刻的 IMU 数据，推算出下一个时刻的状态。这种做法一般称为**递推**。从数值积分的角度来看[1]，为数值积分中的欧拉法，如图 3-4 所示。

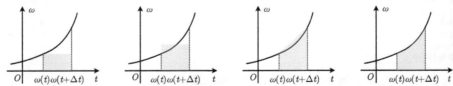

图 3-4　不同积分方法的示意图。从左至右：起点积分、中值积分、梯形积分、真实积分

---

[1] 不熟悉数值运算的读者可以参考文献 [55]。

不同的数值积分方式是不一样的，而欧拉法是最简单的一种。物体本身的旋转和平移都是连续的，而 IMU 则是按照固定时间间隔采样。在采样的这段时间 Δt 里，存在若干种不同的手段来看待这一小段时间内的角速度与加速度。欧拉法采用了最简单的做法：认为 t 到 $t+\Delta t$ 这段时间内，物体的整个角速度等于 $\boldsymbol{\omega}(t)$，加速度等于 $\boldsymbol{a}(t)$。这相当于在数值积分中，用小区间的起始点作为积分矩形的函数值。而在另一些做法中，也可以使用中值法、梯形法、高阶的插值法（最典型的是龙格库塔法[56]）来处理。这些方法在实际中并不复杂，只需要用插值之后的 $\tilde{\boldsymbol{\omega}}, \tilde{\boldsymbol{a}}$ 代替上式中的观测量，进行递推即可。理论上讲，中值法、梯形法要比最简单的欧拉积分更加准确，而插值法则引入了额外的计算量，其精度提升相比计算量的提升是否值得，要视具体应用而定。

上式也可以进一步累积，例如从 i 时刻一直递推到 j 时刻。只需把中间的 IMU 读数累积即可：

$$\boldsymbol{R}_j = \boldsymbol{R}_i \prod_{k=i}^{j-1} \mathrm{Exp}\left((\tilde{\boldsymbol{\omega}}_k - \boldsymbol{b}_{\mathrm{g},k})\,\Delta t\right) \quad \text{或} \quad \boldsymbol{q}_j = \boldsymbol{q}_i \prod_{k=i}^{j-1} \left[1, \frac{1}{2}\left(\tilde{\boldsymbol{\omega}}_k - \boldsymbol{b}_{\mathrm{g},k}\right)\Delta t\right], \tag{3.16a}$$

$$\boldsymbol{p}_j = \boldsymbol{p}_k + \sum_{k=i}^{j-1}\left[\boldsymbol{v}_k \Delta t + \frac{1}{2}\boldsymbol{g}\Delta t^2\right] + \frac{1}{2}\sum_{k=i}^{j-1}\boldsymbol{R}_k\left(\tilde{\boldsymbol{a}}_k - \boldsymbol{b}_{\mathrm{a},k}\right)\Delta t^2, \tag{3.16b}$$

$$\boldsymbol{v}_j = \boldsymbol{v}_i + \sum_{k=i}^{j-1}\left[\boldsymbol{R}_k\left(\tilde{\boldsymbol{a}}_k - \boldsymbol{b}_{\mathrm{a},k}\right)\Delta t + \boldsymbol{g}\Delta t\right]. \tag{3.16c}$$

注意，这里还没有考虑噪声的影响。第 4 章将进一步考察测量噪声和零偏噪声对 IMU 积分之后的影响，这里只看它的递推形式。注意，上式实际上是**增量形式**的，每一个 $\boldsymbol{R}_k, \boldsymbol{v}_k$ 都可以作为计算结果，用到下一个时刻中。所以在代码实现中，在某帧 IMU 到达后，可以用上一帧的结果计算下一帧的递推结果，不必等待所有数据到达后再按照公式进行累加。在旋转方面，使用四元数还是旋转矩阵，并没有本质差别，不过旋转矩阵的表示在数学公式上会更加简洁，而且不用经常归一化。本章仍然保留两种写法，以供读者随时对比。在后续章节中，将主要使用旋转矩阵的表达方式。

3.2.2　IMU 递推的代码实验

下面通过一个实验介绍如何用 IMU 数据进行轨迹的推算。在没有外部观测时，只能用式 (3.16) 进行二次积分，得到运动物体本身的位置和姿态信息。这种积分通常是快速发散的，因此 IMU 并不适合单独用来进行航迹推算。本实验也将展现这一点。

ch3/imu_integration.h

```
class IMUIntegration {
  public:
  IMUIntegration(const Vec3d& gravity, const Vec3d& init_bg, const Vec3d& init_ba)
    : gravity_(gravity), bg_(init_bg), ba_(init_ba) {}

  // 增加IMU读数
  void AddIMU(const IMU& imu) {
```

```
 9   double dt = imu.timestamp_ - timestamp_;
     if (dt > 0 && dt < 0.1) {
         // 假设IMU时间间隔在0至0.1
         p_ = p_ + v_ * dt + 0.5 * gravity_ * dt * dt + 0.5 * (R_ * (imu.acce_ - ba_)) * dt * dt;
         v_ = v_ + R_ * (imu.acce_ - ba_) * dt + gravity_ * dt;
         R_ = R_ * Sophus::SO3d::exp((imu.gyro_ - bg_) * dt);
14   }

     // 更新时间
     timestamp_ = imu.timestamp_;
   }

19   /// 组成NavState
   NavStated GetNavState() const { return NavStated(timestamp_, R_, p_, v_, bg_, ba_); }

   SO3 GetR() const { return R_; }
24   Vec3d GetV() const { return v_; }
   Vec3d GetP() const { return p_; }

   private:
   // 累积量
29   SO3 R_;
   Vec3d v_ = Vec3d::Zero();
   Vec3d p_ = Vec3d::Zero();

   double timestamp_ = 0.0;

34
   // 零偏，由外部设定
   Vec3d bg_ = Vec3d::Zero();
   Vec3d ba_ = Vec3d::Zero();

39   Vec3d gravity_ = Vec3d(0, 0, -9.8);   // 重力
 };
```

该函数实现了简单的 IMU 积分器，可以持续读取 IMU 数据，并给出自身的积分结果。笔者在 data/ch3/目录中给读者准备了一些传感器数据（后续章节还会用到）。读者可以任选一段轨迹，运行以下程序，查看 IMU 积分的结果。

ch3/run_imu_integration.cc

```
sad::TxtIO io(FLAGS_imu_txt_path);

// 该实验中，假设零偏已知
Vec3d gravity(0, 0, -9.8);   // 重力方向
5  Vec3d init_bg(00.000224886, -7.61038e-05, -0.000742259);
Vec3d init_ba(-0.165205, 0.0926887, 0.0058049);

sad::IMUIntegration imu_integ(gravity, init_bg, init_ba);

10 sad::ui::PangolinWindow ui;
ui.Init();
```

```
/// 记录结果
auto save_result = [](std::ofstream& fout, double timestamp, const Sophus::SO3d& R, const Vec3d& v,
const Vec3d& p) {
  auto save_vec3 = [](std::ofstream& fout, const Vec3d& v) { fout << v[0] << " " << v[1] << " " << v
      [2] << " "; };
  auto save_quat = [](std::ofstream& fout, const Quatd& q) {
    fout << q.w() << " " << q.x() << " " << q.y() << " " << q.z() << " ";
  };

  fout << std::setprecision(18) << timestamp << " " << std::setprecision(9);
  save_vec3(fout, p);
  save_quat(fout, R.unit_quaternion());
  save_vec3(fout, v);
  fout << std::endl;
};

std::ofstream fout("./data/ch3/state.txt");
io.SetIMUProcessFunc([&imu_integ, &save_result, &fout, &ui](const sad::IMU& imu) {
  imu_integ.AddIMU(imu);
  save_result(fout, imu.timestamp_, imu_integ.GetR(), imu_integ.GetV(), imu_integ.GetP());
  ui.UpdateNavState(imu_integ.GetNavState());
  usleep(1e2);
}).Go();

ui.Quit();
```

　　该程序会把积分结果存储在 ch3/state.txt 中。注意，本书会大量使用 C++ 中的 lambda 函数来实现灵活的函数调用。这里的 TxtIO 负责读取文本文件并解析传感器数据，然后按照预设的回调函数来执行各种传感器的回调。由于不同章节的程序将对这些传感器数据进行不同的处理，所以这里的回调部分以 lambda 函数实现。

　　现在来执行这个程序：

终端输入：

```
bin/run_imu_integration
```

　　它会在 UI 中显示车辆的实时位置。不过，这个程序会很快发散，车辆会消失在屏幕边缘。程序结束后，运行绘图脚本就可以绘制这段轨迹：

终端输入：

```
python3 scripts/plot_ch3_state.py data/ch3/state.txt
```

　　UI 里的车辆运动轨迹如图 3-5 所示，轨迹的绘制结果如图 3-6 所示。我们看到，以四元数表达的姿态整体上仍能保持稳定。该数据来源是车载 IMU，四元数姿态中的 q_y, q_z 一直保持在零附近，但位移方面则很快发散。由于缺少外部观测，速度状态很快超出了控制，远远大于车辆的实际速度（该车辆为时速低于 25 千米的低速车辆），使得位置估计发散到一个很大的数值。读者也可以尝试使用其他数据，结果都会快速发散。

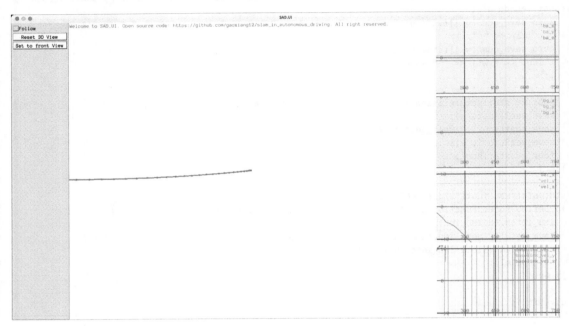

图 3-5   UI 里的车辆运动轨迹

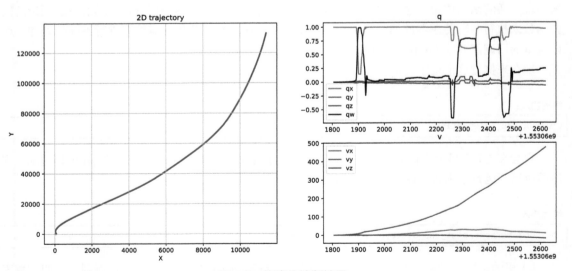

图 3-6   轨迹的绘制结果

后面章节将介绍如何将其他传感器数据与 IMU 进行融合，来得到更准确的状态估计。在传统导航领域，IMU 最主要的融合方式是和卫星导航进行组合，这样的系统称为 GINS（GNSS-INS）系统。

3.3　卫星导航

全球卫星导航系统（Global Navigation Satellite System，GNSS），简称卫星导航，是室外车辆定位的另一个主要信息来源。卫星导航的内部原理非常复杂，它的输出结果却十分简单。当然从某种角度来说，如果把实用的系统拆分到原理层面，人们很快就会被工程细节淹没。即使像单片机这样看起来简单的系统，从电路层面讲，也会显得十分复杂。所以，笔者并不准备从如何发射火箭或卫星开始介绍 GNSS，而是从另一个更加实际的角度来看这个问题，那就是，从自动驾驶车辆的视角来看，卫星导航能给一辆车提供什么信息？

这个问题的答案倒是十分简单的。正常工作时，卫星导航实际上可以提供车辆所需的**所有定位信息**，包括车辆的位置、姿态、速度等物理量。于是读者会问，那是否只靠卫星定位就可以实现自动驾驶呢？要回答这个问题，需要考量以下几方面的因素。

1. GNSS 提供的定位精度是否满足要求？
2. GNSS 的定位频率是否足够下游使用？
3. GNSS 的定位可用性如何？是否能够全天候、全场地使用？

实际上，GNSS 也存在许多个细分种类，对上述问题的答案并没有统一的回答。有些 GNSS 定位方法可以提供很高的精度，但要求物体必须静止一段时间（通常十分钟以上）；也有的方法可以提供较好的动态物体定位，但需要事先架设一个或多个基站。几乎所有 GNSS 都存在"看天吃饭"的问题——它们的稳定性与场景、结构、物体的遮挡关系，甚至和当天的天气有关。这使得在自动驾驶行业中，卫星导航通常处于一种精度够用，但稳定性很难控制的状态。

3.3.1　GNSS 的分类与供应商

整体而言，GNSS 通过测量自身与地球周围各卫星的距离来确定自身的位置，而与卫星的距离主要是通过测量时间间隔来确定的。一个卫星信号从卫星上发出时，带有一个发送时间。而 GNSS 接收机接收到它时，又有一个接收时间。比较接收时间与卫星发送时间，就能估算各卫星离我们的距离。而各种 GNSS 和测量方法的主要差异，就是如何减少这个时间测量的误差。从这种角度来看，GNSS 本质上可以看成一种高精度的授时系统。

目前，世界范围内，我们可以接收到的卫星信号主要来自四个系统：美国的全球定位系统（Global Positioning System，GPS）、中国的北斗卫星导航系统（Beidou Navigation Satellite System，BDS）、俄罗斯的格洛纳斯系统（GLONASS）、欧盟的伽利略系统（GALILEO）。每个系统都在空间中部署了 20 至 30 颗卫星。直接利用这些卫星定位信息的系统通常称为**单点 GNSS 定位**[1]。大部分位于地面的 GNSS 接收机都可以接收到各卫星系统的信号。它们可以选择其中一个卫星定位信息来源，也可以同时使用多个卫星定位信息来源。这种单点 GNSS 定位系统通常能够提供数米范围内的定位精度。大部分手机设备使用单点 GNSS 进行定位和导航。各式各样的 GNSS/RTK 接收机如图 3-7 所示。

图 3-7   各式各样的 GNSS/RTK 接收机

卫星定位的最终精度受很多因素影响。从发射端的卫星电磁信号，到中间的传输过程，再到接收端的时钟信号，每一种误差都可能引起最终卫星定位的结果偏差。同时，人们也提出了各种各样的校正技术来消除这些已知的误差。近年，**PPP**（Precise Point Positioning，精密单点定位）、**RTK**（Real-Time Kinematic，实时动态差分）等技术取得进展，其定位精度不断提升。实际上，这些技术的涵盖面非常广泛，本书从使用人员而非研发人员的角度探讨问题，故不针对各种卫星定位的改进技术做深入论述。感兴趣的读者请参考文献 [6, 57] 等。2023 年，GNSS 定位已经从早年的 10 米左右的定位精度，提升到实时可用的厘米级别的定位精度，而且已经可以面向大众。国内的 GNSS 服务商也越来越多，千寻、合众、讯腾等公司已能提供覆盖广泛、价格合理的卫星定位服务。这些终端也逐渐走进消费者的手机、汽车等产品内部。

对于自动驾驶车辆来说，最常用的卫星定位技术包括以下几种。

1. 单点 GNSS 定位，即传统的米级精度卫星定位。这种定位方式价格低廉，应用广泛。大多数手机、车机等终端都具备单点卫星定位能力。在普通车辆的道路级导航中[2]，单点定位的精度足以让驾驶人员辨认出车辆位于哪条道路，但在多条道路并排时，它的精度又往往不足以区分车辆是在高速路上还是在辅路上，或者是在主路上还是在匝道上。

2. RTK 定位。由于卫星定位信号在传输过程中可能产生误差，人们发展了**差分定位技术**，即通过地面上的一个已知精确位置的基站与车辆通信，校正车辆卫星接收机的信号。差分定位又可进一步分为位置、伪距及载波相位差分定位。其中最广泛使用的，是基于**载波相位**

---

[1] GNSS 系统一直在发展，出于一些历史原因，早期的人们习惯使用 GPS 这个称呼，但现在大部分文献会区分 GPS 和 GNSS。

[2] 自动驾驶通常需要**车道级**导航而非**道路级**导航。车道级导航可以指出车辆位于道路当中哪个车道，比道路级导航更稳定。

差分的 RTK 技术。RTK 通过与一个或多个基站进行通信，可以实时地获取校正后的卫星导航位置。

目前，已有多家企业为自动驾驶提供 RTK 服务。这些企业通常会大范围地架设基站，通过 4G 和 5G 移动网络与车辆进行实时通信，输出车辆的实时位置。在天气、路况较好的场景下，可以直接使用 RTK 提供的定位信息来实现自动驾驶。也有一些供应商组合 RTK 与惯导系统，构成更稳定的组合导航算法，从而增加定位系统的可靠性。

3.3.2　实际的 RTK 安装与接收数据

百闻不如一见。RTK 接收器通常安装在车辆顶部，呈圆盘形状（人们通常亲切地称它为"蘑菇头"）。一个蘑菇头可以提供精确卫星定位位置，如果使用两个接收器组成**双天线**方案，就可以根据两根天线给出的位置差，计算车辆的实时朝向（Heading）。

图 3-8 展示了一种实际车辆上的 RTK 双天线安装方式。这个车没有外壳，能看出各类传感器的安装位置。它有两个 RTK 蘑菇头，一个在车辆前方，另一个在车辆后方，它们是沿着车辆前进轴放置的。也有些车辆的双天线采用水平安装或者侧向安装的方式。总体而言，在双天线方案中，定义其中一个为主天线，表达车辆位置。另一个为副天线，通过主副天线的位置向量相减，得到两根天线之间的朝向，进而获取车辆角度（主要为航向角 yaw）。在左右安装的方案中，通常以左侧为主天线；而在前后安装的方案中，通常以后侧为主天线。不过，这些只是人为的定义，两根天线没有什么本质上的不同，反着定义也是完全可以的。

图 3-8　一种实际车辆上的 RTK 双天线安装方式

图 3-9 展示了几种 RTK 双天线的不同安装方式，实际中也可以按照车辆本身的外形进行定制。为了准确测量车辆角度，人们往往会把两根天线放得尽可能远[①]。双天线的距离也叫作 RTK 的**基线**（Baseline）[②]。作为一种传感器，RTK 在车辆上的安装位置可以视为它的外参，由一个矩阵描述。不过，由于双天线一般在一个水平面内，它的旋转部分外参只需用一个角来描述，称为**安装偏角**（Antenna Angle）；平移部分则称为**安装偏移**（Antenna Position）。这两个参数一般在结构设计时确定。

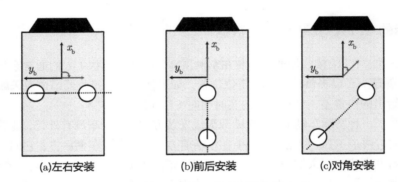

(a)左右安装   (b)前后安装   (c)对角安装

图 3-9   几种 RTK 双天线的不同安装方式

卫星定位通常输出物体的经纬度位置。这种输出形式与地球上某个固定的坐标系相关，而不像其他激光、视觉定位那样可以随意定义坐标系。同时，RTK 双天线的角度也存在习惯的定义方式。笔者先介绍常见的世界坐标系，再介绍如何处理一些实际的 RTK 数据。

3.3.3   常见的世界坐标系

物理世界中存在多种普遍使用的世界坐标系。接下来简单介绍它们的定义方式。

地理坐标系

地球上最常见的坐标系就是**经纬度**（Latitude Longitude）坐标系，也称为**地理坐标系**（Geographic Coordinate System），如图 3-10 所示。它们再加上高度就形成了**经纬高**（Latitude-longitude-altitude，LLA）坐标系。经纬度是指按横向和纵向对地球表面进行均匀的切分。经度是从本初子午线向东西各 180°，纬度则是从赤道向南北各 90°。这两个数值均为角度值或者弧度值。高度方面则可使用海拔高度或者地心高度，它们都是相对于某个基准水平面的高度。

[①] 两根天线的位置都会受一定噪声的影响。它们的距离越远，测量噪声对角度的影响就越小。

[②] 基线这个词的定义非常广泛，各种传感器都可以将自己的某条线段定义为基线，如 RTK 的基线、双目视觉的基线，等等。读者不必纠结这个词与其他图书中所介绍的基线之间的联系。

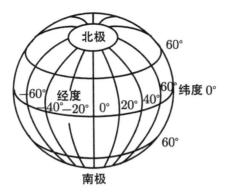

图 3-10　经纬度坐标系示意图

　　经纬度是十分直观、好用的坐标系，能够覆盖整个地球。许多地图系统都会首选使用经纬度坐标系作为默认的坐标系。但自动驾驶地图通常覆盖城市级别或者更小的范围，经纬度坐标系会让坐标系统的有效数字变多（建筑物级别的经纬度通常要精确到小数点后 8 至 9 位），读起来比较费力。它们与日常接触的米制单位的转换关系不够线性，例如，一度经度在北极可以对应 0 米，而在赤道可能对应上百千米。因此，除了经纬度这种全局坐标系，我们还会使用一些日常的局部坐标系。

UTM 坐标系

　　UTM（Universal Transverse Mercator Grid System）坐标系是将地球视为一个椭球体（World Geodetic System 84 椭球体），投影至横躺的圆柱体上，将其展开并进行分区得到的。它将经度分为 60 个区，将纬度分为 20 个区，并赋予标号。经度方向为数字标号，纬度方向为字母标号。除了个别地方，这些分区大体是均匀分布的。注意，这里所谓的均匀分布是指沿经纬度均匀分布。由于地球本身是球面，它们在米制单位上并不是均匀的。另外，两极区域在铺平之后有较大畸变，所以 UTM 的纬度有效范围是南北 80° 以内。

　　在每个分区内，UTM 坐标以正东、正北的米制坐标来表达车辆位置。由于地球半径约为 6,378 千米，可以算得 UTM 一格在东西向最宽约 66.7 万米。于是，UTM 正东坐标是指，将该区的经度中心线取 $x = 500,000$，然后取向东的偏移量。此时，如果某个点落在中心线以西，则 x 坐标将小于 500,000 米，但仍为正数。正北方向则以赤道的投影距离为原点，取这个点偏离赤道的距离为 y 坐标。那么，在北半球中，将正东视为 X 轴，正北视为 Y 轴，按照右手坐标系，Z 轴应该指向天空。这样就定义了一个分区内的世界坐标系，且符合**东北天坐标系**的习惯。或者，也可以将正北视为 X 轴，将正东视为 Y 轴，Z 轴指向地面，定义**北东地坐标系**。两者在实际应用中都有使用。

　　UTM 的优点是使用了米制坐标，与其他传感器的兼容性好，缺点是某些地区可能在两个分区的跨界处，需要进行额外的坐标处理。由于地球的投影畸变，实际的 UTM 坐标与米制单位之间还有一个 0.9996 的倍数关系，在高精度场合中需要将其考虑进去。此外，**东北天坐标**与**北东地坐标**的 Z 轴指向相反，所以在角度定义方面会有差别，在实际情况中也应该进行转换。

3.3.4　RTK 读数的显示

　　不少 RTK 和组合导航生产厂商都可以按照用户选择的坐标系输出坐标，其中最基本的就是输出 RTK 接收器测量到的经纬度。下面演示如何将 RTK 的经纬度坐标转换为米制的 UTM 坐标，同时使用双天线方案确定车辆的方向角。这里不考虑车辆的俯仰和滚转，将它们视为零。于是，虽然车辆输出的是**四自由度坐标**，但在假设车辆俯仰和滚转为零的前提下，也可以把 RTK 输出视为六自由度的位置变换，即 SE(3) 的位姿。

　　继续使用 3.2 节的数据。这些数据实际上是 IMU、RTK、轮速计读数的数据文件，位于 data/ch3/目录下。读者可以用文本编辑器打开它们，格式如下：

数据文件的例子

```
GNSS 1571900872.47168827 30.0011840411666668 117.97859182983332 305.98748779296875
330.047799999999995 1
ODOM 1571900872.50085688 0 0
IMU 1571900872.56527948 -0.00074001960284558320 -0.0004712388980384609959
6.98131700797720067e-06 0.362519161666666645 -0.0608012299999999908
9.82135997500000002
```

文件的每一行表示一个数据，开头的 "GNSS" "ODOM" "IMU" 表示它的记录类型。对于 GNSS 读数来说，每行的内容为：记录时间、纬度、经度、高度、方向角、方向角有效位标志。对于 IMU 或轮速来说，则是各自的加速度计、陀螺仪和轮速计的读数。这里的 GNSS 定位是由千寻 FindCM 方案提供的，在固定解状态下标称精度为 2cm。

　　由于经纬度转 UTM 的算法比较复杂和琐碎，不是本书的重点内容，本书使用一个开源的转换方法来实现这部分内容，参见 thirdparty/utm_convert 目录[①]。为它添加一个封装函数，便于计算 GNSS 读数对应的 SE(3) 位姿。转换代码如下：

ch3/utm_convert.cc

```
bool LatLon2UTM(const Vec2d& latlon, UTMCoordinate& utm_coor) {
  long zone = 0;
  char char_north = 0;
  long ret = Convert_Geodetic_To_UTM(latlon[0] * math::kDEG2RAD, latlon[1] * math::kDEG2RAD, &zone,
      &char_north,
  &utm_coor.xy_[0], &utm_coor.xy_[1]);
  utm_coor.zone_ = (int)zone;
```

[①] 相关信息见 "链接 5"。

```
        utm_coor.north_ = char_north == 'N';

 9      return ret == 0;
      }

      bool ConvertGps2UTM(GNSS& gps_msg, const Vec2d& antenna_pos, const double& antenna_angle, const
          Vec3d& map_origin) {
        /// 经纬高转换为UTM
14      UTMCoordinate utm_rtk;
        if (!LatLon2UTM(gps_msg.lat_lon_alt_.head<2>(), utm_rtk)) {
          return false;
        }
        utm_rtk.z_ = gps_msg.lat_lon_alt_[2];

19      /// GPS heading转成弧度
        double heading = 0;
        if (gps_msg.heading_valid_) {
          heading = (90 - gps_msg.heading_) * math::kDEG2RAD;   // 北东地转到东北天
24      }

        /// TWG转到TWB
        SE3 TBG(SO3::rotZ(antenna_angle * math::kDEG2RAD), Vec3d(antenna_pos[0], antenna_pos[1], 0));
        SE3 TGB = TBG.inverse();

29      /// 若指明地图原点，则减去地图原点
        double x = utm_rtk.xy_[0] - map_origin[0];
        double y = utm_rtk.xy_[1] - map_origin[1];
        double z = utm_rtk.z_ - map_origin[2];
34      SE3 TWG(SO3::rotZ(heading), Vec3d(x, y, z));
        SE3 TWB = TWG * TGB;

        gps_msg.utm_valid_ = true;
        gps_msg.utm_.xy_[0] = TWB.translation().x();
        gps_msg.utm_.xy_[1] = TWB.translation().y();
39      gps_msg.utm_.z_ = TWB.translation().z();

        if (gps_msg.heading_valid_) {
          // 组装为带旋转的位姿
          gps_msg.utm_pose_ = TWB;
44      } else {
          // 组装为仅有平移的SE3
          // 注意，当安装偏移存在时，并不能推导出车辆位姿
          gps_msg.utm_pose_ = SE3(SO3(), TWB.translation());
49      }

        return true;
      }
```

其中，经纬度到 UTM 的转换由库函数完成，而我们需要把 GNSS 坐标系下的 UTM 坐标转换为车辆的观测位姿，其中要考虑 RTK 的安装外参。本节样例中使用的 RTK 双天线安装方式如图 3-11 所示，蓝色的 x_B, y_B, O_B 表示车身坐标系，红色的 x_G, y_G, O_G 表示 GNSS 接收器的坐

标系。

数学上，可以将 RTK 的 UTM 坐标读数视为 T_{WG}，其中 W 代表世界坐标系，G 代表 GNSS 接收器的坐标系。为了方便后续的融合定位，将它转换到 T_{WB}，其中 B 为车辆本体坐标系。于是，GNSS 接收器与车辆间的外参就可以由 T_{GB} 或 T_{BG} 描述。

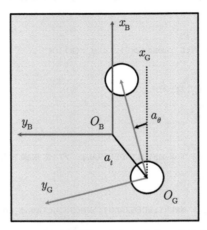

图 3-11　本节样例中使用的 RTK 双天线安装方式。这台车的主天线位于车辆右后侧，副天线位于左前侧

在标定参数中，指定安装偏移 a_t 为 O_{B} 指向 O_{G} 的向量，且在 B 系中取坐标，这实际上就是 T_{BG} 的平移分量。同时，安装偏角 a_θ 定义为 B 系的 x 轴转向 G 系 x 轴之间的转角。将 a_t, a_θ 代入 T_{BG}，不难得到

$$T_{\mathrm{BG}} = \begin{bmatrix} R_Z(a_\theta) & a_t \\ \mathbf{0}^\top & 1 \end{bmatrix}, \tag{3.17}$$

其中，R_Z 表示绕 Z 轴进行旋转的矩阵。

需要解释的是，这种**安装偏角**和**安装偏移**的定义方式易于理解，但它并不是唯一的，具体定义方式需要考虑操作上的便利性。这两个量也可以按照反方向来定义，只要易于现场标定人员测量即可。我们往往让数学符号习惯跟从现实习惯，而不是让现实操作符合数学定义。如果让标定人员测量 R_{BG} 或者 t_{BG}，则他们通常无法很直观地理解。如果给出两个点的连线，或者两条线的夹角，标定人员就很容易操作。

车辆本体坐标系到世界坐标系的变换矩阵 T_{WB} 可由 RTK 读数和它的外参解出：

$$T_{\mathrm{WB}} = T_{\mathrm{WG}} T_{\mathrm{GB}}. \tag{3.18}$$

将式 (3.18) 的旋转与平移部分写开，可得

$$R_{\mathrm{WB}} = R_{\mathrm{WG}} R_{\mathrm{GB}}, \quad t_{\mathrm{WB}} = R_{\mathrm{WG}} t_{\mathrm{GB}} + t_{\mathrm{WG}}. \tag{3.19}$$

　　这里要提一点，即使 RTK 外参 t_{GB} 已知，要确定车辆坐标 t_{WB}，还需要知道 RTK 的朝向 $\boldsymbol{R}_{\mathrm{WG}}$。如果使用的是单天线方案，而安装偏移相关的量 t_{GB} 又不为零，那么**当车辆朝向不明时，并不能真正确定车辆本体的世界坐标**。当然，在状态估计算法中，车辆姿态 $\boldsymbol{R}_{\mathrm{WB}}$ 存在估计值，此时也可以使用 $\boldsymbol{R}_{\mathrm{WB}}\boldsymbol{R}_{\mathrm{BG}}$ 作为当时的 $\boldsymbol{R}_{\mathrm{WG}}$。

　　此外，这里的转换程序还做了**东北天至北东地**的转换。由于 RTK 生产厂商的协议并不相同，有些厂商在输出角度时会按照他们预定的方案来实现，这可能会导致角度定义的不一致。本书使用的 UTM 坐标使用正东、正北作为 X 轴和 Y 轴，属于**东北天坐标系**；而 RTK 厂商输出的则是**北东地**坐标系。前者以东为零度，后者以北为零度，且旋转方向相反。于是，一个北东地坐标系下的方位角 h 转换到东北天坐标系下的角度 h'，应为

$$h' = \pi/2 - h. \tag{3.20}$$

上述代码就对方位角做了上述处理。

　　再写一段程序，将数据文件中的 GNSS 读数转换为位姿，写入输出的文件。读者可以用 Python 脚本绘制整个 GNSS 的轨迹。同时，把 RTK 的位姿放入实时图形界面中，让读者可以马上看到当前的位置和朝向。

ch3/process_gnss.cc

```
DEFINE_string(txt_path, "./data/ch3/10.txt", "数据文件路径");

// 以下参数仅针对本书提供的数据
DEFINE_double(antenna_angle, 12.06, "RTK天线安装偏角（角度）");
DEFINE_double(antenna_pox_x, -0.17, "RTK天线安装偏移X");
DEFINE_double(antenna_pox_y, -0.20, "RTK天线安装偏移Y");

/**
 * 本程序演示如何处理GNSS数据
 * 将GNSS原始读数处理成能够进行后续处理的六自由度Pose
 * 需要处理UTM转换、RTK天线外参、坐标系转换三个步骤
 *
 * 将结果保存在文件中，然后用Python脚本进行可视化
 */

int main(int argc, char** argv) {
    sad::TxtIO io(fLS::FLAGS_txt_path);

    std::ofstream fout("./data/ch3/gnss_output.txt");
    Vec2d antenna_pos(FLAGS_antenna_pox_x, FLAGS_antenna_pox_y);

    auto save_result = [](std::ofstream& fout, double timestamp, const SE3& pose) {
        auto save_vec3 = [](std::ofstream& fout, const Vec3d& v) { fout << v[0] << " " << v[1] << " " <<
            v[2] << " "; };
        auto save_quat = [](std::ofstream& fout, const Quatd& q) {
            fout << q.w() << " " << q.x() << " " << q.y() << " " << q.z() << " ";
        };
```

```
28    fout << std::setprecision(18) << timestamp << " " << std::setprecision(9);
      save_vec3(fout, pose.translation());
      save_quat(fout, pose.unit_quaternion());
      fout << std::endl;
    };

33  std::shared_ptr<sad::ui::PangolinWindow> ui = nullptr;
    if (FLAGS_with_ui) {
      ui = std::make_shared<sad::ui::PangolinWindow>();
      ui->Init();
38  }

    bool first_gnss_set = false;
    Vec3d origin = Vec3d::Zero();
    io.SetGNSSProcessFunc([&](const sad::GNSS& gnss) {
43    sad::GNSS gnss_out = gnss;
      if (sad::ConvertGps2UTM(gnss_out, antenna_pos, FLAGS_antenna_angle)) {
        if (first_gnss_set == false) {
          origin = gnss_out.utm_pose_.translation();
          first_gnss_set = true;
48      }
        gnss_out.utm_pose_.translation() -= origin;

        save_result(fout, gnss_out.unix_time_, gnss_out.utm_pose_);
        ui->UpdateNavState(
53        sad::NavStated(gnss_out.unix_time_, gnss_out.utm_pose_.so3(), gnss_out.utm_pose_.translation
              ()));

        usleep(1e4);
      }
    }).Go();

58  if (ui) {
      while (!ui->ShouldQuit()) {
        usleep(1e5);
      }
63    ui->Quit();
    }

    return 0;
}
```

该程序将 RTK 读数转换为 UTM 位姿，并去除了原点，然后写入文本文件，同时传递给 UI 进行显示。请读者编译运行该程序，指定一个输入的文本文件：

终端输入：

```
bin/process_gnss --txt_path ./data/ch3/10.txt
```

该程序将 RTK 转换后的六自由度坐标写入 data/ch3/gnss_output.txt 文件中。接下来，可以用 scripts/plot_ch3_gnss_2d 和 scripts/plot_ch3_gnss_3d 两个脚本分别绘制二维和三维的 GNSS 轨迹：

终端输入：

```
python3 scripts/plot_ch3_gnss_2d.py ./data/ch3/gnss_output.txt
```

GNSS 轨迹的二维和三维视图如图 3-12 所示。可见，这个场景中 RTK 本身能够给出非常不错的车辆轨迹，但高度层面则存在明显抖动和误差，说明 RTK 的高度测量数据精度通常是不如水平坐标的。读者也可以尝试画出本书提供的其他几个样例数据，只需更改对应的文件路径即可。此处展示的案例是一个 GNSS 信号良好的场景，但笔者提供的数据里也存在一些 GNSS 相对较差的路段，读者可以对比它们的轨迹图。

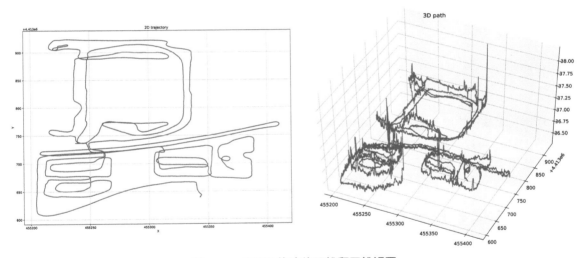

图 3-12　GNSS 轨迹的二维和三维视图

本节测试程序也提供实时的 GNSS 位姿展示，GNSS 的实时轨迹如图 3-13 所示。在 RTK 角度有效时，车辆坐标系应该为 X 轴向前，Y 轴向左，Z 轴向上。如果读者自己运行了本程序，应该能观察到 RTK 测量的角度相比位置更不稳定。在运行过程中，RTK 角度经常会出现失效的情况。按照我们之前的推导，如果 RTK 姿态失效，则车辆本身的位置也将无法完全解算出来。读者还应该能观察到，在 RTK 角度失效时，计算出来的车辆位置会有小幅度的抖动。

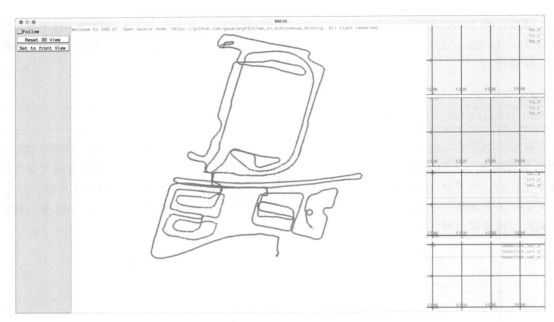

图 3-13　GNSS 的实时轨迹

注意，本节仅使用了 RTK 设备提供的位置与方向角信息。也有的 RTK 或组合导航设备内部集成了 IMU，可以直接向外输出角速度、线速度等物理量。本书的目标是介绍其原理，所以在此不直接使用 RTK 设备带来的这些信息。

3.4　使用误差状态卡尔曼滤波器实现组合导航

RTK 设备为我们提供了一个不太稳定的位姿观测源。我们可以将它视为定位滤波器的一种观测。本节将 RTK 与 IMU 结合，使用拓展卡尔曼滤波器形成传统的组合导航算法，以供后续的算法对比。严格来说，笔者向读者介绍的是**误差状态**卡尔曼滤波器（Error State Kalman Filter，ESKF）。ESKF 的应用十分广泛，从 GINS 组合导航到视觉 SLAM[58-60]、外参自标定[61-62] 等任务中都有应用。为什么需要 ESKF？ESKF 与 EKF 之间有何区别？笔者会从动机层面开始介绍。这种由简至繁的过程也可以帮助读者更好地厘清各种算法的发展过程。

3.4.1　ESKF 的数学推导

前面已经介绍过 IMU 器件的观测模型，现在需要把 IMU 视为运动模型，并把 GNSS 观测视为观测模型，推导整个滤波器。这件事情并不难。

设状态变量为

$$\boldsymbol{x} = [\boldsymbol{p}, \boldsymbol{v}, \boldsymbol{R}, \boldsymbol{b}_{\mathrm{g}}, \boldsymbol{b}_{\mathrm{a}}, \boldsymbol{g}]^{\top}, \tag{3.21}$$

所有变量都默认取下标 $()_{\mathrm{WB}}$，其中 $\boldsymbol{p}$ 为平移，$\boldsymbol{v}$ 为速度，$\boldsymbol{R}$ 为旋转，$\boldsymbol{b}_{\mathrm{g}}, \boldsymbol{b}_{\mathrm{a}}$ 为零偏，$\boldsymbol{g}$ 为重力。将 IMU 测量值代入式 (3.1)，状态变量在连续时间下的运动方程为

$$\dot{\boldsymbol{p}} = \boldsymbol{v}, \tag{3.22a}$$

$$\dot{\boldsymbol{v}} = \boldsymbol{R}(\tilde{\boldsymbol{a}} - \boldsymbol{b}_{\mathrm{a}} - \boldsymbol{\eta}_{\mathrm{a}}) + \boldsymbol{g}, \tag{3.22b}$$

$$\dot{\boldsymbol{R}} = \boldsymbol{R}\left(\tilde{\boldsymbol{\omega}} - \boldsymbol{b}_{\mathrm{g}} - \boldsymbol{\eta}_{\mathrm{g}}\right)^{\wedge}, \tag{3.22c}$$

$$\dot{\boldsymbol{b}}_{\mathrm{g}} = \boldsymbol{\eta}_{\mathrm{bg}}, \tag{3.22d}$$

$$\dot{\boldsymbol{b}}_{\mathrm{a}} = \boldsymbol{\eta}_{\mathrm{ba}}, \tag{3.22e}$$

$$\dot{\boldsymbol{g}} = \boldsymbol{0}. \tag{3.22f}$$

为了在 EKF 的预测过程中对协方差进行预测，需要对该方程进行线性化。理论上，线性化的形式为

$$\boldsymbol{x}_{k+1} = \boldsymbol{f}(\boldsymbol{x}_k) + \boldsymbol{F}\mathrm{d}\boldsymbol{x} + \boldsymbol{w}, \tag{3.23}$$

其中，$\boldsymbol{F} = \left.\dfrac{\partial \boldsymbol{f}}{\partial \boldsymbol{x}(t)}\right|_{\boldsymbol{x}(t)}$ 为系数矩阵。该矩阵由运动方程和各项状态变量的导数构成。这里会遇到一个非常现实的问题：一方面，$\boldsymbol{F}$ 中需要计算旋转矩阵 $\boldsymbol{R}$ 相对于某个扰动的导数，而在不引入张量的情况下，是无法表达矩阵对向量导数的形式的。于是，传统算法往往会退一步，用欧拉角或者四元数的四个标量作为状态变量[63]，但这样就无法优雅地使用流形上的方法了。另一方面，如果考虑将惯性导航系统与卫星导航系统进行融合，那么 $\boldsymbol{x}$ 中的平移变量就应该使用全局坐标系。这会使 $\boldsymbol{x}$ 中的数值变得很大，在有些场合超出浮点数的有效数字范围。这可能导致一些常见的运算失效，例如数值计算中的 "大数吃小数" 现象[64]。

于是，能否避免直接使用 $\boldsymbol{x}$ 和 $\boldsymbol{P}$ 来表达状态的均值和协方差，推导运动和观测方程呢？能否使用原先卡尔曼滤波器中的**更新量**来推导这两个方程？回忆卡尔曼滤波器中的观测部分：

$$\boldsymbol{x}_k = \boldsymbol{x}_{k,\mathrm{pred}} + \boldsymbol{K}_k \underbrace{\left(\boldsymbol{z}_k - \boldsymbol{H}_k \boldsymbol{x}_{k,\mathrm{pred}}\right)}_{\text{更新量}}. \tag{3.24}$$

在流形意义下，右侧的更新量应是位于切空间中的向量，中间的加法应为流形与切空间指数映射的广义加法。但也可以将更新量（或者称为误差状态）视为滤波器的状态变量，来推导运动和观测模型。这就引出了**误差状态卡尔曼滤波器**。更进一步，不光是平移和旋转，把所有的状态都用误差状态来表达，这就是典型 ESKF 的做法。

ESKF 是许多传统的、现代的系统里都广泛使用的状态估计方法，既可以作为组合导航的滤波器，也可以用来实现 LIO、VIO 等复杂系统[65-67]。相比于传统 KF，ESKF 的优点可以总结如下[68]：

1. 在旋转的处理上，ESKF 的状态变量可以采用最小化的参数表达，也就是使用三维变量来表达旋转的增量。该变量位于切空间中，而切空间是一个向量空间。传统 KF 需要用到四元数（4 维）或者更高维的变量来表达状态（旋转矩阵，9 维），要不就得采用带有奇异性的表达方式（欧拉角）。

2. ESKF 总是在原点附近，离奇异点较远，数值方面更稳定，并且不会产生离工作点太远而导致线性化近似不够的问题。

3. ESKF 的状态量为小量，其二阶变量相对来说可以忽略。同时，大多数雅可比矩阵在小量情况下变得非常简单，甚至可以用单位阵代替。

4. 误差状态的运动学相比原状态变量更小（小量的运动学），因此可以把更新部分归入原状态变量中。

在 ESKF 中，通常把原状态变量称为**名义状态变量**（Nominal State），把 ESKF 里的状态变量称为**误差状态变量**（Error State）。名义状态变量和误差状态变量之和称为**真值**。把噪声的处理放到误差状态变量中，可以认为名义状态变量的方程是不含噪声的。这种做法在初次接触时会显得相对复杂，但将噪声分离之后，名义状态变量的方程反而变得简洁了。所谓的滤波器，也仅需要考虑误差状态如何运动，如何观测，最后如何进行滤波，和名义状态的关系不大。

ESKF 的整体流程如下：当 IMU 测量数据到达时，把它积分后，放入名义状态变量中。由于这种做法没有考虑噪声，其结果自然会快速漂移，于是把误差部分作为误差变量。在运动过程中，名义状态随着 IMU 数据进行递推，误差状态则受到高斯噪声影响而变大。此时，ESKF 的误差状态均值和协方差会描述误差状态扩大的具体数值（视为高斯分布）[1]。此外，ESKF 的更新过程需要依赖 IMU 以外的传感器观测。更新过程中，利用传感器数据，更新误差状态的**后验**均值与协方差。随后可以把这部分误差**合入**名义状态变量中，并把 ESKF 置零，这样就完成了一次预测——更新的循环。

下面来推导 ESKF 的两个过程。设 ESKF 的真值状态为 $\boldsymbol{x}_t = [\boldsymbol{p}_t, \boldsymbol{v}_t, \boldsymbol{R}_t, \boldsymbol{b}_{at}, \boldsymbol{b}_{gt}, \boldsymbol{g}_t]^\top$。下标 t 表示 true，即真值状态。这个状态随时间改变，可以记作 $\boldsymbol{x}_t(t)$。在连续时间上，记 IMU 读数为 $\tilde{\boldsymbol{\omega}}, \tilde{\boldsymbol{a}}$，那么根据之前的推导，可以写出状态变量导数相对于观测量之间的关系式：

$$\dot{\boldsymbol{p}}_t = \boldsymbol{v}_t, \tag{3.25a}$$

$$\dot{\boldsymbol{v}}_t = \boldsymbol{R}_t(\tilde{\boldsymbol{a}} - \boldsymbol{b}_{at} - \boldsymbol{\eta}_a) + \boldsymbol{g}_t, \tag{3.25b}$$

$$\dot{\boldsymbol{R}}_t = \boldsymbol{R}_t \left(\tilde{\boldsymbol{\omega}} - \boldsymbol{b}_{gt} - \boldsymbol{\eta}_g \right)^\wedge, \tag{3.25c}$$

$$\dot{\boldsymbol{b}}_{gt} = \boldsymbol{\eta}_{bg}, \tag{3.25d}$$

$$\dot{\boldsymbol{b}}_{at} = \boldsymbol{\eta}_{ba}, \tag{3.25e}$$

$$\dot{\boldsymbol{g}}_t = \boldsymbol{0}. \tag{3.25f}$$

该式和前面所述的式 (3.22) 是一致的。注意，这里把重力 $\boldsymbol{g}$ 考虑进来的主要理由是方便确定

---

[1] 后文将看到，由于各项噪声均为零均值的白噪声，因此误差状态的均值在运动方程中保持为零，只是协方差会增大。

IMU 的初始姿态。如果不在状态方程里写出重力变量，那么必须事先确定初始时刻的 IMU 朝向 $\boldsymbol{R}(0)$，才可以执行后续的计算。此时，IMU 的姿态是相对于初始的水平面来描述的。而如果把重力写出来，就可以设 IMU 的初始姿态为单位阵 $\boldsymbol{R} = \boldsymbol{I}$，把重力方向作为 IMU 当前姿态相比于水平面的一个度量。两种方法都是可行的，不过将重力方向单独表达出来会使得初始姿态表达更简单，还可以增加一些线性性[69]。

如果把观测量和噪声量整理成一个向量，就可以把上式整理成矩阵形式。不过，这样的矩阵形式将含有很多的零项，相比上式并不会有明显简化，所以先使用这种散开的公式。下面推导误差状态方程。先定义误差状态变量为

$$p_t = p + \delta p, \tag{3.26a}$$

$$v_t = v + \delta v, \tag{3.26b}$$

$$R_t = R\delta R \text{ 或 } q_t = q\delta q, \tag{3.26c}$$

$$b_{gt} = b_g + \delta b_g, \tag{3.26d}$$

$$b_{at} = b_a + \delta b_a, \tag{3.26e}$$

$$g_t = g + \delta g. \tag{3.26f}$$

不带下标的就是式 (3.25) 中的**名义状态变量**。名义状态变量的运动方程式与真值相同，只是**不必考虑噪声**（因为噪声在误差状态方程中考虑了）。其中，旋转部分的 $\delta\boldsymbol{R}$ 可以用它的李代数 $\mathrm{Exp}(\delta\boldsymbol{\theta})$ 表示，此时式 (3.26c) 也需要改成用指数形式表示。

在误差状态的式 (3.26a, 3.26d, 3.26e, 3.26f) 中，在等式两侧分别对时间求导，很容易得到对应的时间导数表达式：

$$\delta\dot{p} = \delta v, \tag{3.27a}$$

$$\delta\dot{b}_g = \eta_g, \tag{3.27b}$$

$$\delta\dot{b}_a = \eta_a, \tag{3.27c}$$

$$\delta\dot{g} = 0. \tag{3.27d}$$

而式 (3.26b, 3.26c) 由于和 $\delta\boldsymbol{R}$ 有关系，形式稍微复杂一些，下面给出单独的推导。

误差状态的旋转项

对式 (3.26c) 两侧求时间导数，可得

$$\dot{R}_t = \dot{R}\mathrm{Exp}(\delta\boldsymbol{\theta}) + R\dot{\mathrm{Exp}}(\delta\boldsymbol{\theta}),$$
$$\stackrel{3.25(c)}{=} R_t \left(\tilde{\omega} - b_{gt} - \eta_g\right)^{\wedge}. \tag{3.28}$$

注意，该式右边的 $\dot{\mathrm{Exp}}(\delta\boldsymbol{\theta})$ 满足：

$$\dot{\mathrm{Exp}}(\delta\boldsymbol{\theta}) = \mathrm{Exp}(\delta\boldsymbol{\theta})\delta\dot{\boldsymbol{\theta}}^{\wedge}. \tag{3.29}$$

因此式 (3.28) 的第一个式子可以写成

$$\dot{R}\mathrm{Exp}(\delta\theta) + R\dot{\mathrm{Exp}(\delta\theta)} = R(\tilde{\omega} - b_{\mathrm{g}})^{\wedge}\mathrm{Exp}(\delta\theta) + R\mathrm{Exp}(\delta\theta)\delta\dot{\theta}^{\wedge}. \tag{3.30}$$

而第二个式子可以写成

$$R_{\mathrm{t}}\left(\tilde{\omega} - b_{\mathrm{gt}} - \eta_{\mathrm{g}}\right)^{\wedge} = R\mathrm{Exp}(\delta\theta)\left(\tilde{\omega} - b_{\mathrm{gt}} - \eta_{\mathrm{g}}\right)^{\wedge}. \tag{3.31}$$

比较这两个式子，将 $\delta\dot{\theta}^{\wedge}$ 移到一侧，约掉两侧左边的 R，整理类似项，不难得到

$$\mathrm{Exp}(\delta\theta)\delta\dot{\theta}^{\wedge} = \mathrm{Exp}(\delta\theta)\left(\tilde{\omega} - b_{\mathrm{gt}} - \eta_{\mathrm{g}}\right)^{\wedge} - (\tilde{\omega} - b_{\mathrm{g}})^{\wedge}\mathrm{Exp}(\delta\theta). \tag{3.32}$$

注意，$\mathrm{Exp}(\delta\theta)$ 本身是一个 SO(3) 矩阵，利用 SO(3) 上的伴随性质：

$$\phi^{\wedge}R = R(R^{\top}\phi)^{\wedge} \tag{3.33}$$

来交换上面的 $\mathrm{Exp}(\delta\theta)$：

$$
\begin{aligned}
\mathrm{Exp}(\delta\theta)\delta\dot{\theta}^{\wedge} &= \mathrm{Exp}(\delta\theta)\left(\tilde{\omega} - b_{\mathrm{gt}} - \eta_{\mathrm{g}}\right)^{\wedge} - \mathrm{Exp}(\delta\theta)\left(\mathrm{Exp}(-\delta\theta)(\tilde{\omega} - b_{\mathrm{g}})\right)^{\wedge} \\
&= \mathrm{Exp}(\delta\theta)\left[\left(\tilde{\omega} - b_{\mathrm{gt}} - \eta_{\mathrm{g}}\right)^{\wedge} - \left(\mathrm{Exp}(-\delta\theta)(\tilde{\omega} - b_{\mathrm{g}})\right)^{\wedge}\right] \\
&\approx \mathrm{Exp}(\delta\theta)\left[\left(\tilde{\omega} - b_{\mathrm{gt}} - \eta_{\mathrm{g}}\right)^{\wedge} - \left((I - \delta\theta^{\wedge})(\tilde{\omega} - b_{\mathrm{g}})\right)^{\wedge}\right] \\
&= \mathrm{Exp}(\delta\theta)\left[b_{\mathrm{g}} - b_{\mathrm{gt}} - \eta_{\mathrm{g}} + \delta\theta^{\wedge}\tilde{\omega} - \delta\theta^{\wedge}b_{\mathrm{g}}\right]^{\wedge} \\
&= \mathrm{Exp}(\delta\theta)\left[(-\tilde{\omega} + b_{\mathrm{g}})^{\wedge}\delta\theta - \delta b_{\mathrm{g}} - \eta_{\mathrm{g}}\right]^{\wedge}.
\end{aligned}
\tag{3.34}
$$

约掉等式两侧的系数，可得

$$\delta\dot{\theta} \approx -(\tilde{\omega} - b_{\mathrm{g}})^{\wedge}\delta\theta - \delta b_{\mathrm{g}} - \eta_{\mathrm{g}}. \tag{3.35}$$

该式的 "$\approx$" 来自 $\mathrm{Exp}(-\delta\theta)$ 的展开，如果忽略 $\delta\theta$ 的二阶小量，则式 (3.35) 中的 "$\approx$" 也可以写成等号。

误差状态的速度项

接下来，考虑式 (3.26b) 的误差形式。同样地，对两侧求时间导数，就可以得到 $\delta\dot{v}$ 的表达式。等式左侧为

$$
\begin{aligned}
\dot{v}_{\mathrm{t}} &= R_{\mathrm{t}}(\tilde{a} - b_{\mathrm{at}} - \eta_{\mathrm{a}}) + g_{\mathrm{t}} \\
&= R\mathrm{Exp}(\delta\theta)(\tilde{a} - b_{\mathrm{a}} - \delta b_{\mathrm{a}} - \eta_{\mathrm{a}}) + g + \delta g \\
&\approx R(I + \delta\theta^{\wedge})(\tilde{a} - b_{\mathrm{a}} - \delta b_{\mathrm{a}} - \eta_{\mathrm{a}}) + g + \delta g \\
&\approx R\tilde{a} - Rb_{\mathrm{a}} - R\delta b_{\mathrm{a}} - R\eta_{\mathrm{a}} + R\delta\theta^{\wedge}\tilde{a} - R\delta\theta^{\wedge}b_{\mathrm{a}} + g + \delta g \\
&= R\tilde{a} - Rb_{\mathrm{a}} - R\delta b_{\mathrm{a}} - R\eta_{\mathrm{a}} - R\tilde{a}^{\wedge}\delta\theta + Rb_{\mathrm{a}}^{\wedge}\delta\theta + g + \delta g.
\end{aligned}
\tag{3.36}
$$

从第三行推向第四行时，也需要忽略 $\delta\boldsymbol{\theta}^\wedge$ 与 $\delta\boldsymbol{b}_\mathrm{a}, \boldsymbol{\eta}_\mathrm{a}$ 相乘的二阶小量。从第四行推第五行则用到了叉乘符号交换顺序之后需加负号的性质。等式右侧为

$$\dot{\boldsymbol{v}} + \delta\dot{\boldsymbol{v}} = \boldsymbol{R}(\tilde{\boldsymbol{a}} - \boldsymbol{b}_\mathrm{a}) + \boldsymbol{g} + \delta\dot{\boldsymbol{v}}. \tag{3.37}$$

因为上面两式相等，可以得到

$$\delta\dot{\boldsymbol{v}} = -\boldsymbol{R}(\tilde{\boldsymbol{a}} - \boldsymbol{b}_\mathrm{a})^\wedge\delta\boldsymbol{\theta} - \boldsymbol{R}\delta\boldsymbol{b}_\mathrm{a} - \boldsymbol{R}\boldsymbol{\eta}_\mathrm{a} + \delta\boldsymbol{g}. \tag{3.38}$$

这样就得到了 $\delta\boldsymbol{v}$ 的运动学模型。需要补充一句，式 (3.38) 中 $\boldsymbol{\eta}_\mathrm{a}$ 是一个零均值白噪声，它乘上任意旋转矩阵之后仍然是一个零均值白噪声，而且 $\boldsymbol{R}^\top\boldsymbol{R} = \boldsymbol{I}$，容易证明其协方差矩阵也不变（留作习题）。所以，可以将式 (3.38) 简化为

$$\delta\dot{\boldsymbol{v}} = -\boldsymbol{R}(\tilde{\boldsymbol{a}} - \boldsymbol{b}_\mathrm{a})^\wedge\delta\boldsymbol{\theta} - \boldsymbol{R}\delta\boldsymbol{b}_\mathrm{a} - \boldsymbol{\eta}_\mathrm{a} + \delta\boldsymbol{g}. \tag{3.39}$$

至此，可以将误差变量的运动方程整理如下：

$$\delta\dot{\boldsymbol{p}} = \delta\boldsymbol{v}, \tag{3.40a}$$

$$\delta\dot{\boldsymbol{v}} = -\boldsymbol{R}(\tilde{\boldsymbol{a}} - \boldsymbol{b}_\mathrm{a})^\wedge\delta\boldsymbol{\theta} - \boldsymbol{R}\delta\boldsymbol{b}_\mathrm{a} - \boldsymbol{\eta}_\mathrm{a} + \delta\boldsymbol{g}, \tag{3.40b}$$

$$\delta\dot{\boldsymbol{\theta}} = -(\tilde{\boldsymbol{\omega}} - \boldsymbol{b}_\mathrm{g})^\wedge\delta\boldsymbol{\theta} - \delta\boldsymbol{b}_\mathrm{g} - \boldsymbol{\eta}_\mathrm{g}, \tag{3.40c}$$

$$\delta\dot{\boldsymbol{b}}_\mathrm{g} = \boldsymbol{\eta}_\mathrm{bg}, \tag{3.40d}$$

$$\delta\dot{\boldsymbol{b}}_\mathrm{a} = \boldsymbol{\eta}_\mathrm{ba}, \tag{3.40e}$$

$$\delta\dot{\boldsymbol{g}} = \boldsymbol{0}. \tag{3.40f}$$

3.4.2　离散时间的 ESKF 运动方程

从连续时间状态方程推出离散时间的状态方程并不困难，不妨直接列写它们。**名义状态变量**的离散时间运动方程可以写为

$$\boldsymbol{p}(t + \Delta t) = \boldsymbol{p}(t) + \boldsymbol{v}\Delta t + \frac{1}{2}\left(\boldsymbol{R}(\tilde{\boldsymbol{a}} - \boldsymbol{b}_\mathrm{a})\right)\Delta t^2 + \frac{1}{2}\boldsymbol{g}\Delta t^2, \tag{3.41a}$$

$$\boldsymbol{v}(t + \Delta t) = \boldsymbol{v}(t) + \boldsymbol{R}(\tilde{\boldsymbol{a}} - \boldsymbol{b}_\mathrm{a})\Delta t + \boldsymbol{g}\Delta t, \tag{3.41b}$$

$$\boldsymbol{R}(t + \Delta t) = \boldsymbol{R}(t)\mathrm{Exp}\left((\tilde{\boldsymbol{\omega}} - \boldsymbol{b}_\mathrm{g})\Delta t\right), \tag{3.41c}$$

$$\boldsymbol{b}_\mathrm{g}(t + \Delta t) = \boldsymbol{b}_\mathrm{g}(t), \tag{3.41d}$$

$$\boldsymbol{b}_\mathrm{a}(t + \Delta t) = \boldsymbol{b}_\mathrm{a}(t), \tag{3.41e}$$

$$\boldsymbol{g}(t + \Delta t) = \boldsymbol{g}(t). \tag{3.41f}$$

该式只需在式 (3.15) 的基础上添加零偏项与重力项即可。注意，第三行实际就是角速度的积分公式。**误差状态**的离散形式与**名义状态**十分相似，同样需要注意角速度部分：

$$\delta p(t + \Delta t) = \delta p + \delta v \Delta t, \tag{3.42a}$$

$$\delta v(t + \Delta t) = \delta v + \left(-R(\tilde{a} - b_\mathrm{a})^\wedge \delta\theta - R\delta b_\mathrm{a} + \delta g\right)\Delta t - \eta_v, \tag{3.42b}$$

$$\delta\theta(t + \Delta t) = \mathrm{Exp}\left(-(\tilde{\omega} - b_\mathrm{g})\Delta t\right)\delta\theta - \delta b_\mathrm{g}\Delta t - \eta_\theta, \tag{3.42c}$$

$$\delta b_\mathrm{g}(t + \Delta t) = \delta b_\mathrm{g} + \eta_\mathrm{g}, \tag{3.42d}$$

$$\delta b_\mathrm{a}(t + \Delta t) = \delta b_\mathrm{a} + \eta_\mathrm{a}, \tag{3.42e}$$

$$\delta g(t + \Delta t) = \delta g. \tag{3.42f}$$

注意：

1. 式中右侧部分省略了括号里的 (t) 以简化公式。

2. 关于旋转部分的积分，可以将式 (3.40c) 看成关于 $\delta\theta$ 的微分方程然后求解。求解过程类似于对角速度进行积分。

3. 噪声项并不参与递推，需要把它们单独归入噪声部分。连续时间的噪声项可以视为随机过程的能量谱密度，而离散时间下的噪声变量就是我们日常看到的随机变量。这些噪声随机变量的标准差可以列写为

$$\sigma(\eta_v) = \Delta t\sigma_\mathrm{a}(k), \quad \sigma(\eta_\theta) = \Delta t\sigma_\mathrm{g}(k), \quad \sigma(\eta_\mathrm{g}) = \sqrt{\Delta t}\sigma_\mathrm{bg}, \quad \sigma(\eta_\mathrm{a}) = \sqrt{\Delta t}\sigma_\mathrm{ba}, \tag{3.43}$$

其中前两式的 Δt 是由积分关系导致的，后两式则和式 (3.10) 相同。

至此，给出了在 ESKF 中进行 IMU 递推的过程，对应卡尔曼滤波器中的状态方程。为了让滤波器收敛，需要外部的观测对卡尔曼滤波器进行修正，也就是所谓的组合导航。当然，组合导航的方法有很多，从传统的 EKF，到本节介绍的 ESKF，以及后续章节将介绍的预积分和图优化技术，都可以应用于组合导航中[70]。本节，以融合 GNSS 观测为例，向读者介绍如何在 ESKF 中融合这些观测数据，形成一个收敛的卡尔曼滤波器。在本书最后的应用章节，将向读者介绍融合激光点云或者激光定位数据的滤波器方案。

3.4.3 ESKF 的运动过程

根据上述讨论，可以写出 ESKF 的运动过程。误差状态变量 δx 的离散时间运动方程已经在式 (3.42) 中给出，可以整体地记为

$$\delta x_{k+1} = f(\delta x_k) + w, w \sim \mathcal{N}(0, Q), \tag{3.44}$$

其中 w 为噪声。按照前面的定义，Q 应该为

$$Q = \mathrm{diag}(0_3, \mathrm{Cov}(\eta_v), \mathrm{Cov}(\eta_\theta), \mathrm{Cov}(\eta_g), \mathrm{Cov}(\eta_a), 0_3), \tag{3.45}$$

两侧的零是由于第一个和最后一个方程本身没有噪声导致的。

为了保持与 EKF 的符号统一，计算运动方程的线性化形式：

$$\delta\boldsymbol{x}(t+\Delta t) = \underbrace{\boldsymbol{f}(\delta\boldsymbol{x}(t))}_{=\boldsymbol{0}} + \boldsymbol{F}\delta\boldsymbol{x} + \boldsymbol{w}, \tag{3.46}$$

其中，$\boldsymbol{F}$ 为线性化后的雅可比矩阵。由于式 (3.42) 已经线性化，现在只需把它们的线性系数"拿"出来（注意变量定义的顺序）：

$$\boldsymbol{F} = \begin{bmatrix} \boldsymbol{I} & \boldsymbol{I}\Delta t & \boldsymbol{0} & \boldsymbol{0} & \boldsymbol{0} & \boldsymbol{0} \\ \boldsymbol{0} & \boldsymbol{I} & -\boldsymbol{R}(\tilde{\boldsymbol{a}}-\boldsymbol{b}_{\mathrm{a}})^{\wedge}\Delta t & \boldsymbol{0} & -\boldsymbol{R}\Delta t & \boldsymbol{I}\Delta t \\ \boldsymbol{0} & \boldsymbol{0} & \mathrm{Exp}\left(-(\tilde{\boldsymbol{\omega}}-\boldsymbol{b}_{\mathrm{g}})\Delta t\right) & -\boldsymbol{I}\Delta t & \boldsymbol{0} & \boldsymbol{0} \\ \boldsymbol{0} & \boldsymbol{0} & \boldsymbol{0} & \boldsymbol{I} & \boldsymbol{0} & \boldsymbol{0} \\ \boldsymbol{0} & \boldsymbol{0} & \boldsymbol{0} & \boldsymbol{0} & \boldsymbol{I} & \boldsymbol{0} \\ \boldsymbol{0} & \boldsymbol{0} & \boldsymbol{0} & \boldsymbol{0} & \boldsymbol{0} & \boldsymbol{I} \end{bmatrix}. \tag{3.47}$$

在此基础上，执行 ESKF 的预测过程。预测过程包括对名义状态的预测（IMU 积分）及对误差状态的预测：

$$\delta\boldsymbol{x}_{\mathrm{pred}} = \boldsymbol{F}\delta\boldsymbol{x}, \tag{3.48a}$$

$$\boldsymbol{P}_{\mathrm{pred}} = \boldsymbol{F}\boldsymbol{P}\boldsymbol{F}^{\top} + \boldsymbol{Q}. \tag{3.48b}$$

由于 ESKF 的误差状态在每次更新以后会被重置为 $\delta\boldsymbol{x} = \boldsymbol{0}$，因此运动方程的均值部分，即式 (3.48a) 没有太大意义，而协方差部分则描述了整个误差估计的分布情况。从直观意义上来看，运动方程的噪声协方差中增加了 $\boldsymbol{Q}$ 项，可以看作**增大**的过程。

3.4.4　ESKF 的更新过程

前面介绍的是 ESKF 的运动过程，现在考虑更新过程。假设一个抽象的传感器能够对状态变量产生观测，其观测方程为抽象的 $\boldsymbol{h}$，那么可以写为

$$\boldsymbol{z} = \boldsymbol{h}(\boldsymbol{x}) + \boldsymbol{v}, \boldsymbol{v} \sim \mathcal{N}(0, \boldsymbol{V}), \tag{3.49}$$

其中 $\boldsymbol{z}$ 为观测数据，$\boldsymbol{v}$ 为观测噪声，$\boldsymbol{V}$ 为该噪声的协方差矩阵[①]。

在传统 EKF 中，可以直观地对观测方程线性化，求出观测方程相对于状态变量的雅可比矩阵，进而更新卡尔曼滤波器。而在 ESKF 中，当前拥有名义状态 $\boldsymbol{x}$ 的估计及误差状态 $\delta\boldsymbol{x}$ 的估计，且希望更新的是误差状态，因此要计算观测方程相对于误差状态的雅可比矩阵：

$$\boldsymbol{H} = \frac{\partial \boldsymbol{h}}{\partial \delta\boldsymbol{x}}\bigg|_{\boldsymbol{x}_{\mathrm{pred}}}, \tag{3.50}$$

[①] 由于状态变量里已经有 $\boldsymbol{R}$ 了，这里换个符号。

然后计算卡尔曼增益，进而计算误差状态的更新过程：

$$K = P_{\mathrm{pred}} H^\top (H P_{\mathrm{pred}} H^\top + V)^{-1}, \tag{3.51a}$$

$$\delta x = K(z - h(x_{\mathrm{pred}})), \tag{3.51b}$$

$$x = x_{\mathrm{pred}} + \delta x, \tag{3.51c}$$

$$P = (I - KH) P_{\mathrm{pred}}. \tag{3.51d}$$

其中，K 为卡尔曼增益，P_{pred} 为预测的协方差矩阵，最后的 P 为修正后的协方差矩阵。

大部分的观测数据是对名义状态的观测[①]。此时，H 可以通过链式法则来生成：

$$H = \frac{\partial h}{\partial x} \frac{\partial x}{\partial \delta x}, \tag{3.52}$$

其中第一项只需对观测方程进行线性化；第二项，根据之前对状态变量的定义，可以得到

$$\frac{\partial x}{\partial \delta x} = \mathrm{diag}\left(I_3, I_3, \frac{\partial \mathrm{Log}(R(\mathrm{Exp}(\delta\theta)))}{\partial \delta\theta}, I_3, I_3, I_3\right). \tag{3.53}$$

其他几项都是平凡的，只有旋转部分，因为 $\delta\theta$ 定义为 R 的右乘，用右乘的 BCH 即可：

$$\frac{\partial \mathrm{Log}(R(\mathrm{Exp}(\delta\theta)))}{\partial \delta\theta} = J_{\mathrm{r}}^{-1}(R). \tag{3.54}$$

最后，给每个变量加下标 k，表示在 k 时刻进行状态估计，但本节没必要这样做，因为上述公式已经清楚地表明了它们的意义。另外，上述公式也都可以按照四元数的表达方式来推导，大致形式相似，细节方面更复杂，读者可以参考文献 [10]。本书正文部分只给出以 SO(3) 及其李代数方式的推导。

3.4.5　ESKF 的误差状态后续处理

经过预测和更新过程之后，修正了误差状态的估计。接下来，只需把误差状态归入名义状态，然后重置 ESKF 即可。归入部分可以简单地写为

$$p_{k+1} = p_k + \delta p_k, \tag{3.55a}$$

$$v_{k+1} = v_k + \delta v_k, \tag{3.55b}$$

$$R_{k+1} = R_k \mathrm{Exp}(\delta\theta_k), \tag{3.55c}$$

$$b_{\mathrm{g},k+1} = b_{\mathrm{g},k} + \delta b_{\mathrm{g},k}, \tag{3.55d}$$

$$b_{\mathrm{a},k+1} = b_{\mathrm{a},k} + \delta b_{\mathrm{a},k}, \tag{3.55e}$$

[①] 有些情况下，可以直接推导对误差状态的观测，就能省略本节后续的推导。后续的 GNSS 观测和激光观测都会使用直接观测误差状态的方式来推导。

$$g_{k+1} = g_k + \delta g_k. \tag{3.55f}$$

有些文献里也会将上述计算定义为广义的状态变量加法:

$$x_{k+1} = x_k \oplus \delta x_k, \tag{3.56}$$

这种写法可以简化整体的表达式,但会牺牲一定的可读性。如果公式里出现太多的广义加减法(特别是定义不同的广义加减 $\oplus$、$\boxplus$、$\ominus$、$\boxminus$ 等),会让读者一眼望去,难以快速辨认它们的具体含义,所以本书还是倾向于将各状态分别书写,直接用加法而非广义的加法符号。

ESKF 的重置分为均值部分和协方差部分。均值部分可以简单地实现为

$$\delta x = 0. \tag{3.57}$$

由于均值被重置了,所以之前描述的是关于 x_k 切空间中的协方差,而现在描述的是 x_{k+1} 中的协方差。重置会带来一些微小的差异,主要影响旋转部分。事实上,在重置前,卡尔曼滤波器刻画了 x_{pred} 切空间处的一个高斯分布 $\mathcal{N}(\delta x, P)$,而重置之后,应该刻画 $x_{\text{pred}} + \delta x$ 处的一个 $\mathcal{N}(0, P_{\text{reset}})$。这对本身即为向量的状态是无差的,但对于旋转变量来说,它们的切空间零点发生了改变,所以在数学习惯上,需要对此进行区分。

设重置前的名义旋转估计为 R_k,误差状态为 $\delta\theta$,卡尔曼滤波器的增量计算结果为 $\delta\theta_k$[1];重置之后的名义旋转部分为 $R_k\text{Exp}(\delta\theta_k) = R^+$,误差状态为 $\delta\theta^+$。由于误差状态被重置了,显然此时 $\delta\theta^+ = 0$。但我们关心的并不是它们直接的取值,而是 $\delta\theta^+$ 与 $\delta\theta$ 的线性化关系。把实际的重置过程写出来:

$$R^+\text{Exp}(\delta\theta^+) = R_k\text{Exp}(\delta\theta_k)\text{Exp}(\delta\theta^+) = R_k\text{Exp}(\delta\theta). \tag{3.58}$$

不难得到

$$\text{Exp}(\delta\theta^+) = \text{Exp}(-\delta\theta_k)\text{Exp}(\delta\theta), \tag{3.59}$$

这里 $\delta\theta$ 为小量,利用线性化后的 BCH 公式,可以得到

$$\delta\theta^+ = -\delta\theta_k + \delta\theta - \frac{1}{2}\delta\theta_k^\wedge\delta\theta + o((\delta\theta)^2). \tag{3.60}$$

于是:

$$\frac{\partial\delta\theta^+}{\partial\delta\theta} \approx I - \frac{1}{2}\delta\theta_k^\wedge. \tag{3.61}$$

式 (3.61) 表明重置前后的误差状态相差一个旋转方面的小雅可比矩阵,记作 $J_\theta = I - \frac{1}{2}\delta\theta_k^\wedge$。把这个小雅可比矩阵放到整个状态变量维度下,并保持其他部分为单位阵,可以得到一个完整的雅可比矩阵:

$$J_k = \text{diag}(I_3, I_3, J_\theta, I_3, I_3, I_3), \tag{3.62}$$

---

[1] 注意,此处的 $\delta\theta_k$ 是已知的,而 $\delta\theta$ 是一个随机变量。

因此，在把误差状态的均值归零的同时，它们的协方差矩阵也应该进行线性变换：

$$P_{\text{reset}} = J_k P J_k^\top. \tag{3.63}$$

不过，由于 $\delta\boldsymbol{\theta}_k$ 并不大，这里的 J_k 仍然十分接近于单位阵，所以大部分材料里并不处理这一项，而是直接把前面估计的 P 矩阵作为下一时刻的起点。但本书仍然要介绍这一点，并且会在第 8 章继续讨论这个问题。该问题的实际意义是做了**切空间投影**，即把一个切空间中的高斯分布投影到另一个切空间中。在 ESKF 中，两者没有明显差异，但后文的迭代卡尔曼滤波器（IEKF）还会牵扯到在观测过程中多次变换切空间。与此相比，ESKF 只有重置过程中的单次变换，原理更简单。

3.5　实现 ESKF 的组合导航

下面通过代码实现一个融合 IMU 与 GNSS 观测的 ESKF。本节的代码仍然将结果输出到文本文件中，然后调用可视化进行处理。在 ESKF 的实现过程中，还将遇到一些实现细节，我们会在本节讨论。

3.5.1　ESKF 的实现

首先定义 ESKF 的类。它的成员变量应该包含名义状态、误差状态、协方差，以及各类传感器噪声。

src/ch3/eskf.hpp

```
template <typename S = double>
class ESKF {
   /// 类型定义
   using SO3 = Sophus::SO3<S>;                      // 旋转变量类型
   using VecT = Eigen::Matrix<S, 3, 1>;             // 向量类型
   using Vec18T = Eigen::Matrix<S, 18, 1>;          // 18维向量类型
   using Mat3T = Eigen::Matrix<S, 3, 3>;            // 3x3矩阵类型
   using MotionNoiseT = Eigen::Matrix<S, 18, 18>;   // 运动噪声类型
   using OdomNoiseT = Eigen::Matrix<S, 3, 3>;       // 里程计噪声类型
   using GnssNoiseT = Eigen::Matrix<S, 6, 6>;       // GNSS噪声类型
   using Mat18T = Eigen::Matrix<S, 18, 18>;         // 18维方差类型
   using NavStateT = NavState<S>;                   // 整体名义状态变量类型

   /// 省略其他构造函数和成员函数
private:
   /// 成员变量
   double current_time_ = 0.0;  // 当前时间

   /// 名义状态
```

```
     VecT p_ = VecT::Zero();
     VecT v_ = VecT::Zero();
     SO3 R_;
     VecT bg_ = VecT::Zero();
24   VecT ba_ = VecT::Zero();
     VecT g_{0, 0, -9.8};

     /// 误差状态
     Vec18T dx_ = Vec18T::Zero();
29
     /// 协方差阵
     Mat18T cov_ = Mat18T::Identity();

     /// 噪声阵
34   MotionNoiseT Q_ = MotionNoiseT::Zero();
     OdomNoiseT odom_noise_ = OdomNoiseT::Zero();
     GnssNoiseT gnss_noise_ = GnssNoiseT::Zero();

     /// 标志位
39   bool first_gnss_ = true;    // 是否为第一个GNSS数据

     /// 配置项
     Options options_;
};
44
using ESKFD = ESKF<double>;
using ESKFF = ESKF<float>;
```

按照前文的推导，名义状态包含位置、速度、旋转、零偏和重力，误差状态对应它们的向量形式。误差状态变量应该为 $3 \times 6 = 18$ 维向量，对应的协方差矩阵亦为 18×18 维方阵。允许用户使用单精度或双精度的 ESKF，它们在性能上有少许差别。浮点精度可以通过模板参数指定，所以我们的 ESKF 类是一个模板类。有的 ESKF 实现还允许用户自己定义变量维度和变量顺序，那样模板化之后会让整个类变得更复杂，例如参考文献 [71]。本书仅定义 float 和 double 的 ESKF 类。ESKF 内部用到的类型则通过 using 关键字指定。

3.5.2　实现预测过程

下面实现 Predict 函数，用于根据当前状态对 IMU 数据进行递推。预测过程中，需要计算名义状态变量的更新过程及协方差矩阵的递推过程，实现如下：

src/ch3/eskf.hpp

```
template <typename S>
bool ESKF<S>::Predict(const IMU& imu) {
  assert(imu.timestamp_ >= current_time_);
4
  double dt = imu.timestamp_ - current_time_;
  if (dt > (5 * options_.imu_dt_) || dt < 0) {
```

```
     // 时间间隔不对，可能是第一个IMU数据，没有历史信息
     LOG(INFO) << "skip this imu because dt_ = " << dt;
9    current_time_ = imu.timestamp_;
     return false;
   }

   // nominal state 递推
14   VecT new_p = p_ + v_ * dt + 0.5 * (R_ * (imu.acce_ - ba_)) * dt * dt + 0.5 * g_ * dt * dt;
   VecT new_v = v_ + R_ * (imu.acce_ - ba_) * dt + g_ * dt;
   SO3 new_R = R_ * SO3::exp((imu.gyro_ - bg_) * dt);

   R_ = new_R;
19   v_ = new_v;
   p_ = new_p;
   // 其余状态维度不变

   // error state 递推
24   // 计算运动过程雅可比矩阵F，见式(3.47)
   // F实际上是稀疏矩阵，也可以不用矩阵形式进行相乘而是写成散装形式，为了教学方便，这里使用矩阵形式
   Mat18T F = Mat18T::Identity();                                      // 主对角线
   F.template block<3, 3>(0, 3) = Mat3T::Identity() * dt;              // p对v
   F.template block<3, 3>(3, 6) = -R_.matrix() * SO3::hat(imu.acce_ - ba_) * dt;   // v对theta
29   F.template block<3, 3>(3, 12) = -R_.matrix() * dt;                 // v对ba
   F.template block<3, 3>(3, 15) = Mat3T::Identity() * dt;            // v对g
   F.template block<3, 3>(6, 6) = SO3::exp(-(imu.gyro_ - bg_) * dt).matrix();   // theta对theta
   F.template block<3, 3>(6, 9) = -Mat3T::Identity() * dt;            // theta对bg

34   // 均值和协方差预测
   dx_ = F * dx_;  // 这行其实没必要算，dx_在重置之后应该为零，因此这步可以跳过，但F需要参与Cov部分的
                   // 计算，所以保留
   cov_ = F * cov_.eval() * F.transpose() + Q_;
   current_time_ = imu.timestamp_;
   return true;
39 }
```

这里写出了完整的 F 矩阵，并使用矩阵方式进行协方差矩阵的更新。读者可以不使用大的 F 矩阵，而是单独为每个状态变量计算分散的矩阵块。对于一些稀疏矩阵来说，这样做可以节省一部分计算时间。我们看到，预测过程的实质是使用 IMU 的读数，对名义状态进行递推。同时，在协方差矩阵层面合入运动过程的噪声，这样协方差矩阵就在直观意义下**变大**了。而误差状态在这一步的操作可以省略，因为观测过程会把误差状态置零，此时无论 F 如何取值，$F\delta x$ 自然也就是零。运动过程是由 IMU 触发的，它可以被高频率调用，也可以输出高频率的预测位姿信息。

3.5.3　实现 RTK 观测过程

接下来，考虑如何实现 GNSS 观测方程。这里，我们认为 RTK 能够提供六自由度观测，即 RTK 既能观测位置，也能观测角度。注意，单天线方案不能按照这种方式处理，应该使用三自由度的观测信息。

观测方程的抽象形式是 $\boldsymbol{y} = \boldsymbol{h}(\boldsymbol{x})$。3.4.4 节向读者介绍了通用的观测模型，而这里的 GNSS 观测数据，转换为车体 UTM 坐标以后，可以直接看作对当前 $\boldsymbol{R}, \boldsymbol{p}$ 的观测。记某时刻的观测为 $\boldsymbol{R}_{\text{gnss}}, \boldsymbol{p}_{\text{gnss}}$，来推导观测方程和卡尔曼增益部分。这里有以下几个要点：

1. 在双天线方案中，车辆的角度由两个 GNSS 接收器决定。但可能存在部分时刻，一个 GNSS 有效而另一个 GNSS 无效，此时 GNSS 观测的位置是有效的，但航向角会失效。本节的处理方法是只使用位置、角度同时有效的观测值。

2. GNSS 对 $\boldsymbol{R}$ 的观测可以直接写成对误差状态 $\delta\boldsymbol{\theta}$ 的观测，从而省去前面的链式法则推导，简化整个线性化过程。

3. 由于 GNSS 的 UTM 坐标一般数值较大，需要在实际处理时去除 RTK 原点，以节省有效的数字位数。将第一个有效的 GNSS 观测记为原点，并让后续的 GNSS 位置观测都减去这个原点。这样，ESKF 和后面可视化处理程序的坐标都将在零附近。有效数字过多可能导致绘图和可视化软件中的一些问题。

现在解释第 2 点。先看 GNSS 的旋转观测方程：

$$\boldsymbol{R}_{\text{gnss}} = \boldsymbol{R}\text{Exp}(\delta\boldsymbol{\theta}), \tag{3.64}$$

其中，$\boldsymbol{R}$ 为该时刻的名义状态，$\delta\boldsymbol{\theta}$ 为误差状态。在观测过程中，名义状态 $\boldsymbol{R}$ 是确定的。不妨将 $\boldsymbol{R}_{\text{gnss}}$ 视为对 $\delta\boldsymbol{\theta}$ 的观测。对该方程稍做变换，可以写为

$$\boldsymbol{z}_{\delta\boldsymbol{\theta}} = \boldsymbol{h}(\delta\boldsymbol{\theta}) = \text{Log}\left(\boldsymbol{R}^\top \boldsymbol{R}_{\text{gnss}}\right). \tag{3.65}$$

此时，$\boldsymbol{z}_{\delta\boldsymbol{\theta}}$ 是对 $\delta\boldsymbol{\theta}$ 的直接观测，所以它关于 $\delta\boldsymbol{\theta}$ 的雅可比单位阵为

$$\frac{\partial \boldsymbol{z}_{\delta\boldsymbol{\theta}}}{\partial \delta\boldsymbol{\theta}} = \boldsymbol{I}. \tag{3.66}$$

这样就避免了再从名义状态到误差状态进行转换的过程，可以直接得到对误差状态的雅可比矩阵。注意，当我们这样做时，原本 ESKF 中的**更新量**（Innovation）$\boldsymbol{z} - \boldsymbol{h}(\boldsymbol{x})$ 也应该写成流形的形式：

$$\boldsymbol{z} - \boldsymbol{h}(\boldsymbol{x}) = [\boldsymbol{p}_{\text{gnss}} - \boldsymbol{p}, \text{Log}(\boldsymbol{R}^\top \boldsymbol{R}_{\text{gnss}})]^\top. \tag{3.67}$$

因为 $\delta\boldsymbol{\theta}$ 在预测之后仍为零，所以此时 $\boldsymbol{h}(\boldsymbol{x})$ 的旋转部分视为零，平移部分则按照之前的定义来处理。这个更新量是 6 维的。用它来更新系统状态：

$$\boldsymbol{x} = \boldsymbol{x}_{\text{pred}} + \boldsymbol{K}(\boldsymbol{z} - \boldsymbol{h}(\boldsymbol{x})). \tag{3.68}$$

注意，该加法的旋转分量应该使用流形上的方法。

平移部分则是相当平凡的：

$$\boldsymbol{p}_{\text{gnss}} = \boldsymbol{p} + \delta\boldsymbol{p}. \tag{3.69}$$

因此，平移部分的雅可比矩阵为单位阵：

$$\frac{\partial \boldsymbol{p}_{\text{gnss}}}{\partial \delta \boldsymbol{p}} = \boldsymbol{I}_{3\times 3}. \tag{3.70}$$

在 ESKF 类中，定义 SE(3) 的观测（后文还会用到本章的 ESKF，使用这里的观测函数或者自定义的观测函数），然后将 GNSS 读数转为 SE(3) 中的观测。

src/ch3/eskf.hpp

```
template <typename S>
bool ESKF<S>::ObserveGps(const GNSS& gnss) {
  /// GNSS观测的修正
  assert(gnss.unix_time_ >= current_time_);

  if (first_gnss_) {
    R_ = gnss.utm_pose_.so3();
    p_ = gnss.utm_pose_.translation();
    first_gnss_ = false;
    current_time_ = gnss.unix_time_;
    return true;
  }

  assert(gnss.heading_valid_);
  ObserveSE3(gnss.utm_pose_, options_.gnss_pos_noise_, options_.gnss_ang_noise_);
  current_time_ = gnss.unix_time_;

  return true;
}

template <typename S>
bool ESKF<S>::ObserveSE3(const SE3& pose, double trans_noise, double ang_noise) {
  /// 既有旋转，也有平移
  /// 观测状态变量中的p, V, H为6x18，其余为零
  Eigen::Matrix<S, 6, 18> H = Eigen::Matrix<S, 6, 18>::Zero();
  H.template block<3, 3>(0, 0) = Mat3T::Identity();  // P部分
  H.template block<3, 3>(3, 6) = Mat3T::Identity();  // R部分，见式(3.66)

  // 卡尔曼增益和更新过程
  Vec6d noise_vec;
  noise_vec << trans_noise, trans_noise, trans_noise, ang_noise, ang_noise, ang_noise;

  Mat6d V = noise_vec.asDiagonal();
  Eigen::Matrix<S, 18, 6> K = cov_ * H.transpose() * (H * cov_ * H.transpose() + V).inverse();

  // 更新x和cov
  Vec6d innov = Vec6d::Zero();
  innov.template head<3>() = (pose.translation() - p_);           // 平移部分
  innov.template tail<3>() = (R_.inverse() * pose.so3()).log();   // 旋转部分，见式(3.67)

  dx_ = K * innov;
  cov_ = (Mat18T::Identity() - K * H) * cov_;
```

```
     UpdateAndReset();
     return true;
46   }

   void UpdateAndReset() {
     p_ += dx_.template block<3, 1>(0, 0);
     v_ += dx_.template block<3, 1>(3, 0);
51   R_ = R_ * SO3::exp(dx_.template block<3, 1>(6, 0));

     if (options_.update_bias_gyro_) {
       bg_ += dx_.template block<3, 1>(9, 0);
     }

56   if (options_.update_bias_acce_) {
       ba_ += dx_.template block<3, 1>(12, 0);
     }

61   g_ += dx_.template block<3, 1>(15, 0);

     ProjectCov();
     dx_.setZero();
   }
```

读者可以对比本章的代码实现和推导部分的数学公式，它们是一致的。直观上看，RTK 读数主要是在观测阶段通过卡尔曼增益作用于误差状态变量中。有些 ESKF 实现也允许对卡尔曼增益进行微调，以加快或减少 RTK 对状态的影响。

3.5.4　ESKF 系统的初始化

最后，让整个 ESKF 跑起来。这里会遇到一些细节问题。例如，ESKF 还需要知道一些初始条件，如 IMU 的初始零偏、重力的初始方向，RTK 处理函数中也需要等待一个有效的数值来确定初始的名义状态，等等。在传统组合导航系统中，最常见的是使用**静止初始化**方法。

所谓静止初始化，就是把 IMU 放在某个地方静止一段时间。在静止时间内，由于物体本身没有任何运动，可以简单地认为 IMU 的陀螺仪只测到零偏，而加速度计则测到零偏与重力之和。可以设置一个静止初始化流程来获取这些变量：

1. 将 IMU 静止一段给定的时间（程序中设置为 10 s）；静止检查由轮速计判定，当两轮的轮速均小于阈值时，认为车辆静止。在没有轮速测量的场合，也可以直接认为车辆静止，来测定相关变量。
2. 统计静止时间内的陀螺仪与加速度计读数均值，记为 $\bar{d}_{\mathrm{gyr}}, \bar{d}_{\mathrm{acc}}$。
3. 由于车辆并未发生转动，这段时间的陀螺均值可以取 $\boldsymbol{b}_{\mathrm{g}} = \bar{d}_{\mathrm{gyr}}$。

4. 加速度计的测量方程为

$$\tilde{a} = R^\top(a - g) + b_a + \eta_a. \tag{3.71}$$

当车辆的实际加速度为零，旋转视为 $R = I$ 时[1]，加速度计实际测到 $b_a - g$，其中 b_a 为小量，g 的长度可视为固定值。在这些前提下，取方向为 $-\bar{d}_{acc}$，大小为 9.8 的向量作为**重力向量**。这一步确定了重力的朝向。

5. 将这段时间的加速度计读数去掉重力，重新计算 $\bar{d}_{acc}$。

6. 取 $b_a = \bar{d}_{acc}$。

7. 认为零偏不动，估计陀螺仪和加速度计的测量方差。该方差可用于 ESKF 的噪声参数。

下面给出静止初始化的实现代码：

src/ch3/static_imu_init.cc

```
class StaticIMUInit {
  public:
  struct Options {
    double init_time_seconds_ = 10.0;        // 静止时间
    int init_imu_queue_max_size_ = 2000;     // 初始化IMU队列的最大长度
    int static_odom_pulse_ = 5;              // 静止时轮速计输出噪声
    double max_static_gyro_var = 0.2;        // 静态下陀螺测量方差
    double max_static_acce_var = 0.05;       // 静态下加速度计测量方差
    double gravity_norm_ = 9.81;             // 重力大小
    bool use_speed_for_static_checking_ = true;  // 是否使用ODOM来判断车辆静止（部分数据集没有ODOM选
        项）
  };

  /// 构造函数
  StaticIMUInit(Options options) : options_(options) {}

  /// 添加IMU数据
  bool AddIMU(const IMU& imu);
  /// 添加轮速数据
  bool AddOdom(const Odom& odom);

  /// 判定初始化是否成功
  bool InitSuccess() const { return init_success_; }

  /// 获取Cov, bias, gravity
  Vec3d GetCovGyro() const { return cov_gyro_; }
  Vec3d GetCovAcce() const { return cov_acce_; }
  Vec3d GetInitBg() const { return init_bg_; }
  Vec3d GetInitBa() const { return init_ba_; }
  Vec3d GetGravity() const { return gravity_; }

  private:
  /// 尝试对系统初始化
```

[1]注意，在本书的系统里，会估计初始的重力方向，所以车辆姿态可以视为 I，重力则不一定垂直指向 $-Z$ 轴。在一些材料里，也可以认为重力固定，而初始状态不确定。那样的推导会稍微麻烦一些。

```cpp
    bool TryInit();

    Options options_;                          // 选项信息
    bool init_success_ = false;                // 初始化是否成功
    Vec3d cov_gyro_ = Vec3d::Zero();           // 陀螺仪测量噪声协方差（初始化时评估）
    Vec3d cov_acce_ = Vec3d::Zero();           // 加速度计测量噪声协方差（初始化时评估）
    Vec3d init_bg_ = Vec3d::Zero();            // 陀螺仪初始零偏
    Vec3d init_ba_ = Vec3d::Zero();            // 加速度计初始零偏
    Vec3d gravity_ = Vec3d::Zero();            // 重力
    bool is_static_ = false;                   // 标志车辆是否静止
    std::deque<IMU> init_imu_deque_;           // 初始化用的数据
    double current_time_ = 0.0;                // 当前时间
    double init_start_time_ = 0.0;             // 静止的初始时间
};

bool StaticIMUInit::TryInit() {
    if (init_imu_deque_.size() < 10) {
        return false;
    }

    // 计算均值和方差
    Vec3d mean_gyro, mean_acce;
    math::ComputeMeanAndCovDiag(init_imu_deque_, mean_gyro, cov_gyro_, [](const IMU& imu) { return imu
        .gyro_; });
    math::ComputeMeanAndCovDiag(init_imu_deque_, mean_acce, cov_acce_, [this](const IMU& imu) { return
        imu.acce_; });

    // 以acce均值为方向，重力取9.8
    gravity_ = -mean_acce / mean_acce.norm() * options_.gravity_norm_;

    // 重新计算加速度计的协方差
    math::ComputeMeanAndCovDiag(init_imu_deque_, mean_acce, cov_acce_,
        [this](const IMU& imu) { return imu.acce_ + gravity_; });

    // 检查IMU噪声
    if (cov_gyro_.norm() > options_.max_static_gyro_var) {
        LOG(ERROR) << "陀螺仪测量噪声太大" << cov_gyro_.norm() << " > " << options_.max_static_gyro_var;
        return false;
    }

    if (cov_acce_.norm() > options_.max_static_acce_var) {
        LOG(ERROR) << "加速度计测量噪声太大" << cov_acce_.norm() << " > " << options_.max_static_acce
            _var;
        return false;
    }

    // 估计测量噪声和零偏
    init_bg_ = mean_gyro;
    init_ba_ = mean_acce;

    LOG(INFO) << "IMU初始化成功，初始化时间= " << current_time_ - init_start_time_ << ", bg = " <<
        init_bg_.transpose()
```

```
        << ", ba = " << init_ba_.transpose() << ", gyro sq = " << cov_gyro_.transpose()
        << ", acce sq = " << cov_acce_.transpose() << ", grav = " << gravity_.transpose()
        << ", norm: " << gravity_.norm();
   LOG(INFO) << "mean gyro: " << mean_gyro.transpose() << " acce: " << mean_acce.transpose();
85  init_success_ = true;
   return true;
 }
```

这里主要调用了数学库中的均值与协方差计算函数：

src/common/math_utils.h

```
/**
 * 计算一个容器内数据的均值与对角形式的协方差
3 * @tparam C      容器类型
 * @tparam D      结果类型
 * @tparam Getter    获取数据函数，接收一个容器内数据类型，返回一个D类型
 */
template <typename C, typename D, typename Getter>
8 void ComputeMeanAndCovDiag(const C& data, D& mean, D& cov_diag, Getter&& getter) {
   size_t len = data.size();
   assert(len > 1);
   mean = std::accumulate(data.begin(), data.end(), D::Zero().eval(),
     [&getter](const D& sum, const auto& data) -> D { return sum + getter(data); }) / len;
13 cov_diag = std::accumulate(data.begin(), data.end(), D::Zero().eval(),
     [&mean, &getter](const D& sum, const auto& data) -> D {
       return sum + (getter(data) - mean).cwiseAbs2().eval();
     }) / (len - 1);
 }
```

只要某个数据字段以 Eigen 形式存储，这段函数就可以对某个容器内的给定字段计算均值和对角线形式的协方差。这些都通过 lambda 函数获取用户指定的字段，并使用模板类型让它们具有良好的兼容性，这样可以对各种存储形式（std::vector、std::deque 等）和各种字段调用本函数。在这个例子中，对 IMU 数据队列的陀螺仪读数和加速度计读数调用本函数，估计它们的均值和方差。这些信息将被用于 ESKF 的初始化过程。

3.5.5　运行 ESKF

从文本文件中读取记录的传感器信息，以回调函数的方式对这些信息进行处理，把更新之后的 ESKF 的状态输出到结果文件中。这里有一部分逻辑关系需要处理：

1. 静止初始化方法需要一段时间的 IMU 读数来估计零偏和重力方向。这段时间内不会让 ESKF 来观测 RTK 数据。如果初始化成功，则将初始的零偏和噪声参数传递给 ESKF。
2. ESKF 还需要首个有效的 RTK 来确定地图原点，以及名义状态的初始值。这是因为初始车辆的世界位置和姿态并不一定在原点。如果 IMU 已经初始化而首个 RTK 尚未确定，则 ESKF 也不会继续处理 IMU 读数。

3. 当 ESKF 正常运行时，将预测阶段的名义状态和观测之后的名义状态都写入文件并发送给图形界面。

src/ch4/run_eskf_gins.cc

```
/// 设置标志位和各类回调函数
bool first_gnss_set = false;
Vec3d origin = Vec3d::Zero();

io.SetIMUProcessFunc([&](const sad::IMU& imu) {
  /// IMU处理函数
  if (!imu_init.InitSuccess()) {
    imu_init.AddIMU(imu);
    return;
  }

  /// 需要IMU初始化
  if (!imu_inited) {
    // 读取初始零偏，设置ESKF
    sad::ESKFD::Options options;
    // 噪声由初始化器估计
    options.gyro_var_ = sqrt(imu_init.GetCovGyro()[0]);
    options.acce_var_ = sqrt(imu_init.GetCovAcce()[0]);
    eskf.SetInitialConditions(options, imu_init.GetInitBg(), imu_init.GetInitBa(), imu_init.
        GetGravity());
    imu_inited = true;
    return;
  }

  if (!gnss_inited) {
    /// 等待有效的RTK数据
    return;
  }

  /// GNSS也接收到之后，再进行预测
  eskf.Predict(imu);

  /// predict会更新ESKF，所以可以此时发送数据
  auto state = eskf.GetNominalState();
  ui->UpdateNavState(state);

  /// 记录数据以供绘图
  save_result(fout, state);

  usleep(1e3);
})
.SetGNSSProcessFunc([&](const sad::GNSS& gnss) {
  /// GNSS处理函数
  if (!imu_inited) {
    return;
  }
```

```
    sad::GNSS gnss_convert = gnss;
48  if (!sad::ConvertGps2UTM(gnss_convert, antenna_pos, FLAGS_antenna_angle) || !gnss_convert.
        heading_valid_) {
      return;
    }

    /// 去掉原点
53  if (!first_gnss_set) {
      origin = gnss_convert.utm_pose_.translation();
      first_gnss_set = true;
    }
    gnss_convert.utm_pose_.translation() -= origin;
58
    // 要求RTK heading有效，才能合入EKF
    eskf.ObserveGps(gnss_convert);

    auto state = eskf.GetNominalState();
63  ui->UpdateNavState(state);
    save_result(fout, state);

    gnss_inited = true;
})
68  .SetOdomProcessFunc([&imu_init](const sad::Odom& odom) {
      /// ODOM处理函数，本章介绍的ODOM只做初始化使用
      imu_init.AddOdom(odom);
    })
    .Go();
```

请读者编译运行本程序。读者可以通过 GFlags 指定要运行的文本文件：

终端输入：

```
bin/run_eskf_gins --txt_path ./data/ch3/10.txt
```

该程序会显示实时的滤波器状态，如图 3-14 所示。右侧面板还能观察 ESKF 实时估计的 IMU 零偏、车辆在世界坐标系和车体坐标系下的实时速度。读者能观察到以下几个现象。

1. ESKF 每次递推和观测都有先验信息，因此在有良好的 RTK 和 IMU 数据的情况下，它的轨迹应该是比较平滑的。读者可以在 UI 中对轨迹进行放大，查看上面的数据点。

2. 车体坐标系下的速度以 X 轴正向为主，这与实际车辆前进的状态相符。而世界坐标系下的速度既有 X 的分量，也有 Y 的分量。

3. 在一部分 RTK 不良的场合，ESKF 会缺少观测，位移部分会呈快速发散状态。当 RTK 恢复以后，位移部分会收敛到 RTK 轨迹上。

4. 本节程序在 RTK 航向有效时，选择无条件相信 RTK。但实际上，RTK 数据本身也会有抖动和不良的情况，这会导致 ESKF 输出轨迹也发生抖动。

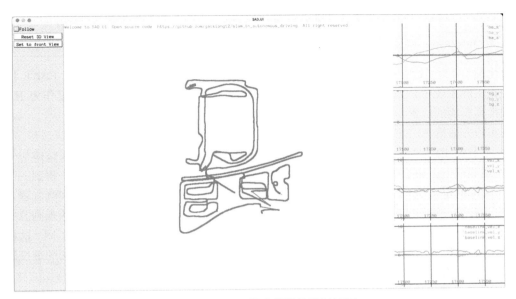

图 3-14　ESKF **组合导航的实时结果**

　　程序运行完成后，ESKF 的状态变量会输出到 data/ch3/gins.txt 文件中。可以通过绘制脚本查看它的平面图，如图 3-15所示。

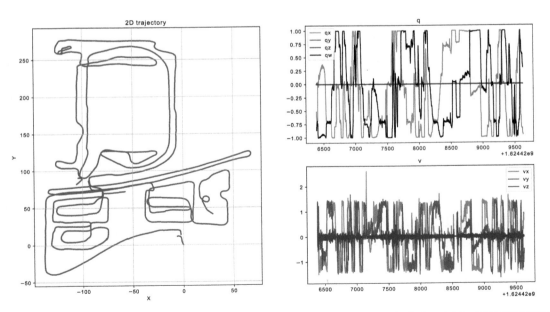

图 3-15　ESKF **估计得到的状态变量曲线图。左侧：2D 轨迹图，右上：四元数状态；右下：世界坐标系下速**
　　　　度状态

终端输出：

```
python3 scripts/plot_ch3_state.py ./data/ch3/gins.txt
```

对比图 3-12，发现它们的大体形状是相似的，但个别 RTK 角度无效的地方，ESKF 出现了发散。在实际系统中，如果 RTK 位置有效而航向无效，则可以使用 ESKF 的角度作为 RTK 角度，来推算车辆的位置。笔者将这部分工作留作习题。

从实验方面给 ESKF 一些评注。

1. 本节的 ESKF 展示了如何将 IMU 观测与 GNSS 观测进行融合，融合结果整体与 GNSS 观测相当。如果 ESKF 能顺利递推，则可以将 IMU 的预测位姿向外输出，得到一个更高频率的定位信号。实际的 ESKF 也可以融合来自其他观测源的位姿数据。观测方程并不需要有统一的形式，能够进行线性化即可。例如，后续章节会介绍将激光雷达观测源的数据融合至 ESKF 中。它们的理论基本是一致的，只是观测源的噪声可能有所不同。这种融合的方法称为**松耦合**。也可以将激光点云本身的残差，或者视觉特征点、像素的重投影误差放入观测方程，构成一个**紧耦合**系统。

2. 为了让 ESKF 保持收敛，需要不断地往里加入 GNSS 的观测信息。如果一段区域内长时间没有 GNSS 观测，那么 IMU 递推将和之前的 IMU 积分一样逐渐**发散**。可以认为，GNSS 的观测使得系统的速度、零偏得以固定。从学术角度看，GNSS 的观测使这些状态变量**能观**（Observable）了[72]。本书并不准备严格地讨论一个状态估计器的能观性，虽然那是一个很重要的理论问题。

3. 本节没有处理 GNSS 位姿可能存在的异常值。实际当中的 GNSS 可能存在无信号，也可能存在报告正常状态，但实际位姿存在明显偏离的情况。ESKF 的预测—更新模式可以一定程度地平滑 IMU 和 GNSS 的位姿，但如果不加异常检测，一旦异常数据被融入滤波器，则很容易"带歪"整个滤波器，很难再让它返回正确的状态。在 ESKF 中，可以检查**更新量**大小或者预测位置与观测位置之间的距离，来判定是否将这个观测融入滤波器，但这种检查相当依赖当前时刻的状态估计值，不容易区分是 **RTK 异常**还是**滤波器异常**。后面章节将向读者介绍的图优化类方法可以更有效地识别并规避 GNSS 异常值的干扰。

4. 接触过图优化的读者可以适当对比 ESKF 对运动、观测模型的处理方式与图优化具体有何异同。读者应该有一种似曾相识的感觉——它们存在非常多的相似之处，但处理方法上也存在一些差异。后面章节会介绍，ESKF 的更新过程实际是**边缘化**的过程。它将历史的观测信息边缘化后，变成对当前时刻的一种**先验**。换句话说，ESKF 得到的均值 x 和方差 P 实际上是下个时刻的先验信息。这个先验信息能够很好地平滑整个滤波器的迭代过程。相应地，通常的图优化方法并没有对整个状态变量的先验，如何处理这个先验信息就成了算法的关键。第 4 章将从图优化角度重新审视这个问题。相信读者在阅读第 4 章的内容之后，会对这段描述有更深刻的理解。

3.5.6　速度观测量

在 GINS 系统中，如果长时间缺少 RTK 观测数据，ESKF 就变为纯靠 IMU 积分的递推模式。该模式下位移将很快发散。位移发散的主要原因是缺少速度观测。有没有什么方法可以限制速度的发散呢？最常见的方法是融入车辆的速度传感器。速度测量值主要来自车辆的**电机转速**或者**轮式编码器**。大部分轮式机器人会携带一个编码器以测定自身速度，进而推断自身的局部运动情况。有时，也可以使用电机转速、油门等底层测量值来测定机器人的速度值。这些速度观测与 IMU 结合，可以形成局部的**航迹推算**（Dead Reckoning）。或者，可以简单地将它们融入 ESKF，作为速度的观测量。下面推导它的数学形式和代码实现。

图 3-16 展示了一个轮式编码器以及它的安装方式的案例。这种编码器大多呈圆盘形，边缘有规律的孔洞。轮子转动时，在底盘上安装一个红外或激光的发送接收装置。这个发送接收的结构会穿过轮式编码器上面的孔洞部分。如果轮子转动，则接收装置应该有规律地输出信号被阻挡或没有被阻挡两种状态。这种规律的输出反映了轮子转动的距离，结合轮子的半径和安装位置信息，可以进一步反映出车辆相对地面的运动距离。

图 3-16　一个轮式编码器以及它的安装方式的案例

轮式编码器的特点可以概括如下。

1. 单个轮式编码器只输出轮子转过的距离，我们可以对这个距离进行采样。如果每隔固定时间采样，则可以看成对速度的测量值。

2. 如果轮子本身在底盘上的角度是固定不动的，则可以通过编码器计算车辆位移。进而，如果使用三轮式的机器人底盘（就像许多扫地机器人和小型机器人一样），还可以通过两侧轮子的位移差异，计算车身的旋转。不过，IMU 本身也可以测量车辆的旋转。

3. 轮子本身只能测量车辆在**前进方向**上的速度和位移，无法测量平行方向或高度方向上的速度和位移。对于一些大型的车辆在颠簸路面上行驶的情况，轮式编码器的结果很可能不符合实际。

4. 在实际应用中，轮子很容易受到打滑影响。打滑时，轮子会发生空转，导致编码器虽然有输出，但车辆本身并没有前进的状态。因此，可以融入其他状态的观测，得到更好的定位效果。

本书中将轮速观测作为**载体系下** X **方向速度**的观测，简而言之，设某两段时间间隔内，采样到的轮子转速为标量的 v_{wheel}，表示车辆在前进方向上的速度。取**前左上坐标系**，即车辆 X 轴向前，Y 轴向左，Z 轴向上，那么向量形式的轮速观测可以记为

$$\boldsymbol{v}_{\mathrm{wheel}} = [v_{\mathrm{wheel}}, 0, 0]^\top. \tag{3.72}$$

对应的观测模型为

$$\boldsymbol{v}_{\mathrm{wheel}} = \boldsymbol{R}^\top \boldsymbol{v}, \tag{3.73}$$

其中，$\boldsymbol{R}, \boldsymbol{v}$ 为车辆当前的状态。于是，轮速可以看成对 $\boldsymbol{R}^\top \boldsymbol{v}$ 的测量。但实际中，轮速计并**没有对** $\boldsymbol{R}$ 进行物理意义上的测量，所以更常用的做法是，先根据当前估计的 $\boldsymbol{R}$，将 v_{wheel} 转到世界坐标系下，直接视为对 $\boldsymbol{v}$ 的观测：

$$\boldsymbol{R}\boldsymbol{v}_{\mathrm{wheel}} = \boldsymbol{v}. \tag{3.74}$$

可以把该模型记为抽象的观测模型 $\boldsymbol{h}(\boldsymbol{x})$。显然，它对名义状态 $\boldsymbol{x}$ 的雅可比矩阵为

$$\frac{\partial \boldsymbol{h}(\boldsymbol{x})}{\partial \boldsymbol{x}} = [\boldsymbol{0}_{3\times3}, \boldsymbol{I}_{3\times3}, \boldsymbol{0}_{3\times12}]. \tag{3.75}$$

通过雅可比矩阵可以看出，轮速计并没有对 $\boldsymbol{v}$ 以外的状态量有观测效果。如果更严格一些，还应该认为 v_{wheel} 没有 Y, Z 两个轴上的速度测量。不过，由于 $\boldsymbol{v}$ 受到了观测，所以加上 IMU 测量值之后，递推出来的位姿并不会快速发散。轮速的观测函数实现如下：

src/ch3/eskf.hpp

```
template <typename S>
bool ESKF<S>::ObserveWheelSpeed(const Odom& odom) {
  assert(odom.timestamp_ >= current_time_);
  // ODOM修正以及雅可比矩阵
  // 使用三维的轮速观测, H为3x18, 大部分为零
  Eigen::Matrix<S, 3, 18> H = Eigen::Matrix<S, 3, 18>::Zero();
  H.template block<3, 3>(0, 3) = Mat3T::Identity();

  // 卡尔曼增益
  Eigen::Matrix<S, 18, 3> K = cov_ * H.transpose() * (H * cov_ * H.transpose() + odom_noise_).
      inverse();

  // 速度观测
  double velo_l = options_.wheel_radius_ * odom.left_pulse_ / options_.circle_pulse_ * 2 * M_PI /
      options_.odom_span_;
  double velo_r =
    options_.wheel_radius_ * odom.right_pulse_ / options_.circle_pulse_ * 2 * M_PI / options_.
        odom_span_;
  double average_vel = 0.5 * (velo_l + velo_r);

  VecT vel_odom(average_vel, 0.0, 0.0);
  VecT vel_world = R_ * vel_odom;
```

```
  dx_ = K * (vel_world - v_);

  // 更新方差
  cov_ = (Mat18T::Identity() - K * H) * cov_;

  UpdateAndReset();
  return true;
}
```

在代码实现中，我们能够获取固定时间间隔内左右轮子的转动脉冲数 p。记轮子半径为 r，每一圈总脉冲为 n，轮速的测量间隔为 t，那么速度值 v_{wheel} 与这几个物理量之间的关系为

$$v_{\text{wheel}} = \frac{2\pi r p}{nt}. \tag{3.76}$$

在质量模型下，这个速度可以作为车辆线速度的观测值。取左右轮的平均值来观测它。当然，这是一种粗略的估计，更细致的模型应该考虑到车辆本身的结构和安装参数，但本节主要用来演示它们在 ESKF 中的作用。依然使用轮速观测计算误差状态 δx，然后合入名义状态中。

要运行带有轮速的 ESKF，使用：

终端输入：

```
bin/run_eskf_gins --with_odom=true
```

然后按照 3.5.5 节的方式绘制轨迹结果图。添加轮速观测之后的实时轨迹结果如图 3-17 所示。对比图 3-14 可以发现，有几处因为缺少 RTK 观测而发散的位置明显得到了改善。速度观测对于组合导航是有积极作用的。

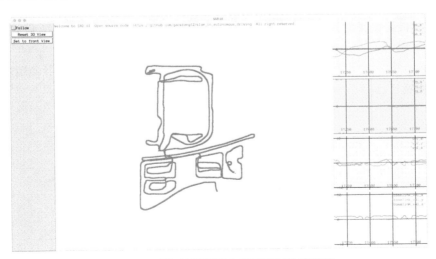

图 3-17　添加轮速观测之后的实时轨迹结果

3.6 本章小结

本章介绍了惯性导航系统的基本原理，以 ESKF 形式将 IMU、卫星导航和轮式里程计进行了融合，组成了传统的组合导航方案。这种方案在车辆定位方案中是行之有效的。笔者通过代码和图形界面演示了它们的工作过程。目前还没有引入图像和激光雷达传感器，只能看到车辆的位置和姿态数据，没有直观地描述场景结构。后面章节将以本节结果为基础，添加二维和三维激光雷达的数据，用于建图和定位。

习题

1. 证明任意各向同性的零均值白噪声随机变量左乘任意旋转矩阵 $\boldsymbol{R}$ 后，均值仍为零且协方差矩阵不变。

2. 推导以四元数为表示法的 ESKF 状态转移方程。

3. 在旋转部分的处理中，使用左乘或右乘的李代数并无本质区别。本书采用了右乘的约定，请推导以左乘李代数为误差变量的 ESKF 状态方程。在形式上，左乘是否比右乘更简单？

4. 在 ESKF 中对运动方程和观测方程稍加改变，很容易得到 UKF 和 IEKF 之类的变种。请根据本书提供的代码，实现基于 UKF 或 IEKF 的组合导航。

5. 简化 ESKF 的运动递推过程，不要使用矩阵形式的 $\boldsymbol{F}$ 矩阵，而是将各变量的运动过程分别列写方程，看看是否有效率提升。有时，这种 ESKF 也被称为**稀疏的 ESKF**。

6. 尝试简化 ESKF 中的一些矩阵计算。把没必要计算的部分删除，仅保留需要的部分，看看是否有效率提升。

7. 对 ESKF 的更新量进行检查。这个更新量一般为多大？如何确定异常值判定的阈值？

8. 设计检查机制，在 ESKF 中过滤一些 RTK 的异常观测。

9. 设计检查机制，让 ESKF 在长时间没有 RTK 观测时报告警报信息，并使用最近 RTK 观测来重置自己。

第 4 章　预积分学

第 3 章向读者介绍了 IMU 数据的观测模型和基础的滤波器方法。在 ESKF 中，我们将两个 GNSS 观测之间的 IMU 数据进行积分，作为 ESKF 的预测过程。这种做法把 IMU 数据看成某种**一次性**的使用方式：将它们积分到当前估计值上，然后用观测数据更新当时的估计值。显然，这种做法和此时的状态估计值有关。但是，如果状态量发生了改变，能否重复利用这些 IMU 数据呢？从物理意义上看，IMU 反映的是两个时刻间车辆的**角度变化量**和**速度变化量**。如果希望 IMU 的计算与**当时的状态估计无关**，那么在算法上应该如何处理呢？这就是本章要讨论的内容。

本章介绍一种十分常见的 IMU 数据处理方法：**预积分**[73]。与传统 IMU 的运动学积分不同，预积分可以将一段时间内的 IMU 测量数据累积，建立预积分测量，同时还能保证测量值与状态变量无关。如果以吃饭来比喻的话，ESKF 像是**一口口地吃菜**，而预积分则是**从锅里先把菜一块块夹到碗里，再把碗里的菜一口气吃掉**。至于用多大的碗，每次夹多少菜再一起吃，形式上就比较自由了。无论是 LIO 系统还是 VIO 系统，预积分已经成为诸多紧耦合 IMU 系统的标准方法[74-76]，但其原理相对于传统 ESKF 的预测过程会更复杂。下面推导其基本原理，然后实现一个预积分系统，解决和第 3 章相同的问题。本章的内容是后续许多章节的预备知识，请读者务必掌握。

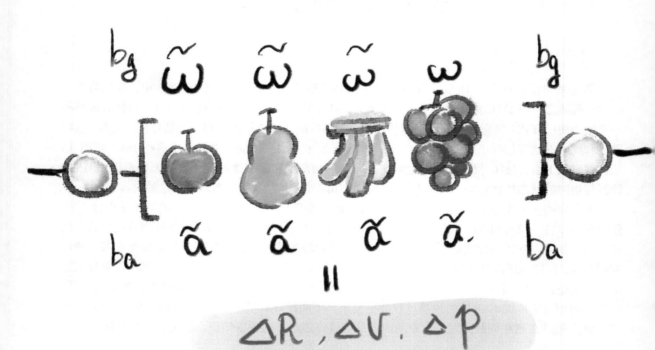

$$\Delta R, \Delta V. \Delta P$$

预积分可以一次积累多个数据
且与状态无关。

4.1 IMU 状态的预积分学

4.1.1 预积分的定义

笔者还是从 IMU 的运动学模型出发。在一个 IMU 系统里,考虑它的五个变量:旋转 $\boldsymbol{R}$、平移 $\boldsymbol{p}$、角速度 $\boldsymbol{\omega}$、线速度 $\boldsymbol{v}$ 与加速度 $\boldsymbol{a}$。根据第 2 章的介绍,这些变量的运动学关系可以写成[77]

$$\dot{\boldsymbol{R}} = \boldsymbol{R}\boldsymbol{\omega}^\wedge, \tag{4.1a}$$

$$\dot{\boldsymbol{p}} = \boldsymbol{v}, \tag{4.1b}$$

$$\dot{\boldsymbol{v}} = \boldsymbol{a}. \tag{4.1c}$$

在 t 到 $t + \Delta t$ 时间内,对上式进行欧拉积分,可得

$$\boldsymbol{R}(t + \Delta t) = \boldsymbol{R}(t)\mathrm{Exp}(\boldsymbol{\omega}(t)\Delta t), \tag{4.2a}$$

$$\boldsymbol{v}(t + \Delta t) = \boldsymbol{v}(t) + \boldsymbol{a}(t)\Delta t, \tag{4.2b}$$

$$\boldsymbol{p}(t + \Delta t) = \boldsymbol{p}(t) + \boldsymbol{v}(t)\Delta t + \frac{1}{2}\boldsymbol{a}(t)\Delta t^2. \tag{4.2c}$$

其中,角速度和加速度可以被 IMU 测量到,但受噪声与重力影响。令测量值为 $\tilde{\boldsymbol{\omega}}$ 和 $\tilde{\boldsymbol{a}}$,则

$$\tilde{\boldsymbol{\omega}}(t) = \boldsymbol{\omega}(t) + \boldsymbol{b}_{\mathrm{g}}(t) + \boldsymbol{\eta}_{\mathrm{g}}(t), \tag{4.3a}$$

$$\tilde{\boldsymbol{a}}(t) = \boldsymbol{R}^\top(\boldsymbol{a}(t) - \boldsymbol{g}) + \boldsymbol{b}_{\mathrm{a}}(t) + \boldsymbol{\eta}_{\mathrm{a}}(t), \tag{4.3b}$$

其中,$\boldsymbol{b}_{\mathrm{g}}, \boldsymbol{b}_{\mathrm{a}}$ 为陀螺仪和加速度计零偏,$\boldsymbol{\eta}_{\mathrm{a}}, \boldsymbol{\eta}_{\mathrm{g}}$ 为测量的高斯噪声。把式 (4.3) 代入式 (4.2),可得测量值与状态变量的关系:

$$\boldsymbol{R}(t + \Delta t) = \boldsymbol{R}(t)\mathrm{Exp}\left((\tilde{\boldsymbol{\omega}} - \boldsymbol{b}_{\mathrm{g}}(t) - \boldsymbol{\eta}_{\mathrm{gd}}(t))\Delta t\right), \tag{4.4a}$$

$$\boldsymbol{v}(t + \Delta t) = \boldsymbol{v}(t) + \boldsymbol{g}\Delta t + \boldsymbol{R}(t)(\tilde{\boldsymbol{a}} - \boldsymbol{b}_{\mathrm{a}}(t) - \boldsymbol{\eta}_{\mathrm{ad}}(t))\Delta t, \tag{4.4b}$$

$$\boldsymbol{p}(t + \Delta t) = \boldsymbol{p}(t) + \boldsymbol{v}(t)\Delta t + \frac{1}{2}\boldsymbol{g}\Delta t^2 + \frac{1}{2}\boldsymbol{R}(t)(\tilde{\boldsymbol{a}} - \boldsymbol{b}_{\mathrm{a}}(t) - \boldsymbol{\eta}_{\mathrm{ad}}(t))\Delta t^2, \tag{4.4c}$$

其中,$\boldsymbol{\eta}_{\mathrm{gd}}, \boldsymbol{\eta}_{\mathrm{ad}}$ 是离散化后的随机游走噪声[53]:

$$\mathrm{Cov}(\boldsymbol{\eta}_{\mathrm{gd}}(t)) = \frac{1}{\Delta t}\mathrm{Cov}(\boldsymbol{\eta}_{\mathrm{g}}(t)), \tag{4.5a}$$

$$\mathrm{Cov}(\boldsymbol{\eta}_{\mathrm{ad}}(t)) = \frac{1}{\Delta t}\mathrm{Cov}(\boldsymbol{\eta}_{\mathrm{a}}(t)). \tag{4.5b}$$

以上过程在 IMU 测量方程和噪声方程中已有描述。当然,我们完全可以用这种约束来构建图优化,对 IMU 相关的问题进行求解。但是,这组方程刻画的时间太短,仅包含单个 IMU 数据。或

者说，IMU 的测量频率太高。我们并不希望优化过程随着 IMU 数据进行调用，那样太浪费计算资源。我们更希望将这些 IMU 测量值组合在一起处理。

现在介绍如何在关键帧之间对 IMU 进行预积分。不妨假设离散时间 i 和 j 之间的 IMU 数据被累积，这个过程可以持续几秒。这种被累积的观测被称为**预积分**（Pre-integration）[78]。当然，如果使用不同形式的运动学（如第 2 章介绍的那些方式），得到的预积分形式也是不同的[47]。本书主要使用 SO(3) $+\,t$ 的方式推导预积分。那么，在 i 至 j 的过程中，可以把式 (4.4) 中的变量累计，得到

$$R_j = R_i \prod_{k=i}^{j-1} \mathrm{Exp}\left((\tilde{\omega}_k - b_{\mathrm{g},k} - \eta_{\mathrm{gd},k})\,\Delta t\right), \tag{4.6a}$$

$$v_j = v_i + g\Delta t_{ij} + \sum_{k=i}^{j-1} R_k(\tilde{a}_k - b_{\mathrm{a},k} - \eta_{\mathrm{ad},k})\Delta t, \tag{4.6b}$$

$$p_j = p_i + \sum_{k=i}^{j-1} v_k\Delta t + \frac{1}{2}\sum_{k=i}^{j-1} g\Delta t^2 + \frac{1}{2}\sum_{k=i}^{j-1} R_k(\tilde{a}_k - b_{\mathrm{a},k} - \eta_{\mathrm{ad},k})\Delta t^2, \tag{4.6c}$$

其中 $\Delta t_{ij} = \sum_{k=i}^{j-1}\Delta t$，为累积的时间。在已知 i 时刻状态和所有测量时，该式可以用于推断 j 时刻的状态。当然，这只是式 (4.4) 的累积形式，并无本质不同。这就是传统意义上的**直接积分**，与 ESKF 中的预测过程并无二致。

直接积分的缺点是，它描述的过程和状态量有关。如果对 i 时刻的状态进行优化，那么 $i+1, i+2, \cdots, j-1$ 时刻的状态也会跟着发生改变，这个积分就必须重新计算[79]，这是非常不便的。为此，对上式稍加改变，尽量将 IMU 读数放在一侧，状态量放到另一侧。于是，定义相对的运动量为

$$\Delta R_{ij} \doteq R_i^\top R_j = \prod_{k=i}^{j-1} \mathrm{Exp}\left((\tilde{\omega}_k - b_{\mathrm{g},k} - \eta_{\mathrm{gd},k})\,\Delta t\right), \tag{4.7a}$$

$$\Delta v_{ij} \doteq R_i^\top (v_j - v_i - g\Delta t_{ij}) = \sum_{k=i}^{j-1} \Delta R_{ik}(\tilde{a}_k - b_{\mathrm{a},k} - \eta_{\mathrm{ad},k})\Delta t, \tag{4.7b}$$

$$\Delta p_{ij} \doteq R_i^\top \left(p_j - p_i - v_i\Delta t_{ij} - \frac{1}{2}g\Delta t_{ij}^2\right), \tag{4.7c}$$

$$= \sum_{k=i}^{j-1} \left[\Delta v_{ik}\Delta t + \frac{1}{2}\Delta R_{ik}\left(\tilde{a}_k - b_{\mathrm{a},k} - \eta_{\mathrm{ad},k}\right)\Delta t^2\right]. \tag{4.7d}$$

这种改变实际上只是计算了某种从 i 到 j 的"差值"。它们虽然写作 p, v, R 的形式，但并不直接是位移、速度、旋转的物理量，而是人为定义的变量。这个定义在计算上有以下有趣的性质。

1. 不妨考虑从 i 时刻出发，此时这三个量都为零。在 $i+1$ 时刻，计算出 $\Delta R_{i,i+1}, \Delta v_{i,i+1}$ 和 $\Delta p_{i,i+1}$。在 $i+2$ 时刻，由于这三个式子都是累乘或累加的形式，只需在 $i, i+1$ 时刻的结果之上，加上第 $i+2$ 时刻的测量值即可。这给计算层面带来了很大的便利。还会发现这种性质便于后续计算各种雅可比矩阵。

2. 从等号最右侧来看，上述所有计算都和 R, v, p 的取值无关。即使它们的估计值发生改变，也无须重新计算 IMU 的积分量。

3. 如果零偏 $b_{a,k}$ 或 $b_{g,k}$ 发生变化，那么上式理论上还需要重新计算。然而，也可以通过"**修正**"而非"**重新计算**"的思路调整预积分量。

4. 请注意，预积分量并没有直接的物理含义。尽管符号上用了 $\Delta v, \Delta p$ 之类的表示，但它并不表示某两个速度或位置上的偏差。它只是如此定义而已。当然，从量纲上来说，应该与角度、速度、位移对应。

5. 同样地，由于预积分量不是直接的物理量，这种"测量模型"的噪声必须从原始的 IMU 噪声推导而来。

笔者将从这几个问题出发，介绍如何构造预积分的测量模型、噪声模型，以及如何便捷地计算各种状态变量的雅可比矩阵。

4.1.2　预积分测量模型

由前面的讨论可见，预积分内部带有 IMU 的零偏量，因此不可避免地会依赖此时的零偏量估计。为了处理这种依赖，笔者对预积分定义做如下工程上的调整。

1. 认为 i 时刻的零偏是**固定**的，并且在整个预积分计算过程中都是固定的。

2. 做出预积分对零偏量的一阶线性化模型，即舍弃对零偏量的高阶项。

3. 当零偏估计发生改变时，用这个线性模型来**修正**预积分。

首先，固定 i 时刻的零偏估计，来分析预积分的噪声。无论是图优化还是滤波器技术，都需要知道某个测量量究竟含有多大的噪声。不妨从旋转开始计算，因为旋转相对来说比较容易。利用 BCH 展开，可以做出下列的近似：

$$
\Delta R_{ij} = \prod_{k=i}^{j-1} \underbrace{\mathrm{Exp}\left((\tilde{\omega}_k - b_{g,k} - \eta_{gd,k})\,\Delta t\right)}_{\text{利用 BCH:} \approx \mathrm{Exp}((\tilde{\omega}_k - b_{g,i})\Delta t)\mathrm{Exp}(-J_{r,k}\eta_{gd,k}\Delta t)} \, ,
$$
$$
\approx \prod_{k=i}^{j-1} \left[\mathrm{Exp}\left((\tilde{\omega}_k - b_{g,i})\Delta t\right) \mathrm{Exp}\left(-J_{r,k}\eta_{gd,k}\Delta t\right)\right] .
\tag{4.8}
$$

在式 (4.8) 中，我们希望分离噪声项，从而定义**预积分测量值** $\Delta\tilde{R}_{ij}$。与先前的 IMU 测量一样，测量值会带有上标 $(\tilde{\cdot})$ 符号：

$$\Delta \tilde{\boldsymbol{R}}_{ij} = \prod_{k=i}^{j-1} \text{Exp}\left((\tilde{\boldsymbol{\omega}}_k - \boldsymbol{b}_{\text{g},i})\Delta t\right).$$

(4.9)

请注意，这个模型也可以用于定义 $\Delta \tilde{\boldsymbol{R}}_{kj}, \forall k \in (i,j)$。基于这种巧妙的定义方式，可以把式 (4.9) 改写成

$$
\begin{aligned}
\Delta \boldsymbol{R}_{ij} &= \underbrace{\text{Exp}\left((\tilde{\boldsymbol{\omega}}_i - \boldsymbol{b}_{\text{g},i})\Delta t\right)}_{\Delta \tilde{\boldsymbol{R}}_{i,i+1}} \text{Exp}\left(-\boldsymbol{J}_{\text{r},i}\boldsymbol{\eta}_{\text{gd},i}\Delta t\right) \underbrace{\text{Exp}\left((\tilde{\boldsymbol{\omega}}_{i+1} - \boldsymbol{b}_{\text{g},i})\Delta t\right)}_{\Delta \tilde{\boldsymbol{R}}_{i+1,i+2}} \text{Exp}\left(-\boldsymbol{J}_{\text{r},i+1}\boldsymbol{\eta}_{\text{gd},i+1}\Delta t\right)\cdots, \\
&= \Delta \tilde{\boldsymbol{R}}_{i,i+1} \underbrace{\text{Exp}\left(-\boldsymbol{J}_{\text{r},i}\boldsymbol{\eta}_{\text{gd},i}\Delta t\right) \Delta \tilde{\boldsymbol{R}}_{i+1,i+2}}_{=\Delta \tilde{\boldsymbol{R}}_{i+1,i+2}\text{Exp}(-\Delta \tilde{\boldsymbol{R}}_{i+1,i+2}^{\top}\boldsymbol{J}_{\text{r},i}\boldsymbol{\eta}_{\text{gd},i}\Delta t)} \text{Exp}\left(-\boldsymbol{J}_{\text{r},i+1}\boldsymbol{\eta}_{\text{gd},i+1}\Delta t\right)\cdots, \\
&= \Delta \tilde{\boldsymbol{R}}_{i,i+2} \text{Exp}(-\Delta \tilde{\boldsymbol{R}}_{i+1,i+2}^{\top}\boldsymbol{J}_{\text{r},i}\boldsymbol{\eta}_{\text{gd},i}\Delta t)\text{Exp}\left(-\boldsymbol{J}_{\text{r},i+1}\boldsymbol{\eta}_{\text{gd},i+1}\Delta t\right) \Delta \tilde{\boldsymbol{R}}_{i+2,i+3}\cdots.
\end{aligned}
$$

(4.10)

不断地利用伴随公式把观测置换到左侧，把噪声置换到右侧，并把噪声项内部的 $\Delta \tilde{\boldsymbol{R}}$ 项合并，不难得到

$$
\begin{aligned}
\Delta \boldsymbol{R}_{ij} &= \Delta \tilde{\boldsymbol{R}}_{ij} \prod_{k=i}^{j-1} \text{Exp}\left(-\Delta \tilde{\boldsymbol{R}}_{k+1,j}^{\top}\boldsymbol{J}_{\text{r},k}\boldsymbol{\eta}_{\text{gd},k}\Delta t\right), \\
&\doteq \Delta \tilde{\boldsymbol{R}}_{ij} \text{Exp}(-\delta\boldsymbol{\phi}_{ij}).
\end{aligned}
$$

(4.11)

方便起见，把右侧项统一定义为一个噪声项。后面章节会讨论这个噪声项有多大。

下面来看速度部分，式 (4.7) 的形式不变，把前文定义的 $\Delta \tilde{\boldsymbol{R}}_{ij}$ 放进去：

$$
\begin{aligned}
\Delta \boldsymbol{v}_{ij} &= \sum_{k=i}^{j-1} \Delta \boldsymbol{R}_{ik}(\tilde{\boldsymbol{a}}_k - \boldsymbol{b}_{\text{a},i} - \boldsymbol{\eta}_{\text{ad},k})\Delta t, \\
&= \sum_{k=i}^{j-1} \Delta \tilde{\boldsymbol{R}}_{ik} \underbrace{\text{Exp}(-\delta\boldsymbol{\phi}_{ik})}_{\approx \boldsymbol{I} - \delta\boldsymbol{\phi}_{ik}^{\wedge}}(\tilde{\boldsymbol{a}}_k - \boldsymbol{b}_{\text{a},i} - \boldsymbol{\eta}_{\text{ad},k})\Delta t, \\
&= \sum_{k=i}^{j-1} \Delta \tilde{\boldsymbol{R}}_{ik}(\boldsymbol{I} - \delta\boldsymbol{\phi}_{ik}^{\wedge})(\tilde{\boldsymbol{a}}_k - \boldsymbol{b}_{\text{a},i} - \boldsymbol{\eta}_{\text{ad},k})\Delta t.
\end{aligned}
$$

(4.12)

舍掉式 (4.12) 中的二阶噪声小量，并且定义**预积分速度观测量**为

$$\Delta \tilde{\boldsymbol{v}}_{ij} = \sum_{k=i}^{j-1} \Delta \tilde{\boldsymbol{R}}_{ik}(\tilde{\boldsymbol{a}}_k - \boldsymbol{b}_{\text{a},i})\Delta t.$$

(4.13)

那么式 (4.13) 可以化简为

$$
\begin{aligned}
\Delta \boldsymbol{v}_{ij} &= \sum_{k=i}^{j-1} \left[\underbrace{\Delta \tilde{\boldsymbol{R}}_{ik}(\tilde{\boldsymbol{a}}_k - \boldsymbol{b}_{\mathrm{a},i})\Delta t}_{\text{累加此项}} + \Delta \tilde{\boldsymbol{R}}_{ik}(\tilde{\boldsymbol{a}}_k - \boldsymbol{b}_{\mathrm{a},i})^{\wedge} \delta \boldsymbol{\phi}_{ik}\Delta t - \Delta \tilde{\boldsymbol{R}}_{ik}\boldsymbol{\eta}_{\mathrm{ad},k}\Delta t \right], \\
&\qquad\qquad\qquad\qquad\qquad\qquad\qquad\qquad\qquad\qquad\qquad\qquad\qquad (4.14) \\
&= \Delta \tilde{\boldsymbol{v}}_{ij} + \sum_{k=i}^{j-1} \left[\Delta \tilde{\boldsymbol{R}}_{ik}(\tilde{\boldsymbol{a}}_k - \boldsymbol{b}_{\mathrm{a},i})^{\wedge} \delta \boldsymbol{\phi}_{ik}\Delta t - \Delta \tilde{\boldsymbol{R}}_{ik}\boldsymbol{\eta}_{\mathrm{ad},k}\Delta t \right], \\
&= \Delta \tilde{\boldsymbol{v}}_{ij} - \delta \boldsymbol{v}_{ij}.
\end{aligned}
$$

同理，$\delta \boldsymbol{v}_{ij}$ 也是定义的噪声，后面章节将分析其大小。

最后，可以对平移部分定义类似的操作。按照平移部分的定义方式，将式 (4.11) 和式 (4.14) 代入，可得

$$
\begin{aligned}
\Delta \boldsymbol{p}_{ij} &= \sum_{k=i}^{j-1} \left[\Delta \boldsymbol{v}_{ik}\Delta t + \frac{1}{2}\Delta \boldsymbol{R}_{ik}\left(\tilde{\boldsymbol{a}}_k - \boldsymbol{b}_{\mathrm{a},i} - \boldsymbol{\eta}_{\mathrm{ad},k}\right)\Delta t^2 \right], \\
&= \sum_{k=i}^{j-1} \left[(\Delta \tilde{\boldsymbol{v}}_{ik} - \delta \boldsymbol{v}_{ik})\Delta t + \frac{1}{2}\Delta \tilde{\boldsymbol{R}}_{ik}\underbrace{\mathrm{Exp}(-\delta \boldsymbol{\phi}_{ik})}_{\boldsymbol{I} - \delta \boldsymbol{\phi}_{ik}^{\wedge}}\left(\tilde{\boldsymbol{a}}_k - \boldsymbol{b}_{\mathrm{a},i} - \boldsymbol{\eta}_{\mathrm{ad},k}\right)\Delta t^2 \right], \\
&\approx \sum_{k=i}^{j-1} \left[(\Delta \tilde{\boldsymbol{v}}_{ik} - \delta \boldsymbol{v}_{ik})\Delta t + \frac{1}{2}\Delta \tilde{\boldsymbol{R}}_{ik}(\boldsymbol{I} - \delta \boldsymbol{\phi}_{ik}^{\wedge})(\tilde{\boldsymbol{a}}_k - \boldsymbol{b}_{\mathrm{a},i})\Delta t^2 - \frac{1}{2}\Delta \tilde{\boldsymbol{R}}_{ik}\boldsymbol{\eta}_{\mathrm{ad},k}\Delta t^2 \right], \\
&\approx \sum_{k=i}^{j-1} \left[\Delta \tilde{\boldsymbol{v}}_{ik}\Delta t + \frac{1}{2}\Delta \tilde{\boldsymbol{R}}_{ik}(\tilde{\boldsymbol{a}}_k - \boldsymbol{b}_{\mathrm{a},i})\Delta t^2 - \delta \boldsymbol{v}_{ik}\Delta t + \frac{1}{2}\Delta \tilde{\boldsymbol{R}}_{ik}(\tilde{\boldsymbol{a}}_k - \boldsymbol{b}_{\mathrm{a},i})^{\wedge} \delta \boldsymbol{\phi}_{ik}\Delta t^2 - \frac{1}{2}\Delta \tilde{\boldsymbol{R}}_{ik}\boldsymbol{\eta}_{\mathrm{ad},k}\Delta t^2 \right].
\end{aligned}
$$

$$\tag{4.15}$$

在式 (4.15) 的第三行推导至第四行的过程中舍去了二阶噪声小量。同前，定义**预积分位移观测量**为

$$
\Delta \tilde{\boldsymbol{p}}_{ij} = \sum_{k=i}^{j-1} \left[(\Delta \tilde{\boldsymbol{v}}_{ik}\Delta t) + \frac{1}{2}\Delta \tilde{\boldsymbol{R}}_{ik}(\tilde{\boldsymbol{a}}_k - \boldsymbol{b}_{\mathrm{a},i})\Delta t^2 \right]. \tag{4.16}
$$

那么式 (4.15) 可以写成

$$
\begin{aligned}
\Delta \boldsymbol{p}_{ij} &= \Delta \tilde{\boldsymbol{p}}_{ij} + \sum_{k=i}^{j-1} \left[-\delta \boldsymbol{v}_{ik}\Delta t + \frac{1}{2}\Delta \tilde{\boldsymbol{R}}_{ik}(\tilde{\boldsymbol{a}}_k - \boldsymbol{b}_{\mathrm{a},i})^{\wedge} \delta \boldsymbol{\phi}_{ik}\Delta t^2 - \frac{1}{2}\Delta \tilde{\boldsymbol{R}}_{ik}\boldsymbol{\eta}_{\mathrm{ad},k}\Delta t^2 \right], \\
&\doteq \Delta \tilde{\boldsymbol{p}}_{ij} - \delta \boldsymbol{p}_{ij}.
\end{aligned}
$$

$$\tag{4.17}$$

于是，式 (4.11)、式 (4.14)、式 (4.17) 共同定义了预积分的三个观测量和它们的噪声。将它们代回最初的定义式 (4.7)，可以简单写为

$$
\Delta \tilde{\boldsymbol{R}}_{ij} = \boldsymbol{R}_i^{\top} \boldsymbol{R}_j \mathrm{Exp}(\delta \boldsymbol{\phi}_{ij}), \tag{4.18a}
$$

$$\Delta \tilde{v}_{ij} = R_i^\top \left(v_j - v_i - g\Delta t_{ij} \right) + \delta v_{ij}, \tag{4.18b}$$

$$\Delta \tilde{p}_{ij} = R_i^\top \left(p_j - p_i - v_i\Delta t_{ij} - \frac{1}{2}g\Delta t_{ij}^2 \right) + \delta p_{ij}. \tag{4.18c}$$

式 (4.18) 归纳了前面讨论的内容，显示了预积分的以下几大优点。

1. 它的左侧是可以通过传感器数据积分得到的观测量，右侧是根据状态变量推断出来的预测值，再加上（或乘上）一个随机噪声。

2. 左侧变量的定义方式非常适合程序实现。一方面，$\Delta \tilde{R}_{ik}$ 可以通过 IMU 的读数得到，$\Delta \tilde{v}_{ik}$ 可以由 k 时刻 IMU 的读数加上 $\Delta \tilde{R}_{ik}$ 算得，而 $\Delta \tilde{p}_{ik}$ 又可以通过前两者的计算结果得到。另一方面，如果知道了 k 时刻的预积分观测量，又很容易根据 $k+1$ 时刻传感器的读数，计算出 $k+1$ 时刻的预积分观测量。这是由观测的累加定义方式决定的。

3. 从右侧看，也很容易根据 i 和 j 时刻的状态变量来推测预积分观测量的大小，从而写出误差公式，形成最小二乘。现在的问题是：预积分的噪声是否符合零均值的高斯分布？如果符合，它的协方差有多大？和 IMU 本身的噪声之间是什么关系？

下面就来解决这个问题。

4.1.3 预积分噪声模型

由于噪声项的定义比较复杂，本节会使用同样的思路来处理各种噪声项。会将复杂的噪声项线性化，保留一阶项系数，然后推导线性模型下的协方差矩阵变化。这是一种非常常见的处理思路，对许多复杂模型都很有效。

回顾几个噪声项的定义方式。从旋转的噪声开始：

$$\mathrm{Exp}(-\delta\phi_{ij}) = \prod_{k=i}^{j-1} \mathrm{Exp}(-\Delta\tilde{R}_{k+1,j}^\top J_{\mathrm{r},k}\eta_{\mathrm{gd},k}\Delta t). \tag{4.19}$$

不难发现，作为随机变量的 $\delta\phi_{ij}$ 只和随机变量 η_{gd} 有关，而其他的都是确定的观测量。线性化后取期望值时，由于 η_{gd} 为白噪声，因此 $\delta\phi_{ij}$ 均值也为零。

为了分析它的协方差，需要对式 (4.19) 进行线性化。对两侧取 Log，可得

$$\delta\phi_{ij} = -\mathrm{Log}\left(\prod_{k=i}^{j-1} \mathrm{Exp}(-\Delta\tilde{R}_{k+1,j}^\top J_{\mathrm{r},k}\eta_{\mathrm{gd},k}\Delta t) \right), \tag{4.20}$$

式 (4.20) 又可以通过 BCH 进行线性近似。同时，由于内部的系数项 $-\Delta\tilde{R}_{k+1}^\top J_{\mathrm{r},k}\eta_{\mathrm{gd},k}\Delta t$ 已经为噪声，接近于 0，可以将 BCH 线性近似的右雅可比矩阵取为单位阵 I，那么可以得到

$$\delta\phi_{ij} \approx \sum_{k=i}^{j-1} \Delta\tilde{R}_{k+1,j}^\top J_{\mathrm{r},k}\eta_{\mathrm{gd},k}\Delta t. \tag{4.21}$$

式 (4.21) 是高斯随机变量的线性组合，它的结果依然是高斯的。同时，由于预积分的累加特性，预积分观测量的噪声也会随着时间不断累加。我们可以这样提问：能否用第 $j-1$ 时刻的噪声来计算第 j 时刻的噪声？如果可以，那么程序实现也会更简单。

答案显然是肯定的。由于式 (4.21) 是累加形式的，因此很容易将其写成递推的形式：

$$
\begin{aligned}
\delta\boldsymbol{\phi}_{ij} &\approx \sum_{k=i}^{j-1} \Delta\tilde{\boldsymbol{R}}_{k+1,j}^{\top} \boldsymbol{J}_{\mathrm{r},k}\boldsymbol{\eta}_{\mathrm{gd},k}\Delta t, \\
&= \sum_{k=i}^{j-2} \Delta\tilde{\boldsymbol{R}}_{k+1,j}^{\top}\boldsymbol{J}_{\mathrm{r},k}\boldsymbol{\eta}_{\mathrm{gd},k}\Delta t + \underbrace{\Delta\boldsymbol{R}_{j,j}^{\top}}_{=I}\boldsymbol{J}_{\mathrm{r},j-1}\boldsymbol{\eta}_{\mathrm{gd},j-1}\Delta t, \\
&= \sum_{k=i}^{j-2} \underbrace{\Delta\tilde{\boldsymbol{R}}_{k+1,j}^{\top}}_{\left(\Delta\tilde{\boldsymbol{R}}_{k+1,j-1}\Delta\tilde{\boldsymbol{R}}_{j-1,j}\right)^{\top}}\boldsymbol{J}_{\mathrm{r},k}\boldsymbol{\eta}_{\mathrm{gd},k}\Delta t + \boldsymbol{J}_{\mathrm{r},j-1}\boldsymbol{\eta}_{\mathrm{gd},j-1}\Delta t, \\
&= \Delta\tilde{\boldsymbol{R}}_{j-1,j}^{\top}\sum_{k=i}^{j-2} \Delta\tilde{\boldsymbol{R}}_{k+1,j-1}^{\top}\boldsymbol{J}_{\mathrm{r},k}\boldsymbol{\eta}_{\mathrm{gd},k}\Delta t + \boldsymbol{J}_{\mathrm{r},j-1}\boldsymbol{\eta}_{\mathrm{gd},j-1}\Delta t, \\
&= \Delta\tilde{\boldsymbol{R}}_{j-1,j}^{\top}\delta\boldsymbol{\phi}_{i,j-1} + \boldsymbol{J}_{\mathrm{r},j-1}\boldsymbol{\eta}_{\mathrm{gd},j-1}\Delta t.
\end{aligned}
\tag{4.22}
$$

式 (4.22) 描述了如何从 $j-1$ 时刻的噪声推断至 j 时刻。显然，这是一个线性系统。不妨设 $j-1$ 时刻 $\delta\boldsymbol{\phi}_{i,j-1}$ 的协方差为 $\boldsymbol{\Sigma}_{j-1}$，$\boldsymbol{\eta}_{\mathrm{gd}}$ 的协方差为 $\boldsymbol{\Sigma}_{\boldsymbol{\eta}_{\mathrm{gd}}}$，那么：

$$
\boldsymbol{\Sigma}_j = \Delta\tilde{\boldsymbol{R}}_{j-1,j}^{\top}\boldsymbol{\Sigma}_{j-1}\Delta\tilde{\boldsymbol{R}}_{j-1,j} + \boldsymbol{J}_{\mathrm{r},j-1}\boldsymbol{\Sigma}_{\boldsymbol{\eta}_{\mathrm{gd}}}\boldsymbol{J}_{\mathrm{r},j-1}^{\top}\Delta t^2.
\tag{4.23}
$$

这表明预积分误差会随着数据累积而变大，预积分观测量也会变得越来越不确定。这和实际情况是相符的。

接下来考虑速度部分。与旋转部分相同，速度部分也可以写成高斯噪声变量的线性组合形式：

$$
\delta\boldsymbol{v}_{ij} \approx \sum_{k=i}^{j-1}\left[-\Delta\tilde{\boldsymbol{R}}_{ik}(\tilde{\boldsymbol{a}}_k - \boldsymbol{b}_{\mathrm{a},i})^{\wedge}\delta\boldsymbol{\phi}_{ik}\Delta t + \Delta\tilde{\boldsymbol{R}}_{ik}\boldsymbol{\eta}_{\mathrm{ad},k}\Delta t\right].
\tag{4.24}
$$

它也可以写成累加的形式：

$$
\begin{aligned}
\delta\boldsymbol{v}_{ij} &= \sum_{k=i}^{j-1}\left[-\Delta\tilde{\boldsymbol{R}}_{ik}(\tilde{\boldsymbol{a}}_k - \boldsymbol{b}_{\mathrm{a},i})^{\wedge}\delta\boldsymbol{\phi}_{ik}\Delta t + \Delta\tilde{\boldsymbol{R}}_{ik}\boldsymbol{\eta}_{\mathrm{ad},k}\Delta t\right], \\
&= \sum_{k=i}^{j-2}\left[-\Delta\tilde{\boldsymbol{R}}_{ik}(\tilde{\boldsymbol{a}}_k - \boldsymbol{b}_{\mathrm{a},i})^{\wedge}\delta\boldsymbol{\phi}_{ik}\Delta t + \Delta\tilde{\boldsymbol{R}}_{ik}\boldsymbol{\eta}_{\mathrm{ad},k}\Delta t\right] \\
&\quad - \Delta\tilde{\boldsymbol{R}}_{i,j-1}(\tilde{\boldsymbol{a}}_{j-1} - \boldsymbol{b}_{\mathrm{a},i})^{\wedge}\delta\boldsymbol{\phi}_{i,j-1}\Delta t + \Delta\tilde{\boldsymbol{R}}_{i,j-1}\boldsymbol{\eta}_{\mathrm{ad},j-1}\Delta t, \\
&= \delta\boldsymbol{v}_{i,j-1} - \Delta\tilde{\boldsymbol{R}}_{i,j-1}(\tilde{\boldsymbol{a}}_{j-1} - \boldsymbol{b}_{\mathrm{a},i})^{\wedge}\delta\boldsymbol{\phi}_{i,j-1}\Delta t + \Delta\tilde{\boldsymbol{R}}_{i,j-1}\boldsymbol{\eta}_{\mathrm{ad},j-1}\Delta t.
\end{aligned}
\tag{4.25}
$$

于是，$\delta \boldsymbol{v}_{ij}$ 的协方差也可以根据累加系数来确定。

对于平移部分也可以做同样的处理。直接列写平移部分噪声的累加形式：

$$
\begin{aligned}
\delta \boldsymbol{p}_{ij} &= \sum_{k=i}^{j-1} \left[\delta \boldsymbol{v}_{ik} \Delta t - \frac{1}{2} \Delta \tilde{\boldsymbol{R}}_{ik} (\tilde{\boldsymbol{a}}_k - \boldsymbol{b}_{\mathrm{a},i})^\wedge \delta \boldsymbol{\phi}_{ik} \Delta t^2 + \frac{1}{2} \Delta \tilde{\boldsymbol{R}}_{ik} \boldsymbol{\eta}_{\mathrm{ad},k} \Delta t^2 \right], \\
&= \sum_{k=i}^{j-2} \left[\delta \boldsymbol{v}_{ik} \Delta t - \frac{1}{2} \Delta \tilde{\boldsymbol{R}}_{ik} (\tilde{\boldsymbol{a}}_k - \boldsymbol{b}_{\mathrm{a},i})^\wedge \delta \boldsymbol{\phi}_{ik} \Delta t^2 + \frac{1}{2} \Delta \tilde{\boldsymbol{R}}_{ik} \boldsymbol{\eta}_{\mathrm{ad},k} \Delta t^2 \right] \\
&\quad + \delta \boldsymbol{v}_{i,j-1} \Delta t - \frac{1}{2} \Delta \tilde{\boldsymbol{R}}_{i,j-1} (\tilde{\boldsymbol{a}}_{j-1} - \boldsymbol{b}_{\mathrm{a},i})^\wedge \delta \boldsymbol{\phi}_{i,j-1} \Delta t^2 + \frac{1}{2} \Delta \tilde{\boldsymbol{R}}_{i,j-1} \boldsymbol{\eta}_{\mathrm{ad},j-1} \Delta t^2, \\
&= \delta \boldsymbol{p}_{i,j-1} + \delta \boldsymbol{v}_{i,j-1} \Delta t - \frac{1}{2} \Delta \tilde{\boldsymbol{R}}_{i,j-1} (\tilde{\boldsymbol{a}}_{j-1} - \boldsymbol{b}_{\mathrm{a},i})^\wedge \delta \boldsymbol{\phi}_{i,j-1} \Delta t^2 + \frac{1}{2} \Delta \tilde{\boldsymbol{R}}_{i,j-1} \boldsymbol{\eta}_{\mathrm{ad},j-1} \Delta t^2.
\end{aligned}
\tag{4.26}
$$

于是，推导了如何从 $j-1$ 时刻将噪声项递推至 j 时刻。如果读者喜欢矩阵形式，那么也可以很容易地将其整理成矩阵形式。方便起见，笔者将这三个噪声项合并成同一个：

$$
\boldsymbol{\eta}_{ik} = \begin{bmatrix} \delta \boldsymbol{\phi}_{ik} \\ \delta \boldsymbol{v}_{ik} \\ \delta \boldsymbol{p}_{ik} \end{bmatrix},
\tag{4.27}
$$

并且把 IMU 的零偏噪声定义为

$$
\boldsymbol{\eta}_{\mathrm{d},j} = \begin{bmatrix} \boldsymbol{\eta}_{\mathrm{gd},j} \\ \boldsymbol{\eta}_{\mathrm{ad},j} \end{bmatrix},
\tag{4.28}
$$

那么，从 $\boldsymbol{\eta}_{i,j-1}$ 至 $\boldsymbol{\eta}_{i,j}$ 的递推式可以写作：

$$
\boldsymbol{\eta}_{ij} = \boldsymbol{A}_{j-1} \boldsymbol{\eta}_{i,j-1} + \boldsymbol{B}_{j-1} \boldsymbol{\eta}_{\mathrm{d},j-1},
\tag{4.29}
$$

其中，系数矩阵 $\boldsymbol{A}_{j-1}, \boldsymbol{B}_{j-1}$ 为

$$
\boldsymbol{A}_{j-1} = \begin{bmatrix} \Delta \tilde{\boldsymbol{R}}_{j-1,j}^\top & \boldsymbol{0} & \boldsymbol{0} \\ -\Delta \tilde{\boldsymbol{R}}_{i,j-1} (\tilde{\boldsymbol{a}}_{j-1} - \boldsymbol{b}_{\mathrm{a},i})^\wedge \Delta t & \boldsymbol{I} & \boldsymbol{0} \\ -\frac{1}{2} \Delta \tilde{\boldsymbol{R}}_{i,j-1} (\tilde{\boldsymbol{a}}_{j-1} - \boldsymbol{b}_{\mathrm{a},i})^\wedge \Delta t^2 & \Delta t \boldsymbol{I} & \boldsymbol{I} \end{bmatrix}, \quad \boldsymbol{B}_{j-1} = \begin{bmatrix} \boldsymbol{J}_{\mathrm{r},j-1} \Delta t & \boldsymbol{0} \\ \boldsymbol{0} & \Delta \tilde{\boldsymbol{R}}_{i,j-1} \Delta t \\ \boldsymbol{0} & \frac{1}{2} \Delta \tilde{\boldsymbol{R}}_{i,j-1} \Delta t^2 \end{bmatrix}.
\tag{4.30}
$$

矩阵形式更清晰地显示了几个噪声项之间累积的递推关系。如果以协方差的形式来记录噪声，那么每次增加 IMU 观测时，噪声应该呈现逐渐增大的关系：

$$
\boldsymbol{\Sigma}_{i,k+1} = \boldsymbol{A}_{k+1} \boldsymbol{\Sigma}_{i,k} \boldsymbol{A}_{k+1}^\top + \boldsymbol{B}_{k+1} \mathrm{Cov}(\boldsymbol{\eta}_{\mathrm{d},k}) \boldsymbol{B}_{k+1}^\top,
\tag{4.31}
$$

这里的 $\boldsymbol{A}_{k+1}$ 矩阵接近单位阵 $\boldsymbol{I}$，因此可以看成将噪声累加。陀螺仪的噪声通过 $\boldsymbol{B}$ 矩阵进入旋转的观测量中，而加速度计的噪声则主要进入速度与平移估计中。这种累加关系很容易在程序中实

现。读者会在实验章节看到它们的实现。注意，如果预积分定义的残差项顺序发生改变，则需要调整这里的系统矩阵行列关系以保持一致性。

4.1.4 零偏的更新

先前的讨论都假设了在 i 时刻的 IMU 零偏恒定不变，当然这都是为了方便后续的计算。然而，在实际的图优化中，经常会对状态变量（优化变量）进行更新。那么，理论上，如果 IMU 零偏发生了变化，预积分就应该重新计算，因为预积分的每一步都用到了 i 时刻的 IMU 零偏。但在实际操作的过程中，也可以选用一种取巧的做法：**假定预积分观测是随零偏线性变化的**[①]，然后在原先的观测量上进行修正。具体来说，把预积分观测量看成 $b_{\mathrm{g},i}, b_{\mathrm{a},i}$ 的函数，那么，当 $b_{\mathrm{g},i}, b_{\mathrm{a},i}$ 更新了 $\delta b_{\mathrm{g},i}, \delta b_{\mathrm{a},i}$ 之后，预积分观测应做如下修正：

$$
\begin{aligned}
\Delta \tilde{\boldsymbol{R}}_{ij}(\boldsymbol{b}_{\mathrm{g},i} + \delta \boldsymbol{b}_{\mathrm{g},i}) &= \Delta \tilde{\boldsymbol{R}}_{ij}(\boldsymbol{b}_{\mathrm{g},i}) \mathrm{Exp}\left(\frac{\partial \Delta \tilde{\boldsymbol{R}}_{ij}}{\partial \boldsymbol{b}_{\mathrm{g},i}} \delta \boldsymbol{b}_{\mathrm{g},i}\right), \\
\Delta \tilde{\boldsymbol{v}}_{ij}(\boldsymbol{b}_{\mathrm{g},i} + \delta \boldsymbol{b}_{\mathrm{g},i}, \boldsymbol{b}_{\mathrm{a},i} + \delta \boldsymbol{b}_{\mathrm{a},i}) &= \Delta \tilde{\boldsymbol{v}}_{ij}(\boldsymbol{b}_{\mathrm{g},i}, \boldsymbol{b}_{\mathrm{a},i}) + \frac{\partial \Delta \tilde{\boldsymbol{v}}_{ij}}{\partial \boldsymbol{b}_{\mathrm{g},i}} \delta \boldsymbol{b}_{\mathrm{g},i} + \frac{\partial \Delta \tilde{\boldsymbol{v}}_{ij}}{\partial \boldsymbol{b}_{\mathrm{a},i}} \delta \boldsymbol{b}_{\mathrm{a},i}, \\
\Delta \tilde{\boldsymbol{p}}_{ij}(\boldsymbol{b}_{\mathrm{g},i} + \delta \boldsymbol{b}_{\mathrm{g},i}, \boldsymbol{b}_{\mathrm{a},i} + \delta \boldsymbol{b}_{\mathrm{a},i}) &= \Delta \tilde{\boldsymbol{p}}_{ij}(\boldsymbol{b}_{\mathrm{g},i}, \boldsymbol{b}_{\mathrm{a},i}) + \frac{\partial \Delta \tilde{\boldsymbol{p}}_{ij}}{\partial \boldsymbol{b}_{\mathrm{g},i}} \delta \boldsymbol{b}_{\mathrm{g},i} + \frac{\partial \Delta \tilde{\boldsymbol{p}}_{ij}}{\partial \boldsymbol{b}_{\mathrm{a},i}} \delta \boldsymbol{b}_{\mathrm{a},i}.
\end{aligned} \tag{4.32}
$$

于是，问题就变为如何计算上面列写的几个偏导数（雅可比矩阵）呢？实际上非常简单，只需应用前面介绍的定义即可。下面推导这几个雅可比矩阵。这个过程和先前介绍的将噪声变量移出来求线性化非常相似，读者不应感到陌生。

先来考虑旋转。预积分旋转观测量可以写为

$$
\begin{aligned}
\Delta \tilde{\boldsymbol{R}}_{ij}(\boldsymbol{b}_{\mathrm{g},i} + \delta \boldsymbol{b}_{\mathrm{g},i}) &= \prod_{k=i}^{j-1} \mathrm{Exp}\left((\tilde{\boldsymbol{\omega}}_k - (\boldsymbol{b}_{\mathrm{g},i} + \delta \boldsymbol{b}_{\mathrm{g},i}))\Delta t\right), \\
&= \prod_{k=i}^{j-1} \mathrm{Exp}\left((\tilde{\boldsymbol{\omega}}_k - \boldsymbol{b}_{\mathrm{g},i})\Delta t\right) \mathrm{Exp}(-\boldsymbol{J}_{\mathrm{r},k} \delta \boldsymbol{b}_{\mathrm{g},i} \Delta t), \\
&= \underbrace{\mathrm{Exp}\left((\tilde{\boldsymbol{\omega}}_i - \boldsymbol{b}_{\mathrm{g},i})\Delta t\right)}_{\Delta \tilde{\boldsymbol{R}}_{i,i+1}} \mathrm{Exp}(-\boldsymbol{J}_{\mathrm{r},i} \delta \boldsymbol{b}_{\mathrm{g},i} \Delta t) \\
&\quad \underbrace{\mathrm{Exp}\left((\tilde{\boldsymbol{\omega}}_{i+1} - \boldsymbol{b}_{\mathrm{g},i})\Delta t\right)}_{\Delta \tilde{\boldsymbol{R}}_{i+1,i+2}} \mathrm{Exp}(-\boldsymbol{J}_{\mathrm{r},i+1} \delta \boldsymbol{b}_{\mathrm{g},i} \Delta t) \ldots, \\
&= \Delta \tilde{\boldsymbol{R}}_{i,i+1} \Delta \tilde{\boldsymbol{R}}_{i+1,i+2} \mathrm{Exp}(-\Delta \tilde{\boldsymbol{R}}_{i+1,i+2}^{\top} \boldsymbol{J}_{\mathrm{r},i} \delta \boldsymbol{b}_{\mathrm{g},i} \Delta t) \ldots,
\end{aligned} \tag{4.33}
$$

[①] 当然，实际上并不是线性变化的，但总可以对一个复杂函数做线性化并保留一阶项。

$$= \Delta \tilde{\boldsymbol{R}}_{ij} \prod_{k=i}^{j-1} \mathrm{Exp}\left(-\Delta \tilde{\boldsymbol{R}}_{k+1,j}^{\top} \boldsymbol{J}_{\mathrm{r},k} \delta \boldsymbol{b}_{\mathrm{g},i} \Delta t\right),$$

$$\approx \Delta \tilde{\boldsymbol{R}}_{ij} \mathrm{Exp}\left(-\sum_{k=i}^{j-1} \Delta \tilde{\boldsymbol{R}}_{k+1,j}^{\top} \boldsymbol{J}_{\mathrm{r},k} \Delta t \delta \boldsymbol{b}_{\mathrm{g},i}\right).$$

最后一行用到了 BCH 在 $\delta \boldsymbol{b}_{\mathrm{g},i}$ 为小量时雅可比矩阵接近单位阵的性质。请读者留意式 (4.33) 与式 (4.10) 之间的相似性。通过这种方式可以算出 $\Delta \tilde{\boldsymbol{R}}_{ij}$ 相对于 $\boldsymbol{b}_{\mathrm{g},i}$ 的雅可比矩阵，记作 $\frac{\partial \Delta \tilde{\boldsymbol{R}}_{ij}}{\partial \boldsymbol{b}_{\mathrm{g},i}}$。那么，根据式 (4.33)，可以显式地写出

$$\frac{\partial \Delta \tilde{\boldsymbol{R}}_{ij}}{\partial \boldsymbol{b}_{\mathrm{g},i}} = -\sum_{k=i}^{j-1} \Delta \tilde{\boldsymbol{R}}_{k+1,j}^{\top} \boldsymbol{J}_{\mathrm{r},k} \Delta t. \tag{4.34}$$

为了方便计算，也需要把式 (4.34) 写成可以递推的形式，这部分形式和式 (4.22) 非常类似：

$$
\begin{aligned}
\frac{\partial \Delta \tilde{\boldsymbol{R}}_{ij}}{\partial \boldsymbol{b}_{\mathrm{g},i}} &= -\sum_{k=i}^{j-1} \Delta \tilde{\boldsymbol{R}}_{k+1,j}^{\top} \boldsymbol{J}_{\mathrm{r},k} \Delta t, \\
&= -\sum_{k=i}^{j-2} \Delta \tilde{\boldsymbol{R}}_{k+1,j}^{\top} \boldsymbol{J}_{\mathrm{r},k} \Delta t - \Delta \tilde{\boldsymbol{R}}_{j,j}^{\top} \boldsymbol{J}_{\mathrm{r},j-1} \Delta t, \\
&= -\sum_{k=i}^{j-2} (\Delta \tilde{\boldsymbol{R}}_{k+1,j-1} \Delta \tilde{\boldsymbol{R}}_{j-1,j})^{\top} \boldsymbol{J}_{k,\mathrm{r}} \Delta t - \boldsymbol{J}_{\mathrm{r},j-1} \Delta t, \\
&= \Delta \tilde{\boldsymbol{R}}_{j-1,j}^{\top} \frac{\partial \Delta \tilde{\boldsymbol{R}}_{i,j-1}}{\partial \boldsymbol{b}_{\mathrm{g},i}} - \boldsymbol{J}_{\mathrm{r},j-1} \Delta t.
\end{aligned} \tag{4.35}
$$

于是得到了如何将这个雅可比矩阵从 $j-1$ 时刻递推到 j 时刻。

接下来考虑速度测量：

$$
\begin{aligned}
\Delta \tilde{\boldsymbol{v}}_{ij}(\boldsymbol{b}_i + \delta \boldsymbol{b}_i) &= \sum_{k=i}^{j-1} \Delta \tilde{\boldsymbol{R}}_{ik}(\boldsymbol{b}_{\mathrm{g},i} + \delta \boldsymbol{b}_{\mathrm{g},i})(\tilde{\boldsymbol{a}}_k - \boldsymbol{b}_{\mathrm{a},i} - \delta \boldsymbol{b}_{\mathrm{a},i}) \Delta t, \\
&= \sum_{k=i}^{j-1} \Delta \tilde{\boldsymbol{R}}_{ik} \mathrm{Exp}\left(\frac{\partial \Delta \tilde{\boldsymbol{R}}_{ik}}{\partial \boldsymbol{b}_{\mathrm{g},i}} \delta \boldsymbol{b}_{\mathrm{g},i}\right)(\tilde{\boldsymbol{a}}_k - \boldsymbol{b}_{\mathrm{a},i} - \delta \boldsymbol{b}_{\mathrm{a},i}) \Delta t, \\
&\approx \sum_{k=i}^{j-1} \Delta \tilde{\boldsymbol{R}}_{ik}\left(\boldsymbol{I} + \left(\frac{\partial \Delta \tilde{\boldsymbol{R}}_{ik}}{\partial \boldsymbol{b}_{\mathrm{g},i}} \delta \boldsymbol{b}_{\mathrm{g},i}\right)^{\wedge}\right)(\tilde{\boldsymbol{a}}_k - \boldsymbol{b}_{\mathrm{a},i} - \delta \boldsymbol{b}_{\mathrm{a},i}) \Delta t, \\
&\approx \Delta \tilde{\boldsymbol{v}}_{ij} - \sum_{k=i}^{j-1} \Delta \tilde{\boldsymbol{R}}_{ik} \Delta t \delta \boldsymbol{b}_{\mathrm{a},i} - \sum_{k=i}^{j-1} \Delta \tilde{\boldsymbol{R}}_{ik}(\tilde{\boldsymbol{a}}_k - \boldsymbol{b}_{\mathrm{a},i})^{\wedge} \frac{\partial \Delta \tilde{\boldsymbol{R}}_{ik}}{\partial \boldsymbol{b}_{\mathrm{g},i}} \Delta t \delta \boldsymbol{b}_{\mathrm{g},i}, \\
&= \Delta \tilde{\boldsymbol{v}}_{ij} + \frac{\partial \Delta \tilde{\boldsymbol{v}}_{ij}}{\partial \boldsymbol{b}_{\mathrm{a},i}} \delta \boldsymbol{b}_{\mathrm{a},i} + \frac{\partial \Delta \tilde{\boldsymbol{v}}_{ij}}{\partial \boldsymbol{b}_{\mathrm{g},i}} \delta \boldsymbol{b}_{\mathrm{g},i}.
\end{aligned} \tag{4.36}
$$

可见，速度相对于零偏的导数可以部分地由旋转导数的结果计算出来。

最后是平移部分：

$$
\begin{aligned}
\Delta\tilde{\boldsymbol{p}}_{ij}(\boldsymbol{b}_i+\delta\boldsymbol{b}_i) &\approx \sum_{k=i}^{j-1}\left[\left(\Delta\tilde{\boldsymbol{v}}_{ik}+\frac{\partial\Delta\tilde{\boldsymbol{v}}_{ik}}{\partial\boldsymbol{b}_{\mathrm{a},i}}\delta\boldsymbol{b}_{\mathrm{a},i}+\frac{\partial\Delta\tilde{\boldsymbol{v}}_{ik}}{\partial\boldsymbol{b}_{\mathrm{g},i}}\delta\boldsymbol{b}_{\mathrm{g},i}\right)\Delta t+\right.\\
&\qquad\left.\frac{1}{2}\Delta\tilde{\boldsymbol{R}}_{ik}\left(\boldsymbol{I}+\left(\frac{\partial\Delta\tilde{\boldsymbol{R}}_{ik}}{\partial\boldsymbol{b}_{\mathrm{g},i}}\delta\boldsymbol{b}_{\mathrm{g},i}\right)^{\wedge}\right)(\tilde{\boldsymbol{a}}_k-\boldsymbol{b}_{\mathrm{a},i}-\delta\boldsymbol{b}_{\mathrm{a},i})\Delta t^2\right],\\
&\approx \Delta\tilde{\boldsymbol{p}}_{ij}+\sum_{k=i}^{j-1}\left[\frac{\partial\Delta\boldsymbol{v}_{ik}}{\partial\boldsymbol{b}_{\mathrm{a},i}}\Delta t-\frac{1}{2}\Delta\tilde{\boldsymbol{R}}_{ik}\Delta t^2\right]\delta\boldsymbol{b}_{\mathrm{a},i}+\\
&\qquad\sum_{k=i}^{j-1}\left[\frac{\partial\Delta\boldsymbol{v}_{ik}}{\partial\boldsymbol{b}_{\mathrm{g},i}}\Delta t-\frac{1}{2}\Delta\tilde{\boldsymbol{R}}_{ik}\left(\tilde{\boldsymbol{a}}_k-\boldsymbol{b}_{\mathrm{a},i}\right)^{\wedge}\frac{\partial\Delta\tilde{\boldsymbol{R}}_{ik}}{\partial\boldsymbol{b}_{\mathrm{g},i}}\Delta t^2\right]\delta\boldsymbol{b}_{\mathrm{g},i},\\
&= \Delta\tilde{\boldsymbol{p}}_{ij}+\frac{\partial\Delta\tilde{\boldsymbol{p}}_{ij}}{\partial\boldsymbol{b}_{\mathrm{a},i}}\delta\boldsymbol{b}_{\mathrm{a},i}+\frac{\partial\Delta\tilde{\boldsymbol{p}}_{ij}}{\partial\boldsymbol{b}_{\mathrm{g},i}}\delta\boldsymbol{b}_{\mathrm{g},i}.
\end{aligned}
\tag{4.37}
$$

这样就算出了平移对两个零偏变量的雅可比矩阵。

最后，整理这些雅可比矩阵，得到更整齐的结果：

$$
\frac{\partial\Delta\tilde{\boldsymbol{R}}_{ij}}{\partial\boldsymbol{b}_{\mathrm{g},i}}=-\sum_{k=i}^{j-1}\left[\Delta\tilde{\boldsymbol{R}}_{k+1,j}^{\top}\boldsymbol{J}_{\mathrm{r},k}\Delta t\right],
\tag{4.38a}
$$

$$
\frac{\partial\Delta\tilde{\boldsymbol{v}}_{ij}}{\partial\boldsymbol{b}_{\mathrm{a},i}}=-\sum_{k=i}^{j-1}\Delta\tilde{\boldsymbol{R}}_{ik}\Delta t,
\tag{4.38b}
$$

$$
\frac{\partial\Delta\tilde{\boldsymbol{v}}_{ij}}{\partial\boldsymbol{b}_{\mathrm{g},i}}=-\sum_{k=i}^{j-1}\Delta\tilde{\boldsymbol{R}}_{ik}\left(\tilde{\boldsymbol{a}}_k-\boldsymbol{b}_{\mathrm{a},i}\right)^{\wedge}\frac{\partial\Delta\tilde{\boldsymbol{R}}_{ik}}{\partial\boldsymbol{b}_{\mathrm{g},i}}\Delta t,
\tag{4.38c}
$$

$$
\frac{\partial\Delta\tilde{\boldsymbol{p}}_{ij}}{\partial\boldsymbol{b}_{\mathrm{a},i}}=\sum_{k=i}^{j-1}\left[\frac{\partial\Delta\tilde{\boldsymbol{v}}_{ik}}{\partial\boldsymbol{b}_{\mathrm{a},i}}\Delta t-\frac{1}{2}\Delta\tilde{\boldsymbol{R}}_{ik}\Delta t^2\right],
\tag{4.38d}
$$

$$
\frac{\partial\Delta\tilde{\boldsymbol{p}}_{ij}}{\partial\boldsymbol{b}_{\mathrm{g},i}}=\sum_{k=i}^{j-1}\left[\frac{\partial\Delta\tilde{\boldsymbol{v}}_{ik}}{\partial\boldsymbol{b}_{\mathrm{g},i}}\Delta t-\frac{1}{2}\Delta\tilde{\boldsymbol{R}}_{ik}\left(\tilde{\boldsymbol{a}}_k-\boldsymbol{b}_{\mathrm{a},i}\right)^{\wedge}\frac{\partial\Delta\tilde{\boldsymbol{R}}_{ik}}{\partial\boldsymbol{b}_{\mathrm{g},i}}\Delta t^2\right].
\tag{4.38e}
$$

由于后面四种雅可比矩阵本身就是累加的，很容易把它们归结至递推形式，总结如下：

$$
\frac{\partial\Delta\tilde{\boldsymbol{R}}_{ij}}{\partial\boldsymbol{b}_{\mathrm{g},i}}=\Delta\tilde{\boldsymbol{R}}_{j-1,j}^{\top}\frac{\partial\Delta\tilde{\boldsymbol{R}}_{i,j-1}}{\partial\boldsymbol{b}_{\mathrm{g},i}}-\boldsymbol{J}_{\mathrm{r},k}\Delta t,
\tag{4.39a}
$$

$$
\frac{\partial\Delta\tilde{\boldsymbol{v}}_{ij}}{\partial\boldsymbol{b}_{\mathrm{a},i}}=\frac{\partial\Delta\tilde{\boldsymbol{v}}_{i,j-1}}{\partial\boldsymbol{b}_{\mathrm{a},i}}-\Delta\tilde{\boldsymbol{R}}_{i,j-1}\Delta t,
\tag{4.39b}
$$

$$
\frac{\partial\Delta\tilde{\boldsymbol{v}}_{ij}}{\partial\boldsymbol{b}_{\mathrm{g},i}}=\frac{\partial\Delta\tilde{\boldsymbol{v}}_{i,j-1}}{\partial\boldsymbol{b}_{\mathrm{g},i}}-\Delta\tilde{\boldsymbol{R}}_{i,j-1}\left(\tilde{\boldsymbol{a}}_{j-1}-\boldsymbol{b}_{\mathrm{a},i}\right)^{\wedge}\frac{\partial\Delta\tilde{\boldsymbol{R}}_{i,j-1}}{\partial\boldsymbol{b}_{\mathrm{g},i}}\Delta t,
\tag{4.39c}
$$

$$\frac{\partial \Delta \tilde{p}_{ij}}{\partial b_{a,i}} = \frac{\partial \Delta \tilde{p}_{i,j-1}}{\partial b_{a,i}} + \frac{\partial \Delta \tilde{v}_{i,j-1}}{\partial b_{a,i}} \Delta t - \frac{1}{2} \Delta \tilde{R}_{i,j-1} \Delta t^2, \tag{4.39d}$$

$$\frac{\partial \Delta \tilde{p}_{ij}}{\partial b_{g,i}} = \frac{\partial \Delta \tilde{p}_{i,j-1}}{\partial b_{g,i}} + \frac{\partial \Delta \tilde{v}_{i,j-1}}{\partial b_{g,i}} \Delta t - \frac{1}{2} \Delta \tilde{R}_{i,j-1} \left(\tilde{a}_{j-1} - b_{a,i} \right)^{\wedge} \frac{\partial \Delta \tilde{R}_{i,j-1}}{\partial b_{g,i}} \Delta t^2. \tag{4.39e}$$

4.1.5 预积分模型归结至图优化

定义了预积分的测量模型，推导了它的噪声模型和协方差矩阵，并说明了随着零偏量的更新，预积分应该怎么更新。事实上，已经可以把预积分观测作为图优化的因子（Factor）或者边（Edge）了。下面说明如何使用这种边，推导它相对于状态变量的雅可比矩阵。

在 IMU 相关的应用中，通常把每个时刻的状态建模为包含旋转、平移、线速度、IMU 零偏的变量，构成状态变量集合 $\mathcal{X}$：

$$x_k = [R, p, v, b_a, b_g]_k \in \mathcal{X}, \tag{4.40}$$

而预积分模型构建了关键帧 i 与关键帧 k 之间的一种约束。预积分本身的观测模型已经在式 (4.7) 中介绍了，可以用 i 时刻、j 时刻的状态变量值与预积分的观测量做差，得到残差的定义公式。需要指出的是，不同文献中对残差的具体计算并不完全一致，甚至有的论文和实现中也并不一致。残差的实际定义是相当灵活的，对应的雅可比矩阵也有所不同，有些形式会相对简洁。比较常见的做法是直接利用定义式求导，或者利用 i 时刻的状态和预积分，求出 j 时刻的预测状态，然后与 j 时刻的估计状态求差后，得到残差（留作习题。注意，更换残差定义时，对应的噪声协方差可能会发生改变）。按照参考文献 [73] 中的做法，把它的残差定义成

$$r_{\Delta R_{ij}} = \mathrm{Log}\left(\Delta \tilde{R}_{ij}^{\top} \left(R_i^{\top} R_j \right) \right), \tag{4.41a}$$

$$r_{\Delta v_{ij}} = R_i^{\top} \left(v_j - v_i - g \Delta t_{ij} \right) - \Delta \tilde{v}_{ij}, \tag{4.41b}$$

$$r_{\Delta p_{ij}} = R_i^{\top} \left(p_j - p_i - v_i \Delta t_{ij} - \frac{1}{2} g \Delta t_{ij}^2 \right) - \Delta \tilde{p}_{ij}. \tag{4.41c}$$

通常，会把 r 统一写成一个 9 维的残差变量。它表面上关联两个时刻的旋转、平移、线速度，但由于预积分观测内部含有 IMU 零偏，所以实际也和 i 时刻的两个零偏有关。在优化过程中，如果对 i 时刻的零偏进行更新，那么预积分观测量也应该线性地发生改变，从而影响残差项的取值。尽管在这个残差项里似乎不含有 $b_{a,i}, b_{g,i}$，但它们显然是和残差相关的。因此，如果把预积分残差看作同一个，那么它与状态顶点的关联应该如图 4-1 所示。除了预积分因子本身，还需要约束 IMU 的随机游走，因此在 IMU 的不同时刻，零偏会存在一个约束因子。

请注意，前面讨论了预积分测量关于 IMU 零偏的线性形式，因此在预积分残差定义式中，完全可以将前面列写的线性近似式代入，得到预积分因子相对 IMU 零偏的雅可比矩阵。由于那种写法会让整个式子变得复杂，所以这里没有特别地展开它。

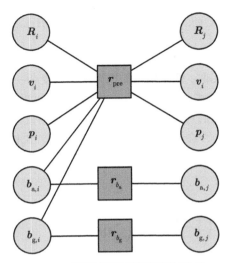

图 4-1　预积分因子的图优化形式

除了把所有状态变量放在同一个顶点，也可以选择"散装的形式"，即对旋转、平移、线速度和两个零偏分别构造顶点，然后求解这几个顶点之间的雅可比矩阵。如果采用这种做法，那么雅可比矩阵的数量会变多，但单个雅可比矩阵的维度可以降低（单个雅可比矩阵通常为 3×3，而预积分观测量对状态变量的雅可比矩阵会变为 9×15，且有很多零矩阵块）。由于视觉和激光雷达的观测约束通常只和 $\boldsymbol{R}, \boldsymbol{t}$ 相关，如果需要构建视觉或激光雷达的紧耦合 LIO 系统，则可以避免雅可比矩阵中的一些零矩阵块。总而言之，两种做法各有各的好处，本书的代码实现部分使用了散装做法，即把各状态量写成单独的顶点，单独约束它们。

4.1.6　预积分的雅可比矩阵

最后讨论预积分相对状态变量的雅可比矩阵。由于预积分测量已经归纳了 IMU 在短时间内的读数，因此残差相对于状态变量的雅可比矩阵推导显得十分简单，下面来推导它们。

首先考虑旋转。旋转与 $\boldsymbol{R}_i, \boldsymbol{R}_j$ 和 $\boldsymbol{b}_{\mathrm{g},i}$ 有关。用 SO(3) 的右扰动来推导它：

$$
\begin{aligned}
\boldsymbol{r}_{\Delta\boldsymbol{R}_{ij}}\left(\boldsymbol{R}_i\mathrm{Exp}(\boldsymbol{\phi}_i)\right) &= \mathrm{Log}\left(\Delta\tilde{\boldsymbol{R}}_{ij}^{\top}((\boldsymbol{R}_i\mathrm{Exp}(\boldsymbol{\phi}_i))^{\top}\boldsymbol{R}_j\right), \\
&= \mathrm{Log}\left(\Delta\tilde{\boldsymbol{R}}_{ij}^{\top}\mathrm{Exp}(-\boldsymbol{\phi}_i)\boldsymbol{R}_i^{\top}\boldsymbol{R}_j\right), \\
&= \mathrm{Log}\left(\Delta\tilde{\boldsymbol{R}}_{ij}^{\top}\boldsymbol{R}_i^{\top}\boldsymbol{R}_j\mathrm{Exp}(-\boldsymbol{R}_j^{\top}\boldsymbol{R}_i\boldsymbol{\phi}_i)\right), \\
&= \boldsymbol{r}_{\Delta\boldsymbol{R}_{ij}} - \boldsymbol{J}_{\mathrm{r}}^{-1}(\boldsymbol{r}_{\Delta\boldsymbol{R}_{ij}})\boldsymbol{R}_j^{\top}\boldsymbol{R}_i\boldsymbol{\phi}_i.
\end{aligned}
\tag{4.42}
$$

对 $\boldsymbol{\phi}_j$ 的导数为

$$\begin{aligned}
\boldsymbol{r}_{\Delta \boldsymbol{R}_{ij}}(\boldsymbol{R}_j \mathrm{Exp}(\boldsymbol{\phi}_j)) &= \mathrm{Log}\left(\Delta \tilde{\boldsymbol{R}}_{ij}^\top \boldsymbol{R}_i^\top \boldsymbol{R}_j \mathrm{Exp}(\boldsymbol{\phi}_j)\right), \\
&= \boldsymbol{r}_{\Delta \boldsymbol{R}_{ij}} + \boldsymbol{J}_\mathrm{r}^{-1}(\boldsymbol{r}_{\Delta \boldsymbol{R}_{ij}})\boldsymbol{\phi}_j.
\end{aligned} \tag{4.43}$$

这些推导和位姿图的非常相似。而零偏量的推导要稍微复杂一些。注意，在优化过程中，零偏量应该不断地更新，而每次更新时，会利用式 (4.32) 来修正预积分的观测量。由于这个过程是不断进行的，因此总会有一个初始的观测量和当前修正后的观测量，在推导时必须考虑这一点。

假设优化初始的零偏为 $\boldsymbol{b}_{\mathrm{g},i}$，在某一步迭代时，当前估计出来的零偏修正为 $\delta \boldsymbol{b}_{\mathrm{g},i}$，而当前修正得到的预积分旋转观测量为 $\Delta \tilde{\boldsymbol{R}}_{ij}' = \Delta \tilde{\boldsymbol{R}}_{ij}(\boldsymbol{b}_{\mathrm{g},i} + \delta \boldsymbol{b}_{\mathrm{g},i})$，残差为 $\boldsymbol{r}_{\Delta \boldsymbol{R}_{ij}}'$。为了求导，又在上面两项的基础上加上了 $\tilde{\delta} \boldsymbol{b}_{\mathrm{g},i}$，那么：

$$\begin{aligned}
\boldsymbol{r}_{\Delta \boldsymbol{R}_{ij}}(\boldsymbol{b}_{\mathrm{g},i} + \delta \boldsymbol{b}_{\mathrm{g},i} + \tilde{\delta} \boldsymbol{b}_{\mathrm{g},i}) &= \mathrm{Log}\left(\left(\Delta \tilde{\boldsymbol{R}}_{ij} \mathrm{Exp}\left(\frac{\partial \Delta \tilde{\boldsymbol{R}}_{ij}}{\partial \boldsymbol{b}_{\mathrm{g},i}}(\delta \boldsymbol{b}_{\mathrm{g},i} + \tilde{\delta} \boldsymbol{b}_{\mathrm{g},i})\right)\right)^\top \boldsymbol{R}_i^\top \boldsymbol{R}_j\right), \\
&\stackrel{\mathrm{BCH}}{\approx} \mathrm{Log}\left(\left(\underbrace{\Delta \tilde{\boldsymbol{R}}_{ij} \mathrm{Exp}\left(\frac{\partial \Delta \tilde{\boldsymbol{R}}_{ij}}{\partial \boldsymbol{b}_{\mathrm{g},i}}\delta \boldsymbol{b}_{\mathrm{g},i}\right)}_{\Delta \tilde{\boldsymbol{R}}_{ij}'} \mathrm{Exp}\left(\boldsymbol{J}_{\mathrm{r},b}\frac{\partial \Delta \tilde{\boldsymbol{R}}_{ij}}{\partial \boldsymbol{b}_{\mathrm{g},i}}\tilde{\delta} \boldsymbol{b}_{\mathrm{g},i}\right)\right)^\top \boldsymbol{R}_i^\top \boldsymbol{R}_j\right), \\
&= \mathrm{Log}\left(\mathrm{Exp}\left(-\boldsymbol{J}_{\mathrm{r},b}\frac{\partial \Delta \tilde{\boldsymbol{R}}_{ij}}{\partial \boldsymbol{b}_{\mathrm{g},i}}\tilde{\delta} \boldsymbol{b}_{\mathrm{g},i}\right)\underbrace{(\Delta \tilde{\boldsymbol{R}}_{ij}')^\top \boldsymbol{R}_i^\top \boldsymbol{R}_j}_{\mathrm{Exp}(\boldsymbol{r}_{\Delta \boldsymbol{R}_{ij}}')}\right), \\
&= \mathrm{Log}\left(\mathrm{Exp}(\boldsymbol{r}_{\Delta \boldsymbol{R}_{ij}}')\mathrm{Exp}\left(-\mathrm{Exp}(\boldsymbol{r}_{\Delta \boldsymbol{R}_{ij}}')^\top \boldsymbol{J}_{\mathrm{r},b}\frac{\partial \Delta \tilde{\boldsymbol{R}}_{ij}}{\partial \boldsymbol{b}_{\mathrm{g},i}}\tilde{\delta} \boldsymbol{b}_{\mathrm{g},i}\right)\right), \\
&\approx \boldsymbol{r}_{\Delta \boldsymbol{R}_{ij}}' - \boldsymbol{J}_\mathrm{r}^{-1}(\boldsymbol{r}_{\Delta \boldsymbol{R}_{ij}}')\mathrm{Exp}(\boldsymbol{r}_{\Delta \boldsymbol{R}_{ij}}')^\top \boldsymbol{J}_{\mathrm{r},b}\frac{\partial \Delta \tilde{\boldsymbol{R}}_{ij}}{\partial \boldsymbol{b}_{\mathrm{g},i}}\tilde{\delta} \boldsymbol{b}_{\mathrm{g},i}.
\end{aligned} \tag{4.44}$$

所以最后得到

$$\frac{\partial \boldsymbol{r}_{\Delta \boldsymbol{R}_{ij}}}{\partial \boldsymbol{b}_{\mathrm{g},i}} = -\boldsymbol{J}_\mathrm{r}^{-1}(\boldsymbol{r}_{\Delta \boldsymbol{R}_{ij}}')\mathrm{Exp}(\boldsymbol{r}_{\Delta \boldsymbol{R}_{ij}}')^\top \boldsymbol{J}_{\mathrm{r},b}\frac{\partial \Delta \tilde{\boldsymbol{R}}_{ij}}{\partial \boldsymbol{b}_{\mathrm{g},i}}. \tag{4.45}$$

接下来，考虑速度项的雅可比矩阵。速度项更为简单，它与 $\boldsymbol{v}_i, \boldsymbol{v}_j$ 呈线性关系，不难得到

$$\frac{\partial \boldsymbol{r}_{\Delta \boldsymbol{v}_{ij}}}{\partial \boldsymbol{v}_i} = -\boldsymbol{R}_i^\top, \tag{4.46a}$$

$$\frac{\partial \boldsymbol{r}_{\Delta \boldsymbol{v}_{ij}}}{\partial \boldsymbol{v}_j} = \boldsymbol{R}_i^\top. \tag{4.46b}$$

对旋转部分只需要做一阶泰勒展开：

$$
\begin{aligned}
r_{\Delta v_{ij}}(R_i \mathrm{Exp}(\delta\phi_i)) &= (R_i \mathrm{Exp}(\delta\phi_i))^\top (v_j - v_i - g\Delta t_{ij}) - \Delta\tilde{v}_{ij}, \\
&= (I - \delta\phi_i^\wedge)R_i^\top (v_j - v_i - g\Delta t_{ij}) - \Delta\tilde{v}_{ij}, \\
&= r_{\Delta v_{ij}}(R_i) + \left(R_i^\top (v_j - v_i - g\Delta t_{ij})\right)^\wedge \delta\phi_i.
\end{aligned}
\tag{4.47}
$$

而速度残差相对 $b_{g,i}, b_{a,i}$ 的雅可比矩阵只和 $\Delta\tilde{v}_{ij}$ 相关。由于速度的残差项与它只相差一个负号，所以只需要在式 (4.38) 的前面添加一个负号。

最后来看平移部分。平移部分和 p_i, p_j, v_i, R_i 及两个零偏有关。然而，它们的关系大多为线性关系，雅可比矩阵很容易推出：

$$
\frac{\partial r_{\Delta p_{ij}}}{\partial p_i} = -R_i^\top,
\tag{4.48a}
$$

$$
\frac{\partial r_{\Delta p_{ij}}}{\partial p_j} = R_i^\top,
\tag{4.48b}
$$

$$
\frac{\partial r_{\Delta p_{ij}}}{\partial v_i} = -R_i^\top \Delta t_{ij},
\tag{4.48c}
$$

$$
\frac{\partial r_{\Delta p_{ij}}}{\partial \phi_i} = \left(R_i^\top \left(p_j - p_i - v_i\Delta t_{ij} - \frac{1}{2}g\Delta t_{ij}^2\right)\right)^\wedge.
\tag{4.48d}
$$

零偏的残差也只需在式 (4.38) 的基础上添加负号。

至此，推导了预积分观测量对所有状态变量的导数形式。若读者愿意，也可以将预积分观测写成一列，将状态变量写成一列，然后把这些雅可比矩阵都写在一起。为了节省篇幅，本书就以拆开的形式介绍预积分的矩阵了。

4.1.7 小结

最后，笔者对上述预积分在实际程序中的过程做一个小结。

在一个由关键帧组成的系统中，可以从任意一个时刻的关键帧出发开始预积分，并且在任意时刻停止预积分过程。之后，可以把预积分的观测量、噪声及各种累积雅可比矩阵取出来，用于约束两个关键帧的状态。按照前文的介绍，在开始预积分之后，当一个新的 IMU 数据到来时，程序应该完成以下任务。

1. 在上一个数据的基础上，利用式 (4.7)，计算三个**预积分观测量**：$\Delta\tilde{R}_{ij}, \Delta\tilde{v}_{ij}, \Delta\tilde{p}_{ij}$。
2. 计算三个噪声量的**协方差矩阵**，作为后续图优化的信息矩阵。
3. 预积分观测量相对于零偏的**雅可比矩阵**，共五个。

在结束预积分计算时，可以把这些结果取出并在优化过程中应用。

4.2 实践：预积分的程序实现

4.2.1 实现预积分类

按照 4.1 节的推导过程来实现预积分程序。该程序主要包括两个部分：预积分自身的计算，以及预积分归结至图优化之后的结构。前者只和 IMU 读数相关，比较简单；后者要根据具体的图优化框架而定，本书将使用 g2o 框架来实现预积分。

首先，实现预积分自身的结构。一个预积分类应该存储以下数据：

- 预积分的观测量 $\Delta\tilde{R}_{ij}, \Delta\tilde{p}_{ij}, \Delta\tilde{v}_{ij}$。
- 预积分开始时的 IMU 零偏 $b_{\mathrm{g}}, b_{\mathrm{a}}$。
- 在积分时期内的测量噪声 $\Sigma_{i,k+1}$，由式 (4.31) 指定。
- 各积分量对 IMU 零偏的雅可比矩阵，见式 (4.39)。
- 整个积分时间 Δt_{ij}。

以上都是必要的信息。除此之外，也可以将 IMU 的读数记录在预积分类中（当然，也可以不记录，因为都已经积分过了）。同时，IMU 的测量噪声和零偏随机游走噪声也可以作为配置参数，写在预积分类中。这样一个基本的预积分类实现如下：

src/ch4/imu_preintegration.h

```
class IMUPreintegration {
public:
  /// 省略其他函数
  struct Options {
    Options() {}
    Vec3d init_bg_ = Vec3d::Zero();     // 初始零偏
    Vec3d init_ba_ = Vec3d::Zero();     // 初始零偏
    double noise_gyro_ = 1e-2;          // 陀螺仪噪声，标准差
    double noise_acce_ = 1e-1;          // 加速度计噪声，标准差
  };

public:
  double dt_ = 0;                              // 整体预积分时间
  Mat9d cov_ = Mat9d::Zero();                  // 累积噪声矩阵
  Mat6d noise_gyro_acce_ = Mat6d::Zero();      // 测量噪声矩阵

  // 零偏
  Vec3d bg_ = Vec3d::Zero();
  Vec3d ba_ = Vec3d::Zero();

  // 预积分观测量
  SO3 dR_;
  Vec3d dv_ = Vec3d::Zero();
  Vec3d dp_ = Vec3d::Zero();
```

```
     // 雅可比矩阵
     Mat3d dR_dbg_ = Mat3d::Zero();
     Mat3d dV_dbg_ = Mat3d::Zero();
29   Mat3d dV_dba_ = Mat3d::Zero();
     Mat3d dP_dbg_ = Mat3d::Zero();
     Mat3d dP_dba_ = Mat3d::Zero();
};
```

这个类维护的变量基本与前文介绍的对应。注意，因为 IMU 零偏相关的噪声项并不直接和预积分类有关，所以将它们挪到优化类当中。本类主要完成对 IMU 数据进行预积分操作，然后提供积分之后的观测量与噪声值。

单个 IMU 的积分函数实现如下：

src/ch4/imu_preintegration.cc

```
void IMUPreintegration::Integrate(const IMU &imu, double dt) {
  // 去掉零偏的测量
3  Vec3d gyr = imu.gyro_ - bg_;  // 陀螺仪
  Vec3d acc = imu.acce_ - ba_;  // 加速度计

  // 更新dv, dp, 见式(4.7)
  dp_ = dp_ + dv_ * dt + 0.5f * dR_.matrix() * acc * dt * dt;
8  dv_ = dv_ + dR_ * acc * dt;

  // 先不更新dR，因为A, B矩阵还需要现在的dR

  // 运动方程雅可比矩阵系数，A,B矩阵，见式(4.29)
13  // 另外两项在后面
  Eigen::Matrix<double, 9, 9> A;
  A.setIdentity();
  Eigen::Matrix<double, 9, 6> B;
  B.setZero();
18
  Mat3d acc_hat = SO3::hat(acc);
  double dt2 = dt * dt;

  // 注意A, B左上角块与公式稍有不同
23  A.block<3, 3>(3, 0) = -dR_.matrix() * dt * acc_hat;
  A.block<3, 3>(6, 0) = -0.5f * dR_.matrix() * acc_hat * dt2;
  A.block<3, 3>(6, 3) = dt * Mat3d::Identity();

  B.block<3, 3>(3, 3) = dR_.matrix() * dt;
28  B.block<3, 3>(6, 3) = 0.5f * dR_.matrix() * dt2;

  // 更新各雅可比矩阵，见式(4.39)
  dP_dba_ = dP_dba_ + dV_dba_ * dt - 0.5f * dR_.matrix() * dt2;                          // (4.39d)
  dP_dbg_ = dP_dbg_ + dV_dbg_ * dt - 0.5f * dR_.matrix() * dt2 * acc_hat * dR_dbg_;      // (4.39e)
33  dV_dba_ = dV_dba_ - dR_.matrix() * dt;                                                // (4.39b)
  dV_dbg_ = dV_dbg_ - dR_.matrix() * dt * acc_hat * dR_dbg_;                             // (4.39c)

  // 旋转部分
```

```
38   Vec3d omega = gyr * dt;          // 转动量
     Mat3d rightJ = SO3::jr(omega);   // 右雅可比矩阵
     SO3 deltaR = SO3::exp(omega);    // exp后
     dR_ = dR_ * deltaR;              // 式(4.7a)

     A.block<3, 3>(0, 0) = deltaR.matrix().transpose();
43   B.block<3, 3>(0, 0) = rightJ * dt;

     // 更新噪声项
     cov_ = A * cov_ * A.transpose() + B * noise_gyro_acce_ * B.transpose();

48   // 更新dR_dbg
     dR_dbg_ = deltaR.matrix().transpose() * dR_dbg_ - rightJ * dt;  // 式(4.39a)

     // 增量积分时间
     dt_ += dt;
53  }
```

在代码注释中添加了公式编号，方便读者寻找对应的公式。整体而言，它按照以下顺序更新内部的成员变量：

1. 更新位置和速度的测量值。
2. 更新运动模型的噪声矩阵。
3. 更新观测量对零偏的各雅可比矩阵。
4. 更新旋转部分的测量值。
5. 更新积分时间。

这样就完成了一次对 IMU 数据的操作。需要注意的是，如果不进行优化，则预积分和直接积分的效果是完全一致的，都是将 IMU 数据一次性地积分。在预积分之后，也可以像 ESKF 一样，从起始状态向最终状态进行预测。预测函数实现是非常简单的：

src/ch4/imu_preintegraion.cc

```
    NavStated IMUPreintegration::Predict(const sad::NavStated &start, const Vec3d &grav) {
2     SO3 Rj = start.R_ * dR_;
      Vec3d vj = start.R_ * dv_ + start.v_ + grav * dt_;
      Vec3d pj = start.R_ * dp_ + start.p_ + start.v_ * dt_ + 0.5f * grav * dt_ * dt_;

      auto state = NavStated(start.timestamp_ + dt_, Rj, pj, vj);
7     state.bg_ = bg_;
      state.ba_ = ba_;
      return state;
    }
```

与 ESKF 不同的是，预积分可以对多个 IMU 数据进行预测，可以从任意起始时刻向后预测，而 ESKF 通常只在当前状态下，针对单个 IMU 数据，向下一个时刻预测。

下面写一个测试程序，验证在单个方向上存在固定角速度与加速度时，预积分与直接积分的效果是否有明显差异。这种方法可以很好地帮助我们辨认代码中是否有明显错误。由于第 3 章已经实现了 ESKF，因此可以将 ESKF 的预测过程和预积分相比较，如果起始状态相同，则它们得到的结果也完全一致。

src/ch4/test_preintegraion.cc

```cpp
TEST(PREINTEGRATION_TEST, ROTATION_TEST) {
    // 测试在恒定角速度运转下的预积分情况
    double imu_time_span = 0.01;           // IMU测量间隔
    Vec3d constant_omega(0, 0, M_PI);      // 角速度为180°/s，转1s应该等于转180°
    Vec3d gravity(0, 0, -9.8);             // Z轴向上，重力方向为负

    sad::NavStated start_status(0), end_status(1.0);
    sad::IMUPreintegration pre_integ;

    // 对比直接积分
    Sophus::SO3d R;
    Vec3d t = Vec3d::Zero();
    Vec3d v = Vec3d::Zero();

    for (int i = 1; i <= 100; ++i) {
        double time = imu_time_span * i;
        Vec3d acce = -gravity;  // 加速度计应该测量到一个向上的力
        pre_integ.Integrate(sad::IMU(time, constant_omega, acce), imu_time_span);

        sad::NavStated this_status = pre_integ.Predict(start_status, gravity);

        t = t + v * imu_time_span + 0.5 * gravity * imu_time_span * imu_time_span +
            0.5 * (R * acce) * imu_time_span * imu_time_span;
        v = v + gravity * imu_time_span + (R * acce) * imu_time_span;
        R = R * Sophus::SO3d::exp(constant_omega * imu_time_span);

        // 验证在简单情况下，直接积分和预积分的结果相等
        EXPECT_NEAR(t[0], this_status.p_[0], 1e-2);
        EXPECT_NEAR(t[1], this_status.p_[1], 1e-2);
        EXPECT_NEAR(t[2], this_status.p_[2], 1e-2);

        EXPECT_NEAR(v[0], this_status.v_[0], 1e-2);
        EXPECT_NEAR(v[1], this_status.v_[1], 1e-2);
        EXPECT_NEAR(v[2], this_status.v_[2], 1e-2);

        EXPECT_NEAR(R.unit_quaternion().x(), this_status.R_.unit_quaternion().x(), 1e-4);
        EXPECT_NEAR(R.unit_quaternion().y(), this_status.R_.unit_quaternion().y(), 1e-4);
        EXPECT_NEAR(R.unit_quaternion().z(), this_status.R_.unit_quaternion().z(), 1e-4);
        EXPECT_NEAR(R.unit_quaternion().w(), this_status.R_.unit_quaternion().w(), 1e-4);
    }

    end_status = pre_integ.Predict(start_status);

    LOG(INFO) << "preinteg result: ";
    LOG(INFO) << "end rotation: \n" << end_status.R_.matrix();
    LOG(INFO) << "end trans: \n" << end_status.p_.transpose();
    LOG(INFO) << "end v: \n" << end_status.v_.transpose();
```

```
    LOG(INFO) << "direct integ result: ";
50  LOG(INFO) << "end rotation: \n" << R.matrix();
    LOG(INFO) << "end trans: \n" << t.transpose();
    LOG(INFO) << "end v: \n" << v.transpose();
    SUCCEED();
}
```

这段代码使用 GTest 框架，验证在有 Z 轴固定角速度测量时，IMU 积分与预积分是否有显著差异。在同一个文件中还有固定加速度的测试及和 ESKF 的对比测试，由于代码大致相同，因此不再列出。读者可以运行本段代码来查看预积分类的 IMU 操作是否正确。

4.2.2　预积分的图优化顶点

下面来实现预积分相关的图优化。相比滤波器框架，图优化框架要稍微复杂一些，但使用起来也会更加灵活。接下来逐一介绍与图优化相关的变量和类。

首先，我们的 15 维或 18 维状态变量应该对应到图优化的顶点。它们使用广义加法来实现矩阵流形与切空间上的操作。因为本书使用**散装**的形式，所以每个状态被分为位姿、速度、陀螺仪零偏、加速度计零偏四种顶点。后三者实际上都是 $\mathbb{R}^3$ 变量，可以直接使用继承来实现。

src/common/g2o_types.h

```
1  class VertexPose : public g2o::BaseVertex<6, SE3> {
   public:
     EIGEN_MAKE_ALIGNED_OPERATOR_NEW
     VertexPose() {}

6    virtual void oplusImpl(const double* update_) {
       _estimate.so3() = _estimate.so3() * SO3::exp(Eigen::Map<const Vec3d>(&update_[0]));  // 旋转部分
       _estimate.translation() += Eigen::Map<const Vec3d>(&update_[3]);                     // 平移部分
       updateCache();
     }
11 };

   /**
    * 速度顶点，单纯的Vec3d
    */
16 class VertexVelocity : public g2o::BaseVertex<3, Vec3d> {
   public:
     VertexVelocity() {}
     virtual void oplusImpl(const double* update_) {
       Vec3d uv;
21     uv << update_[0], update_[1], update_[2];
       setEstimate(estimate() + uv);
     }
   };

26 /**
```

```
 * 陀螺仪零偏顶点，亦为Vec3d，从速度顶点继承
 */
class VertexGyroBias : public VertexVelocity {
public:
31   VertexGyroBias() {}
};

/**
 * 加速度计零偏顶点，Vec3d，亦从速度顶点继承
36 */
class VertexAccBias : public VertexVelocity {
public:
   VertexAccBias() {}
};
```

只列出了重要部分的实现方式，省略一些默认的构造函数。把旋转和平移放在同一个顶点 VertexPose 中。这里要注意变量的排放顺序。VertexPose 内部以旋转在前，平移在后，所以雅可比矩阵的顺序也要与之对应。

4.2.3　预积分方案的图优化边

下面将第 3 章介绍的 GINS 系统预测方程和更新方程写成图优化形式。笔者梳理的优化相关的边有以下几种。

1. 预积分的边，约束上一时刻的 15 维状态与下一时刻的旋转、平移、速度。
2. 零偏随机游走的边，共两种，连接两个时刻的零偏状态。
3. GNSS 的观测边。因为使用六自由度观测，所以它关联单个时刻的位姿。
4. 先验信息，刻画上一时刻的状态分布，关联上一时刻的 15 维状态。
5. 轮速计的观测边。关联上一时刻的速度顶点。

依次实现上述内容。首先是最复杂的预积分边。它的误差函数和雅可比函数如下：

src/ch4/g2o_types.cc

```
class EdgeInertial : public g2o::BaseMultiEdge<9, Vec9d> {
public:
   EIGEN_MAKE_ALIGNED_OPERATOR_NEW

5  /**
    * 构造函数中需要指定预积分类对象
    * @param preinteg   预积分对象指针
    * @param gravity    重力向量
    * @param weight     权重
10  */
   EdgeInertial(std::shared_ptr<IMUPreintegration> preinteg, const Vec3d& gravity, double weight =
       1.0);

   void computeError() override;
```

```
15    void linearizeOplus() override;
    private:
      const double dt_;
      std::shared_ptr<IMUPreintegration> preint_ = nullptr;
      Vec3d grav_;
    };
20
    EdgeInertial::EdgeInertial(std::shared_ptr<IMUPreintegration> preinteg, const Vec3d& gravity, double
        weight)
    : preint_(preinteg), dt_(preinteg->dt_) {
      resize(6);   // 6个关联顶点
      grav_ = gravity;
25    setInformation(preinteg->cov_.inverse() * weight);
    }

    void EdgeInertial::computeError() {
      auto* p1 = dynamic_cast<const VertexPose*>(_vertices[0]);
30    auto* v1 = dynamic_cast<const VertexVelocity*>(_vertices[1]);
      auto* bg1 = dynamic_cast<const VertexGyroBias*>(_vertices[2]);
      auto* ba1 = dynamic_cast<const VertexAccBias*>(_vertices[3]);
      auto* p2 = dynamic_cast<const VertexPose*>(_vertices[4]);
      auto* v2 = dynamic_cast<const VertexVelocity*>(_vertices[5]);
35
      Vec3d bg = bg1->estimate();
      Vec3d ba = ba1->estimate();

      const SO3 dR = preint_->GetDeltaRotation(bg);
40    const Vec3d dv = preint_->GetDeltaVelocity(bg, ba);
      const Vec3d dp = preint_->GetDeltaPosition(bg, ba);

      /// 预积分误差项，式(4.41)
      const Vec3d er = (dR.inverse() * p1->estimate().so3().inverse() * p2->estimate().so3()).log();
45    Mat3d RiT = p1->estimate().so3().inverse().matrix();
      const Vec3d ev = RiT * (v2->estimate() - v1->estimate() - grav_ * dt_) - dv;
      const Vec3d ep = RiT * (p2->estimate().translation() - p1->estimate().translation() - v1->estimate
          () * dt_ -
      grav_ * dt_ * dt_ / 2) -
      dp;
50    _error << er, ev, ep;
    }

    void EdgeInertial::linearizeOplus() {
      auto* p1 = dynamic_cast<const VertexPose*>(_vertices[0]);
55    auto* v1 = dynamic_cast<const VertexVelocity*>(_vertices[1]);
      auto* bg1 = dynamic_cast<const VertexGyroBias*>(_vertices[2]);
      auto* ba1 = dynamic_cast<const VertexAccBias*>(_vertices[3]);
      auto* p2 = dynamic_cast<const VertexPose*>(_vertices[4]);
      auto* v2 = dynamic_cast<const VertexVelocity*>(_vertices[5]);
60
      Vec3d bg = bg1->estimate();
      Vec3d ba = ba1->estimate();
      Vec3d dbg = bg - preint_->bg_;
```

```
65  // 一些中间符号
    const SO3 R1 = p1->estimate().so3();
    const SO3 R1T = R1.inverse();
    const SO3 R2 = p2->estimate().so3();

70  auto dR_dbg = preint_->dR_dbg_;
    auto dv_dbg = preint_->dV_dbg_;
    auto dp_dbg = preint_->dP_dbg_;
    auto dv_dba = preint_->dV_dba_;
    auto dp_dba = preint_->dP_dba_;

75
    // 估计值
    Vec3d vi = v1->estimate();
    Vec3d vj = v2->estimate();
    Vec3d pi = p1->estimate().translation();
80  Vec3d pj = p2->estimate().translation();

    const SO3 dR = preint_->GetDeltaRotation(bg);
    const SO3 eR = SO3(dR).inverse() * R1T * R2;
    const Vec3d er = eR.log();
85  const Mat3d invJr = SO3::jr_inv(eR);

    /// 雅可比矩阵
    /// 注意有3个index, 顶点的、自己误差的、顶点内部变量的
    /// 变量顺序: pose1(R1,p1), v1, bg1, ba1, pose2(R2,p2), v2
90  /// 残差顺序: eR, ev, ep, 残差顺序为行, 变量顺序为列

    //        | R1 | p1 | v1 | bg1 | ba1 | R2 | p2 | v2 |
    // vert | 0       | 1  | 2  | 3   | 4   | 5  |
    // col  | 0    3  | 0  | 0  | 0   | 0   | 3  | 0  |
95  //    row
    // eR 0 |
    // ev 3 |
    // ep 6 |

100 /// 残差对R1, 9x3
    _jacobianOplus[0].setZero();
    // dR/dR1, 4.42
    _jacobianOplus[0].block<3, 3>(0, 0) = -invJr * (R2.inverse() * R1).matrix();
    // dv/dR1, 4.47
105 _jacobianOplus[0].block<3, 3>(3, 0) = SO3::hat(R1T * (vj - vi - grav_ * dt_));
    // dp/dR1, 4.48d
    _jacobianOplus[0].block<3, 3>(6, 0) = SO3::hat(R1T * (pj - pi - v1->estimate() * dt_ - 0.5 * grav_
        * dt_ * dt_));

    /// 残差对p1, 9x3
110 // dp/dp1, 4.48a
    _jacobianOplus[0].block<3, 3>(6, 3) = -R1T.matrix();

    /// 残差对v1, 9x3
    _jacobianOplus[1].setZero();
```

```cpp
115    // dv/dv1，见式(4.46a)
       _jacobianOplus[1].block<3, 3>(3, 0) = -R1T.matrix();
       // dp/dv1，见式(4.48c)
       _jacobianOplus[1].block<3, 3>(6, 0) = -R1T.matrix() * dt_;

120    /// 残差对bg1
       _jacobianOplus[2].setZero();
       // dR/dbg1，见式(4.45)
       _jacobianOplus[2].block<3, 3>(0, 0) = -invJr * eR.inverse().matrix() * SO3::jr((dR_dbg * dbg).eval
           ()) * dR_dbg;
       // dv/dbg1
125    _jacobianOplus[2].block<3, 3>(3, 0) = -dv_dbg;
       // dp/dbg1
       _jacobianOplus[2].block<3, 3>(6, 0) = -dp_dbg;

       /// 残差对ba1
130    _jacobianOplus[3].setZero();
       // dv/dba1
       _jacobianOplus[3].block<3, 3>(3, 0) = -dv_dba;
       // dp/dba1
       _jacobianOplus[3].block<3, 3>(6, 0) = -dp_dba;
135
       /// 残差对pose2
       _jacobianOplus[4].setZero();
       // dr/dr2，见式(4.43)
       _jacobianOplus[4].block<3, 3>(0, 0) = invJr;
140    // dp/dp2，见式(4.48b)
       _jacobianOplus[4].block<3, 3>(6, 3) = R1T.matrix();

       /// 残差对v2
       _jacobianOplus[5].setZero();
145    // dv/dv2，见式(4.46b)
       _jacobianOplus[5].block<3, 3>(3, 0) = R1T.matrix();  // OK
   }
```

　　笔者同样在注释中给出了对应公式，读者可以自行对比。在实现过程中，要小心这里的雅可比矩阵顺序。实际上它们有三个下标：对应**第几个顶点**，自身的误差**所在的行**，顶点内部变量**所在的列**。如果计算预积分的 $\Delta\tilde{\boldsymbol{p}}_{ij}$ 相对第二个位姿的平移部分，即 $\boldsymbol{p}_j$，那么它对应的雅可比矩阵块应该位于第 4 个顶点，第 6 行的第 3 列。其中，第 4 个顶点指 j 时刻位姿顶点是预积分边的第 4 个顶点，第 6 行指 $\delta\tilde{\boldsymbol{p}}_{ij}$ 是预积分观测中的第 6 行，而第 3 列指 $\boldsymbol{p}_j$ 在 VertexPose 中排到第 3 列。无论使用何种优化框架，如果自己定义雅可比矩阵，那么在处理多个顶点的连接关系时，都会遇到这种矩阵块的顺序问题。这个地方很容易出错。

　　现在来定义零偏、GNSS、先验状态和里程计的边。两个零偏边基本相同，这里只列出一个：

src/common/g2o_types.h

```cpp
class EdgeGyroRW : public g2o::BaseBinaryEdge<3, Vec3d, VertexGyroBias, VertexGyroBias> {
public:
3    void computeError() {
```

```cpp
    const VertexGyroBias* VG1 = static_cast<const VertexGyroBias*>(_vertices[0]);
    const VertexGyroBias* VG2 = static_cast<const VertexGyroBias*>(_vertices[1]);
    _error = VG2->estimate() - VG1->estimate();
  }

  virtual void linearizeOplus() {
    _jacobianOplusXi = -Mat3d::Identity();
    _jacobianOplusXj.setIdentity();
  }
};

/**
 * 对上一帧IMU pvq bias的先验
 * info由外部指定, 通过时间窗口边缘化给出
 *
 * 顶点顺序: pose, v, bg, ba
 * 残差顺序: R, p, v, bg, ba, 15维
 */
class EdgePriorPoseNavState : public g2o::BaseMultiEdge<15, Vec15d> {
public:
  void computeError();
  virtual void linearizeOplus();
  NavStated state_;
};

void EdgePriorPoseNavState::computeError() {
  auto* vp = dynamic_cast<const VertexPose*>(_vertices[0]);
  auto* vv = dynamic_cast<const VertexVelocity*>(_vertices[1]);
  auto* vg = dynamic_cast<const VertexGyroBias*>(_vertices[2]);
  auto* va = dynamic_cast<const VertexAccBias*>(_vertices[3]);

  const Vec3d er = SO3(state_.R_.matrix().transpose() * vp->estimate().so3().matrix()).log();
  const Vec3d ep = vp->estimate().translation() - state_.p_;
  const Vec3d ev = vv->estimate() - state_.v_;
  const Vec3d ebg = vg->estimate() - state_.bg_;
  const Vec3d eba = va->estimate() - state_.ba_;

  _error << er, ep, ev, ebg, eba;
}

void EdgePriorPoseNavState::linearizeOplus() {
  const auto* vp = dynamic_cast<const VertexPose*>(_vertices[0]);
  const Vec3d er = SO3(state_.R_.matrix().transpose() * vp->estimate().so3().matrix()).log();

  /// 注意有3个index, 顶点的、自己误差的、顶点内部变量的
  _jacobianOplus[0].setZero();
  _jacobianOplus[0].block<3, 3>(0, 0) = SO3::jr_inv(er);    // dr/dr
  _jacobianOplus[0].block<3, 3>(3, 3) = Mat3d::Identity();  // dp/dp
  _jacobianOplus[1].setZero();
  _jacobianOplus[1].block<3, 3>(6, 0) = Mat3d::Identity();  // dv/dv
  _jacobianOplus[2].setZero();
  _jacobianOplus[2].block<3, 3>(9, 0) = Mat3d::Identity();  // dbg/dbg
```

```
    _jacobianOplus[3].setZero();
    _jacobianOplus[3].block<3, 3>(12, 0) = Mat3d::Identity();  // dba/dba
58  }

    class EdgeGNSS : public g2o::BaseUnaryEdge<6, SE3, VertexPose> {
    public:
      void computeError() override {
63      VertexPose* v = (VertexPose*)_vertices[0];
        _error.head<3>() = (_measurement.so3().inverse() * v->estimate().so3()).log();
        _error.tail<3>() = v->estimate().translation() - _measurement.translation();
      };

68    void linearizeOplus() override {
        VertexPose* v = (VertexPose*)_vertices[0];
        // jacobian 6x6
        _jacobianOplusXi.setZero();
        _jacobianOplusXi.block<3, 3>(0, 0) = (_measurement.so3().inverse() * v->estimate().so3()).jr_inv
        ();  // dR/dR
73      _jacobianOplusXi.block<3, 3>(3, 3) = Mat3d::Identity();
      }
    };
```

这里大部分的雅可比矩阵都是十分直观的，读者应该可以自己推导出来。

4.2.4　实现基于预积分和图优化的 GINS

最后，利用前面定义的图优化边，来实现一个类似于 ESKF 的 GNSS 惯性导航融合定位。读者也可借这个实验更深入地考察图优化与滤波器之间的异同。这个基于图优化的 GINS 系统的逻辑和 ESKF 的大体相同，一样需要静态的 IMU 初始化来确定初始的 IMU 零偏与重力方向。笔者将这些逻辑处理放到一个单独的类中，重点关注这个图优化模型是如何构建的。它的基本逻辑如下：

1. 通过外部的静态 IMU 初始化算法来获取初始的零偏和重力方向，然后使用首个带姿态的 GNSS 信号来获取初始位置与姿态。如果 IMU 和 GNSS 都有效，就开始进行预测和优化。

2. 当 IMU 数据到达时，使用预积分器累积 IMU 的积分信息。

3. 当 ODOM 数据到达时，将它记录为最近时刻的速度观测并保留它的读数。

4. 在 GNSS 数据到达时，构建**前一个时刻**的 GNSS 与**当前时刻**的 GNSS 间的图优化问题。该问题的节点和边定义如下：

   - 节点：前一时刻与当前时刻的位姿、速度、两个零偏，共 8 个顶点。
   - 边：两个时刻间的预积分观测边，两个时刻的 GNSS 的观测边，前一个时刻的先验边，两个零偏随机游走边，速度观测边。一共有 7 个边。

5. 使用 IMU 预积分的预测值作为优化的初始值。当然，也可以用 GNSS 的观测值来计算。两种方式的优化初值会不太一样，但在本例中结果相似，读者可以自行改换。GINS 中实际使用的图优化结构如图 4-2 所示。

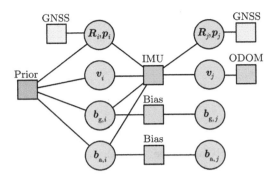

图 4-2 GINS 中实际使用的图优化结构

把 GINS 写成一个类，处理 IMU、ODOM 和 GNSS 的观测：

src/ch4/gins_pre_integ.cc

```
void GinsPreInteg::AddImu(const IMU& imu) {
  if (first_gnss_received_ && first_imu_received_) {
    pre_integ_->Integrate(imu, imu.timestamp_ - last_imu_.timestamp_);
  }

  first_imu_received_ = true;
  last_imu_ = imu;
  current_time_ = imu.timestamp_;
}

void GinsPreInteg::AddOdom(const sad::Odom& odom) {
  last_odom_ = odom;
  last_odom_set_ = true;
}

void GinsPreInteg::AddGnss(const GNSS& gnss) {
  this_frame_ = std::make_shared<NavStated>(current_time_);
  this_gnss_ = gnss;

  if (!first_gnss_received_) {
    if (!gnss.heading_valid_) {
      // 要求首个GNSS必须有航向
      return;
    }

    // 首个GNSS信号，将初始pose设置为该GNSS信号
    this_frame_->timestamp_ = gnss.unix_time_;
    this_frame_->p_ = gnss.utm_pose_.translation();
    this_frame_->R_ = gnss.utm_pose_.so3();
    this_frame_->v_.setZero();
    this_frame_->bg_ = options_.preinteg_options_.init_bg_;
    this_frame_->ba_ = options_.preinteg_options_.init_ba_;
```

```
     pre_integ_ = std::make_shared<IMUPreintegration>(options_.preinteg_options_);
35
     last_frame_ = this_frame_;
     last_gnss_ = this_gnss_;
     first_gnss_received_ = true;
     current_time_ = gnss.unix_time_;
40   return;
   }

   current_time_ = gnss.unix_time_;
   *this_frame_ = pre_integ_->Predict(*last_frame_, options_.gravity_);
45
   Optimize();

   last_frame_ = this_frame_;
   last_gnss_ = this_gnss_;
50 }
```

几个处理函数主要是一些流程逻辑上的计算，重点在于这里的 Optimize 函数：

src/ch4/gins_pre_integ.cc

```
void GinsPreInteg::Optimize() {
  if (pre_integ_->dt_ < 1e-3) {
    // 未得到积分
    return;
5 }

  LOG(INFO) << "calling optimization";

  using BlockSolverType = g2o::BlockSolverX;
10 using LinearSolverType = g2o::LinearSolverEigen<BlockSolverType::PoseMatrixType>;

  auto* solver = new g2o::OptimizationAlgorithmLevenberg(
  g2o::make_unique<BlockSolverType>(g2o::make_unique<LinearSolverType>()));
  g2o::SparseOptimizer optimizer;
15 optimizer.setAlgorithm(solver);

  // 前一时刻位姿顶点, pose, v, bg, ba
  auto v0_pose = new VertexPose();
  v0_pose->setId(0);
20 v0_pose->setEstimate(last_frame_->GetSE3());
  optimizer.addVertex(v0_pose);

  auto v0_vel = new VertexVelocity();
  v0_vel->setId(1);
25 v0_vel->setEstimate(last_frame_->v_);
  optimizer.addVertex(v0_vel);

  auto v0_bg = new VertexGyroBias();
  v0_bg->setId(2);
30 v0_bg->setEstimate(last_frame_->bg_);
```

```
     optimizer.addVertex(v0_bg);

     auto v0_ba = new VertexAccBias();
     v0_ba->setId(3);
35   v0_ba->setEstimate(last_frame_->ba_);
     optimizer.addVertex(v0_ba);

     // 当前时刻位姿顶点，pose, v, bg, ba
     auto v1_pose = new VertexPose();
40   v1_pose->setId(4);
     v1_pose->setEstimate(this_frame_->GetSE3());
     optimizer.addVertex(v1_pose);

     auto v1_vel = new VertexVelocity();
45   v1_vel->setId(5);
     v1_vel->setEstimate(this_frame_->v_);
     optimizer.addVertex(v1_vel);

     auto v1_bg = new VertexGyroBias();
50   v1_bg->setId(6);
     v1_bg->setEstimate(this_frame_->bg_);
     optimizer.addVertex(v1_bg);

     auto v1_ba = new VertexAccBias();
55   v1_ba->setId(7);
     v1_ba->setEstimate(this_frame_->ba_);
     optimizer.addVertex(v1_ba);

     // 预积分边
60   auto edge_inertial = new EdgeInertial(pre_integ_, options_.gravity_);
     edge_inertial->setVertex(0, v0_pose);
     edge_inertial->setVertex(1, v0_vel);
     edge_inertial->setVertex(2, v0_bg);
     edge_inertial->setVertex(3, v0_ba);
65   edge_inertial->setVertex(4, v1_pose);
     edge_inertial->setVertex(5, v1_vel);
     auto* rk = new g2o::RobustKernelHuber();
     rk->setDelta(200.0);
     edge_inertial->setRobustKernel(rk);
70   optimizer.addEdge(edge_inertial);

     // 两个零偏随机游走
     auto* edge_gyro_rw = new EdgeGyroRW();
     edge_gyro_rw->setVertex(0, v0_bg);
75   edge_gyro_rw->setVertex(1, v1_bg);
     edge_gyro_rw->setInformation(options_.bg_rw_info_);
     optimizer.addEdge(edge_gyro_rw);

     auto* edge_acc_rw = new EdgeAccRW();
80   edge_acc_rw->setVertex(0, v0_ba);
     edge_acc_rw->setVertex(1, v1_ba);
     edge_acc_rw->setInformation(options_.ba_rw_info_);
```

```
     optimizer.addEdge(edge_acc_rw);

85   // 上时刻先验
     auto* edge_prior = new EdgePriorPoseNavState(*last_frame_, prior_info_);
     edge_prior->setVertex(0, v0_pose);
     edge_prior->setVertex(1, v0_vel);
     edge_prior->setVertex(2, v0_bg);
90   edge_prior->setVertex(3, v0_ba);
     optimizer.addEdge(edge_prior);

     // GNSS边
     auto edge_gnss0 = new EdgeGNSS(v0_pose, last_gnss_.utm_pose_);
95   edge_gnss0->setInformation(options_.gnss_info_);
     optimizer.addEdge(edge_gnss0);

     auto edge_gnss1 = new EdgeGNSS(v1_pose, this_gnss_.utm_pose_);
     edge_gnss1->setInformation(options_.gnss_info_);
100  optimizer.addEdge(edge_gnss1);

     // ODOM边
     EdgeEncoder3D* edge_odom = nullptr;
     Vec3d vel_world = Vec3d::Zero();
105  Vec3d vel_odom = Vec3d::Zero();
     if (last_odom_set_) {
       // 速度观测
       double velo_l =
       options_.wheel_radius_ * last_odom_.left_pulse_ / options_.circle_pulse_ * 2 * M_PI / options_.
           odom_span_;
110    double velo_r =
       options_.wheel_radius_ * last_odom_.right_pulse_ / options_.circle_pulse_ * 2 * M_PI / options_.
           odom_span_;
       double average_vel = 0.5 * (velo_l + velo_r);
       vel_odom = Vec3d(average_vel, 0.0, 0.0);
       vel_world = this_frame_->R_ * vel_odom;
115
       edge_odom = new EdgeEncoder3D(v1_vel, vel_world);
       edge_odom->setInformation(options_.odom_info_);
       optimizer.addEdge(edge_odom);
     }
120
     optimizer.setVerbose(options_.verbose_);
     optimizer.initializeOptimization();
     optimizer.optimize(20);

125  // 省略一些打印函数

     // 重置integ
     options_.preinteg_options_.init_bg_ = this_frame_->bg_;
     options_.preinteg_options_.init_ba_ = this_frame_->ba_;
130  pre_integ_ = std::make_shared<IMUPreintegration>(options_.preinteg_options_);
}
```

笔者省略了一些打印信息和获取结果的环节。从代码中可以看到整个优化模型是如何构建和求解的。这种散装顶点的方式会有较多的顶点类型和数量，在实现中稍微麻烦一些。请读者编译运行本段程序，使用 GFlags 指定运行文件。测试程序源码与第 3 章类似，不再列出。在终端执行：

终端输入：

```
bin/run_gins_pre_integ --txt_path ./data/ch3/10.txt
```

程序同样会输出实时运行结果与状态变量文本文件。基于预积分和图优化的 GINS 的实时运行结果如图 4-3 所示，轨迹结果可以用第 3 章的绘制脚本来作图。

终端输入：

```
python3 scripts/plot_ch3_state.py ./data/ch4/gins_preintg.txt
```

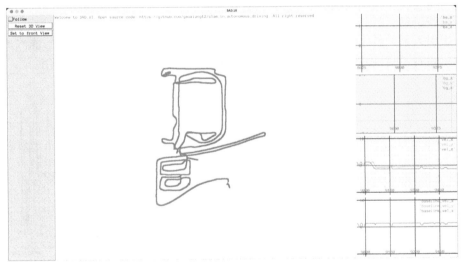

图 4-3　基于预积分和图优化的 GINS 的实时运行结果

基于预积分和图优化的 GINS 的状态图如图 4-4 所示。它们整体上与第 3 章类似，速度状态也在预期之内。但是本章的 GINS 并不在 ODOM 层面直接进行优化，所以缺少 GNSS 观测时，单纯的 IMU 预测依然会局部发散。下面介绍一些程序中的做法，看看它们和 ESKF 的区别：

1. 相比 ESKF，基于预积分的图优化方案可以累积 IMU 读数。累积多少时间，或者每次迭代优化取多少次，都可以人为选择。而 ESKF 默认只能迭代一次，预测也只依据单个时刻的 IMU 数据。

2. 预积分边（或者用因子图优化的方法，称 IMU 因子或预积分因子[①]）是一个很灵活的因

[①] 本书不区分图优化和因子图的概念，它们在实际操作中基本是相同的。有时将其称为**优化边**，有时将其称为**优化因子**。从表述上来说，**因子**比**边**更容易理解，所以很多时候我们会谈论各种各样的因子，而实现时则使用边的方式。

子。它关联的 6 个顶点都可以发生变化。为了保持状态不发生随意改变，预积分因子通常要配合其他因子一起使用。在我们的案例中，两端的 GNSS 因子可以限制位姿的变化，ODOM 因子可以限制速度的改变，两个零偏因子会限制零偏的变化量，但不限制零偏的绝对值。

3. 先验因子会让整个估计变得更平滑。严格来说，先验因子的协方差矩阵还需要使用边缘化来操作。因为本章主要介绍预积分原理，所以给先验因子设定了固定大小的信息矩阵，来简化程序中的一些实现。第 8 章会探讨先验因子信息矩阵的设定和代码实现方式。读者可以尝试去除本因子，观察会对轨迹估计产生什么影响。

4. 图优化让我们很方便地设置核函数，回顾各个因子占据的误差大小，进而确定优化过程主要受哪一部分影响。例如，可以分析正常情况下 RTK 观测应该产生多少残差，而异常情况下应该产生多少残差，从而确定 GNSS 是否给出了正确的位姿读数。后面章节还会向读者介绍如何控制优化流程以实现更具鲁棒性的效果。读者可以打开本程序的调试输出，查看这些信息。

5. 由于引入了更多计算，因此图优化的耗时明显高于滤波器方案。不过，智能汽车的算力相比以往有了明显的增加，目前图优化在一些实时计算里也可以很好地使用。

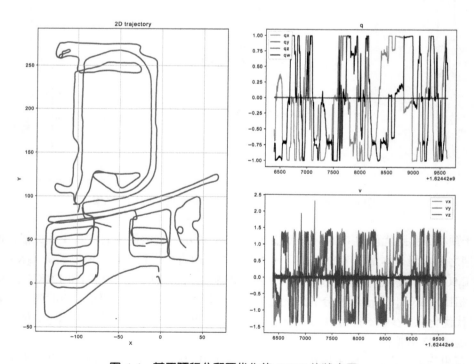

图 4-4　基于预积分和图优化的 GINS 的状态图

4.3　本章小结

本章介绍了预积分的基本原理，包括它的观测模型、噪声模型、雅可比矩阵推导方式及针对零偏的处理方式。在实践中，读者可以灵活应用预积分：

- 若不考虑优化，那么预积分和直接积分完全等同；预积分可以用于预测后续状态。
- 用于优化时，预积分可以方便地建模两帧间的相对运动。如果固定 IMU 零偏，则还可以大幅简化预积分模型。如果考虑零偏，那么需要针对零偏的更新，更新预积分的观测。
- 预积分模型易于与其他图优化模型进行融合，在同一个问题中进行优化。也易于设置积分时间、优化帧数等参数，比滤波器方案更自由。

读者可以对比本章与第 3 章的内容，体会两套方法是如何处理同一个问题的。这应该会让不同研究领域的读者都有所收获。

习题

1. 利用数值求导工具，验证预积分的各雅可比矩阵是否正确。
2. 在 g2o 版本的基础上，实现 Ceres 版本的预积分。
3. 不考虑零偏游走，请推导简单版的预积分模型。它与 ESKF 的处理有何异同？
4. 按照本书 4.1.5 节中的另一种定义方式，定义预积分残差，推导其形式和对各状态变量的雅可比矩阵形式，并说明是否有计算上的便利之处。
5. 简化预积分中的一些雅可比矩阵的计算，缓存中间结果，避免重复计算。
6. 在基于预积分的 GINS 系统中，考虑如何防止因为长时间没有 RTK 观测而出现位移状态发散的情况，实现通过 ODOM 触发优化的方法。

第二部分

激光雷达的定位与建图

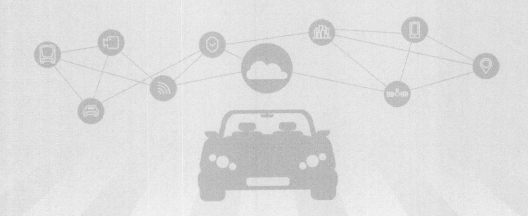

第 5 章　基础点云处理

从本章开始，笔者会花费一些笔墨来介绍激光 SLAM 系统。激光雷达传感器是自动驾驶和机器人应用中最重要的传感器之一。我们可以用激光雷达、惯性导航、卫星导航等设备搭建一套完整的高精地图与高精定位应用。但是，并不是所有研究人员都熟悉这些传感器。激光雷达传感器内部又分为单线、多线、机械、固态等各种类别，其处理方式也千差万别。

本章从基础的点云处理算法讲起，逐步引入一个完整的、包括 2D 和 3D 的激光 SLAM 系统。相比于惯性导航数据或者图像数据来说，激光数据算是相当简单的：激光只探测物体的三维结构，并不牵扯物体的运动学或者复杂的投影过程。而在数学层面，一个 $\mathbb{R}^3$ 就可以很好地描述激光的测量数据。

不过，在计算机层面，我们依然会碰到一些问题。这些问题中最基本的，就是**如何定义空间上的相邻性**。这个问题被称为**最近邻问题**（Nearest Neighbour，NN）。我们会发现点和点的**最近邻**是众多算法的基础，而这件看似简单的事情在计算机中却有许多种不同的处理方式。我们可以只使用最简单的数组来表达点云，但那样就表达不了点和点之间的关系。为了方便计算相邻性，我们也会寻找一些更复杂的**树形结构**，它们在处理最近邻问题上比传统方式更高效。许多点云匹配算法都要计算一个点和周边点在某种指标上的误差。这种指标可以是点和点的欧氏距离，或者是**点到线**、**点到面**的距离，也可以是某种**统计意义上**的指标。不同的指标选择方法会引出不同的算法，不过它们都有共同的理论基础。例如，预先把空间按照某种准则进行**分割**，然后建立**索引**的数据结构，方便查找点到点的相邻关系。分割的方式多种多样，从简单的栅格分法到平面、球形、分界面等，将引出许许多多的算法。笔者将选择其中重要的算法向读者介绍。

本章先来介绍点云的基础算法，包括如何表达点云、如何描述激光雷达传感器的数学模型、如何寻找一个点的相邻点、如何对一组点进行简单的几何形状的拟合，等等。第 6 章和第 7 章将基于本章内容搭建二维和三维的配准方法。

点云的相邻关系是许多算法的基础。

5.1　激光雷达传感器与点云的数学模型

5.1.1　激光雷达传感器的数学模型

　　激光雷达是自动驾驶中最重要的传感器。它提供高精度的距离测量信息，但价格十分昂贵。至今，人们仍在激烈地争论是否应该在自动驾驶车辆中使用激光雷达。自动驾驶使用的激光雷达有众多型号，图 5-1 列举了一些常见的型号。整体而言，自动驾驶使用的激光雷达主要分为**机械旋转式激光雷达**（Spining Lidar）与**固态激光雷达**（Solid State Lidar）两种形式[①]。

1.　**机械旋转式激光雷达**可以看成一列以固定频率旋转的激光探头。每个探头能够快速探测外部物体离自身的距离。这些探头每旋转一圈，就可以完成一次对周围场景的扫描。激光雷达还可以根据线数进一步细分，常见的线数包括单线、4 线、8 线、16 线、32 线、64 线、80 线、128 线。线数越高，每次扫描得到的点数越多，信息越丰富。然而，即使经过了多次降价，32 线以上的高线数机械旋转式激光雷达仍然是十分昂贵的传感器，其价格甚至是车辆本身的好几倍[②]。

2.　**固态激光雷达**是近几年迅猛发展的新型雷达。与机械旋转式激光雷达不同，固态激光雷达本身并不会进行 360° 式的扫描，只能探测约 120° 视野范围内的 3D 信息。它们与 RGBD 相机十分类似（二者在原理层面也十分相似）。多数固态激光雷达的视野范围在 60° 至 120°，但价格更便宜，而且可以实现图像式的扫描。以等效的线数来看，固态激光雷达甚至可以实现 200 线以上的效果，但固态激光雷达并不一定按照水平的扫描线进行扫描，有些也有自己独特的扫描图案。

图 5-1　自动驾驶中用到的各种激光雷达型号

　　机械旋转式激光雷达和固态激光雷达各有优势。机械旋转式激光雷达的 360° 扫描特性对定位和建图都十分有利，环视的视野保证了只需采集一遍就可以构建整个路段的地图，也让点云定位

[①] 这里所说的**雷达**是英文 Lidar 的音译，而 Lidar 则是 Light detection and ranging 的缩写。在自动驾驶场景中，通常把激光雷达简称为雷达。但在其他领域，雷达则指 radio detection and ranging，或者 Radar 的缩写。在中文语境中，Lidar 和 Radar 都被称为雷达，而在英文语境中，Lidar 和 Radar 是两个不同的词汇。特别地，自动驾驶中还存在一种毫米波雷达，也被称为 Radar。

[②] 以 2021 年的价格来看。

不易被物体遮挡。人们在使用固态激光雷达时，也会将多个固态激光雷达拼成环视视野，以实现类似的特性。但是，机械旋转式激光雷达在价格和寿命方面劣势明显，在目前和短期可见的未来难以满足车规和消费级需求。相比之下，固态激光雷达可以轻松实现数千元左右的成本，满足安全性的寿命要求，代价是牺牲一定的视野（但可以由多个雷达来弥补），在最近几年有了不少的拥趸。部分车辆的高端车型已经开始列装固态激光雷达作为感知方案。

关于自动驾驶是否应该使用雷达的争论从来没有停止过。有些人认为 L4 自动驾驶离不开雷达，有些人则认为雷达是车辆的累赘，也有些中间派并不在意传感器类型，只在意功能和价格。就 L4 自动驾驶而言，其早期发展中主要使用了机械旋转式激光雷达，所以目前我们看到的技术方案，或多或少地对机械旋转式激光雷达产生了一定的路径依赖。所谓路径依赖，是指早期的算法和研究都针对某一种早期方案。这些早期方案往往不计较成本因素。在不引起明显问题的前提下，在发展过程中人们并不倾向于更改这种方案。但是在时隔多年的当下看，这种方案并不一定是实践中的最佳方案。

笔者并不准备参与传感器方面的争论，只专注于介绍它们的原理和算法。相比于视觉和 IMU 的传感器，单个激光探头的测量最为简单：它只是测量某个空间点离自身的距离，不妨记作 r。当然，激光探头本身可以按某个倾斜角放置在车辆上，于是可以得到末端点的空间位置。这种模型称为 RAE（Range Azimuth Elevation）模型，如图 5-2 所示。

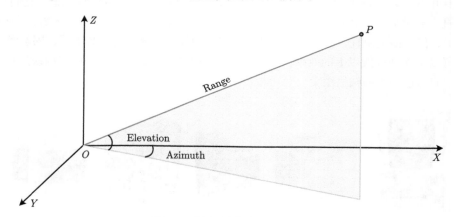

图 5-2　单点测量的 RAE 模型

记距离 $r =$ Range，方位角 $A =$ Azimuth，俯仰角 $E =$ Elevation，这两个角和欧拉角类似。根据几何关系，很容易得到 $\boldsymbol{P}$ 在雷达参考系下的位置：

$$\boldsymbol{P} = [r\cos E\cos A, r\cos E\sin A, r\sin E]^{\top}. \tag{5.1}$$

也可以反过来从 $\boldsymbol{P} = [x, y, z]^{\top}$ 计算 r, A, E：

$$r = \sqrt{x^2 + y^2 + z^2},$$

$$A = \arctan(y/x), \qquad\qquad (5.2)$$
$$E = \arcsin(z/r).$$

两者是欧氏坐标到极坐标的转换，没有什么实质上的区别。机械旋转式激光雷达可以看成许多个在俯仰方向固定，方位角同步周期性变化旋转的 RAE 探头模型。探头旋转一圈，就得到了方位角从 0 到 360° 的末端点。通常，把这一圈点称为一次**扫描**（Scan）的数据，因为它和扫描仪或者电视机的扫描过程真的很像。大部分激光雷达都能以 10Hz 以上的频率扫描周围的环境。如果这样的探头只有一个，则这种激光雷达就是单线激光雷达。它的探头通常是水平放置的。而多线激光雷达可以视为由多个单线激光雷达组成。它们纵向排成一列，按照固定频率旋转。在扫描一圈后，就可以得到多线雷达的点云。这些点云可以充分反映一定距离内的三维结构。此时，对单个探头来说，可以认为 E 是固定的，A 是按照固定速度变化的，可根据时间来推测，只有 r 来自实际读数。我们可以借助这种特性来压缩激光数据，记录时间和距离会比记录笛卡儿（即点云的 XYZ 数据）坐标更简单。

除了记录距离，激光雷达也可以携带许多额外的数据。例如，多线激光雷达可以记录每个点的时刻、反射率、线数（该点属于第几根线）等信息。这些信息，特别是反射率，可以用于各种各样的业务场景，例如根据路面反射率提取标记物、利用线数提取地面部分点云，等等。最基本的点云算法，例如最近邻、拟合算法等，依靠笛卡儿坐标的位置信息就足够了。本书涉及的点云，如不加特殊说明，都是指仅含位置信息的点云。在可视化中，我们会根据高度或者反射率来渲染点云的内容。

5.1.2　点云的表达

点云（Point Cloud），在最原始的字面意义上，就是指一组散布在空间中的点。"**云**"这个字实际上舍弃了点和点之间的联系。这些点仅仅是一组欧氏空间中的笛卡儿坐标，除此之外，没有携带任何信息。这些点构成网格吗？那几个点构成了三角形吗？点云结构并不携带这些额外的信息。

点云是最基本的三维结构表达方式，也是多数激光雷达传感器向外输出的数据形式。如果我们希望在点云的基础上寻找其他信息，就必须寻求额外的数据结构来表达这些联系。例如，在很多算法里我们会问：离某个点最近的是哪一个点？这个点和周边的点一起呈现了什么形状？为了实现这些功能，必须引入一些额外的数据结构，这些是本节的重点内容。

本章内容与许多介绍三维点云的书有重合之处，读者也可以阅读类似的教材，例如参考文献[80-81]。作为面向 SLAM 从业人员的书，本书的重点是介绍激光雷达传感器的点云处理，而不是泛泛地谈论通用点云处理。本书会介绍一部分 PCL 库[82] 的使用方法，对于关键的算法，也提供手写的版本，并对比它们与 PCL 的性能差异。

最简单、最原始的点云表达方式就是数组：把一些点放在数组里即可。我们可以用 C++ 中的 std::vector 来实现。当然，正如前文所述，点云也可以携带其他信息，如反射率、所属的线束、

RGB 颜色信息。来自 RGBD 相机的点云，还可以存储每个点在图像中的行数和列数信息。因此，比较方便的做法是定义点云结构体，然后用模板容器存储点云。如果还想存储其他的信息，如整个点云的位置和姿态，也可以自己定义点云的数据结构。

我们通过一个程序实例来说明基础点云的读写和可视化。笔者为读者准备了两个文件：一个单次扫描的点云文件和一个地图点云文件，它们是位于 data/ch5/下的 scan_example.pcd 和 map_example.pcd。读者可以直接用 pcl_viewer 指令查看：

终端输入：

```
pcl_viewer ./data/ch5/map_example.pcd
```

后面章节也会介绍其他的表达方式。它们的显示结果如图 5-3 所示。左侧点云显示这是一个小型的 "L" 形的场景，右侧则是单次扫描的数据，明显缺少了很多信息。如果将多个扫描拼接起来，就可以恢复地图全貌。

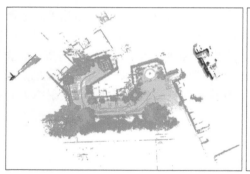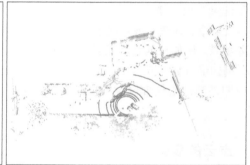

图 5-3   点云地图与单次扫描的示例数据

下面演示如何读取并可视化点云，同时作为 PCL 的一个基本教学演示。

src/ch5/point_cloud_load_and_vis.cc

```
int main(int argc, char** argv) {
  // 省略参数检查部分
  // 读取点云
  PointCloudType::Ptr cloud(new PointCloudType);
  pcl::io::loadPCDFile(FLAGS_pcd_path, *cloud);

  if (cloud->empty()) {
    LOG(ERROR) << "cannot load cloud file";
    return -1;
  }

  LOG(INFO) << "cloud points: " << cloud->size();

  // 可视化
```

```
pcl::visualization::PCLVisualizer viewer("cloud viewer");
pcl::visualization::PointCloudColorHandlerGenericField<PointType> handle(cloud, "z");  // 使用高
度来着色
viewer.addPointCloud<PointType>(cloud, handle);
viewer.spin();

return 0;
}
```

由于数据 I/O 和可视化都是现成的 PCL 模块，因此只需要调用它的函数。在编译之后，读者也可以使用该程序的编译结果来查看点云：

终端输入：

```
bin/point_cloud_load_and_vis  --pcd_path ./data/ch5/map_example.pcd
```

大部分支持 3D 显示的程序都可以很好地渲染点云。后面会继续使用 3D 图形界面显示点云的配准效果。

5.1.3　Packet 的表达

除了原始点云，还存在若干种其他的表达方式。原始点云要存储所有点的坐标，比较占空间。有些表达方式比较适合存储和传输，有些则提供了其他算法上的有利性质，下面介绍几种常用方法。

在激光雷达传感器中，雷达的旋转速率、各探头相对雷达中心的俯仰角等参数，都是在雷达设计时或运行时已知的参数，被称为雷达的**内参数**。于是，在数据存储时就可以将它们存放在固定的参数文件中，而对于真正的测量数据，只记录那些运行时发生变化的部分，对雷达来说，变化部分通常是指物体的探测距离与反射率，这样可以大幅节省雷达与计算机的数据通信量。在存储点云的原始数据时，也可以使用这种方式来代替单纯的点云，以节省硬盘空间。这就是雷达**数据包**（Packet）的思路。

大部分雷达厂商都会定义自己的 Packet 格式。它们的具体实现形式并不一样。这些数据包可以通过各种通信设备发送和接收（通常是 UDP 等网络协议）。笔者以 Velodyne 的 HDL-64S3 为例（如图 5-4 所示），介绍硬件厂商是如何压缩点云数据的。

在 Velodyne HDL-64S3 中，雷达的距离和反射率由 3 个字节存储，同一列的读数共享一个方位角数据和区块 ID 数据。可以看到，32 个读数共占用 100 个字节。如果以 PCL 的方式来存储，那么 32 条线的点云的 XYZ 数据和反射率需要 $32 \times (4 + 4 + 4 + 1) = 416$ 个字节。显然，存储 Packet 要比直接存储点云高效很多。

不过，对于算法来说，我们还是更希望能够直接访问每个点的坐标，所以 Packet 通常作为压缩后的数据，在驱动程序、原始传感器数据包或地图压缩等模块中使用。由于激光雷达传感器的品牌众多，因此各雷达的驱动程序也并不相同，供应商通常会提供 SDK 来处理压缩包与点云之间的转换。在此，笔者就不一一介绍各品牌的雷达数据如何压缩与解压了。

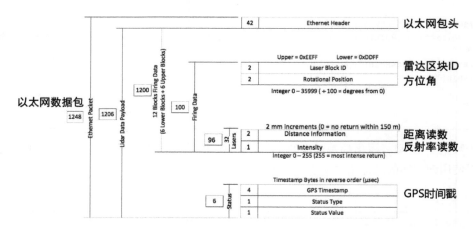

图 5-4 Velodyne HDL-64S3 的 Packet 格式定义

5.1.4 俯视图和距离图

俯视图（或鸟瞰图，Bird-eye View，BEV）也是一类常用的地图表达方式，在室外地图中非常常见。如果我们希望用栅格的方式表达激光点云，并且尝试一些以栅格地图为基础的路径规划、避障等算法，或者希望在地图数据上做 2D 的标注，就有必要以俯视的方式来表达点云地图。当然，把三维信息转换为二维通常要丢弃一部分信息，这种俯视图的做法显然就是丢弃了点云的高度信息。

由于车辆通常是水平放置的，安装在车辆上的传感器也通常是水平的。在这个前提下，我们能够很容易地把室外点云地图转换为俯视图，因为点云的 x, y, z 可以分别对应到水平坐标和高度坐标。而倾斜旋转的传感器则需要额外的地面或者世界坐标系的方向信息。下面我们将图 5-3 中的点云图转换为俯视图。俯视图由 OpenCV 实现，它是一个二维的图像。将点云坐标转换为图像坐标，需要定义一个分辨率 r，以确定每个像素对应多少米的距离。同时，我们希望图像中心正对点云中心，图像的长宽取决于点云的 x, y 范围。于是，设点云的中心为 $c = [c_x, c_y]^\top$，图像中心为 I_x, I_y，那么，一个坐标为 x, y, z 的点云应该落在图像的 u, v 处，它们满足：

$$\begin{cases} u = (x - c_x)/r + I_x, \\ v = (y - c_y)/r + I_y. \end{cases} \tag{5.3}$$

而 z 坐标则可以显示为不同颜色，用于区分点云的高度。上述计算过程的实现如下：

src/ch5/pcd_to_bird_eye.cc

```
DEFINE_string(pcd_path, "./data/ch5/map_example.pcd", "点云文件路径");
DEFINE_double(image_resolution, 0.1, "俯视图分辨率");
DEFINE_double(min_z, 0.2, "俯视图最低高度");
DEFINE_double(max_z, 2.5, "俯视图最高高度");
```

```cpp
void GenerateBEVImage(PointCloudType::Ptr cloud) {
  // 计算点云边界
  auto minmax_x = std::minmax_element(cloud->points.begin(), cloud->points.end(),
    [](const PointType& p1, const PointType& p2) { return p1.x < p2.x; });
  auto minmax_y = std::minmax_element(cloud->points.begin(), cloud->points.end(),
    [](const PointType& p1, const PointType& p2) { return p1.y < p2.y; });
  double min_x = minmax_x.first->x;
  double max_x = minmax_x.second->x;
  double min_y = minmax_y.first->y;
  double max_y = minmax_y.second->y;

  const double inv_r = 1.0 / FLAGS_image_resolution;

  const int image_rows = int((max_y - min_y) * inv_r);
  const int image_cols = int((max_x - min_x) * inv_r);

  float x_center = 0.5 * (max_x + min_x);
  float y_center = 0.5 * (max_y + min_y);
  float x_center_image = image_cols / 2;
  float y_center_image = image_rows / 2;

  // 生成图像
  cv::Mat image(image_rows, image_cols, CV_8UC3, cv::Scalar(255, 255, 255));

  for (const auto& pt : cloud->points) {
    int x = int((pt.x - x_center) * inv_r + x_center_image);
    int y = int((pt.y - y_center) * inv_r + y_center_image);
    if (x < 0 || x >= image_cols || y < 0 || y >= image_rows || pt.z < FLAGS_min_z || pt.z >
    FLAGS_max_z) {
      continue;
    }

    image.at<cv::Vec3b>(y, x) = cv::Vec3b(227, 143, 79);
  }

  cv::imwrite("./bev.png", image);
}
```

现在运行：

终端输入：

```
bin/pcd_to_brid_eye --pcd_path ./data/ch5/map_example.pcd
```

假设点云为水平向上的，然后将 X 轴和 Y 轴映射为图像。代码的前面部分确定了这个图像的边界，接着按照设置的分辨率来计算每个点在图像当中的位置。我们认为车辆周边一定高度范围内的障碍物是有效的（代码中取 0.2 至 2.5 米，实际可以视车辆高度来定），再把这些障碍物信息放置到俯视图中，就得到了俯视图，如图 5-5 所示。

图 5-5   将点云转换为俯视图

有很多路径规划算法都是基于栅格地图实现的，例如 A*、D*[83] 等，其他算法也可以使用栅格地图作为数据来源。可以看到，点云转成栅格地图之后，大部分障碍物信息都可以有效地保留下来，但某些动态物体也在地图中出现了拖影现象。第 6 章将介绍栅格地图的概率机制，可以有效地抑制动态物体的影响。读者也可以尝试将单帧的激光点云投影为俯视图。

有些读者可能会问，既然点云可以投影为俯视图，能不能按照其他角度进行投影呢？当然，但我们更习惯于自上而下地观察地图，俯视图对我们来说是最方便的选择。大部分地图绘制软件使用俯视图作为数据输入的形式。读者也可以用类似的思路来绘制正视图或者侧视图。它们在计算上并没有本质区别。不过，也有一类图像对算法来说比较有用，那就是**距离图**（Range Image）。

距离图的思路与 RGBD 相机的思路一致。RGBD 相机为了保障深度图与彩色图的一致性，会把点云按照彩色图像的参数投影至彩色相机中。那么，能否把激光点云投影到某个虚拟的相机中呢？答案是肯定的。由于激光点云覆盖了周围 360°，所以投出来的图像也是环视的 360°。我们取图像的横坐标为激光雷达的方位角，纵坐标则取俯仰角，这种投影被称为距离图。进一步，知道雷达每个线数对应的俯仰角，也可以将**线数**作为纵坐标。用这种方式做出的图像也称为距离图。

与前面一样，通过一个实例为读者展示距离图的样子。由于雷达的扫描特性，实际上用雷达的原始数据来生成距离图更方便（如利用 Packet 中自带的 block ID 或方位角），但那样会依赖具体的雷达型号。本例直接使用了扫描后的点云，会增加一步方位角的计算。

src/ch5/scan_to_range_image.cc

```
DEFINE_string(pcd_path, "./data/ch5/scan_example.pcd", "点云文件路径");
DEFINE_double(azimuth_resolution_deg, 0.3, "方位角分辨率（度）");
```

```
DEFINE_int32(elevation_rows, 16, "俯仰角对应的行数");
DEFINE_double(elevation_range, 15.0, "俯仰角范围");  // VLP-16上下各15°范围
DEFINE_double(lidar_height, 1.128, "雷达安装高度");

void GenerateRangeImage(PointCloudType::Ptr cloud) {
  int image_cols = int(360 / FLAGS_azimuth_resolution_deg);  // 水平为360°，按分辨率切分即可
  int image_rows = FLAGS_elevation_rows;                      // 图像行数固定
  LOG(INFO) << "range image: " << image_rows << "x" << image_cols;

  // 生成一个HSV图像，以更好地显示图像
  cv::Mat image(image_rows, image_cols, CV_8UC3, cv::Scalar(0, 0, 0));

  double ele_resolution = FLAGS_elevation_range * 2 / FLAGS_elevation_rows;  // elevation分辨率

  for (const auto& pt : cloud->points) {
    double azimuth = atan2(pt.y, pt.x) * 180 / M_PI;
    double range = sqrt(pt.x * pt.x + pt.y * pt.y);
    double elevation = atan2((pt.z - FLAGS_lidar_height), range) * 180 / M_PI;

    // keep in 0~360
    if (azimuth < 0) {
      azimuth += 360;
    }

    int x = int(azimuth / FLAGS_azimuth_resolution_deg);                      // 行
    int y = int((elevation + FLAGS_elevation_range) / ele_resolution + 0.5);  // 列

    if (x >= 0 && x < image.cols && y >= 0 && y < image.rows) {
      image.at<cv::Vec3b>(y, x) = cv::Vec3b(uchar(range / 100 * 255.0), 255, 127);
    }
  }

  // 沿Y轴翻转，因为我们希望Z轴朝上时Y轴朝上
  cv::Mat image_flipped;
  cv::flip(image, image_flipped, 0);

  // hsv to rgb
  cv::Mat image_rgb;
  cv::cvtColor(image_flipped, image_rgb, cv::COLOR_HSV2BGR);
  cv::imwrite("./range_image.png", image_rgb);
}
```

需要稍微注意这个程序里的一些细节，例如角度制到弧度制的转换、图像沿 Y 轴翻转，等等。用 HSV 色彩空间来显示距离信息，这样会让距离信息的变化在视觉上比较明显。使用以下指令将单次扫描转换为距离图：

终端输入：

```
bin/scan_to_range_image
```

读者也可以在 GFlags 中设置不同的参数，以得到不同的转换效果。转换之后的图像存放在

当前目录的 range_image.png 中。默认参数下，由于雷达是 16 线的，读者将得到一张 1,200 像素 ×16 像素的长条形图像，如图 5-6 所示。读者也可以通过调整俯仰角行数调整图像的高度。这与相机图像十分类似，但没有透视投影的过程。在后文要介绍的一部分算法里，会使用距离图提取一些垂直方向的物体作为定位的特征。读者也可以尝试找一找哪些地方是地面区域，哪些地方存在明显的杆状物体。

图 5-6   将点云转换为距离图。原始距离图不方便展示，这里对它进行了缩放处理

5.1.5   其他表达形式

除了先前提到的方法，也有一些研究工作将 RGBD 三维重建的结构应用于激光点云中，追求激光点云的重建效果（以及视觉效果），例如参考文献 [85-86] 里用到的 Surfel 地图，在点云基础之上还原局部表面的重建效果，或者如参考文献 [87] 里提到的，用激光雷达实现表面重建。不过，在自动驾驶场景下，雷达的功能还是以定位、障碍物检测为主，这部分算法目前还未成为主流。笔者只是列举有这些做法，感兴趣的读者请自行阅读这些论文。

当然，不管使用何种表示方法，激光本身的测量数据并不会受到影响。它既不会凭空变得更加稠密，也不会更加丰富。那么，为什么要用诸如距离图或者俯视图的表达方式呢？不难发现，它们虽然没有改变测量数据本身，但改变了**点和点的相邻关系**。一个点和其他点的相邻关系，在点云形式中并没有得以体现。而在俯视图、距离图中，由于像素和像素之间天然存在相邻关系，于是我们可以在图像里进行处理。例如，在三维空间里的一个垂直柱状物体是沿着 Z 轴方向分布的，而在距离图中则变成了沿 Y 轴方向分布，而在俯视图里则表现为一个点。这种分布方式的改变会影响一些聚类或者特征提取算法的性能。因此，有些算法选择在距离图或俯视图里提取特征，再计算它们对应的三维位置。

5.2   最近邻问题

最近邻问题是许多点云问题中最基本的一个问题，也是众多匹配算法反复调用的一个步骤。最近邻问题描述起来非常简单：在一个含 n 个点的点云 $\mathcal{X} = \{x_1, \cdots, x_n\}$ 中，我们会问，离某个点 x_m 最近的点是哪一个？进一步，离它最近的 k 个点又有哪些？或者与它的距离小于某个固定范

围 r 的点有哪些？前者称为 k 近邻查找（kNN），后者称为范围查找（Range Search）。这个看起来简单的问题，处理起来却并不容易，解决它的思路很多。我们非常关心最近邻问题的求解效率，因为这个算法通常被成千上万次地调用，每一次调用增加一点点时间，就会让匹配算法产生显著的效率差异。下面按照由简至难的顺序来介绍最近邻方法，这也符合算法技术的实际发展规律。

本章的算法会注重并行化，因为点云算法需要对大量的点进行近邻查找，所以必须考虑并行化的性能问题。

5.2.1　暴力最近邻法

暴力最近邻法（Brute-force Nearest Neighbour Search，BF 最近邻搜索[①]）是最简单直观的最近邻计算方法，无须任何辅助的数据结构[②][89]。如果我们搜索一个点的最近邻，不妨称为**暴力最近邻搜索**；如果搜索 k 个最近邻，不妨称为暴力 k 近邻搜索。整体而言，这是一种简单粗暴的思路。

暴力最近邻搜索　给定点云 $\mathcal{X}$ 和待查找点 x_m，计算 x_m 与 $\mathcal{X}$ 中每个点的距离，并给出最小距离。

同理，可以类似地给出暴力 k 近邻的搜索方法：

暴力 k 近邻（BF kNN）

1. 对给定点云 $\mathcal{X}$ 和查找点 x_m，计算 x_m 对所有 $\mathcal{X}$ 点的距离。
2. 对第 1 步的结果排序。
3. 选择 k 个最近的点。
4. 对所有 x_m 重复步骤 1～3。

也可以只保留 k 个结果，但在计算时，把每次的结果与之前的结果进行比较，这样可以节省一些存储空间。不难看出，暴力算法每次都需要遍历整个点云，当点数为 n 时，它的复杂度是 $O(n)$。当我们处理两个点云的匹配问题时（不妨设两个点云都有 n 个点），暴力最近邻的复杂度为 $O(n^2)$。显然，这是一种比较耗时的方法，而且暴力 k 近邻还需要额外的排序过程。然而，BF 搜索的单个点的计算方式非常简单，且不依赖复杂的数据结构，因而可以非常容易地并行化。GPU 版本的 BF 搜索或暴力 k 近邻可能比一些复杂的算法表现得更好[90-91]。在大部分工程问题中，无须搜索整个目标点云 $\mathcal{X}$，而是可以在预先指定的小范围内搜索。因此，BF 搜索在许多工程应用中非常实用。

为了方便读者进行比较，本节将以一对示例点云作为数据源，见 data/ch5/first.pcd 和 second.pcd，使用各种方法来计算它们的最近邻。考虑到读者的计算机不一定有独立显卡，笔者给出 CPU 上最近邻的单线程版本与多线程版本，后续算法也将对比单线程与多线程的实现效率。对于一些不太复杂的方法（例如本节的暴力匹配），也会尽量比较手写的实现与 PCL 自带的实现方案。

[①] 在实际中，BF 最近邻搜索常被简称为 BF 搜索或暴力搜索。

[②] 有时也称为线性搜索方法[88]。

暴力最近邻实现

暴力匹配实现起来非常简单。利用 C++17 的并行机制，很容易将单线程的暴力匹配拓展至多线程的暴力匹配。笔者使用 STL 中的算法来实现单线程和多线程的暴力匹配，并且先定义寻找单个点的暴力最近邻，再定义计算多个点的最近邻函数。

src/ch5/bfnn.cc

```
int bfnn_point(CloudPtr cloud, const Vec3f& point) {
  return std::min_element(cloud->points.begin(), cloud->points.end(),
    [&point](const PointType& pt1, const PointType& pt2) -> bool {
      return (pt1.getVector3fMap() - point).squaredNorm() <
        (pt2.getVector3fMap() - point).squaredNorm();
    }) - cloud->points.begin();
}

void bfnn_cloud_mt(CloudPtr cloud1, CloudPtr cloud2, std::vector<std::pair<size_t, size_t>>&
matches) {
  // 先生成索引
  std::vector<size_t> index(cloud1->size());
  std::for_each(index.begin(), index.end(), [idx = 0](size_t& i) mutable { i = idx++; });

  // 并行化for_each
  matches.resize(index.size());
  std::for_each(std::execution::par_unseq, index.begin(), index.end(), [&](auto idx) {
    matches[idx].second = idx;
    matches[idx].first = bfnn_point(cloud1, ToVec3f(cloud2->points[idx]));
  });
}
```

在单点最近邻中，以 point 为输入，与点云中每个点计算误差，然后取出最小值。整个过程通过 std::min_element 和 lambda 函数实现。而在并行版本中，以 std::execution 方式，对每个点并发地调用单点最近邻算法。

下面来看测试程序。本节统一使用 GTest 测试各种最近邻方法，以供对比：

src/ch5/test_nn.cc

```
TEST(CH5_TEST, BFNN) {
  sad::CloudPtr first(new sad::PointCloudType), second(new sad::PointCloudType);
  pcl::io::loadPCDFile(FLAGS_first_scan_path, *first);
  pcl::io::loadPCDFile(FLAGS_second_scan_path, *second);

  if (first->empty() || second->empty()) {
    LOG(ERROR) << "cannot load cloud";
    FAIL();
  }

  // voxel grid达到0.05
  sad::VoxelGrid(first);
```

```
     sad::VoxelGrid(second);
14
     // 评估单线程和多线程版本的暴力匹配
     sad::evaluate_and_call(
     [&first, &second]() {
       std::vector<std::pair<size_t, size_t>> matches;
19     sad::bfnn_cloud(first, second, matches);
     },
     "暴力匹配（单线程）", 5);
     sad::evaluate_and_call(
     [&first, &second]() {
24     std::vector<std::pair<size_t, size_t>> matches;
       sad::bfnn_cloud_mt(first, second, matches);
     },
     "暴力匹配（多线程）", 5);

29   SUCCEED();
     }
```

这里调用了 evaluate_and_call 函数。该函数按照固定次数调用一个指定方法，并衡量它的计算时间：

src/common/sys_utils.h

```
/**
 * 统计代码运行时间
 * @tparam FuncT
 * @param func   被调用函数
5 * @param func_name 函数名
 * @param times 调用次数
 */
template <typename FuncT>
void evaluate_and_call(FuncT func, const std::string &func_name = "", int times = 10) {
10   double total_time = 0;
     for (int i = 0; i < times; ++i) {
       auto t1 = std::chrono::high_resolution_clock::now();
       func();
       auto t2 = std::chrono::high_resolution_clock::now();
15     total_time += std::chrono::duration_cast<std::chrono::duration<double>>(t2 - t1).count() * 1000;
     }

     LOG(INFO) << "方法 " << func_name << " 平均调用时间/次数: " << total_time / times << "/" << times
         << " 毫秒.";
     }
```

对单线程版本和多线程版本的暴力匹配各调用 5 次，计算它们的平均调用时间。

终端输出

```
1 bin/test_nn --gtest_filter=CH5_TEST.BFNN
Note: Google Test filter = CH5_TEST.BFNN
```

```
[==========] Running 1 test from 1 test suite.
[----------] Global test environment set-up.
[----------] 1 test from CH5_TEST
[ RUN      ] CH5_TEST.BFNN
Failed to find match for field 'intensity'.
Failed to find match for field 'intensity'.
I0116 13:40:57.001132 267085 test_nn.cc:36] points: 18869, 18779
I0116 13:41:04.886138 267085 sys_utils.h:32] 方法 暴力匹配（单线程） 平均调用时间/次数：1576.98/5 毫
秒.
I0116 13:41:05.291601 267085 sys_utils.h:32] 方法 暴力匹配（多线程） 平均调用时间/次数：81.0873/5 毫
秒.
```

可以看到，对于 18,000 点数的点云，单线程的暴力匹配需要 1.5 秒左右，而多线程的暴力匹配需要 81 毫秒。这种评估与机器性能关系很大。笔者使用的是一台 CPU 为 i9-12900KF 的机器，读者的计算机运行后很可能得出不同的结果（甚至相差较大），但算法与算法之间的相对快慢关系还是容易评估的。暴力匹配的好处是每两个点都会计算匹配，所以结果必然是正确的，但后续方法则不易保证这一点。接下来，以暴力匹配的结果为基准，分析其他方法能做到什么程度。

5.2.2　栅格与体素方法

暴力搜索（或线性搜索）本质上就是对数据结构的遍历查找。学过数据结构的读者会不假思索地说，对于已经排序后的容器来说，二分查找显然要比顺序查找快。如果记忆力还不错的话，可能还能想起，二分查找相比线性查找，复杂度可以降至 $O(\log_2 N)$ 的水平。这种思路将会引出 5.2.3 节要介绍的二分树与 K-d 树等数据结构。树形结构是对数据本身进行索引。另外，由于点云是空间数据（Spatial Data），我们也可以先在空间位置层面对点云进行索引。根据索引的方式，会引出二维栅格或三维体素方法，还能引出四叉树与八叉树之类方法。本节先介绍后一类方法。

栅格法最近邻

如果将点云在空间层面划分为栅格，就可以计算每个点对应的栅格位置，进而对所有点进行空间索引，如图 5-7 所示。于是，在查找最近邻时，也可以先计算被查找点所在的栅格，然后在周边栅格中寻找它的最近邻。栅格的最近邻可以很容易地定义出来（如它上下左右的相邻格子），所以能很大限度缩小要查找的范围。当然，在生成栅格时会有几条注意事项：

- 根据点云的疏密程度，需要预先定义栅格的**分辨率**，这是一种**超参数**，即与计算任务相关的参数。如果格子划得太大，一个格子里就会有很多点，导致最近邻计算效率下降。但如果格子太小，一方面，格子的数量会很多；另一方面，在查找相邻的格子时，由于点云过于稀疏，最近邻可能并不落在上下左右的格子中，可能找不到真正的最近邻。这种方法对**超参数**非常敏感，需要根据经验来调整。
- 由于格子的边界是离散的，在查找最近邻时，除了在当前栅格内查找，还应该在它的**周边**进行查找。这里对**周边**的定义可能会有分歧。对于二维栅格，可以称上下左右 4 个格子为

"周边"。或者，再加上 4 个角，称 8 个格子为"周边"。显然，周边越多，要查找的格子就越多，算法的效率就会降低，所以实际中需要取一个合理的值。这个问题对于体素方法也同样存在，我们可以类似地定义周边 6 格，或者加再上 8 个边角之后的 14 格为相邻体素。

- 由于查找的栅格有限，我们很有可能找不到某个点对应的最近邻。这和暴力搜索是很不一样的。由于暴力搜索能够匹配所有的点，因而每个点都可以找到它的最近邻，但使用栅格法则不一定能够找到。所以除了评估栅格法的计算效率，还应该评估它的**正确性**。后续的算法亦是如此。

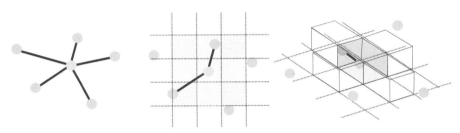

图 5-7　最近邻法、栅格法与体素法的示意图。在栅格法中，先将空间按照二维投影的方式划分栅格，然后在查找点周围的栅格中寻找最近点。在体素法中，将空间划分为三维的体素，然后在相邻体素中查找。方便起见，这里只画出了周围 4 个体素，实际应该再加上顶部和底部的体素，共 6 个

体素法最近邻

　　体素法最近邻与栅格法最近邻非常相似。栅格法最近邻将空间按照二维方式分为网格，而体素法最近邻则将空间分为三维的**体素**（Voxel），读者可以将它们理解为由许多小方块组成的分隔方式。一个体素与周围 6 个体素直接相邻，如果加上对角的话，还可以增加 8 个，共 14 个相邻体素。

程序实现

　　由于二维栅格和体素法的实现非常相似，笔者使用模板类来实现它。将维度参数作为模板参数，二维或三维的整数向量作为栅格索引，统一实现二维栅格和三维体素，把代码写得尽量紧凑。同时，把相邻关系通过枚举方式定义出来，要求用户指定想用的相邻关系。

　　先来看栅格法最近邻的基本定义：

src/ch5/gridnn.hpp

```
/**
* 栅格法最近邻
* @tparam dim 模板参数，使用二维栅格和三维体素
*/
```

```cpp
template <int dim>
class GridNN {
  public:
  using KeyType = Eigen::Matrix<int, dim, 1>;
  using PtType = Eigen::Matrix<float, dim, 1>;

  enum class NearbyType {
    CENTER,  // 只考虑中心
    // for 2D
    NEARBY4,  // 上下左右
    NEARBY8,  // 上下左右+四角

    // for 3D
    NEARBY6,  // 上下左右前后
  };

private:
  float resolution_ = 0.1;       // 分辨率
  float inv_resolution_ = 10.0;  // 分辨率倒数

  NearbyType nearby_type_ = NearbyType::NEARBY4;
  std::unordered_map<KeyType, std::vector<size_t>, hash_vec<dim>> grids_;  // 栅格数据
  CloudPtr cloud_;

  std::vector<KeyType> nearby_grids_;  // 附近的栅格
};
```

把近邻关系定义为枚举类型 NearbyType，实际的栅格数据存放在 std::unordered_map（哈希表）中。由于点云是稀疏的，对应的栅格也是稀疏的，所以在没有数据的地方就不必保留空的栅格。哈希表在这种应用场景里十分好用。定义该表的键值为二维或三维的 int 向量，并定义哈希函数为：

src/common/eigen_types.h

```cpp
/// 向量哈希
template <int N>
struct hash_vec {
  inline size_t operator()(const Eigen::Matrix<int, N, 1>& v) const;
};

template <>
inline size_t hash_vec<2>::operator()(const Eigen::Matrix<int, 2, 1>& v) const {
  return size_t(((v[0] * 73856093) ^ (v[1] * 471943)) % 10000000);
}

template <>
inline size_t hash_vec<3>::operator()(const Eigen::Matrix<int, 3, 1>& v) const {
  return size_t((v[0] * 73856093) ^ (v[1] * 471943) ^ (v[2] * 83492791) % 10000000);
}
```

hash_vec 函数是一个模板函数。它有两个特化版本，分别对应二维和三维的空间哈希函数。按照参考文献 [92] 所述，空间哈希函数可以使用各维度数据乘以大质数，再求异或，最后对大整数取模。记某个空间点 $\boldsymbol{p} = [p_x, p_y, p_z]$，同时取三个大质数 n_1, n_2, n_3 和一个大整数 N，那么它的哈希函数可以定义为

$$\text{hash}(\boldsymbol{p}) = ((p_x n_1) \text{ xor } (p_y n_2) \text{ xor } (p_z n_3)) \text{ mod } N. \tag{5.4}$$

类似地，可以定义二维空间点的哈希函数。配合 GridNN 类的模板参数 dim，可以将它们用在 std::unordered_map 的 hash 函数中作为实现。然后，在 nearby_grids_ 成员变量中定义它们的最近邻：

src/ch5/gridnn.hpp

```
template <>
void GridNN<2>::GenerateNearbyGrids() {
  if (nearby_type_ == NearbyType::CENTER) {
    nearby_grids_.emplace_back(KeyType::Zero());
  } else if (nearby_type_ == NearbyType::NEARBY4) {
    nearby_grids_ = {Vec2i(0, 0), Vec2i(-1, 0), Vec2i(1, 0), Vec2i(0, 1), Vec2i(0, -1)};
  } else if (nearby_type_ == NearbyType::NEARBY8) {
    nearby_grids_ = {
      Vec2i(0, 0),   Vec2i(-1, 0), Vec2i(1, 0),  Vec2i(0, 1), Vec2i(0, -1),
      Vec2i(-1, -1), Vec2i(-1, 1), Vec2i(1, -1), Vec2i(1, 1),
    };
  }
}

template <>
void GridNN<3>::GenerateNearbyGrids() {
  if (nearby_type_ == NearbyType::CENTER) {
    nearby_grids_.emplace_back(KeyType::Zero());
  } else if (nearby_type_ == NearbyType::NEARBY6) {
    nearby_grids_ = {KeyType(0, 0, 0),  KeyType(-1, 0, 0), KeyType(1, 0, 0), KeyType(0, 1, 0),
      KeyType(0, -1, 0), KeyType(0, 0, -1), KeyType(0, 0, 1)};
  }
}
```

利用特化模板类，可以对二维栅格和三维体素定义不同的近邻生成方式。二维栅格允许取 0、4、8 个最近邻，三维体素则可以取 0、6 个最近邻（14 个最近邻作为习题留给读者）。现在我们实现最近邻查找的逻辑：

1. 计算给定点所在的栅格。
2. 根据最近邻的定义，查找附近的栅格。
3. 收集第 2 步的结果，使用暴力匹配计算这些栅格中的最近邻。

第 3 步可以使用前面的暴力匹配代码。这个过程对二维栅格和三维体素是一样的，所以在代码层面使用相同的接口。单个最近邻查找函数如下：

src/ch5/gridnn.hpp

```cpp
template <int dim>
bool GridNN<dim>::GetClosestPoint(const PointType& pt, PointType& closest_pt, size_t& idx) {
    // 在pt栅格周边寻找最近邻
    std::vector<size_t> idx_to_check;
    auto key = Pos2Grid(ToEigen<float, dim>(pt));

    std::for_each(nearby_grids_.begin(), nearby_grids_.end(), [&key, &idx_to_check, this](const
        KeyType& delta) {
        auto dkey = key + delta;
        auto iter = grids_.find(dkey);
        if (iter != grids_.end()) {
            idx_to_check.insert(idx_to_check.end(), iter->second.begin(), iter->second.end());
        }
    });

    if (idx_to_check.empty()) {
        return false;
    }

    // brute force nn in cloud_[idx]
    idx = bfnn_point(cloud_, idx_to_check, ToVec3f(pt));
    closest_pt = cloud_->points[idx];
    return true;
}

template <int dim>
Eigen::Matrix<int, dim, 1> GridNN<dim>::Pos2Grid(const Eigen::Matrix<float, dim, 1>& pt) {
    return (pt * inv_resolution_).template cast<int>();
}
```

而点云版本只需在外围加上并发调用即可：

src/ch5/gridnn.hpp

```cpp
template <int dim>
bool GridNN<dim>::GetClosestPointForCloudMT(CloudPtr ref, CloudPtr query,
std::vector<std::pair<size_t, size_t>>& matches) {
    // 与串行版本基本一样，但matches需要预先生成，匹配失败时填入非法匹配
    std::vector<size_t> index(query->size());
    std::for_each(index.begin(), index.end(), [idx = 0](size_t& i) mutable { i = idx++; });
    matches.resize(index.size());

    std::for_each(std::execution::par_unseq, index.begin(), index.end(), [this, &matches, &query](
        const size_t& idx) {
        PointType cp;
        size_t cp_idx;
        if (GetClosestPoint(query->points[idx], cp, cp_idx)) {
            matches[idx] = {cp_idx, idx};
        } else {
            matches[idx] = {math::kINVALID_ID, math::kINVALID_ID};
        }
```

```
17    });

    return true;
}
```

测试各种二维栅格和三维体素在不同最近邻定义下的表现。注意，除了测试性能，还应该关注这些最近邻是否是正确的。事实上，栅格法最近邻可能存在以下两种错误的情况。

1. 栅格法检测出来的最近邻，实际上并不是最近邻。这种情况称为**假阳性**（False Positive）。一次实验中假阳性的次数记作 FP。
2. 实际中的某个最近邻，在栅格法中并没有检测到。这种情况称为**假阴性**（False Negative）。一次实验中假阴性的次数记作 FN。

利用 FP 和 FN 的定义，可以定义算法的**准确率**（Precision）和**召回率**（Recall）。记近邻算法总共计算了 m 次最近邻，而真值共给出了 n 个最近邻，那么准确率和召回率可以定义为

$$\text{Precision} = 1 - \frac{\text{FP}}{m}, \quad \text{Recall} = 1 - \frac{\text{FN}}{n} \tag{5.5}$$

准确率描述了算法检出的最近邻中的正确性，而召回率描述了所有正确结果中，算法检测到的正确结果占所有真实结果的比例。一个表现较好的算法的准确率和召回率都应较高，但那可能意味着算法很慢。例如，暴力匹配可以做到准确率和召回率都为百分之百，但计算时间难以被人们接受。

在测试最近邻算法时，可以将获取的最近邻匹配放入准确率与召回率的计算方法：

src/ch5/test_nn.cc

```
/**
 * 评测最近邻的正确性
 * @param truth 真值
 * @param esti   估计
 */
void EvaluateMatches(const std::vector<std::pair<size_t, size_t>>& truth,
const std::vector<std::pair<size_t, size_t>>& esti) {
    int fp = 0;  // false-positive, esti中存在，但truth中不存在
    int fn = 0;  // false-negative, truth中存在，但esti中不存在

    /// 检查某个匹配在另一个容器中存在与否
    auto exist = [](const std::pair<size_t, size_t>& data, const std::vector<std::pair<size_t, size_t
        >>& vec) -> bool {
        return std::find(vec.begin(), vec.end(), data) != vec.end();
    };

    for (const auto& d : esti) {
        if (!exist(d, truth)) {
            fp++;
        }
    }
```

```
      for (const auto& d : truth) {
        if (!exist(d, esti)) {
          fn++;
        }
25    }

      float precision = 1.0 - float(fp) / esti.size();
      float recall = 1.0 - float(fn) / truth.size();
30    LOG(INFO) << "precision: " << precision << ", recall: " << recall << ", fp: " << fp << ", fn: " <<
          fn;
    }
```

测试本节的栅格法最近邻：

src/ch5/test_nn.cc

```
TEST(CH5_TEST, GRID_NN) {
   // 省略读取点云部分代码
   std::vector<std::pair<size_t, size_t>> truth_matches;
 4 sad::bfnn_cloud(first, second, truth_matches);

   // 对比不同种类的栅格
   sad::GridNN<2> grid0(0.1, sad::GridNN<2>::NearbyType::CENTER), grid4(0.1, sad::GridNN<2>::
       NearbyType::NEARBY4),
     grid8(0.1, sad::GridNN<2>::NearbyType::NEARBY8);
 9 sad::GridNN<3> grid3(0.1, sad::GridNN<3>::NearbyType::NEARBY6);

   grid0.SetPointCloud(first);
   grid4.SetPointCloud(first);
   grid8.SetPointCloud(first);
14 grid3.SetPointCloud(first);

   // 评价各种版本的栅格近邻

   LOG(INFO) << "==================";
19 std::vector<std::pair<size_t, size_t>> matches;
   sad::evaluate_and_call(
     [&first, &second, &grid0, &matches]() { grid0.GetClosestPointForCloud(first, second, matches);
         },
     "Grid0 单线程", 10);
   EvaluateMatches(truth_matches, matches);
24
   LOG(INFO) << "==================";
   sad::evaluate_and_call(
     [&first, &second, &grid0, &matches]() { grid0.GetClosestPointForCloudMT(first, second, matches);
         },
     "Grid0 多线程", 10);
29 EvaluateMatches(truth_matches, matches);

   /// 其他测试方法类似，省略
}
```

　　主要比较各方法的运行时间和近邻性能表现。读者的准确率和召回率指标应该与笔者的相同，但运行时间可能有所差异。

终端输出:

```
./bin/test_nn --gtest_filter=CH5_TEST.GRID_NN
I0116 17:04:58.055471 276361 test_nn.cc:125] ==================
I0116 17:04:58.065711 276361 sys_utils.h:32] 方法 Grid0 单线程 平均调用时间/次数: 1.02376/10 毫秒.
I0116 17:04:58.065724 276361 test_nn.cc:65] truth: 18869, esti: 8518
I0116 17:04:58.099488 276361 test_nn.cc:91] precision: 0.486382, recall: 0.219566, fp: 4375, fn:
    14726
I0116 17:04:58.099493 276361 test_nn.cc:132] ==================
I0116 17:04:58.104143 276361 sys_utils.h:32] 方法 Grid0 多线程 平均调用时间/次数: 0.464818/10 毫秒.
I0116 17:04:58.104161 276361 test_nn.cc:65] truth: 18869, esti: 18779
I0116 17:04:58.158778 276361 test_nn.cc:91] precision: 0.486382, recall: 0.219566, fp: 4375, fn:
    14726
I0116 17:04:58.158783 276361 test_nn.cc:138] ==================
I0116 17:04:58.202162 276361 sys_utils.h:32] 方法 Grid4 单线程 平均调用时间/次数: 4.33758/10 毫秒.
I0116 17:04:58.202165 276361 test_nn.cc:65] truth: 18869, esti: 13272
I0116 17:04:58.246877 276361 test_nn.cc:91] precision: 0.646775, recall: 0.454926, fp: 4688, fn:
    10285
I0116 17:04:58.246881 276361 test_nn.cc:144] ==================
I0116 17:04:58.254035 276361 sys_utils.h:32] 方法 Grid4 多线程 平均调用时间/次数: 0.715278/10 毫秒.
I0116 17:04:58.254041 276361 test_nn.cc:65] truth: 18869, esti: 18779
I0116 17:04:58.308115 276361 test_nn.cc:91] precision: 0.646775, recall: 0.454926, fp: 4688, fn:
    10285
I0116 17:04:58.308118 276361 test_nn.cc:150] ==================
I0116 17:04:58.379315 276361 sys_utils.h:32] 方法 Grid8 单线程 平均调用时间/次数: 7.11945/10 毫秒.
I0116 17:04:58.379319 276361 test_nn.cc:65] truth: 18869, esti: 14613
I0116 17:04:58.425294 276361 test_nn.cc:91] precision: 0.728735, recall: 0.564365, fp: 3964, fn:
    8220
I0116 17:04:58.425297 276361 test_nn.cc:156] ==================
I0116 17:04:58.433573 276361 sys_utils.h:32] 方法 Grid8 多线程 平均调用时间/次数: 0.827275/10 毫秒.
I0116 17:04:58.433579 276361 test_nn.cc:65] truth: 18869, esti: 18779
I0116 17:04:58.485752 276361 test_nn.cc:91] precision: 0.728735, recall: 0.564365, fp: 3964, fn:
    8220
I0116 17:04:58.485755 276361 test_nn.cc:162] ==================
I0116 17:04:58.513800 276361 sys_utils.h:32] 方法 Grid 3D 单线程 平均调用时间/次数: 2.80424/10 毫秒.
I0116 17:04:58.513803 276361 test_nn.cc:65] truth: 18869, esti: 8572
I0116 17:04:58.540259 276361 test_nn.cc:91] precision: 0.911339, recall: 0.414012, fp: 760, fn:
    11057
I0116 17:04:58.540262 276361 test_nn.cc:168] ==================
I0116 17:04:58.545367 276361 sys_utils.h:32] 方法 Grid 3D 多线程 平均调用时间/次数: 0.510082/10 毫秒
    .
I0116 17:04:58.545372 276361 test_nn.cc:65] truth: 18869, esti: 18779
I0116 17:04:58.589224 276361 test_nn.cc:91] precision: 0.911339, recall: 0.414012, fp: 760, fn:
    11057
```

　　可以看到，对于栅格法来说，增加相邻的栅格会增加算法运行时间。同时，多线程版本比单线程版本的性能有明显提升。体素法与栅格法效率持平[①]，同时，多线程版本也明显优于单线程版本。对许多实时应用来说，低于 1 毫秒的最近邻查询时间是多数应用可以接受的水平。

在准确率和召回率指标上，三维体素要明显优于二维栅格，而二维栅格随着近邻数量的增多，准确率和召回率也会显著提高。其实，栅格分辨率同样会影响这里的性能表现。本次的测试程序使用了 0.1 的栅格，这对自动驾驶数据集来说太小。如果增加到 0.5 左右，则准确率和召回率会有显著的提升，但性能也会明显下降。请读者尝试使用不同大小的栅格，测试其在不同参数下的表现。注意，这里测试的是单个最近邻的情况，而 k 近邻的准确率和召回率指标会比单个最近邻更难达到。

图 5-8 展示了栅格法最近邻在误检和漏检方面的问题。由于栅格本质上是对空间进行了硬性划分的，所以如果一个点落在划分边界线附近，那么它的最近邻就容易出问题。该图左侧的红色点原本是蓝色点的最近邻，但它落在近邻栅格以外，于是算法应该报告找不到最近邻。而在右侧图内，左边的红点的欧氏距离实际上大于右侧红点，但由于近邻栅格中只存在左侧红点，于是左侧红点就被当成了最近邻。如果扩大近邻栅格范围，那么这些问题有概率得到改善。即使在扩大以后，最近邻栅格仍然会存在边界，这些边界处的误检和漏检依然会继续存在。

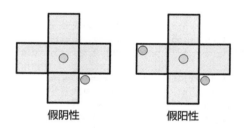

假阴性   假阳性

图 5-8   栅格法最近邻在误检和漏检方面的问题示意图

那么，能否不强行按照固定距离来划分栅格，而是按照某些更加智能的方法划分呢？这实际上就是 K-d 树的思路。相比于后面要介绍的树类数据结构，栅格法和体素法的最近邻在简单的数据结构基础上也能取得不错的性能，也非常容易并行化。体素类结构和树形结构一起，组成了大多数匹配方法和 SLAM 方法的基础[93-96]。

5.2.3   二分树与 K-d 树

让我们回到前面的分析思路：对排序后的容器进行查找可以大幅节省时间。沿着这个思路，可以提出类似于二分查找的数据结构——二分树（Binary Search Tree，BST），以及它的高维度版本——K-d 树（K-dimensional Tree）。由于点云属于三维空间，因此重点介绍 K-d 树。

根据数据结构的知识，对一个已经排过序的容器来说，使用二分查找会比使用线性查找具有

[①] 这是因为使用了哈希表 std::unordered_map 来索引栅格的键值。如果使用 std::map，则可以看出明显的效率差别，读者不妨一试。

更高的效率：二分查找的复杂度是 $O(\log_2 N)$，线性查找则是 $O(N)$。二分查找过程本身就是树状的：对于给定的元素 x 与容器 V，先比较 x 与容器中心元素的大小关系。如果 x 比较小，就继续将它与左半部分容器的元素比较；反之，则与右半部分容器的元素比较。根据这种关系，我们完全可以用树的数据结构重新组织这个容器，使之更便于查找。显然，这个过程并不需要事先设置划分的阈值。同时，二分树具有 $O(N)$ 的空间复杂度与 $O(\log_2 N)$ 的时间复杂度，是十分理想的查找方法。二分树唯一的缺点是只对一维数据有效。由于高维数据很有可能在一个维度明显分散，但在另一个维度上重叠，所以并不适合直接使用二分树和二分搜索。

K-d 树[97]，最早由 Bentley Jon Louis 提出，是二分树的高维度版本，示意图如图 5-9 所示。K-d 树也是二叉树的一种，任意一个 K-d 树的节点由左右两侧组成。在二分树里，可以用单个维度的信息来区分左右，但在 K-d 树里，由于要分割高维数据，会用**超平面**（Hyperplane）来区分左右侧（不过，对于三维点，实际上的超平面就是普通的二维平面）。在**如何分割**方面，则存在一些方法上的差异。当然，理论上，寻找超平面来分割两个高维点集可以看成一个支持向量机的分类问题[98]。但是，对于 SLAM 中的 K-d 树，由于其构建和查找过程都需要实时运行，我们通常选择比较简单的分割方法。其中最简单的一种是**沿轴超平面分割**（Axis-aligned Splitting Plane）。虽然名字有点吓人，但实际只需要沿着所有维度中任意一个轴将点云分开即可，实现起来十分简单。

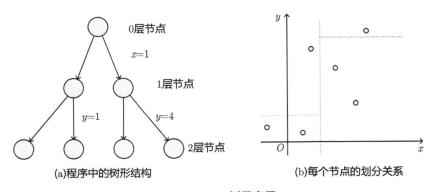

图 5-9 K-d 树示意图

我们可以对一个任意维度的点云建立 K-d 树，称为 K-d 树的**构建过程**，或者叫**建树**。随后，可以对空间中任意一点进行 k 近邻查找，称为**查找过程**。根据查找方法的不同，K-d 树也分为**按范围查找**（Search by Range）和**按 k 最近邻查找**（Search by k Nearest Neighbours），二者的具体实现方法大同小异。在 K-d 树中，以树状结构来表达点云的结构关系，规定：

1. 每个节点有左右两个分枝。
2. 叶子节点表示原始点云中的点。当然，在实际存储时，可以存储点的索引而非点本身，这样可以节省空间。
3. 非叶子节点存储一个分割轴和分割阈值，来表达如何分割左分枝和右分枝。例如，$x = 1$

就可以存储为按第 1 个轴，阈值为 1 的方式来分割。规定左侧分枝取小于号，右侧分枝取大于等于号。

按照上述约定，就可以实现 K-d 树的构建算法和查找算法。下面简单描述其算法步骤，然后给出实现和结果。由于 K-d 树在数据结构上还是一种树，所以大部分算法都可以用递归的形式很简洁地实现。

K-d 树的构建

在 K-d 树的构建过程中，主要考虑如何对给定点云进行分割。不同分割方法的策略不同。传统的做法，或是以固定顺序来交替坐标轴[99]，或是计算当前点云在各轴上的分散程度，取分散程度最大的轴作为分割轴。这里介绍后一种方法。除此以外，还存在隐式 K-d 树[100]、最小-最大 K-d 树[101]、松弛 K-d 树[102] 等变种，它们使用不同的策略来处理分割问题或者叶子节点的存储问题。这里先来关注基础的 K-d 树。

K-d 树的构建步骤如下。

1. 输入：点云数据 $\boldsymbol{X} = \{\boldsymbol{x}_1, \cdots, \boldsymbol{x}_n\}$，其中 $\boldsymbol{x}_i \in \mathbb{R}^k$。
2. 考虑将子集 $\boldsymbol{X}_n \subset \boldsymbol{X}$ 插入节点 n。
3. 如果 $\boldsymbol{X}_n$ 为空，则退出。
4. 如果 $\boldsymbol{X}_n$ 只有一个点，则记为叶子节点，退出。
5. 计算 $\boldsymbol{X}_n$ 在各轴的方差，挑选分布最大的一个轴，记为 j；取平均数 $m_j = \boldsymbol{X}_n[j]$ 作为分割阈值。
6. 遍历 $\boldsymbol{x} \in \boldsymbol{X}_n$，对于 $\boldsymbol{x}[j] < m_j$ 的，插入左节点；否则插入右节点。
7. 递归上述步骤直到所有点都被插入树中。

上述算法可以很容易地通过递归实现。

K-d 树的查找

K-d 树的查找实际就是对二叉树的遍历过程。因此，与二叉树类似，可以用前序、中序、后序等方法来遍历。而 K-d 树的特点决定了我们可以对某些不必要的分枝进行剪枝，达到提高搜索效率的目的。

图 5-10 展示了对某个查询点进行 K-d 树查找的过程。这里要当心的是，虽然查询点（蓝色）落在了 K-d 树左侧，但它的最近邻是否一定落在左侧呢？事实上并不一定。分割面的位置是由 K-d 树建立时期的点云分布决定的。而在查找时，这个最近邻既可以落在左侧，也可以落在右侧。然而，由于分割面的存在，右侧点与查询点会存在一个最小距离，左侧点则没有。这个最小距离就是查询点到分割面的垂直距离，记为 d。因此，如果在左侧找到了一个比 d 更近的点，那么右侧就不可能存在更近的最近邻，遍历算法就不必再去右侧分枝搜索。反之，如果左侧的最近邻距离比 d 要大，那么右侧还可能有更近的点，我们必须向右侧搜索。这就是 K-d 树遍历的基本原则。

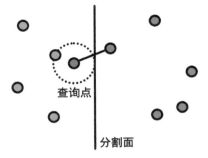

查询点

分割面

图 5-10　K-d 树剪枝示意图。右侧分枝的分割面距离大于要搜索的最近邻距离，说明右侧点的距离必定大于目前的最优解，所以可以跳过右侧分枝的搜索

按照上述原则，在 K-d 树中查找最近邻的方法可以描述如下。

K-d 树的最近邻查找步骤如下。

1. 输入：K-d 树 T，查找点 $\boldsymbol{x}$。

2. 输出：$\boldsymbol{x}$ 的最近邻。

3. 记当前节点为 n_c，最初取 n_c 为根节点。记 d 为当前搜索到的最小距离。

   (a)　如果 n_c 是叶子，则计算 n_c 与 $\boldsymbol{x}$ 的距离。看它是否小于 d；若是，记 n_c 为最近邻，回退到它的父节点。

   (b)　如果 n_c 不是叶子，则计算 $\boldsymbol{x}$ 落在 n_c 的哪一侧。若 n_c 所在的一侧未被展开，则优先展开 n_c 所在的一侧。

   (c)　计算是否需要展开 n_c 的另一侧。记 $\boldsymbol{x}$ 与 n_c 分割面的距离为 d'。若 $d' < d$，则必须展开另一侧；否则跳过另一侧分枝。

   (d)　如果两侧都已经展开，或者不必展开，则返回上一节点，直到 n_c 变为根节点。

在 K 近邻问题中，最近邻点从单个点变成了一个集合。此时，这个集合的距离上限就变成了前面讲的 d：

K-d 树的 K 近邻查找步骤如下。

1. 输入：K-d 树 T，查找点 $\boldsymbol{x}$，最近邻数 k。

2. 输出：k 近邻集合 N。

3. 记当前节点为 n_c，最初取 n_c 为根节点。令函数 $S(n_c)$ 表示在 n_c 下进行 k 近邻搜索：

   (a)　如果 n_c 是叶子，则计算 n_c 与 $\boldsymbol{x}$ 的距离是否小于 N 中的最大距离；若是，则将 n_c 放入 N。若此时 $|N| > k$，则删除 N 中距离最大的匹配点。

   (b)　计算 $\boldsymbol{x}$ 落在 n_c 的哪一侧。递归调用 $S(n_c.\text{left})$ 或 $S(n_c.\text{right})$。

   (c)　计算是否需要展开 n_c 的另一侧。展开的条件判定：$|N| < k$ 时，必须展开；$|N| = k$

且 x 与 n_c 的分割面距离小于 N 中最大匹配距离，也进行展开。

(d) 若 n_c 的另一侧不需要展开，则函数返回；否则继续调用另一侧的近邻搜索算法。

不难发现，上述过程在极端情况下要遍历整个树。如果运气非常差，查询的点落在各种分割面的边界上，而另一侧正好有更近的点，那么此时 K-d 树和线性搜索（暴力搜索）等同，并且由于要在各种节点间上下移动，实际表现还会更差。搜索一个最近邻的时间复杂度显然是对数的 $O(\log_2 N)$，而搜索 k 个近邻则有一些运气的成分。从上述算法中不难看出，剪枝的阈值在搜索过程中是不断变化的。如果点云分布得比较好，我们一开始就找到了 k 个很近的点，那么后续的剪枝就能够剪掉很大一部分。但如果 k 比较大或者点云分布情况不佳，那么遍历的分枝也会比较多。

另外，在实际应用中，不必纠结于非得搜索到 k 个最近邻（实际上，严格 k 近邻[①] 往往是不必要的，例如 $k-1$ 个都离查找点很近但第 k 个很远，那么 K-d 树就可能去搜索一个很远的分枝上的点），所以还可以做一些简单的改进。例如，对搜索点数设置一个上限，如果已经访问过的点已到达上限，就返回当前的结果。或者设置一个超时时间，当搜索时间到达该时间时就停止搜索。这些都是在现实中可以考虑的优化点。最常见的优化点是，为展开条件的判定距离设置一个比例 α。记当前 k 近邻的最大距离为 d_{max}，对侧分割面距离为 d_{split}，那么当 $d_{split} > \alpha d_{max}$ 时，就进行剪枝。取 $\alpha \leqslant 1$ 时，就可以剪掉更多的分枝。

实现 K-d 树的建树部分

下面写一个简单的 K-d 树。当然，K-d 树本身有很多开源实现，而教学过程中往往使用简单易懂的版本。先来实现一个 K-d 树，然后和 PCL 中的 K-d 树及前面的算法做一个对比。

首先是 K-d 树的基本结构。它的一个节点含有左右节点的指针，以及分割平面的信息：

src/ch5/kdtree.cc

```
struct KdTreeNode {
  int id_ = -1;
  int point_idx_ = 0;          // 点的索引
  int axis_index_ = 0;         // 分割轴
  float split_thresh_ = 0.0;   // 分割阈值
  KdTreeNode* left_ = nullptr;  // 左子树
  KdTreeNode* right_ = nullptr; // 右子树
  KdTreeNode* up_ = nullptr;    // 上一层

  bool IsLeaf() const { return left_ == nullptr && right_ == nullptr; }  // 是否为叶子
};
```

在每个节点存储分割轴和阈值。例如，分割轴是第 1 个轴，阈值为 0.5，那么 $x < 0.5$ 的点将位于左子树，$x \geqslant 0.5$ 的点将位于右子树。除此之外，也记录每个节点的 ID 信息，这样也可以方便地使用 ID 来索引这棵树（而不需要写递归代码）。下面来看 K-d 树的基本成员变量：

[①] 严格 k 近邻指算法必须得到 k 个最近邻结果，不能多也不能少。

src/ch5/kdtree.h

```
class KdTree {
private:
  int k_ = 5;                                  // k近邻的最近邻数量
  std::shared_ptr<KdTreeNode> root_ = nullptr; // 叶子节点
  std::vector<Vec3f> cloud_;                   // 输入点云
  std::map<int, KdTreeNode*> nodes_;           //
  size_t size_ = 0;                            // 叶子节点数量
  int tree_node_id_ = 0;                       // 为KdTree Node分配id
};
```

一方面，让 K-d 树类持有根节点的指针，这样就可以遍历整棵树。另一方面，记录 ID 到节点指针的索引信息。下面来实现建树的过程。建树需要指定一个输入点云。我们在树的叶子节点记录点云的索引：

src/ch5/kdtree.cc

```
bool KdTree::BuildTree(const CloudPtr &cloud) {
  // 省略检查输入的代码
  IndexVec idx(cloud->size());
  for (int i = 0; i < cloud->points.size(); ++i) {
    idx[i] = i;
  }

  Insert(idx, root_.get());

  return true;
}

void KdTree::Insert(const IndexVec &points, KdTreeNode *node) {
  nodes_.insert({node->id_, node});

  if (points.empty()) {
    return;
  }

  if (points.size() == 1) {
    // 叶子
    size_++;
    node->point_idx_ = points[0];
    return;
  }

  IndexVec left, right;
  FindSplitAxisAndThresh(points, node->axis_index_, node->split_thresh_, left, right);

  const auto create_if_not_empty = [&node, this](KdTreeNode *&new_node, const IndexVec &index) {
    if (!index.empty()) {
      new_node = new KdTreeNode;
      new_node->up_ = node;
      new_node->id_ = tree_node_id_++;
```

```
36        Insert(index, new_node);
      }
    };

    create_if_not_empty(node->left_, left);
41    create_if_not_empty(node->right_, right);
  }

  bool KdTree::FindSplitAxisAndThresh(const IndexVec &point_idx, int &axis, float &th, IndexVec &left,
      IndexVec &right) {
    // 计算三个轴上的散布情况，使用math_utils.h里的函数
46    Vec3f var;
    Vec3f mean;
    math::ComputeMeanAndCovDiag(point_idx, mean, var, [this](const int &idx) { return cloud_[idx]; });
    int max_i, max_j;
    var.maxCoeff(&max_i, &max_j);
51    axis = max_i;
    th = mean[axis];

    if (var.squaredNorm() < 1e-7) {
      // 边界情况：输入的points等于同一个值，前一半分至左侧，后一半分至右侧
56      // 虽然在真实数据中基本不会出现这种情况，但在人工数据中可能把若干个点设成一样的
      for (int i = 0; i < point_idx.size(); ++i) {
        if (i < point_idx.size() / 2) {
          left.emplace_back(point_idx[i]);
        } else {
61          right.emplace_back(point_idx[i]);
        }
      }
      return true;
    }
66
    for (const auto &idx : point_idx) {
      if (cloud_[idx][axis] < th) {
        // 中位数可能向左取整
        left.emplace_back(idx);
71      } else {
        right.emplace_back(idx);
      }
    }

76    if (point_idx.size() > 1) {
      // 大于1时，至少应该左右各有一个，不能都分到一边
      assert(left.empty() == false && right.empty() == false);
    }

81    return true;
  }
```

建树的流程十分简单，通过递归调用 Insert 函数来实现。如果它的输入参数 points 只有一个

点，那么当前 node 就是叶子，直接赋值即可，否则就计算各轴的方差，然后取最大方差那个轴作为分割轴，并将平均数作为阈值。这里要避免的极端情况是各点的坐标值完全一样，所以加上了方差的检查。

下面写一段建树过程的测试代码。给定 $z = 0$ 平面上的 4 个点，查看建树的结果：

src/ch5/test_nn.cc

```
TEST(CH5_TEST, KDTREE_BASICS) {
  sad::CloudPtr cloud(new sad::PointCloudType);
  sad::PointType p1, p2, p3, p4;
  p1.x = 0;
  p1.y = 0;
  p1.z = 0;

  p2.x = 1;
  p2.y = 0;
  p2.z = 0;

  p3.x = 0;
  p3.y = 1;
  p3.z = 0;

  p4.x = 1;
  p4.y = 1;
  p4.z = 0;

  cloud->points.push_back(p1);
  cloud->points.push_back(p2);
  cloud->points.push_back(p3);
  cloud->points.push_back(p4);

  sad::KdTree kdtree;
  kdtree.BuildTree(cloud);
  kdtree.PrintAll();

  SUCCEED();
}
```

请读者编译运行本程序：

终端输入：

```
bin/test_nn --gtest_filter=CH5_TEST.KDTREE_BASICS
Note: Google Test filter = CH5_TEST.KDTREE_BASICS
[==========] Running 1 test from 1 test suite.
[----------] Global test environment set-up.
[----------] 1 test from CH5_TEST
[ RUN      ] CH5_TEST.KDTREE_BASICS
I0118 10:25:14.149652 295100 kdtree.cc:241] node: 0, axis: 0, th: 0.5
I0118 10:25:14.149777 295100 kdtree.cc:241] node: 1, axis: 1, th: 0.5
I0118 10:25:14.149780 295100 kdtree.cc:239] leaf node: 2, idx: 0
```

```
10  I0118 10:25:14.149780 295100 kdtree.cc:239] leaf node: 3, idx: 2
    I0118 10:25:14.149781 295100 kdtree.cc:241] node: 4, axis: 1, th: 0.5
    I0118 10:25:14.149782 295100 kdtree.cc:239] leaf node: 5, idx: 1
    I0118 10:25:14.149783 295100 kdtree.cc:239] leaf node: 6, idx: 3
    [       OK ] CH5_TEST.KDTREE_BASICS (0 ms)
```

本实验的示意图如图 5-11 所示。我们展示了 K-d 树的各节点分割阈值和叶子节点的存储信息。可以看到，对这 4 个点建立的 K-d 树共有两层，而且各层的分割面都位于两个点的中心。由于每次分割都会将剩下的点云分成两等份，这样一棵 K-d 树总是平衡的，因此不会出现左侧节点数或者右侧节点数显著大于另一侧的情况。

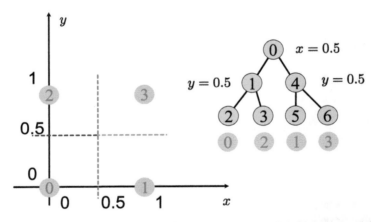

图 5-11　本例 K-d 树建树示意图。灰色圈内是点云的 ID，蓝色圈内为 K-d 树节点的 ID

实现 K-d 树的 k 最近邻

接下来实现 K-d 树的 k 最近邻算法。当 $k = 1$ 时，自然就是最近邻算法，所以不必单独实现求最近邻的过程。为此，先定义一个记录节点和距离的结构，并定义它的排序方法：

src/ch5/kdtree.h

```
1  /// 用于记录k近邻的结果
   struct NodeAndDistance {
     NodeAndDistance(KdTreeNode* node, float dis2) : node_(node), distance2_(dis2) {}
     KdTreeNode* node_ = nullptr;
     float distance2_ = 0;  // 平方距离，用于比较
6
     bool operator<(const NodeAndDistance& other) const { return distance2_ < other.distance2_; }
   };
```

然后，使用优先级队列来管理 k 近邻的结果。这种队列能够保证插入时的有序性，适合存储最近邻结果。按照前文所述的算法原理来实现本节的 K-d 树最近邻：

src/ch5/kdtree.cc

```
/// 计算k个最近邻
bool KdTree::GetClosestPoint(const PointType &pt, std::vector<int> &closest_idx, int k) {
  if (k > size_) {
    LOG(ERROR) << "cannot set k larger than cloud size: " << k << ", " << size_;
    return false;
  }
  k_ = k;

  std::priority_queue<NodeAndDistance> knn_result;
  Knn(ToVec3f(pt), root_.get(), knn_result);

  // 排序并返回结果
  closest_idx.resize(knn_result.size());
  for (int i = closest_idx.size() - 1; i >= 0; --i) {
    // 倒序插入
    closest_idx[i] = knn_result.top().node_->point_idx_;
    knn_result.pop();
  }
  return true;
}

/// 在node下查找pt的最近邻，放入结果队列中
void KdTree::Knn(const Vec3f &pt, KdTreeNode *node, std::priority_queue<NodeAndDistance> &knn_result
    ) const {
  if (node->IsLeaf()) {
    // 如果是叶子，则检查叶子是否能插入
    ComputeDisForLeaf(pt, node, knn_result);
    return;
  }

  // 看pt落在左侧还是右侧，优先搜索pt所在的子树
  // 再判断另一侧子树是否需要搜索
  KdTreeNode *this_side, *that_side;
  if (pt[node->axis_index_] < node->split_thresh_) {
    this_side = node->left_;
    that_side = node->right_;
  } else {
    this_side = node->right_;
    that_side = node->left_;
  }

  Knn(pt, this_side, knn_result);
  if (NeedExpand(pt, node, knn_result)) {  // 注意这里是跟自己比
    Knn(pt, that_side, knn_result);
  }
}

void KdTree::ComputeDisForLeaf(const Vec3f &pt, KdTreeNode *node,
    std::priority_queue<NodeAndDistance> &knn_result) const {
  // 比较与结果队列的差异，如果优于最远距离，则插入
```

```
      float dis2 = Dis2(pt, cloud_[node->point_idx_]);
      if (knn_result.size() < k_) {
52      // results小于k
        knn_result.push({node, dis2});
      } else {
        // results等于k，比较current与max_dis_iter的差异
        if (dis2 < knn_result.top().distance2_) {
57        knn_result.push({node, dis2});
          knn_result.pop();
        }
      }
    }

62  }

bool KdTree::NeedExpand(const Vec3f &pt, KdTreeNode *node, std::priority_queue<NodeAndDistance> &
    knn_result) const {
  if (knn_result.size() < k_) {
    return true;
  }

67
  // 检测切面距离，判断是否有比现在更小的
  float d = pt[node->axis_index_] - node->split_thresh_;
  if ((d * d) < knn_result.top().distance2_) {
    return true;
72  } else {
    return false;
  }
}
```

最近邻函数递归调用了 Knn 函数，来实现最近邻的查找。对于叶子节点，该函数会比较叶子节点距离与 k 近邻中最大距离的大小。若小于当前 k 近邻的最大距离，就插入 k 近邻队列。同时，调用 NeedExpand 函数判定是否要展开另一侧。展开条件与之前讨论的方法相同。

下面来测试本节的 K-d 树。仍然和暴力匹配结果比较真值，同时和 PCL 库中的 K-d 树对比性能。由于 K-d 树建好之后，KNN 查询并不需要改动 K-d 树本身，所以它们可以实现为 const 函数，并且可以对点云中的每个点进行并发操作。代码中已经给出了并发接口，此处不再列出。请读者运行本节的测试程序：

终端输入：

```
bin/test_nn --gtest_filter=CH5_TEST.KDTREE_KNN
I0118 17:07:02.307432 318029 sys_utils.h:32] 方法 Kd Tree build 平均调用时间/次数：4.34059/1 毫秒.
I0118 17:07:02.307545 318029 test_nn.cc:234] Kd tree leaves: 18869, points: 18869
I0118 17:07:03.029914 318029 sys_utils.h:32] 方法 Kd Tree 5NN 多线程 平均调用时间/次数：3.01146/1 毫秒.
I0118 17:07:03.030046 318029 test_nn.cc:65] truth: 93895, esti: 93895
I0118 17:07:04.396924 318029 test_nn.cc:93] precision: 1, recall: 1, fp: 0, fn: 0
I0118 17:07:04.396939 318029 test_nn.cc:246] building kdtree pcl
I0118 17:07:04.398665 318029 sys_utils.h:32] 方法 Kd Tree build 平均调用时间/次数：1.68209/1 毫秒.
I0118 17:07:04.398671 318029 test_nn.cc:252] searching pcl
I0118 17:07:04.411710 318029 sys_utils.h:32] 方法 Kd Tree 5NN in PCL 平均调用时间/次数：12.9858/1 毫
```

```
                    秒.
I0118 17:07:04.411908 318029 test_nn.cc:65] truth: 93895, esti: 93895
I0118 17:07:05.779804 318029 test_nn.cc:93] precision: 1, recall: 1, fp: 0, fn: 0
I0118 17:07:05.779814 318029 test_nn.cc:274] done.
```

可以看到，K-d 树在准确率和召回率上都可以做到 100%，是非常优秀的最近邻求解算法。相比 PCL 的版本，本书的 K-d 树在建树过程上耗时较多（这可能是因为笔者多维护了一个节点列表），但并发最近邻查找要快于 PCL 的版本。

实现 K-d 树的近似最近邻查找

通过代码实现，我们看到 K-d 树最近邻算法最关键的部分是**剪枝**，而剪枝的条件是树形结构另一侧不存在比现有结果更近的最近邻。记当前最远的最近邻距离为 $d_{\max}$，分割平面的距离为 d_{split}，那么剪枝的判定条件可以记为

$$d_{\mathrm{split}} > d_{\max}. \tag{5.6}$$

然而，在运气很差的情况下，如果当前找到的最近邻很差，那么有可能要去远处的分枝上查找一个可能存在的最近邻。这是我们不想遇到的情况。于是，可以对上述准则稍加修改，添加一个比例因子 α：

$$d_{\mathrm{split}} > \alpha d_{\max}. \tag{5.7}$$

$\alpha < 1$ 时，剪枝条件被放宽，整个 k 近邻的查找就更快了，但不再保证能找到**严格的最近邻**（它们所在的分枝可能被剪掉了）。我们把这种做法称为**近似最近邻**（**Approximate NN, ANN**）。近似最近邻问题比 k 近邻问题更灵活，可以对各种不同的算法和数据结构设计近似方式。在代码中将它改为：

src/ch5/kdtree.cc

```cpp
bool KdTree::NeedExpand(const Vec3f &pt, KdTreeNode *node, std::priority_queue<NodeAndDistance> &
    knn_result) const {
  if (knn_result.size() < k_) {
    return true;
  }

  if (approximate_) {
    float d = pt[node->axis_index_] - node->split_thresh_;
    if ((d * d) < knn_result.top().distance2_ * alpha_) {
      return true;
    } else {
      return false;
    }
  } else {
    // 检测切面距离，看是否有比现在更小的
    float d = pt[node->axis_index_] - node->split_thresh_;
    if ((d * d) < knn_result.top().distance2_) {
```

```
17          return true;
        } else {
            return false;
        }
    }
22 }
```

近似最近邻的 K-d 树表现如下（取 $\alpha = 0.1$）：

终端输出：

```
I0118 17:31:41.829752 320541 sys_utils.h:32] 方法 Kd Tree build 平均调用时间/次数: 4.34565/1 毫秒.
I0118 17:31:41.829856 320541 test_nn.cc:227] Kd tree leaves: 18869, points: 18869
I0118 17:31:42.553129 320541 sys_utils.h:32] 方法 Kd Tree 5NN 多线程 平均调用时间/次数: 2.10658/1 毫
        秒.
I0118 17:31:42.553233 320541 test_nn.cc:65] truth: 93895, esti: 93895
I0118 17:31:44.371816 320541 test_nn.cc:91] precision: 0.771319, recall: 0.771319, fp: 21472, fn:
        21472
I0118 17:31:44.371834 320541 test_nn.cc:239] building kdtree pcl
I0118 17:31:44.373656 320541 sys_utils.h:32] 方法 Kd Tree build 平均调用时间/次数: 1.80198/1 毫秒.
I0118 17:31:44.373662 320541 test_nn.cc:244] searching pcl
I0118 17:31:44.387229 320541 sys_utils.h:32] 方法 Kd Tree 5NN in PCL 平均调用时间/次数: 13.5384/1 毫
        秒.
I0118 17:31:44.387405 320541 test_nn.cc:65] truth: 93895, esti: 93895
I0118 17:31:45.723769 320541 test_nn.cc:91] precision: 1, recall: 1, fp: 0, fn: 0
I0118 17:31:45.723780 320541 test_nn.cc:266] done.
```

可见，近似最近邻法在准确率和召回率方面有一些下降，两个指标都降到了 0.77 左右，但在查找速度上有一些提升。对比 5.1 节的算法，K-d 树要明显优于暴力搜索，但慢于二维栅格和三维体素类方法。如果考虑建树时间，则要更慢一些。从表现上看，K-d 树可以设置 α 参数，因此可以在性能和表现上取得一定平衡。而栅格法虽然有很快的速度，但召回率很难达到令人满意的水平。

本章的 K-d 树是使用递归实现的，代码比较简洁，但面对特大型点云会有栈溢出的问题。读者可以将它改为循环方式实现。此外，K-d 树也有许多改进版本，这里就不一一实现了。如果读者感兴趣，可以自行尝试一些开源的 K-d 树算法，如参考文献 [103]，也可以作为本实验的对比。此外，为了节省篇幅，本节也省略了一些其他问题的讨论，例如，如何在 K-d 树中删除一个点，如何对 K-d 树进行平衡，等等。感兴趣的读者可以自行阅读相关文献材料。

5.2.4　四叉树与八叉树

上面介绍的 K-d 树类方法使用二叉树作为基本数据结构。那么，能不能有更多的分叉呢？答案是肯定的。在二维和三维空间中，分别有两类对应的处理方法：**四叉树**（Quad Tree）[104] 和**八叉树**（Octo Tree）[105-106]。如果不按照方格来划分，则可以引出其他的树形方法。由于这两类方法的思路基本一致，只是作用的空间维度不同，所以放到一起介绍。

在四叉树中，一个节点有 4 个子节点，而八叉树则有 8 个。这正好对应到物理空间中，我们可以把一个矩形按中心切成四等分，或者把一个三维立方体按中心切成八等分。用父节点表示大的矩形/立方体，用子节点表示切分以后的矩形/立方体，就得到了四叉树和八叉树结构。这种结构自然地定义了切割空间的准则。因此，可以像 K-d 树一样，对一个二维/三维点云建立四叉树/八叉树模型，然后利用类似的手段寻找它的最近邻。由于对空间的分割方法更加均匀，所以四叉树和八叉树也可用于描述像地图这样覆盖整个空间的数据信息。

八叉树的构建

我们的重点在于三维点云问题，所以这里来实现一个叉树算法，同时作为性能对比实验供读者参考。为了保持一致性，我们尽量仿照 K-d 树的接口来实现八叉树，这也体现了二者的相似性。八叉树与 K-d 树的主要区别在于：

1. K-d 树以分割面的形式来区分点集，而八叉树则使用立方体的形式。为此，我们实现了一个 Box3D 结构体来处理点与八叉树之间的关系。

2. 在建立 K-d 树时，分割面是动态确定的；而在八叉树中，对立方体的分割则是固定的（从中间分成八块）。这使得一个八叉树节点总是可以继续展开，但同时，其子节点中很可能没有点云。在这个实现中，我们保留了那些没有对应点云的叶子节点。当然，读者也可以选择删除这些叶子节点，这样整个树的节点数量会少一些。

3. 在初次构建八叉树时，计算整个点云的包围盒，作为八叉树的根节点边界框。这个边界框可以不是正方体。我们允许它在某个方向上更长一点，只要后续的分割仍然遵守**一分为八**的准则即可。读者也可以强制使用正立体的包围盒，但是那样可能导致树变得更深，降低搜索效率。

4. 八叉树的最近邻查找过程与 K-d 树类似，也存在剪枝问题。我们使用**查询点到包围盒外侧的最大垂直距离**作为剪枝依据，示意图如图 5-12 所示。在这个示意图中，查询点在 x 方向位于栅格外侧，而在 y, z 方向位于内侧。因此，查询点与立方体内部点云的距离下界应该是 x 方向上的距离。如果有两个轴或三个轴在立方体外侧，那么应取最长的那个轴作为距离下界。请读者自行想象。当然，这个下界还可以被更精确地估计（例如，计算查询点与立方体 8 个顶点的距离），但我们应保证距离计算方法尽量简单，同时剪枝尽量有效。

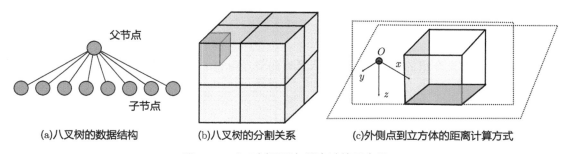

(a)八叉树的数据结构　　(b)八叉树的分割关系　　(c)外侧点到立方体的距离计算方式

图 5-12　八叉树原理与距离计算示意图

在注意上述区别的前提下，我们来描述八叉树的构建算法和查找算法。

八叉树的构建算法如下。

1. 输入：点云数据 $\boldsymbol{X} = \{\boldsymbol{x}_1, \cdots, \boldsymbol{x}_n\}$，其中 $\boldsymbol{x}_i \in \mathbb{R}^k$。
2. 考虑将子集 $\boldsymbol{X}_n \in \boldsymbol{X}$ 插入节点 n。
3. 如果 $\boldsymbol{X}_n$ 为空，则退出。
4. 如果 $\boldsymbol{X}_n$ 只有一个点，则记为叶子节点，退出。
5. 按照**一分为八**的准则对 n 进行展开。
6. 遍历 $\boldsymbol{x} \in \boldsymbol{X}_n$，记录 $\boldsymbol{x}$ 落在哪一个子节点。然后对子节点和对应点云递归调用构建方法。
7. 递归上述步骤直到所有点都被插入树中。

八叉树的查找

八叉树的 k 近邻查找算法也可以在 K-d 树的基础上稍加修改得到。

八叉树的 k 近邻查找算法如下。

1. 输入：八叉树 T，查找点 $\boldsymbol{x}$，最近邻数 k。
2. 输出：k 近邻集合 N。
3. 记当前节点为 n_c，最初取 n_c 为根节点。函数 $S(n_c)$ 表示在 n_c 下进行 k 近邻搜索：
   (a) 如果 n_c 是叶子，则计算 n_c 与 $\boldsymbol{x}$ 的距离是否小于 N 中最大距离；若是，将 n_c 放入 N。若此时 $|N| > k$，则删除 N 中距离最大的匹配点。
   (b) 计算 $\boldsymbol{x}$ 落在 n_c 的哪一个子节点。如果 $\boldsymbol{x}$ 在 n_c 的边界盒外面，则展开每一个子节点；若落在内部，则优先展开 $\boldsymbol{x}$ 所在的子节点。
   (c) 计算是否需要展开 n_c 的其他子节点。展开的条件判定：$|N| < k$ 时，必须展开；$|N| = k$ 且 $\boldsymbol{x}$ 与 n_c 的前面所述距离计算结果小于 N 中最大匹配距离，也进行展开。
   (d) 若 n_c 的子节点不需要展开，函数返回；否则，继续调用其他节点的近邻搜索算法。

代码实现

现在来实现前文介绍的八叉树。一个八叉树的节点由它的包围盒与 8 个子节点组成，定义如下：

src/ch5/octo_tree.h

```cpp
struct Box3D {
  Box3D() = default;
  Box3D(float min_x, float max_x, float min_y, float max_y, float min_z, float max_z)
    : min_{min_x, min_y, min_z}, max_{max_x, max_y, max_z} {}

  float min_[3] = {0};
  float max_[3] = {0};
};

/// octo tree 节点
struct OctoTreeNode {
  int id_ = -1;
  int point_idx_ = -1;                    // 点的索引，-1为无效
  bool box_set_ = false;                  // 是否已设定边界框
  Box3D box_;                             // 边界框
  OctoTreeNode* children[8] = {nullptr};  // 子节点
  OctoTreeNode* parent_ = nullptr;        // 上一层
};
```

　　每个包围盒由三个轴上的最大值和最小值组成。在实际代码中，还实现了它的距离函数，在此不全部贴出。现在来看建树的代码：

src/ch5/octo_tree.cc

```cpp
bool OctoTree::BuildTree(const CloudPtr &cloud) {
  // 省略一些检查代码
  // 生成根节点的边界框
  root_->SetBox(ComputeBoundingBox());
  Insert(idx, root_.get());
  return true;
}

void OctoTree::Insert(const IndexVec &points, OctoTreeNode *node) {
  nodes_.insert({node->id_, node});

  if (points.empty()) {
    return;
  }

  if (points.size() == 1) {
    size_++;
    node->point_idx_ = points[0];
    return;
  }

  /// 只要点数不为1，就继续展开这个节点
  std::vector<IndexVec> children_points;
  ExpandNode(node, points, children_points);

  /// 对子节点进行插入操作
```

```
27    for (size_t i = 0; i < 8; ++i) {
        Insert(children_points[i], node->children[i]);
      }
    }

32  void OctoTree::ExpandNode(OctoTreeNode *node, const IndexVec &parent_idx, std::vector<IndexVec> &
        children_idx) {
      children_idx.resize(8);
      for (int i = 0; i < 8; ++i) {
        node->children[i] = new OctoTreeNode();
        node->children[i]->parent_ = node;
37      node->children[i]->id_ = tree_node_id_++;
      }

      const Box3D &b = node->box_;  // 本节点的box
      // 中心点
42    float c_x = 0.5 * (node->box_.min_[0] + node->box_.max_[0]);
      float c_y = 0.5 * (node->box_.min_[1] + node->box_.max_[1]);
      float c_z = 0.5 * (node->box_.min_[2] + node->box_.max_[2]);

      // 8个外框示意图
47    // 第一层：左上1 右上2 左下3 右下4
      // 第二层：左上5 右上6 左下7 右下8
      //      ---> x      /-------/-------/|
      //     /|          /-------/-------/||
      //    / |         /-------/-------/ ||
52    //   y  |z       |       |       | /|
      //               |_____|_____|/|/
      //               |       |       | /
      //               |_____|_____|/
      node->children[0]->SetBox({b.min_[0], c_x, b.min_[1], c_y, b.min_[2], c_z});
57    node->children[1]->SetBox({c_x, b.max_[0], b.min_[1], c_y, b.min_[2], c_z});
      node->children[2]->SetBox({b.min_[0], c_x, c_y, b.max_[1], b.min_[2], c_z});
      node->children[3]->SetBox({c_x, b.max_[0], c_y, b.max_[1], b.min_[2], c_z});

      node->children[4]->SetBox({b.min_[0], c_x, b.min_[1], c_y, c_z, b.max_[2]});
62    node->children[5]->SetBox({c_x, b.max_[0], b.min_[1], c_y, c_z, b.max_[2]});
      node->children[6]->SetBox({b.min_[0], c_x, c_y, b.max_[1], c_z, b.max_[2]});
      node->children[7]->SetBox({c_x, b.max_[0], c_y, b.max_[1], c_z, b.max_[2]});

      // 把点云归到子节点中
67    for (const auto &idx : parent_idx) {
        const auto pt = cloud_[idx];
        for (int i = 0; i < 8; ++i) {
          if (node->children[i]->box_.Inside(pt)) {
            children_idx[i].emplace_back(idx);
72          break;
          }
        }
      }
    }
```

　　要注意的是，各子节点包围盒中的长、宽、高的计算顺序。如果不以示意图形式画出，则很容易出错。与 K-d 树一样，从根节点开始，递归调用 Insert 函数，将所有的点云都插入八叉树中。注意，只要一个八叉树的节点被展开，它就必定存在 8 个子节点，即使此时点云可能不足 8 个。这样的八叉树可能存在一些空闲的叶子节点。

　　现在来实现 k 近邻查找。该算法逻辑与 K-d 树的十分相似，只需注意它们变化的地方：

src/ch5/octo_tree.cc

```
bool OctoTree::GetClosestPoint(const PointType &pt, std::vector<int> &closest_idx, int k) const {
  if (k > size_) {
    LOG(ERROR) << "cannot set k larger than cloud size: " << k << ", " << size_;
    return false;
  }

  std::priority_queue<NodeAndDistanceOcto> knn_result;
  Knn(ToVec3f(pt), root_.get(), knn_result);

  // 排序并返回结果
  closest_idx.resize(knn_result.size());
  for (int i = closest_idx.size() - 1; i >= 0; --i) {
    // 倒序插入
    closest_idx[i] = knn_result.top().node_->point_idx_;
    knn_result.pop();
  }
  return true;
}

void OctoTree::Knn(const Vec3f &pt, OctoTreeNode *node, std::priority_queue<NodeAndDistanceOcto> &
    knn_result) const {
  if (node->IsLeaf()) {
    if (node->point_idx_ != -1) {
      // 如果是叶子，则看该点是否为最近邻
      ComputeDisForLeaf(pt, node, knn_result);
      return;
    }
    return;
  }

  // 看pt落在哪一格，优先搜索pt所在的子树
  // 再看其他子树是否需要搜索
  // 如果pt在外边，就优先搜索最近的子树
  int idx_child = -1;
  float min_dis = std::numeric_limits<float>::max();
  for (int i = 0; i < 8; ++i) {
    if (node->children[i]->box_.Inside(pt)) {
      idx_child = i;
      break;
    } else {
      float d = node->box_.Dis(pt);
      if (d < min_dis) {
```

```
           idx_child = i;
           min_dis = d;
44       }
       }
   }

   // 先检查idx_child
49   Knn(pt, node->children[idx_child], knn_result);

   // 再检查其他的
   for (int i = 0; i < 8; ++i) {
     if (i == idx_child) {
54       continue;
     }

     if (NeedExpand(pt, node->children[i], knn_result)) {
       Knn(pt, node->children[i], knn_result);
59     }
   }
}

bool OctoTree::NeedExpand(const Vec3f &pt, OctoTreeNode *node,
64 std::priority_queue<NodeAndDistanceOcto> &knn_result) const {
   if (knn_result.size() < k_) {
     return true;
   }

69   if (approximate_) {
     float d = node->box_.Dis(pt);
     if ((d * d) < knn_result.top().distance_ * alpha_) {
       return true;
     } else {
74       return false;
     }
   } else {
     // 不用flann时，按通常情况查找
     float d = node->box_.Dis(pt);
79     if ((d * d) < knn_result.top().distance_) {
       return true;
     } else {
       return false;
     }
84   }
}
```

   由于每个节点的分叉变多了，代码中会有较多的循环遍历，不像 K-d 树那样只有两侧。另外，还应该注意最近邻点并不一定落在八叉树格子的内部。它们可以落在外边。如果查询的点在某个八叉树格子的外边，则优先展开离查询点较近的子树，而不是按照序号顺序展开。

   下面测试八叉树的运行性能和最近邻指标：

终端输出：

```
bin/test_nn --gtest_filter=CH5_TEST.OCTREE_KNN
I0119 16:29:34.406015 343713 sys_utils.h:32] 方法 Octo Tree build 平均调用时间/次数: 18.802/1 毫秒.
I0119 16:29:34.406155 343713 test_nn.cc:320] Octo tree leaves: 18869, points: 18869
I0119 16:29:34.406157 343713 test_nn.cc:323] testing knn
I0119 16:29:34.414115 343713 sys_utils.h:32] 方法 Octo Tree 5NN 多线程 平均调用时间/次数: 7.95114/1
     毫秒.
I0119 16:29:34.414139 343713 test_nn.cc:328] comparing with bfnn
I0119 16:29:35.099203 343713 test_nn.cc:65] truth: 93895, esti: 93895
I0119 16:29:36.522886 343713 test_nn.cc:91] precision: 1, recall: 1, fp: 0, fn: 0
I0119 16:29:36.522902 343713 test_nn.cc:334] done.
```

在不使用近似最近邻时，八叉树也可以求出严格 k 近邻。笔者也实现了近似最近邻的参数，读者可以自行尝试。整体而言，由于子节点数目变多，计算分割面的次数也会变多（而且计算方式要比 K-d 树复杂）。于是，八叉树的建图时间和 k 近邻时间要慢于本书自带的 K-d 树实现（但最近邻比 PCL 的 K-d 树要快一些）。在打开近似最近邻时，八叉树的时间性能会更好，但准确率和召回率就达不到百分之百了。

5.2.5 其他树类方法

实际上，对空间数据进行某种索引，达到快速查询相邻关系的目的，已经是一个古老而广泛的问题。除了在 SLAM 领域中的应用，在其他领域中也能看到它的应用。与 SLAM 相关或不相关的领域包括**模式识别**、**分类**、**计算机视觉**、**编码理论**、**推荐系统**、**语音识别**、**化学**、**生物**等，都存在和最近邻相关的问题[107]。在 SLAM 中，我们关心能够**快速构建**、**快速查询**的**低维**数据结构，因此倾向于选择比较简单的模型。我们也希望这些结构能够随着机器运动而快速地变化，例如向地图中添加新的点云，此时 K-d 树或者八叉树要能够动态变化，等等。而在另一些应用中，人们要操作高维的结构化数据（例如，用户人群的各种信息），允许较长的构建时间，但期望有更快的查询效率，从而衍生出了一系列空间数据索引的（Spatial Data Indexing）应用。许多数据库已经支持对空间数据进行索引。大体来说，空间数据索引方法主要可分为以下几类。

1. 树类、森林类空间分割类方法：球树（Ball Tree）[108-110]、R 树[111]、R* 树[112]、随机 K-d 树[102]、AABB 树[113]，等等。树类方法的变种极其繁多，但大部分树类方法都是相似的，只是在空间的分割方式上存在差异①。例如，球树以超球体集合的形式分割左右两个子树，保证左右两个子树没有交集。而 R 树则是以最小包围盒（Minimum Bounding Box，MBB）来分割各类数据，AABB 树也使用类似思路，但更常用于解决碰撞检测等领域的问题。

2. 空间填充曲线：例如希尔伯特曲线（Hilbert Curve）[114-115]、Z 曲线等[116]。空间填充曲线的做法是利用分形曲线，建立高维空间与一维之间的联系（同时保持相邻性），达到在低维空间上搜索高维空间的效果。

---

① 如果在 20 世纪 90 年代，那么我们也可以很容易地提出一些自己的改进算法。

3. 局部性敏感哈希（Locality Sensitive Hashing, LSH）算法[92, 117]。LSH 的思路与空间填充曲线类似，不过是反过来的，从高维空间出发，寻找一种到低维空间的哈希算法，同时还能以概率形式保证相邻性。实际上，我们在前面的栅格方法中已经使用了这种哈希法来保存我们的栅格，你注意到了吗？

本节提到的大部分空间索引类算法，更适合索引已知的、静态的数据。例如，我们想要查询地图上某个方框内含有哪些元素时，使用 R 树或 R* 树是合理的。不过，SLAM 通常是个**动态**的过程，其点云地图在构建过程中需要反复地创建和调整，而建立、销毁一些复杂的数据结构是比较耗时的。因此，在索引方法方面，SLAM 领域通常更倾向于用一些简单的、易于维护和修改的方法，不强求严格的 k 近邻，反而更偏好一些近似的近邻算法。栅格、体素和 K-d 树类方法是 SLAM 里最受偏爱的。

本节不做各种空间索引方法的完整对比实验，读者可以参考一些综述性的文献 [118-119] 来对比各种方法的性能结果。一些教材里也对比了部分常见的空间索引算法[120]。

5.2.6　小结

本节向读者介绍了几种在 SLAM 里比较常见的 k 近邻问题的解决方案：暴力法、栅格法、K-d 树和八叉树。作为小结，笔者将各种方法的性能对比结果整理成图 5-13 的形式，供读者参考。通常，多线程方法会显著快于单线程方法。读者也可以看看自己机器上的运行结果是否和笔者的一致。

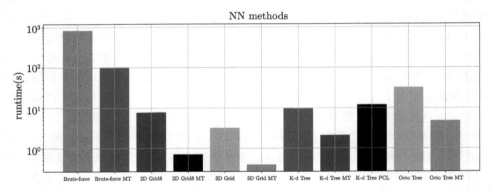

图 5-13　本节提到的各类方法的对比结果。从左至右：暴力匹配、多线程暴力匹配、8 近邻二维栅格、多线程 8 近邻二维栅格、三维体素、多线程三维体素、K-d 树、多线程 K-d 树，PCL 版本 K-d 树、八叉树、多线程八叉树。注意，由于暴力匹配计算时间明显长于其他算法，因此取了对数坐标轴

从计算时间上来看，在给定的数据中，二维栅格和三维体素方法表现得最好，K-d 树其次，最差的显然是暴力搜索方法。不过，如果点云中含有更多的点，那么一个栅格内部的点也会增多，其计算量会随着栅格内点数增多而线性增长，所以栅格法并不适合处理稠密的点云。而 K-d 树的计

算量则是对数增加的。可以认为，在点云增加到一定规模时，K-d 树、八叉树等方法将会更优。这些树类方法也可以通过近似近邻来平衡计算时间和精度表现。

5.3 拟合问题

下面介绍点云处理算法中的另一个重要主题：基本元素的提取和估计。有时，这类问题也归为**检测**（Detecting）问题或**聚类**（Clustering）问题，而且更偏向感知方法。例如，自动驾驶的很多应用非常关心如何在点云中提取车辆、行人等语义元素。这些元素可以作为后续决策与规划的数据来源[121]。而在 SLAM 中，我们更关心如何使用这些元素来帮助我们进行点云之间的匹配和**配准**（Registration）。因此，在传统 SLAM 应用中，我们关心的元素往往是基本的、静态的，而非动态的、语义的。配准一个点和一个平面是相对容易的，但配准一辆车和另一辆车则需要很多额外的工作①。

在配准问题中，常见的做法是先利用最近邻结构找到一个点的若干个最近邻，再对这些最近邻进行拟合，认为它们符合某个固定的形状。最后调整车辆的位姿，使得扫描到的激光点与这些形状能够匹配。5.2 节介绍了最近邻问题的各种解法，本节主要关注如何在点云中提取线段和平面这类线性物体。读者会发现，它们可以很好地统一到同样的框架（线性最小二乘法），利用线性代数的方式来求解。

5.3.1 平面拟合

与很多其他的问题一样，**线性**问题往往被视为最简单的情况之一。而对点云进行线性拟合则是其中最简单的一部分。点云的线性拟合问题存在若干个不同的视角，将它们进行对比和研究，会对我们有一些启发。同样一个问题，可能在不同领域内存在不同的称呼方式，而问题的解法之间也存在着复杂的联系。同样一个线性拟合问题，从不同角度会有不同的称呼。有时，它被称为**线性回归**（Linear Regression）（对直线的参数进行回归），有时被称为**主成分分析**（Principal Component Analysis，PCA）（对点云的主要分布轴进行分析）。

我们先看平面的拟合问题。给定一组由 n 个点组成的点云 $\boldsymbol{X} = \{\boldsymbol{x}_1, \cdots, \boldsymbol{x}_n\}$，其中每个点取三维欧氏坐标 $\boldsymbol{x}_k \in \mathbb{R}^3$。然后，寻找一组平面参数 $\boldsymbol{n}, d$，使得

$$\forall k \in [1, n], \boldsymbol{n}^\top \boldsymbol{x}_k + d = 0, \tag{5.8}$$

其中 $\boldsymbol{n} \in \mathbb{R}^3$ 为法向量，$d \in \mathbb{R}$ 为截距。

显然，上述问题有四维未知量，而每个点提供了一个方程。当我们有多个点时，由于噪声的影响，上述方程大概率是无解的（超定的）。因此，我们往往会求线性最小二乘解（Linear Least

---

① 尽管配准两辆车的算法很可能还是基础的点到点算法。

Square），使其误差最小化：

$$\min_{\boldsymbol{n},d} \sum_{k=1}^{n} \|\boldsymbol{n}^\top \boldsymbol{x}_k + d\|_2^2. \tag{5.9}$$

如果取齐次坐标，则还可以再化简该问题。一个三维空间点的齐次坐标是四维的，但实际处理时只需在末尾加上 1，记作

$$\tilde{\boldsymbol{x}} = [\boldsymbol{x}^\top, 1]^\top \in \mathbb{R}^4. \tag{5.10}$$

于是，$\tilde{\boldsymbol{n}} = [\boldsymbol{n}^\top, d]^\top \in \mathbb{R}^4$ 也是一个齐次向量，上述方程可以写为

$$\min_{\tilde{\boldsymbol{n}}} \sum_{k=1}^{n} \|\tilde{\boldsymbol{x}}_k^\top \tilde{\boldsymbol{n}}\|_2^2. \tag{5.11}$$

下标 2 表示取二范数，即欧氏空间的常规范数，上标 2 表示取其平方和。上述问题是**求和形式**的线性最小二乘法，还可以把它写成矩阵形式。将点云的所有点写在一个矩阵中，记作

$$\tilde{\boldsymbol{X}} = [\tilde{\boldsymbol{x}}_1, \cdots, \tilde{\boldsymbol{x}}_n], \tag{5.12}$$

那么，该问题中的求和号也可以省略：

$$\min_{\tilde{\boldsymbol{n}}} \|\tilde{\boldsymbol{X}}^\top \tilde{\boldsymbol{n}}\|_2^2. \tag{5.13}$$

这个问题即线性代数中的解方程问题：给定任意一个矩阵 $\boldsymbol{A}$（注意不是方阵），希望找一个非零向量 $\boldsymbol{x}$，使得 $\boldsymbol{A}\boldsymbol{x}$ 能够最小化。当然，如果 $\boldsymbol{x}$ 取零，那么该乘积自然是零，但是我们不想找这种平凡的解，所以要给 $\boldsymbol{x}$ 加上约束 $\boldsymbol{x} \neq 0$。同时，如果 $\boldsymbol{x}$ 乘上非零常数 k，那么 $\boldsymbol{A}\boldsymbol{x}$ 也会被放大 k 倍，平方之后就是 k^2 倍。不讨论 $\boldsymbol{x}$ 的长度，只关注其方向，于是设定 $\|\boldsymbol{x}\| = 1$。

对于 $\boldsymbol{A}$，不施加任何约束。在点云平面提取问题中，上面的 $\boldsymbol{A}$ 为一个 $\mathbb{R}^{n \times 4}$ 的矩阵，而 $\boldsymbol{x}$ 则为 $\mathbb{R}^4$ 中的单位向量。我们可以问，取什么样的 $\boldsymbol{x}$ 时，$\boldsymbol{A}\boldsymbol{x}$ 能达到最大值或者最小值。

下面，先来介绍在一般的线性代数中如何求解此类问题，再回到平面拟合问题上来。从抽象代入具体总是容易的。

线性最小二乘法的各种解法

特征值解法   代数意义上的线性最小二乘法是指给定矩阵 $\boldsymbol{A} \in \mathbb{R}^{m \times n}$，计算 $\boldsymbol{x}^* \in \mathbb{R}^n$，使得

$$\boldsymbol{x}^* = \arg\min_{\boldsymbol{x}} \|\boldsymbol{A}\boldsymbol{x}\|_2^2 = \arg\min_{\boldsymbol{x}} \boldsymbol{x}^\top \boldsymbol{A}^\top \boldsymbol{A}\boldsymbol{x}, \quad s.t., \|\boldsymbol{x}\| = 1. \tag{5.14}$$

可以看到，$\boldsymbol{A}^\top \boldsymbol{A}$ 为一个实对称矩阵，而根据矩阵论，实对称矩阵总是可以利用特征值分解进行对角化的：

$$\boldsymbol{A}^\top \boldsymbol{A} = \boldsymbol{V} \boldsymbol{\Lambda} \boldsymbol{V}^{-1}, \tag{5.15}$$

其中 $\boldsymbol{\Lambda}$ 为对角特征值矩阵，不妨假设它们按照从大到小的顺序排列，记作 $\lambda_1, \cdots, \lambda_n$。$\boldsymbol{V}$ 为正交矩阵，其列向量为每一维特征值对应的特征向量，记作 $\boldsymbol{v}_1, \cdots, \boldsymbol{v}_n$，它们构成了一组单位正交基。而任意 $\boldsymbol{x}$ 总是可以被这组单位正交基线性表示：

$$\boldsymbol{x} = \alpha_1 \boldsymbol{v}_1 + \cdots + \alpha_n \boldsymbol{v}_n, \tag{5.16}$$

那么不难看出[①]：

$$\boldsymbol{V}^{-1} \boldsymbol{x} = \boldsymbol{V}^\top \boldsymbol{x} = [\alpha_1, \cdots, \alpha_n]^\top. \tag{5.17}$$

于是目标函数变为

$$\|\boldsymbol{A}\boldsymbol{x}\|_2^2 = \sum_{k=1}^{n} \lambda_k \alpha_k^2, \tag{5.18}$$

而 $\|\boldsymbol{x}\| = 1$ 意味着 $\alpha_1^2 + \cdots + \alpha_k^2 = 1$，特征值部分的 λ_k 又是降序排列的，所以就取 $\alpha_1 = 0, \cdots, \alpha_{n-1} = 0, \alpha_n = 1$，即 $\boldsymbol{x}^* = \boldsymbol{v}_n$。

　　至此我们看到，线性最小二乘法的最优解即为**最小特征值向量**。由于该问题想要解的是 $\boldsymbol{A}\boldsymbol{x} = \boldsymbol{0}$ 问题，所以也可以称为**零空间解**。注意，这里的特征值分解是对 $\boldsymbol{A}^\top \boldsymbol{A}$ 做的，而不是直接对 $\boldsymbol{A}$ 来做（$\boldsymbol{A}$ 也不能保证一定能对角化，而 $\boldsymbol{A}^\top \boldsymbol{A}$ 是实对称矩阵，可以对角化）。

奇异值解法　上述问题也可以换一种角度来看——使用**奇异值分解**（Singular Value Decomposition，SVD）来处理。由于任意矩阵都可以进行奇异值分解，于是对 $\boldsymbol{A}$ 进行 SVD，可得

$$\boldsymbol{A} = \boldsymbol{U} \boldsymbol{\Sigma} \boldsymbol{V}^\top, \tag{5.19}$$

其中 $\boldsymbol{U}, \boldsymbol{V}$ 为正交矩阵，$\boldsymbol{\Sigma}$ 为对角阵，称为**奇异值矩阵**，其对角线元素为 $\boldsymbol{A}$ 的奇异值，它们是由大到小排列的。可以把 SVD 的结果代回到线性最小二乘法中，由于 $\boldsymbol{U}$ 为正交矩阵，在计算二范数时会被消掉。我们会发现它们和特征值法实际上是一致的：

$$\boldsymbol{x}^\top \boldsymbol{A}^\top \boldsymbol{A} \boldsymbol{x} = \boldsymbol{x}^\top \boldsymbol{V} \boldsymbol{\Sigma}^2 \boldsymbol{V}^\top \boldsymbol{x}. \tag{5.20}$$

于是，类似于特征值的解法，我们取 $\boldsymbol{x}$ 为 $\boldsymbol{V}$ 的最后一列即可。事实上，矩阵 $\boldsymbol{A}$ 的奇异值和 $\boldsymbol{A}^\top \boldsymbol{A}$ 特征值的关系在许多矩阵论教材上均有论述[122-123]，借此机会，笔者通过实际问题再向读者介绍一遍。进一步，在 $N > 3$ 维空间点中的 $N - 1$ 维超平面拟合问题，也可以看成最小二乘问题的零空间问题。总而言之，如果对一组点进行平面拟合，则只需要把所有点的坐标排成矩阵 $\boldsymbol{A}$，然后求 $\boldsymbol{A}$ 的最小奇异值对应的右奇异值向量，或者求 $\boldsymbol{A}^\top \boldsymbol{A}$ 的最小特征值对应的特征向量。

[①]或者从特征向量的角度，$\boldsymbol{A}^\top \boldsymbol{A} \boldsymbol{x} = \sum_{k=1}^{n} \alpha_k \lambda_k \boldsymbol{v}_k$，亦可得到同样的结果。

5.3.2 平面拟合的实现

下面从一组点云开始实现平面拟合。大部分线性代数相关的操作都可以用 Eigen 实现。我们在 common 中的数学库里实现平面拟合操作：

src/common/math_utils.h

```
template <typename S>
bool FitPlane(std::vector<Eigen::Matrix<S, 3, 1>>& data, Eigen::Matrix<S, 4, 1>& plane_coeffs,
    double eps = 1e-2) {
  if (data.size() < 3) {
    return false;
  }

  Eigen::MatrixXd A(data.size(), 4);
  for (int i = 0; i < data.size(); ++i) {
    A.row(i).head<3>() = data[i].transpose();
    A.row(i)[3] = 1.0;
  }

  Eigen::JacobiSVD svd(A, Eigen::ComputeThinV);
  plane_coeffs = svd.matrixV().col(3);

  // check error eps
  for (int i = 0; i < data.size(); ++i) {
    double err = plane_coeffs.template head<3>().dot(data[i]) + plane_coeffs[3];
    if (err * err > eps) {
      return false;
    }
  }

  return true;
}
```

使用快速 SVD 分解，仅计算 A 矩阵 SVD 结果的最后一列。在计算完成后，将点的具体取值代入本方程，要求它们的平方误差不超过预设的阈值。下面这段测试程序把随机生成的平面参数作为真值，在平面上取若干个点，再加入噪声，做平面拟合：

src/ch5/linear_fitting.cc

```
void PlaneFittingTest() {
  Vec4d true_plane_coeffs(0.1, 0.2, 0.3, 0.4);
  true_plane_coeffs.normalize();

  std::vector<Vec3d> points;

  // 随机生成仿真平面点
  cv::RNG rng;
  for (int i = 0; i < FLAGS_num_tested_points_plane; ++i) {
    // 先生成一个随机点，计算第四维，增加噪声，再归一化
```

```
        Vec3d p(rng.uniform(0.0, 1.0), rng.uniform(0.0, 1.0), rng.uniform(0.0, 1.0));
        double n4 = -p.dot(true_plane_coeffs.head<3>()) / true_plane_coeffs[3];
        p = p / (n4 + 1e-18);  // 防止除零
        p += Vec3d(rng.gaussian(FLAGS_noise_sigma), rng.gaussian(FLAGS_noise_sigma), rng.gaussian(
            FLAGS_noise_sigma));
15
        points.emplace_back(p);

        // 验证该点与平面的误差
        LOG(INFO) << "res of p: " << p.dot(true_plane_coeffs.head<3>()) + true_plane_coeffs[3];
20  }

    Vec4d estimated_plane_coeffs;
    if (sad::math::FitPlane(points, estimated_plane_coeffs)) {
        LOG(INFO) << "estimated coeffs: " << estimated_plane_coeffs.transpose()
25          << ", true: " << true_plane_coeffs.transpose();
    } else {
        LOG(INFO) << "plane fitting failed";
    }
}
```

编译运行本段测试程序，查看估计的平面参数和真值是否相同：

终端输出：

```
1  ./bin/linear_fitting
   I0121 11:04:49.878834 208913 linear_fitting.cc:21] testing plane fitting
   I0121 11:04:49.879319 208913 linear_fitting.cc:46] res of p: -0.00149684
   I0121 11:04:49.879382 208913 linear_fitting.cc:46] res of p: -0.00221244
   ...
6  I0121 11:04:49.879462 208913 linear_fitting.cc:51] estimated coeffs: 0.186755 0.363656 0.546692
       0.730757, true: 0.182574 0.365148 0.547723 0.730297
```

可以看到，真值参数与估计参数的差异在小数点后三位左右。同时，线性类方法不依赖初值，即使在平面点坐标偏离原点较大时也能很好地工作。

5.3.3 直线拟合

下面介绍与平面拟合非常类似的问题：直线拟合。仍然设点集为 X，由 n 个三维点组成。不过，可以用若干种不同的方式来描述一根直线，例如把直线视为两个平面的交线，或者使用直线上一点再加上直线方向的向量来描述直线。后者更直观。

设直线上的点 x 满足方程：

$$x = dt + p, \tag{5.21}$$

其中 $d, p \in \mathbb{R}^3, t \in \mathbb{R}$。$d$ 为直线的方向，满足 $\|d\| = 1$；p 为直线 l 上的某个点，t 为直线参数。这里想求的是 d 和 p，共 6 个未知数。显然，当给定的点集较大时，这依然是一个超定方程，需要构造最小二乘问题进行求解。

对于任意一个不在 l 上的点 $\boldsymbol{x}_k$，可以利用勾股定理，计算它离直线垂直距离的平方：

$$f_k^2 = \|\boldsymbol{x}_k - \boldsymbol{p}\|^2 - \|(\boldsymbol{x}_k - \boldsymbol{p})^\top \boldsymbol{d}\|^2, \tag{5.22}$$

然后构造最小二乘问题，求解 $\boldsymbol{d}$ 和 $\boldsymbol{p}$：

$$(\boldsymbol{d}, \boldsymbol{p})^* = \arg\min_{\boldsymbol{d}, \boldsymbol{p}} \sum_{k=1}^{n} f_k^2, \quad s.t.\|\boldsymbol{d}\| = 1. \tag{5.23}$$

由于每个点的误差项已经取了平方形式，在此只需求和。

接下来，分离 $\boldsymbol{d}$ 部分和 $\boldsymbol{p}$ 部分。先考虑 $\dfrac{\partial f_k^2}{\partial \boldsymbol{p}}$，得到

$$\frac{\partial f_k^2}{\partial \boldsymbol{p}} = -2(\boldsymbol{x}_k - \boldsymbol{p}) + 2 \underbrace{(\boldsymbol{x}_k - \boldsymbol{p})^\top \boldsymbol{d}}_{\text{标量},=\boldsymbol{d}^\top(\boldsymbol{x}_k - \boldsymbol{p})} \boldsymbol{d}, \tag{5.24}$$

$$= (-2)(\boldsymbol{I} - \boldsymbol{d}\boldsymbol{d}^\top)(\boldsymbol{x}_k - \boldsymbol{p}). \tag{5.25}$$

于是整体的目标函数关于 $\boldsymbol{p}$ 的导数为

$$\frac{\partial \sum_{k=1}^{n} f_k^2}{\partial \boldsymbol{p}} = \sum_{k=1}^{n} (-2)(\boldsymbol{I} - \boldsymbol{d}\boldsymbol{d}^\top)(\boldsymbol{x}_k - \boldsymbol{p}), \tag{5.26}$$

$$= (-2)(\boldsymbol{I} - \boldsymbol{d}\boldsymbol{d}^\top) \sum_{k=1}^{n} (\boldsymbol{x}_k - \boldsymbol{p}). \tag{5.27}$$

为了求最小二乘的极值，令它等于零，得到

$$\boldsymbol{p} = \frac{1}{n} \sum_{k=1}^{n} \boldsymbol{x}_k, \tag{5.28}$$

说明 $\boldsymbol{p}$ 应该取点云的中心。于是，可以先确定 $\boldsymbol{p}$，再考虑 $\boldsymbol{d}$。此时，$\boldsymbol{p}$ 已经被求解出来，不妨记 $\boldsymbol{y}_k = \boldsymbol{x}_k - \boldsymbol{p}$，视 $\boldsymbol{y}_k$ 为已知量，对误差项进行简化：

$$f_k^2 = \boldsymbol{y}_k^\top \boldsymbol{y}_k - \boldsymbol{d}^\top \boldsymbol{y}_k \boldsymbol{y}_k^\top \boldsymbol{d}. \tag{5.29}$$

不难看出，第一个误差项并不含 $\boldsymbol{d}$，如何取 $\boldsymbol{d}$ 并不影响它，可以舍去。而第二项求最小化相当于去掉负号后求最大化：

$$\boldsymbol{d}^* = \arg\max_{\boldsymbol{d}} \sum_{k=1}^{n} \boldsymbol{d}^\top \boldsymbol{y}_k \boldsymbol{y}_k^\top \boldsymbol{d} = \sum_{k=1}^{n} \|\boldsymbol{y}_k^\top \boldsymbol{d}\|_2^2. \tag{5.30}$$

如果记

$$A = \begin{bmatrix} \boldsymbol{y}_1^\top \\ \vdots \\ \boldsymbol{y}_n^\top \end{bmatrix}, \tag{5.31}$$

那么该问题变为

$$\boldsymbol{d}^* = \arg\max_{\boldsymbol{d}} \|A\boldsymbol{d}\|_2^2. \tag{5.32}$$

这个问题与式 (5.11) 依然很相似,无非是把**最小化**变成了**最大化**。对于平面拟合,求这个问题的最小化;对于直线拟合,则求其最大值。按照前文的讨论,取 $\boldsymbol{d}$ 为最小特征值或者奇异值向量,就得到该问题的最小化解;反之,求取最大特征值向量时,就得到最大化解。于是,该问题的解应该取 $\boldsymbol{d}$ 为 A 的最大右奇异向量,或者 $A^\top A$ 的最大特征值对应的特征向量。

5.3.4 直线拟合的实现

现在来实现前面描述的直线拟合。同样地,先在数学包里实现拟合函数,然后在测试程序中比较拟合算法和真值的差异。

src/common/math_utils.h

```
template <typename S>
bool FitLine(std::vector<Eigen::Matrix<S, 3, 1>>& data, Eigen::Matrix<S, 3, 1>& origin, Eigen::
    Matrix<S, 3, 1>& dir,
double eps = 0.2) {
  if (data.size() < 2) {
    return false;
  }

  origin = std::accumulate(data.begin(), data.end(), Eigen::Matrix<S, 3, 1>::Zero().eval()) / data.
      size();

  Eigen::MatrixXd Y(data.size(), 3);
  for (int i = 0; i < data.size(); ++i) {
    Y.row(i) = (data[i] - origin).transpose();
  }

  Eigen::JacobiSVD svd(Y, Eigen::ComputeFullV);
  dir = svd.matrixV().col(0);

  // 检查eps
  for (const auto& d : data) {
    if (dir.template cross(d - origin).template squaredNorm() > eps) {
      return false;
    }
  }
```

```
    return true;
}
```

注意，这里需要计算整个 SVD 的 V 矩阵，因为要取最大的奇异值。其他计算和数学描述方面一致。下面来写测试程序：

src/ch5/linear_fitting.cc

```
void LineFittingTest() {
  // 直线拟合参数真值
  Vec3d true_line_origin(0.1, 0.2, 0.3);
  Vec3d true_line_dir(0.4, 0.5, 0.6);
  true_line_dir.normalize();

  // 随机生成直线点，利用参数方程
  std::vector<Vec3d> points;
  cv::RNG rng;
  for (int i = 0; i < fLI::FLAGS_num_tested_points_line; ++i) {
    double t = rng.uniform(-1.0, 1.0);
    Vec3d p = true_line_origin + true_line_dir * t;
    p += Vec3d(rng.gaussian(FLAGS_noise_sigma), rng.gaussian(FLAGS_noise_sigma), rng.gaussian(
        FLAGS_noise_sigma));

    points.emplace_back(p);
  }

  Vec3d esti_origin, esti_dir;
  if (sad::math::FitLine(points, esti_origin, esti_dir)) {
    LOG(INFO) << "estimated origin: " << esti_origin.transpose() << ", true: " << true_line_origin.
        transpose();
    LOG(INFO) << "estimated dir: " << esti_dir.transpose() << ", true: " << true_line_dir.transpose
        ();
  } else {
    LOG(INFO) << "line fitting failed";
  }
}
```

同样地，先设定直线的真值参数，然后对直线上的采样点添加噪声，再由采样点估计出直线参数。测试结果如下：

终端输出：

```
./bin/linear_fitting
I0121 12:14:10.936178 212707 linear_fitting.cc:24] testing line fitting
I0121 12:14:10.936190 212707 linear_fitting.cc:77] estimated origin: 0.102906 0.204955 0.305633,
    true: 0.1 0.2 0.3
I0121 12:14:10.936200 212707 linear_fitting.cc:78] estimated dir:  0.45294 0.569855 0.685646, true:
    0.455842 0.569803 0.683763
```

至此，笔者向读者介绍了如何对一组三维点云进行直线和平面的拟合。有趣的是，这两个问题存在极大的相似性，甚至可以化为**同一个问题的最大值与最小值求解**，示意图如图 5-14 所示。

直线拟合是寻找最大值的方向，而平面拟合则是寻找最小值的方向；直线拟合对应到矩阵的最大特征值向量，而平面拟合则对应最小特征值向量。这与我们的直观判断相符。

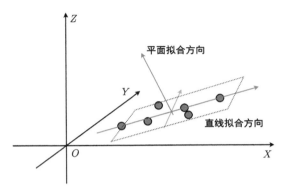

图 5-14　对点云进行直线拟合与平面拟合的示意图

拓展到更高维度或者更低维度的情况，这里提的平面拟合，是对 N 维空间中的点云拟合 $N-1$ 维空间，而直线拟合则变成一维空间的拟合。如果点云处于二维空间中（$N=2$ 时），那么平面拟合就变成了一维，也就是直线拟合，两者变为同一个问题。不过，在高维空间中，我们也可以问更多的问题，例如，$N=5$ 维的点云在四维空间中拟合成什么形式，在三维空间中又拟合成什么形式。这些问题虽然听上去玄妙，但在许多案例中都有非常实际的应用。当然，人们往往不称它们为点云，而是称为**数据**。这些 $N-2, N-3$ 维的拟合，也称为**数据降维**，其具体做法仍然是利用 SVD 分解，取出 $\boldsymbol{V}$ 矩阵中的不同列数，或者把奇异值接近零的部分去除，把奇异值较大的部分保留下来。它们就像从海绵中挤水一样，奇异值较小的方向就是**水分**，而奇异值较大的方向就是**干货**。这些方法可以用于数据压缩、特征提取，等等，而且在不同领域有不同的称呼。在主成分分析（PCA）的课题中[123]，称为**最大主成分**或**最小主成分**。而在低秩逼近类问题中，也可以把直线拟合问题看成秩为 1 的低秩近似问题[125]。或者，在子空间分析中，直线拟合是对矩阵值域（或行/列空间）的构造，而平面拟合则是对零空间的构造[126]。线性问题往往存在复杂的相互联系，其结论往往是普适的。这些问题都可以建模为线性最小二乘问题，其核心解法依然是 SVD 或特征值分解。

5.4　本章小结

本章介绍了基础的点云表达方式，以及一些点云相关的基础问题，例如最近邻问题和拟合问题的求解方式。从底层原理出发，实现了暴力最近邻、K-d 树、八叉树等最近邻方法，并与 PCL 版本进行了效率和准确度的对比实验。由于我们只需考虑激光点云，不需要兼容其他的点云模板，本书的 K-d 树等实现都会比 PCL 版本简洁。这些数据结构十分有用。后续章节会使用本章的数据结构，实现点云配准、里程计等各种算法模块。

习题

1. 在三维体素中定义 NEARBY14，实现 14 格最近邻的查找。
2. 将 K-d 树的点云类型拓展至模板类。
3. 将边界框加入 K-d 树的节点结构体中，实现更精确的剪枝。
4. 尝试提高八叉树中查询点与包围盒之间的距离下界精度，看最近邻的性能是否有提升。
5. 推导式 (5.32) 的解为 $A^\top A$ 的最大特征值向量。
6. 将本节的最近邻算法与一些常见的近似最近邻算法进行对比，例如 nanoflann[127]、Faiss[128]、nmslib[129]，比较它们在点云最近邻搜索中的性能表现。

第 6 章　2D SLAM

第 5 章介绍了基本的激光雷达测量原理与点云的最近邻方法和拟合方法。它们是大部分点云配准方法的基础。不过，人们通常会区别对待二维和三维激光雷达的处理场景，整体上，二维激光配准要更容易一些，也比较适合引入类似图像的处理方法。本章将介绍相对简单的二维激光雷达的定位与建图（2D SLAM），第 7 章则介绍三维激光雷达的定位与建图（3D SLAM）。读者可以从理论和方法层面比较两个系统的区别。

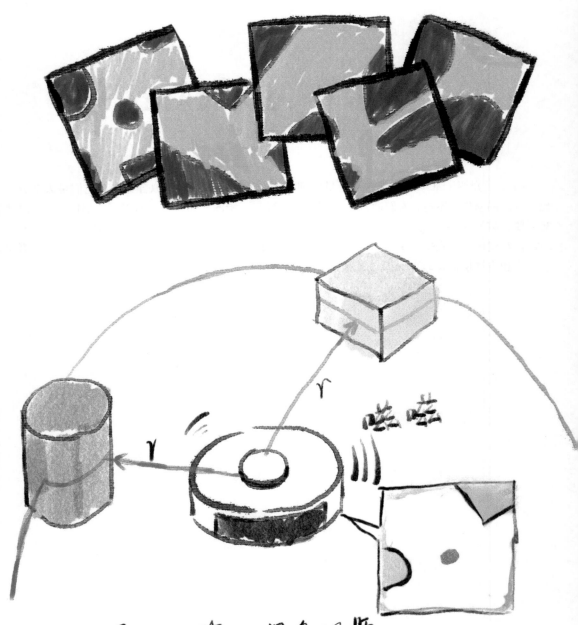

2D场景可以简化很多问题。

6.1　2D SLAM 的基本原理

所有现实世界的传感器都自然地工作在三维空间，本身与维度无关。然而，大部分轮式机器人只在某个固定平面中运动，并不像飞行器那样随意变换姿态。扫地机器人工作在水平地面上，而爬墙机器人则工作在垂直平面上。有的机器人，例如酒店的送餐机器人，虽然本体可能有一定高度，但作为运动主体的部分，也就是 SLAM 算法主要关心的部分则是二维的（如图 6-1 所示）。

图 6-1　一些使用 2D SLAM 的机器人与它们使用的激光雷达。扫地机器人通常在顶部安装激光雷达，服务机器人则在脚部开槽，内置激光雷达

相比于三维空间的点云，2D SLAM 可以视为在俯视视角下工作的激光 SLAM 算法。在这种视角下，激光雷达扫描数据和地图数据都可以被简化为二维形式。与图像非常相似，地图本身就可以存储为图片，一些图像特征提取、匹配的算法也可以在 2D SLAM 中运行。2D SLAM 对于扫地机、AGV 等机器人应用十分重要，一度是 SLAM 技术的主体[11]（也是目前落地最为广泛的领域），在研究历史上涌现了许多著名方法，例如 FastSLAM[130]、GMapping[131]，等等。然而，由于二维平面运动的假设，当机器人本体或者场景中存在明显三维物体时，就会在方案层面遇到一些难以解决的问题。例如，大部分 2D SLAM 方案假设障碍物与激光雷达传感器在同一高度，但如果场景中存在其他高度的障碍物，或者物体形状随着高度有明显变化（例如桌面和桌腿就明显不一样），那么二维地图就无法有效地表达这类物体，导致机器人可能会与它们发生碰撞。再如，机器人运动在倾斜的坡面上时，扫描到的物体距离读数与真实距离存在几何上的差异。这些场景违反了二维运动假设，属于系统固有的问题，很难在 2D SLAM 的框架下解决。第 7 章介绍的 3D SLAM 可以很好地弥补这些由二维假设带来的缺陷。

另外，早期的 2D SLAM 系统通常将地图视为单个二维图像来处理，这种方法在实际使用中比较简单粗暴，不容易处理回环问题。本章将以比较现代的视角向读者介绍 2D SLAM，而且会尽量与 3D SLAM 采用类似的架构。在内容安排上，也尽量体现二者的相似性。

图 6-2 展示了一个典型的 2D SLAM 的框架。接下来简单描述它的流程。

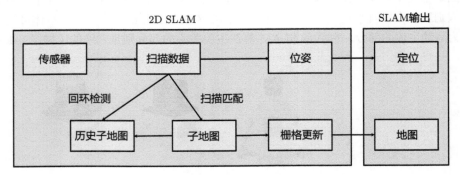

图 6-2　一个**典型**的 2D SLAM 的框架

1. 二维激光雷达传感器按照一定频率向外输出激光测距信息，我们称一圈数据为一次**扫描**（Scan）。

2. 为了计算这次扫描对应的机器人位姿，需要将它与某些东西进行**匹配**（或者**配准**，Registration）。这个过程称为**扫描匹配**（Scan Matching）。既可以将 Scan 与前一次 Scan 进行匹配，也可以将它与地图进行匹配，所以扫描匹配方法也可以进一步分为 Scan to Scan 和 Scan to Map 两种模式，两者的原理基本相同，实际中可以灵活使用。本章会实现常见的点到点、点到线的二维扫描匹配算法。

3. 当我们估计了这个 Scan 的位姿之后，就要将它组装到地图中。当然，Scan 的本质是点云，所以最简单的方案是把所有的 Scan 按时间顺序放到地图中，但那可能会受累积误差或运动物体的影响。现代 SLAM 方案往往使用更灵活的**子地图模式**，即将一些邻近的激光雷达扫描归入一个子地图，再将子地图拼接起来[132]。在子地图模式中，每个子地图内部都是固定的，不必重复计算。同时，子地图拥有自身独立的坐标系，它们相互之间的位姿是允许调整、优化的，所以在处理回环时，可以把子地图视作基本单元。而早期的 SLAM 方案往往只使用一张全局地图[131]。子地图是一种介于单帧与全图之间的管理方式，在处理回环检测、地图更新方面更加方便。本章也会以子地图模式来管理构建出来的地图。

4. 扫描得到的地图应该如何存储与更新？许多机器人地图需要区分地图中的**障碍物**与**可通行区域**。为了表达这些概念，会使用**占据栅格地图**（Occupancy Grid）进行地图的管理[133-134]。占据栅格地图可以有效地过滤运动物体对地图的影响，使地图变得更加干净。

本章将逐步实现上面介绍的主流 2D SLAM 算法。笔者将实现几种重要的扫描匹配算法，将它们构建为局部的子地图，然后利用回环修正的方式构建完整的占据栅格地图。扫描匹配算法是许多后续处理的核心算法。可以使用传统的迭代最近点（Iterated Closest Point）的方式来实现扫描匹配，也可以利用二维的特点，实现诸如高斯似然场类的图像方法。

6.2　扫描匹配算法

6.2.1　点到点的扫描匹配

先来介绍 2D SLAM 中的扫描匹配算法。单次二维扫描数据由一组角度和距离的数值对来表达，不妨记作 $(\rho, r)_i$，其中 ρ 表示该点与车辆自身的角度，r 表示该点离自身的距离，$i = 0, \cdots, N$ 表示有许多个测量点，N 的具体取值由激光的角分辨率决定。在程序实现中，往往把这些数据放在一个数组中。这些数据是扫描点的极坐标，可以自然地转换至笛卡儿坐标系中，以 $(x, y)_i$ 的形式来表达。

使用 OpenCV 显示二维激光雷达数据

从本章开始，将用到一些实际机器人采集到的数据，这些数据都是在真实场景中采集的，可以验证我们的算法在真实世界中是否令人满意。本节和后续章节需要用到一些 ROS 数据包。由于这些包容量比较大，请读者按照本书对应的代码仓库给出的下载地址，按照自己的需要下载数据包。如果读者的存储容量有限，那么不用下载所有的数据，只保留有代表性的数据即可。本节程序需要用到 2dmapping/目录下的数据包，其他章节也需要用到对应目录下的数据包。

为了方便测试不同算法在不同数据集下的表现，笔者为读者实现了 ROS 数据包的抽象接口，读者只需为不同消息定义回调函数即可。例如，本节演示的代码中，需要读取数据包中的二维扫描消息，然后交给可视化程序绘制。而其他章节中，这些数据可能要交给匹配算法进行配准。我们利用 C++ 的 Lambda 函数来实现这种灵活的调用方式：

src/ch6/test_2dlidar_io.cc

```
sad::RosbagIO rosbag_io(FLAGS_bag_path);
rosbag_io
.AddScan2DHandle("/pavo_scan_bottom",
  [](Scan2d::Ptr scan) {
    cv::Mat image;
    sad::Visualize2DScan(scan, SE2(), image, Vec3b(255, 0, 0));
    cv::imshow("scan", image);
    cv::waitKey(20);
    return true;
})
.Go();

void Visualize2DScan(Scan2d::Ptr scan, const SE2& pose, cv::Mat& image, const Vec3b& color, int
    image_size, float resolution, const SE2& pose_submap) {
```

```
     if (image.data == nullptr) {
       image = cv::Mat(image_size, image_size, CV_8UC3, cv::Vec3b(255, 255, 255));
16   }

     for (size_t i = 0; i < scan->ranges.size(); ++i) {
       if (scan->ranges[i] < scan->range_min || scan->ranges[i] > scan->range_max) {
         continue;
21     }

       double real_angle = scan->angle_min + i * scan->angle_increment;
       double x = scan->ranges[i] * std::cos(real_angle);
       double y = scan->ranges[i] * std::sin(real_angle);
26
       if (real_angle < scan->angle_min + 30 * M_PI / 180.0 || real_angle > scan->angle_max - 30 * M_PI
           / 180.0) {
         continue;
       }

31     Vec2d psubmap = pose_submap.inverse() * (pose * Vec2d(x, y));

       int image_x = int(psubmap[0] * resolution + image_size / 2);
       int image_y = int(psubmap[1] * resolution + image_size / 2);
       if (image_x >= 0 && image_x < image.cols && image_y >= 0 && image_y < image.rows) {
36       image.at<cv::Vec3b>(image_y, image_x) = cv::Vec3b(color[0], color[1], color[2]);
       }
     }

     // 同时画出pose自身所在位置
41   Vec2d pose_in_image =
     pose_submap.inverse() * (pose.translation()) * double(resolution) + Vec2d(image_size / 2,
         image_size / 2);
     cv::circle(image, cv::Point2f(pose_in_image[0], pose_in_image[1]), 5, cv::Scalar(color[0], color
         [1], color[2]), 2);
   }
```

可以看到，该程序使用 sad::RosbagIO 类，指定读取包中的 pavo_scan_bottom 消息，然后将该消息交给可视化函数进行演示。而可视化程序负责将雷达的距离和角度信息转化为笛卡儿坐标，再按一定分辨率绘制在图像中。如果输入机器人的位姿，则这个绘制程序还可以在运动状态下演示。而本程序先演示机器人本体坐标系下的扫描数据，所以这里把输入位姿给定为原点。

请读者编译 test_2dlidar_io 这个程序，然后调用以下指令，查看给定数据包中的激光雷达信息：

终端输入

```
/bin/test_2dlidar_io --bag_path ./dataset/sad/2dmapping/floor1.bag
```

读者应该能看到类似于图 6-3 那样的扫描数据。因为实际中的机器人是运动的，所以还应能看到场景中不同地方的结构。如果读者有较好的空间想象能力，那么应该能够推断出机器人的运动方向及周围的环境。

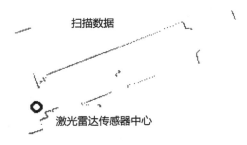

扫描数据

激光雷达传感器中心

图 6-3　单次二维扫描数据的样例

在图 6-3 那样的扫描数据中，我们把实际激光雷达打到的点称为**末端点**（End Point）。末端点有以下两层物理含义。

（1）末端点本身表示一个实际存在的障碍物。

（2）从传感器到末端点的连线上，不存在其他的障碍物。注意，第 2 层含义需要计算传感器到末端点的连线（传感器并不会测量这条连线。它只能测量末端点，所以这条连线的方程需要我们计算）。如果还想计算这条连线经过哪些栅格，就会涉及**光线投射算法**（Ray Casting）[135] 和**栅格化算法**（Rasterization）[136]。在后文的栅格地图构建中还会提到它们，并给出一种简单的实现方式。不过，在扫描匹配算法中，我们通常更关注其第 1 层含义，忽略第 2 层含义。在这个前提下，可以把单次扫描看成一个简单的二维点集。

现在来推导扫描匹配算法的数学模型。从状态估计的角度看，二维激光雷达的扫描数据可以记作观测数据 z。它是由机器人在位姿 x 上对某张地图 m 进行观测之后得到的数据。于是，观测模型可以简单地记作

$$z = h(x, m) + w, \tag{6.1}$$

其中 w 为噪声项。我们的目的是根据观测到的 z 和 m 来估计 x。那么，根据贝叶斯估计理论，x 可以通过**最大后验**（Maximum of a Posterior，MAP）或**最大似然估计**（Maximum of Likelihood Estimation，MLE）得到

$$x_{\mathrm{MLE}} = \arg\max p(x|z, m) = \arg\max p(z|x, m). \tag{6.2}$$

若仅考虑 Scan to Scan 的问题，则可以将 m 简单地写为上一次扫描数据。于是问题的关键变为如何定义观测方程的详细形式，即为每一个观测数据计算残差项。这里给出几种典型的解法：点到点的扫描匹配算法（ICP）[137]、点到线的扫描匹配算法（如 PL-ICP[138]、ICL[139]），以及高斯似然场法（或 CSM[140]）。在三维匹配算法中，笔者将更深入地介绍点到面[141-142]、NDT[80, 143-144] 等其他算法。因为二维扫描匹配不涉及面元素，所以这里只介绍点到点与点到线的算法。

观测方程的具体定义涉及以下问题。

1. 如何选取被匹配的点。原则上，所有被扫描到的点都应该参与匹配，但出于效率上的考量，也可以对其进行**采样**（Sampling）。采样的方法有很多种，从普通的均匀采样或随机采样

到基于法线、特征的采样，都可以在实际中使用。

2. 如何确定某个具体的扫描点 $(x, y)_i$ 对应地图上的哪个点。该问题也称为**数据关联**（Data Association）问题。该问题通常由最近邻法求解，即假设按照当前的估计位姿，与观测点最近的那个地图点即为匹配点。而在场类方法中，也可以取出地图中的栅格或场作为匹配点。

3. 在确定扫描点 $(x, y)_i$ 与对应的地图点 $\boldsymbol{m}_i$ 之后，如何计算其残差。这涉及残差的建模问题。完整的激光雷达扫描噪声模型（Beam Model）比较复杂，参数较多[145]，作为状态估计模型来说也不够平滑，实际中通常会对其做一些简化，甚至可以在最简单的情况下，直接将它看成一个二维的高斯分布，即 $\boldsymbol{w} \sim \mathcal{N}(\boldsymbol{0}, \boldsymbol{\Sigma})$。

可以看到，一个扫描匹配算法，在不同阶段存在大量选择，在工业界或学术界也存在着大量的基础方法的变种。本章从基础方法出发来介绍各种变种的由来，但不会尝试涵盖所有的扫描匹配算法。为了保持行文统一，笔者尽量使用同样的数学符号来描述问题，并给出各算法的代码实现。

首先，来看最简单的点到点匹配问题，该算法也被称为迭代最近点（Iterative Closest Point，ICP）算法[146]。ICP 算法将扫描匹配问题分为**数据关联**与**位姿估计**（Pose Estimation）两步，然后交替着执行这两个步骤，直至算法收敛。实际上，无论数据关联和位姿估计具体是怎么求解的，只要算法中包含了这两步交替的过程，就可以将它们称为**类 ICP**（ICP-like）算法[94, 147-148]。在已知匹配关系的情况下，ICP 可以进行闭式求解，但那样做就会舍弃进一步过滤异常点的可能性，同时会让点到点、点到面等方法看上去存在差异（注意，在优化视角下，二者是统一的）。为了让行文统一，笔者还是以残差和优化的形式来描述问题。

二维激光雷达的位姿由平移部分和旋转角度来描述①，可以简单地写为

$$\boldsymbol{x} = [x, y, \theta]^\top. \tag{6.3}$$

这里的 $\boldsymbol{x}$ 描述了机器人坐标系 B 到世界坐标系 W 的变换，按本书惯例记作 $\boldsymbol{x} = \boldsymbol{T}_{\mathrm{WB}}$。注意，后文还要引入子地图和每个子地图的坐标系，所以在这里澄清 $\boldsymbol{x}$ 的变换关系是有必要的。设机器人坐标系下的某个扫描点 $\boldsymbol{p}_i^{\mathrm{B}}$ 的距离与角度为 r_i, ρ_i，那么根据当前激光雷达的位姿，可以将它转换到世界坐标系下：

$$\boldsymbol{p}_i^{\mathrm{W}} = [x + r_i \cos(\rho_i + \theta), y + r_i \sin(\rho_i + \theta)]^\top. \tag{6.4}$$

如果在三维空间，式 (6.4) 可以记作

$$\boldsymbol{p}_i^{\mathrm{W}} = \boldsymbol{T}_{\mathrm{WB}} \boldsymbol{p}_i^{\mathrm{B}}. \tag{6.5}$$

而在程序中，因为 SE3 接口和 SE2 接口是一致的，在数学符号上也不刻意区分是三维的位姿还是二维的位姿。

---

① 程序中，使用 SE2 接口，它和 SE3 接口是基本一致的，完全可以对 SE3 和 SE2 使用相同的符号，例如矩阵乘法等。二维位姿在有些文献里也叫**三自由度位姿**。

假设在 p_i^{W} 附近找到了一个最近邻 q_i^{W}，则很容易构建出 p_i^{W} 到 q_i^{W} 之间的残差：

$$e_i = p_i^{\mathrm{W}} - q_i^{\mathrm{W}}, \tag{6.6}$$

该残差描述了两个点之间的欧氏几何距离，显然和机器人位姿是存在关系的。于是机器人位姿估计问题就可以转换为一个以 x, y, θ 为变量的最小二乘问题：

$$(x, y, \theta)^* = \arg\min_{\boldsymbol{x}} \sum_{i=1}^{n} \|e_i\|_2^2. \tag{6.7}$$

这个最小二乘问题可以由许多现成的求解器求解。

为了求解最小二乘问题，应该给出 e 对于各状态变量的导数。二维位姿的明显优势是不必再使用流形中的符号，可以直接使用拆散了的 x, y, θ（当然，非要统一成流形符号也可以，但没必要）。根据上文的定义，很容易得到

$$\frac{\partial e_i}{\partial x} = [1, 0]^\top, \tag{6.8a}$$

$$\frac{\partial e_i}{\partial y} = [0, 1]^\top, \tag{6.8b}$$

$$\frac{\partial e_i}{\partial \theta} = [-r_i \sin(\rho_i + \theta), r_i \cos(\rho_i + \theta)]^\top. \tag{6.8c}$$

不妨将它整理成矩阵形式：

$$\frac{\partial e_i}{\partial \boldsymbol{x}} = \begin{bmatrix} 1 & 0 \\ 0 & 1 \\ -r_i \sin(\rho_i + \theta) & r_i \cos(\rho_i + \theta) \end{bmatrix}^\top \in \mathbb{R}^{2\times 3}. \tag{6.9}$$

后面的实验环节将这个雅可比矩阵应用到高斯-牛顿法中。需要注意的是，如果状态变量 x, y, θ 发生了改变，那么 q_i 也会随之发生改变，导致整个问题发生变化。如果状态变量一开始被设定到离最优解很远的值，那么 q_i 很可能会是一个错误的点，这使得 ICP 类方法十分依赖于优化的初始值。这类问题后续还会讲到。

6.2.2　点到点 ICP 的实现（高斯-牛顿法）

下面通过手写高斯-牛顿法的方式来实现点到点的 ICP 方法。在每一次基于高斯-牛顿法的迭代中，重新计算点与点的最近邻，然后求解位姿的增量。这里的要点有两个：一是实现最近邻查找，二是实现高斯-牛顿迭代法。

由于第 5 章介绍的最近邻数据结构使用了三维点而不是二维点，因此这里用 PCL 的 K-d 树来实现二维点的最近邻查找。在设置目标点云时，需要为它构建一棵 K-d 树。本章的 2D ICP 类

接口如下：

src/ch6/icp_2d.h

```cpp
class Icp2d {
  public:
  using Point2d = pcl::PointXY;
  using Cloud2d = pcl::PointCloud<Point2d>;
  Icp2d() {}

  /// 设置目标的Scan
  void SetTarget(Scan2d::Ptr target) {
    target_scan_ = target;
    BuildTargetKdTree();
  }

  /// 设置被配准的Scan
  void SetSource(Scan2d::Ptr source) { source_scan_ = source; }

  /// 使用高斯-牛顿法进行配准
  bool AlignGaussNewton(SE2& init_pose);

  private:
  // 建立目标点云的K-d树
  void BuildTargetKdTree();

  pcl::search::KdTree<Point2d> kdtree_;
  Cloud2d::Ptr target_cloud_;   // PCL形式的目标点云

  Scan2d::Ptr target_scan_ = nullptr;
  Scan2d::Ptr source_scan_ = nullptr;
};
```

其中，AlginGaussNewton 函数实现了基于高斯-牛顿迭代法的 2D ICP：

src/ch6/icp_2d.cc

```cpp
bool Icp2d::AlignGaussNewton(SE2& init_pose) {
  int iterations = 10;
  double cost = 0, lastCost = 0;
  SE2 current_pose = init_pose;
  const float max_dis2 = 0.01;      // 最近邻时的最远距离
  const int min_effect_pts = 20;   // 最小有效点数

  for (int iter = 0; iter < iterations; ++iter) {
    Mat3d H = Mat3d::Zero();
    Vec3d b = Vec3d::Zero();
    cost = 0;

    int effective_num = 0;  // 有效点数

    // 遍历source
```

```
for (size_t i = 0; i < source_scan_->ranges.size(); ++i) {
  float r = source_scan_->ranges[i];
  if (r < source_scan_->range_min || r > source_scan_->range_max) {
    continue;
  }

  float angle = source_scan_->angle_min + i * source_scan_->angle_increment;
  float theta = current_pose.so2().log();
  Vec2d pw = current_pose * Vec2d(r * std::cos(angle), r * std::sin(angle));
  Point2d pt;
  pt.x = pw.x();
  pt.y = pw.y();

  // 最近邻
  std::vector<int> nn_idx;
  std::vector<float> dis;
  kdtree_.nearestKSearch(pt, 1, nn_idx, dis);

  if (nn_idx.size() > 0 && dis[0] < max_dis2) {
    effective_num++;
    Mat32d J;
    J << 1, 0, 0, 1, -r * std::sin(angle + theta), r * std::cos(angle + theta);
    H += J * J.transpose();

    Vec2d e(pt.x - target_cloud_->points[nn_idx[0]].x, pt.y -
    target_cloud_->points[nn_idx[0]].y);
    b += -J * e;

    cost += e.dot(e);
  }
}

if (effective_num < min_effect_pts) {
  return false;
}

// solve for dx
Vec3d dx = H.ldlt().solve(b);
if (isnan(dx[0])) {
  break;
}

cost /= effective_num;
if (iter > 0 && cost >= lastCost) {
  break;
}

LOG(INFO) << "iter " << iter << " cost = " << cost << ", effect num: " << effective_num;

current_pose.translation() += dx.head<2>();
current_pose.so2() = current_pose.so2() * SO2::exp(dx[2]);
lastCost = cost;
```

```
    }

    init_pose = current_pose;
    LOG(INFO) << "estimated pose: " << current_pose.translation().transpose()
72      << ", theta: " << current_pose.so2().log();

    return true;
}
```

　　这里的雅可比矩阵与前文介绍的理论部分能够对应起来。我们限制了最近邻点的最大平方距离（取 0.01），并且计算有效最近邻的数量，然后计算它们的平均误差。最后，按照高斯-牛顿法迭代出来的 current_pose 被填入返回结果中。

　　同样，写一个测试程序来测试 2D ICP 的结果：

src/ch6/test_2d_icp_s2s.cc

```
    rosbag_io.AddScan2DHandle("/pavo_scan_bottom",
      [&](Scan2d::Ptr scan) {
      current_scan = scan;

  5   if (last_scan == nullptr) {
        last_scan = current_scan;
        return true;
      }

 10   sad::Icp2d icp;
      icp.SetTarget(last_scan);
      icp.SetSource(current_scan);

      SE2 pose;
 15   if (FLAGS_method == "point2point") {
        icp.AlignGaussNewton(pose);
      } else if (fLS::FLAGS_method == "point2plane") {
        icp.AlignGaussNewtonPoint2Plane(pose);
      }

 20
      cv::Mat image;
      sad::Visualize2DScan(last_scan, SE2(), image, Vec3b(255, 0, 0));    // target是蓝的
      sad::Visualize2DScan(current_scan, pose, image, Vec3b(0, 0, 255));  // source是红的
      cv::imshow("scan", image);
 25   cv::waitKey(20);

      last_scan = current_scan;
      return true;
    })
 30 .Go();
```

　　这个程序将当前的扫描数据配准至上一个扫描数据中，然后使用 OpenCV 对结果进行可视化。上一帧数据以蓝色显示，当前帧数据以红色显示。配准之后，两个扫描应该能很好地重合。运

行这个程序可以看到实时的配准效果，如图 6-4 所示。读者也可以在终端看到 ICP 每次迭代的目标函数值与有效点数量等指标。不过，由于机器人在运动，两个扫描之间终究还是会有些不一样，之前未探索的区域会在当前帧显示出来，一些动态物体和扫描数据本身的运动畸变也会干扰整个配准的结果。调整 ICP 中的阈值或者优化模型中的参数，能在一定程度上减小动态物体的干扰。

图 6-4　点到点 ICP 的配准效果

该测试程序也适配了后文点到面 ICP 的接口，读者可以使用不同的 GFlags 来测试它。

6.2.3　点到线的扫描匹配算法

除了点到点的方法，ICP 还可以使用其他的误差形式。最常见的就是点到线或者点到面的形式。二维激光雷达中并不存在面，所以在此介绍点到线的形式（也可以将它看成低维的点到面）。点到线 ICP 的整体流程与点到点 ICP 的算法是一样的，只是在最近邻点的查找中，需要查找多于一个最近邻，例如 k 个，然后用这 k 个最近邻拟合一条直线，最后计算目标点与这条直线的垂直距离。这种方法被称为 Point-to-line ICP，缩写为 PL-ICP[138]。

设这 k 个最近邻点为 $(\boldsymbol{x}_1, \cdots, \boldsymbol{x}_k), \forall i \in 1, \cdots, k, \boldsymbol{x}_i \in \mathbb{R}^2$，在三维空间中，它们拟合出来的直线可以由方向向量 $\boldsymbol{d}$ 和原点 $\boldsymbol{p}$ 描述，其拟合方法已经在 5.3.3 节介绍过。三维空间中直线比平面的表示方式更复杂，而在二维空间中，直线可以简化为更简单的斜率与截距的模型。设直线的方程为

$$ax + by + c = 0, \tag{6.10}$$

其中 a, b, c 为直线的参数，那么直线的拟合可以构造成一个参数估计的最小二乘问题：

$$(a, b, c)^* = \arg\min \sum_{i=1}^{N} \|ax_i + by_i + c\|_2^2. \tag{6.11}$$

于是只需将各点的坐标排列成矩阵：

$$\boldsymbol{A} = \begin{bmatrix} x_1 & y_1 & 1 \\ x_2 & y_2 & 1 \\ & \cdots & \\ x_k & y_k & 1 \end{bmatrix}, \tag{6.12}$$

然后求 $\boldsymbol{A}$ 的最小奇异值向量。

在求得最近邻点的直线参数 (a, b, c) 后，任意一点 (x, y) 到该直线的垂直距离可以表示为

$$d = \frac{ax + by + c}{\sqrt{a^2 + b^2}}, \tag{6.13}$$

由于分母部分是固定的常数，可以忽略，于是可以直接使用残差：

$$e = ax + by + c, \tag{6.14}$$

作为目标函数。此时，直线的方程也提供了对应的雅可比矩阵：

$$\frac{\partial e}{\partial x} = a, \quad \frac{\partial e}{\partial y} = b. \tag{6.15}$$

因此，拟合出来的直线结果还可以指导优化的方向。后文将在三维的点面 ICP 中看到类似的结果。

在上面讨论的结果之上再加上激光雷达本身的位姿。设激光雷达所在的位置和角度为 $\boldsymbol{x} = (x, y, \theta)$，那么，对于某个激光点，设其距离和夹角为 (r_i, ρ_i)。将这个点转到世界坐标系下，得到 $\boldsymbol{p}_i^{\mathrm{W}}$。它的若干个最近邻拟合直线参数为 (a_i, b_i, c_i)，那么，它的残差 e_i 到位姿的雅可比矩阵可以由链式法则表示：

$$\frac{\partial e_i}{\partial \boldsymbol{x}} = \frac{\partial e_i}{\partial \boldsymbol{p}_i^{\mathrm{W}}} \frac{\partial \boldsymbol{p}_i^{\mathrm{W}}}{\partial \boldsymbol{x}}, \tag{6.16}$$

后面一项已经在式 (6.9) 中给出了，而前面一项可由直线参数给定。将它们乘在一起，得到

$$\frac{\partial e_i}{\partial \boldsymbol{x}} = [a_i, b_i, -a_i r_i \sin(\rho_i + \theta) + b_i r_i \cos(\rho_i + \theta)]^\top. \tag{6.17}$$

6.2.4　点到线 ICP 的实现（高斯-牛顿法）

下面来实现 6.2.3 节所述的算法。它的整体流程与点到点 ICP 一致，只需在前面的 ICP 类上添加一个接口：

src/ch6/icp_2d.cc

```cpp
bool Icp2d::AlignGaussNewtonPoint2Plane(SE2& init_pose) {
  int iterations = 10;
  double cost = 0, lastCost = 0;
  SE2 current_pose = init_pose;
  const float max_dis = 0.3;      // 最近邻时的最远距离
  const int min_effect_pts = 20;  // 最小有效点数

  for (int iter = 0; iter < iterations; ++iter) {
    Mat3d H = Mat3d::Zero();
    Vec3d b = Vec3d::Zero();
    cost = 0;

    int effective_num = 0;  // 有效点数

    // 遍历source
    for (size_t i = 0; i < source_scan_->ranges.size(); ++i) {
      float r = source_scan_->ranges[i];
      if (r < source_scan_->range_min || r > source_scan_->range_max) {
        continue;
      }

      float angle = source_scan_->angle_min + i * source_scan_->angle_increment;
      float theta = current_pose.so2().log();
      Vec2d pw = current_pose * Vec2d(r * std::cos(angle), r * std::sin(angle));
      Point2d pt;
      pt.x = pw.x();
      pt.y = pw.y();

      // 查找5个最近邻
      std::vector<int> nn_idx;
      std::vector<float> dis;
      kdtree_.nearestKSearch(pt, 5, nn_idx, dis);

      std::vector<Vec2d> effective_pts;  // 有效点
      for (int j = 0; j < nn_idx.size(); ++j) {
        if (dis[j] < max_dis) {
          effective_pts.emplace_back(
          Vec2d(target_cloud_->points[nn_idx[j]].x, target_cloud_->points[nn_idx[j]].y));
        }
      }

      if (effective_pts.size() < 3) {
        continue;
      }

      // 拟合直线，组装J、H和误差
      Vec3d line_coeffs;
      if (math::FitLine2D(effective_pts, line_coeffs)) {
        effective_num++;
        Vec3d J;
```

```
        J << line_coeffs[0], line_coeffs[1],
        -line_coeffs[0] * r * std::sin(angle + theta) + line_coeffs[1] * r * std::cos(angle + theta)
            ;
        H += J * J.transpose();

        double e = line_coeffs[0] * pw[0] + line_coeffs[1] * pw[1] + line_coeffs[2];
        b += -J * e;

        cost += e * e;
      }
    }

    if (effective_num < min_effect_pts) {
      return false;
    }

    // solve for dx
    Vec3d dx = H.ldlt().solve(b);
    if (isnan(dx[0])) {
      break;
    }

    cost /= effective_num;
    if (iter > 0 && cost >= lastCost) {
      break;
    }

    LOG(INFO) << "iter " << iter << " cost = " << cost << ", effect num: " << effective_num;

    current_pose.translation() += dx.head<2>();    current_pose.so2() = current_pose.so2() *
    SO2::exp(dx[2]);
    lastCost = cost;
  }

  init_pose = current_pose;
  LOG(INFO) << "estimated pose: " << current_pose.translation().transpose()
    << ", theta: " << current_pose.so2().log();

  return true;
}
```

在实现中，在目标点附近查找 5 个最近邻，然后用它们来拟合一个局部的线段。二维线段拟合算法在 common/math_utils.h 中给出：

src/common/math_utils.h

```
template <typename S>
bool FitLine2D(const std::vector<Eigen::Matrix<S, 2, 1>>& data, Eigen::Matrix<S, 3, 1>& coeffs) {
  if (data.size() < 2) {
    return false;
  }
```

```
   Eigen::MatrixXd A(data.size(), 3);
   for (int i = 0; i < data.size(); ++i) {
     A.row(i).head<2>() = data[i].transpose();
     A.row(i)[2] = 1.0;
11 }

   Eigen::JacobiSVD svd(A, Eigen::ComputeThinV);
   coeffs = svd.matrixV().col(2);
   return true;
16 }
```

请读者留意它和三维平面拟合算法的相似性。最后，使用 6.2.3 节的测试用例查看点到线 ICP 的配准效果。因为它和点到点的结果是类似的，这里不再附图，请读者自行实验（使用 6.2.3 节的测试程序，设定–method=point2plane 即可）。大体而言，点到面 ICP 的效果要比点到点 ICP 的更好，但由于要计算多个最近邻，其计算量也会相对较大。

6.2.5　似然场法

点到点或点到线 ICP 既可以用于 Scan to Scan 匹配，也可以用于 Scan to Map 的配准。如果把地图存储为离散的二维点，那么 ICP 类方法可以以相同的方式用于地图匹配。但是，在 2D SLAM 中，通常会按一定分辨率将地图储存为**占据栅格地图**（Occupancy Grid）。这是一种类似于图像的地图，它的栅格更新机制对动态物体有一定的过滤效果（6.3 节就会实现它）。于是，可以用类似 ICP 的方式，设计一种将扫描数据与栅格地图进行配准的方式。本节要介绍的似然场法（也叫高斯似然场，Gaussian Likelihood Field）就是一种可以把扫描数据与栅格地图进行配准的方法[11]。

在点到点 ICP 中，计算了某个目标点与另一个点云中的最近邻之间的欧氏距离误差。这个误差会随着这两个点的距离平方增长，累加之后形成问题的目标函数。直观地说，可以想象成每个点与它的最近邻之间安装了一个**弹簧**。这些弹簧产生的拉力最终会把点云拉至能量最小的位置上。然而，在 ICP 方法中，每迭代一次，就必须将这些弹簧重新安装一遍，这比较费时。换一种思路来考虑，不为这些点云安装弹簧，而是认为点云在空间中形成了一个**磁场**呢？磁场会吸引附近的点云，它的吸引力随距离呈平方衰减。这实际上就是似然场法的思想。可以在地图中每一个点附近定义一个不断向外衰减的场。但是，与物理中的**场**不同，计算机程序中的场会存在一定的**有效范围**和**分辨率**。这个场可以随距离呈平方衰减，也可以呈高斯衰减。当一个被测量点落在场附近时，可以用场的读数作为该点的误差函数。

似然场法既可以用于配准两个扫描数据，也可以用于配准一个扫描数据和一个地图数据，但更多时候，它与栅格地图相互配合，用于地图匹配。为了实现配准，我们要先生成这个似然场。本节只对点云数据生成似然场。在介绍了占据栅格地图之后，也可以对一个栅格地图生成它的似然场地图。似然场可以进一步和子地图绑定，实现简单快速的配准。本节，我们在每个点周围"画"一个随距离衰减的圆圈。这个圆圈是固定的，可以预先生成。

图 6-5 展示了一个二维扫描数据和它对应的似然场。从图中可以直观地看到，似然场围绕每个扫描点产生，随着距离变大而逐渐衰减。读者可以自己定义它的范围和衰减过程。似然场实际描述的是每一个像素与其最近的扫描点之间的距离函数，有些应用中也称为距离变换图（Distance Map）[149]。有了似然场之后，就不必再使用 K-d 树一类的最近邻结构来获取某个点的最近点，而可以直接使用似然场中的读数。

图 6-5　一个二维扫描数据和它对应的似然场

下面笔者推导如何基于似然场实现扫描匹配算法。似然场中的读数可以直接作为配准时的目标函数使用。考虑某个点 p_i^{B} 经过位姿 x 的变换后，得到世界坐标系上的点 p_i^{W}。同时，存在一个世界坐标系下[①] 的似然场 π。这个点落在似然场 π 中的读数为 $\pi(p_i^{\mathrm{W}})$。于是，x 可以通过求解最优化问题得到

$$x^* = \arg\min_{x} \sum_{i=1}^{n} \|\pi(p_i^{\mathrm{W}})\|_2^2, \tag{6.18}$$

而 π 函数对位姿 x 的雅可比矩阵可以由链式法则分解为

$$\frac{\partial \pi}{\partial x} = \frac{\partial \pi}{\partial p_i^{\mathrm{W}}} \frac{\partial p_i^{\mathrm{W}}}{\partial x}. \tag{6.19}$$

后一项已经在式 (6.9) 中给出，我们主要来看前一项。

由于似然场以图像形式存储，因此必然需要对 p_i^{W} 按照某种分辨率进行采样。设 p_i^{W} 到它的图像坐标 p_i^f 的转换关系为

$$p_i^f = \alpha p_i^{\mathrm{W}} + c, \tag{6.20}$$

其中 α 为缩放倍率，$c \in \mathbb{R}^2$ 为图像中心的偏移量。注意，图像的起始坐标通常位于左上角，而物体坐标的零点通常位于中心，因此偏移量通常是图像尺寸的一半。那么，函数 π 相对于 p_i^{W} 的

---

① 当然，似然场并不一定需要在世界坐标系下维护，后文的似然场主要在子地图坐标系下维护。

导数为

$$\frac{\partial \pi}{\partial \boldsymbol{p}_i^{\mathrm{W}}} = \frac{\partial \pi}{\partial \boldsymbol{p}_i^f} \frac{\partial \boldsymbol{p}_i^f}{\partial \boldsymbol{p}_i^{\mathrm{W}}} = \alpha[\Delta\pi_x, \Delta\pi_y]^{\top}, \tag{6.21}$$

其中，$[\Delta\pi_x, \Delta\pi_y]$ 为似然场在图像上面的梯度。由于我们把每个点的似然函数定义成一个光滑的函数，因此它的梯度同样是可靠的。将这两个矩阵乘在一起，就可以得到每个残差相对于位姿的雅可比矩阵：

$$\frac{\partial \pi}{\partial \boldsymbol{x}} = [\alpha\Delta\pi_x, \alpha\Delta\pi_y, -\alpha\Delta\pi_x r_i \sin(\rho_i + \theta) + \alpha\Delta\pi_y r_i \cos(\rho_i + \theta)]^{\top}. \tag{6.22}$$

利用该雅可比矩阵，可以实现基于高斯-牛顿法的配准。

6.2.6　似然场法的实现（高斯-牛顿法）

在实现似然场法时，需要在设置目标点云时生成它对应的似然场。似然场中的每个点可以使用一个预先生成的、固定大小的模板，把它"贴"到目标点云的每个点上。

src/ch6/likelihood_field.cc

```cpp
class LikelihoodField {
public:
  /// 似然场的模板，在设置target scan或map的时候生成
  struct ModelPoint {
    ModelPoint(int dx, int dy, float res) : dx_(dx), dy_(dy), residual_(res) {}
    int dx_ = 0;
    int dy_ = 0;
    float residual_ = 0;
  };

private:
    std::vector<ModelPoint> model_;  // 二维模板
};

void LikelihoodField::BuildModel() {
  const int range = 20;  // 生成多少个像素的模板
  for (int x = -range; x <= range; ++x) {
    for (int y = -range; y <= range; ++y) {
      model_.emplace_back(x, y, std::sqrt((x * x) + (y * y)));
    }
  }
}

void LikelihoodField::SetTargetScan(Scan2d::Ptr scan) {
  target_ = scan;

  // 在target点上生成场函数
  field_ = cv::Mat(1000, 1000, CV_32F, 30.0);
```

```
     for (size_t i = 0; i < scan->ranges.size(); ++i) {
       if (scan->ranges[i] < scan->range_min || scan->ranges[i] > scan->range_max) {
         continue;
       }

34
       double real_angle = scan->angle_min + i * scan->angle_increment;
       double x = scan->ranges[i] * std::cos(real_angle) * resolution_ + 500;
       double y = scan->ranges[i] * std::sin(real_angle) * resolution_ + 500;

39     // 在(x,y)附近填入场函数
       for (auto& model_pt : model_) {
         int xx = int(x + model_pt.dx_);
         int yy = int(y + model_pt.dy_);
         if (xx >= 0 && xx < field_.cols && yy >= 0 && yy < field_.rows &&
44           field_.at<float>(yy, xx) > model_pt.residual_) {
             field_.at<float>(yy, xx) = model_pt.residual_;
         }
       }
     }
49 }
```

使用一张 1,000 像素 ×1,000 像素的图像来存储似然场数据。该类在构建时会生成一个 20 像素边长的模板，然后为每个点"贴"上这个模板。生成似然场后，就可以使用先前的高斯-牛顿法来配准两个扫描数据了。

src/ch6/likelihood_field.cc

```
1  bool LikelihoodField::AlignGaussNewton(SE2& init_pose) {
     int iterations = 10;
     double cost = 0, lastCost = 0;
     SE2 current_pose = init_pose;
     const int min_effect_pts = 20;  // 最小有效点数
6    const int image_boarder = 20;    // 预留图像边界

     for (int iter = 0; iter < iterations; ++iter) {
       Mat3d H = Mat3d::Zero();
       Vec3d b = Vec3d::Zero();
11     cost = 0;

       int effective_num = 0;  // 有效点数

       // 遍历source
16     for (size_t i = 0; i < source_->ranges.size(); ++i) {
         float r = source_->ranges[i];
         if (r < source_->range_min || r > source_->range_max) {
           continue;
         }
21
         float angle = source_->angle_min + i * source_->angle_increment;
         float theta = current_pose.so2().log();
         Vec2d pw = current_pose * Vec2d(r * std::cos(angle), r * std::sin(angle));
```

```
      // 在field中的图像坐标
      Vec2i pf = (pw * resolution_ + Vec2d(500, 500)).cast<int>();

      if (pf[0] >= image_boarder && pf[0] < field_.cols - image_boarder && pf[1] >=
      image_boarder &&
      pf[1] < field_.rows - image_boarder) {
        effective_num++;

        // 图像梯度
        float dx = 0.5 * (field_.at<float>(pf[1], pf[0] + 1) - field_.at<float>(pf[1], pf[0] - 1));
        float dy = 0.5 * (field_.at<float>(pf[1] + 1, pf[0]) - field_.at<float>(pf[1] - 1, pf[0]));

        Vec3d J;
        J << resolution_ * dx, resolution_ * dy,
        -resolution_ * dx * r * std::sin(angle + theta) + resolution_ * dy * r * std::cos(angle +
            theta);
        H += J * J.transpose();

        float e = field_.at<float>(pf[1], pf[0]);
        b += -J * e;

        cost += e * e;
      }
    }

    if (effective_num < min_effect_pts) {
      return false;
    }

    // solve for dx
    Vec3d dx = H.ldlt().solve(b);
    if (isnan(dx[0])) {
      break;
    }

    cost /= effective_num;
    if (iter > 0 && cost >= lastCost) {
      break;
    }

    LOG(INFO) << "iter " << iter << " cost = " << cost << ", effect num: " << effective_num;

    current_pose.translation() += dx.head<2>();
    current_pose.so2() = current_pose.so2() * SO2::exp(dx[2]);
    lastCost = cost;
  }

  init_pose = current_pose;
  return true;
}
```

　　仅需要把之前 ICP 的残差、雅可比矩阵替换成似然场中的残差与雅可比矩阵的形式。读者可以运行本书提供的测试程序，查看二维似然场法的匹配结果：

终端输入：

```
bin/test_2d_icp_likelihood
```

　　该程序除了显示配准结果，还会显示实时的单帧似然场数据。读者应该能看到似然场和扫描数据是一致的，如图 6-6 所示。

图 6-6　实时的扫描数据和似然场数据

6.2.7　似然场法的实现（g2o）

　　下面展示如何使用 g2o 优化器[150] 实现基于似然场的扫描匹配算法。如果使用优化器，则可以更方便地调用不同的迭代策略，也可以更方便地设置鲁棒核函数，实现更为鲁棒的匹配算法。实际上，前文实现的各种配准方法也都可以转换为优化器的实现方式。先定义 SE(2) 的位姿顶点和每个扫描点对应的观测误差边。

src/ch6/g2o_types.h

```
class VertexSE2 : public g2o::BaseVertex<3, SE2> {
public:
  EIGEN_MAKE_ALIGNED_OPERATOR_NEW

  void setToOriginImpl() override { _estimate = SE2(); }
  void oplusImpl(const double* update) override {
    _estimate.translation()[0] += update[0];
    _estimate.translation()[1] += update[1];
    _estimate.so2() = _estimate.so2() * SO2::exp(update[2]);
  }
};

class EdgeSE2LikelihoodFiled : public g2o::BaseUnaryEdge<1, double, VertexSE2> {
```

```cpp
public:
  EIGEN_MAKE_ALIGNED_OPERATOR_NEW;
  EdgeSE2LikelihoodFiled(const cv::Mat& field_image, double range, double angle, float resolution
    = 10.0) : field_image_(field_image), range_(range), angle_(angle), resolution_(resolution) {}

  void computeError() override {
    VertexSE2* v = (VertexSE2*)_vertices[0];
    SE2 pose = v->estimate();
    Vec2d pw = pose * Vec2d(range_ * std::cos(angle_), range_ * std::sin(angle_));
    Vec2i pf = (pw * resolution_ + Vec2d(field_image_.rows / 2, field_image_.cols / 2)).cast<int>();

    if (pf[0] >= image_boarder_ && pf[0] < field_image_.cols - image_boarder_ && pf[1] >=
      image_boarder_ && pf[1] < field_image_.rows - image_boarder_) {
      _error[0] = field_image_.at<float>(pf[1], pf[0]);
    } else {
      _error[0] = 0;
      setLevel(1);
    }
  }

  void linearizeOplus() override {
    VertexSE2* v = (VertexSE2*)_vertices[0];
    SE2 pose = v->estimate();
    float theta = pose.so2().log();
    Vec2d pw = pose * Vec2d(range_ * std::cos(angle_), range_ * std::sin(angle_));
    Vec2i pf = (pw * resolution_ + Vec2d(field_image_.rows / 2, field_image_.cols / 2)).cast<int>();

    if (pf[0] >= image_boarder_ && pf[0] < field_image_.cols - image_boarder_ && pf[1] >=
      image_boarder_ && pf[1] < field_image_.rows - image_boarder_) {
      // 图像梯度
      float dx = 0.5 * (field_image_.at<float>(pf[1], pf[0] + 1) - field_image_.at<float>(pf[1], pf
        [0] - 1));
      float dy = 0.5 * (field_image_.at<float>(pf[1] + 1, pf[0]) - field_image_.at<float>(pf[1] - 1,
        pf[0]));

      _jacobianOplusXi << resolution_ * dx, resolution_ * dy,
        -resolution_ * dx * range_ * std::sin(angle_ + theta) +
        resolution_ * dy * range_ * std::cos(angle_ + theta);
    } else {
      _jacobianOplusXi.setZero();
      setLevel(1);
    }
  }

private:
  const cv::Mat& field_image_;
  double range_;
  double angle_;
  float resolution_ = 10.0;
  inline static const int image_boarder_ = 10;
};
```

这里的雅可比矩阵部分和前文的推导是一致的，只是把似然场的图像移至该类的内部，用来快速查找对应的场函数值和它的梯度。接下来，只需要把之前高斯-牛顿法中的迭代过程改成优化问题。

src/ch6/likelihood_field.cc

```cpp
bool LikelihoodField::AlignG2O(SE2& init_pose) {
  using BlockSolverType = g2o::BlockSolver<g2o::BlockSolverTraits<3, 1>>;
  using LinearSolverType = g2o::LinearSolverCholmod<BlockSolverType::PoseMatrixType>;
  auto* solver = new g2o::OptimizationAlgorithmLevenberg(
  g2o::make_unique<BlockSolverType>(g2o::make_unique<LinearSolverType>()));
  g2o::SparseOptimizer optimizer;
  optimizer.setAlgorithm(solver);

  auto* v = new VertexSE2();
  v->setId(0);
  v->setEstimate(init_pose);
  optimizer.addVertex(v);

  // 遍历source
  for (size_t i = 0; i < source_->ranges.size(); ++i) {
    float r = source_->ranges[i];
    if (r < source_->range_min || r > source_->range_max) {
      continue;
    }

    float angle = source_->angle_min + i * source_->angle_increment;
    auto e = new EdgeSE2LikelihoodFiled(field_, r, angle, resolution_);
    e->setVertex(0, v);
    e->setInformation(Eigen::Matrix<double, 1, 1>::Identity());
    optimizer.addEdge(e);
  }

  optimizer.setVerbose(true);
  optimizer.initializeOptimization();
  optimizer.optimize(10);

  init_pose = v->estimate();
  return true;
}
```

这样就实现了基于 g2o 的二维扫描匹配算法。对 6.2.6 节的测试程序添加–method=g2o，就可以测试优化器版本的似然场匹配。由于二者效果类似，本节不再贴出结果图片。读者可以根据类似的思路实现基于 Ceres 或其他优化器的版本。也可以对似然场图像（如图 6-6 所示）进行线性插值，以获得更准确的误差函数。笔者把这两部分的内容留作习题。

6.3　占据栅格地图

6.3.1　占据栅格地图的原理

在进行扫描匹配之后，得到了两个扫描数据之间的相对运动。这个过程相当于 SLAM 中的**定位**问题。先来考察**建图**的部分。

如果我们使用 Scan to Map 的方式进行扫描匹配，就可以得到它相对于地图的位姿。我们自然可以把这个扫描数据合并到地图中，组成一个局部的地图。不过，对于地图的构建过程，实际上存在一些可以讨论的地方。例如，是应该一次性构建一整张地图，还是一块一块地进行构建？是把所有的扫描点放在一起构成地图，还是应该设置一些相互覆盖、刷新的策略？早期的 2D SLAM 方案通常采用比较简单朴素的、仅构建一整张地图的方案，然而这种做法存在诸多局限性。所以，本书会介绍相对灵活的，基于占据**栅格地图**和**子地图**的管理模式。

首先介绍**占据栅格地图**。所谓占据栅格，就是以栅格的形式（或者以图像的形式）存储占据概率的地图。栅格是一种非常简单的二维地图形式。它把地图分为许多平面的小格，然后在每个格子内存储一些自定义的信息。这些信息的组织方式是相当灵活的。如果存储的是障碍物信息，就称为障碍物栅格地图，可以用于路径规划[151]。人们也会在栅格中存储语义信息，称为语义栅格[152]。栅格地图往往和图像关联，每个栅格可以和图像像素一一对应。栅格地图的存储、可视化都可以用 OpenCV 这样的图像库来实现。总体来说，栅格地图是一种广泛使用的，用于表达二维平面上稠密信息的方式。

在许多机器人应用中，人们只关心地图中每个栅格的**可通行情况**，而不在意更加复杂的语义信息（乘用车则不然，所以栅格地图甚少在室外车辆中使用）。所以，只需表达出每个栅格是否有物体占据即可。有没有物体占据是一个概率信息。在扫描地图之前，我们完全不知道地图中是否有障碍物，所以应该将占据概率设为 0.5。如果多次观察到某个栅格中存在障碍物，那么它的占据概率会逐渐上升至 1。反之，如果多次观测到某栅格是可以通行的，就把它的占据概率降至 0。二维激光雷达传感器测量到的末端点表示栅格被占据，车体与末端点的连线表示栅格可以通过，则可以很方便地对二维激光雷达扫描数据进行栅格化。

需要注意的是，有些应用中用**占据**栅格表示障碍物，也有些应用中用**通行**概率表示栅格是否可以通行。这两种概率需要反过来计算，但没有实质差别。占据栅格中，概率为 1 表示该栅格存在障碍物，而通行栅格中，概率为 1 表示该栅格没有障碍物。实际中，二者均可以自由使用。

另外，栅格地图是可以动态更新的，并非每个栅格概率都从 0.5 收敛至 0 或者 1。如果机器人多次看到一个栅格是障碍物，那么它的占据概率会不断上升；如果一个格子多次被观测到为空，那么它的占据概率应该下降。如果一个物体一开始存在于某些栅格中，过了一段时间该物体又走开了，那么这些栅格的概率会先上升，再下降。总而言之，占据栅格地图应该满足以下几个描述。

1. 以栅格的形式存储每个格子被障碍物占据的概率。这个概率应该是 $0 \sim 1$ 的浮点数。

2. 栅格具有一定的分辨率，且通常是稠密的。

3. 占据概率会随着观测而发生改变。在数学上，占据概率的更新逻辑应该符合概率学要求。从工程的角度看，也可以使用观测次数等更加简单明了的指标。

图 6-7 所示为二维激光雷达的占据栅格与投射过程。当激光从发射器向外投射时，我们可以认为末端点对应的栅格存在障碍物，而从激光雷达传感器中心到末端点的路径上则是空白的。注意，这种几何模型仅对**二维**的机器人有效。如果机器人本身存在一定高度，或者激光发射的探测线有一定倾斜，那么整个模型就不再适用。那时，二维激光雷达的占据栅格只能表明**在这个高度下**是否存在障碍物。除了激光探测的这个高度，其他高度的障碍物也可能导致机器人无法通行，典型的例子包括矮台阶、桌面或一些悬挂的障碍物，等等。因此，如果机器人运动不能简化为二维运动，则必须在地图层面考虑到其他高度的物体带来的影响。

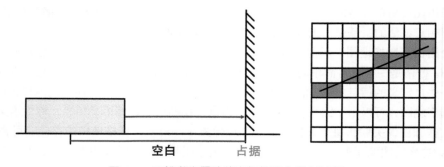

图 6-7　二维激光雷达的占据栅格与投射过程

由于栅格地图本身存在分辨率限制，将连续的激光线条转换成栅格地图中每个格子的概率增减时，存在一个**栅格化**（Rasterization）的过程，即图 6-7 右侧展示的部分。栅格化是图形学中的一个概念，描述了将各种各样的几何体转换到栅格输出的过程。在二维栅格地图中，可以选择对每个激光线条计算栅格化的结果。不过，如果激光角分辨率很高，或者激光测量距离很远，则这个过程也会比较耗时。于是，也可以选择先计算一个固定大小的模板区域。前者需要对每条激光扫描线计算直线的栅格化，后者需要对每个模板点计算栅格化。分别实现这两种算法，比较它们的性能。

6.3.2　基于 Bresenham 算法的地图生成

Bresenham 算法是一种对直线进行栅格化的算法，通常用于几何直线的矢量化[153]。它可以完全由整数运算来实现，所以效率非常高。而栅格地图上的点本身就是整数坐标，因此 Bresenham 算法适用于刷新栅格地图。设地图坐标系下，机器人原点为 p_1，某个末端点为 p_2，二者均为整数坐标。我们希望在地图中填充一条从 p_1 指向 p_2 的直线，标记它们为可通行区域。Bresenham 算法的流程如下：

1. 记 $[\mathrm{d}x, \mathrm{d}y] = \boldsymbol{p}_2 - \boldsymbol{p}_1$，表示坐标增长的方向。
2. 比较 $|\mathrm{d}x|$ 和 $|\mathrm{d}y|$，取大的那个为主要增长方向。不妨记为 x 轴。
3. 取初始的 (x, y) 从 $\boldsymbol{p}_1$ 出发。因为直线的斜率为 $\mathrm{d}y/\mathrm{d}x$，所以每当 x 自增 1，该点的坐标与真实直线的误差就自增 $\mathrm{d}y/\mathrm{d}x$。这个误差值大于 0.5 以后，让 y 增加 1，同时误差减 1。
4. 重复上述过程直到 x, y 到达 $\boldsymbol{p}_2$ 点。

该算法的第 3 步出现了浮点运算，而我们希望整个算法使用整数运算，所以可将第 3 步的所有运算和判断乘以 $2\mathrm{d}x$ 再减 $\mathrm{d}x$，于是变为：

1. 记 $[\mathrm{d}x, \mathrm{d}y] = \boldsymbol{p}_2 - \boldsymbol{p}_1$，表示坐标增长的方向。
2. 比较 $|\mathrm{d}x|$ 和 $|\mathrm{d}y|$，取大的那个为主要增长方向。不妨记为 x 轴。
3. 取初始的 (x, y) 从 $\boldsymbol{p}_1$ 出发。取初始误差为 $e = -\mathrm{d}x$。每当 x 自增 1，e 增加 $2\mathrm{d}y$。若 $e > 0$，y 自增 1，e 减去 $2\mathrm{d}x$。
4. 重复上述过程直到 x, y 到达 $\boldsymbol{p}_2$ 点。

这样就回避了浮点和除法运算，整个算法只有加法和乘法。同理，如果 y 为主要增长轴，则将 x 和 y 的符号调转即可。

在栅格地图中实现 Bresenham 算法的程序如下：

src/ch6/occupancy_map.cc

```cpp
void OccupancyMap::BresenhamFilling(const Vec2i& p1, const Vec2i& p2) {
  int dx = p2.x() - p1.x();
  int dy = p2.y() - p1.y();
  int ux = dx > 0 ? 1 : -1;
  int uy = dy > 0 ? 1 : -1;

  dx = abs(dx);
  dy = abs(dy);
  int x = p1.x();
  int y = p1.y();

  if (dx > dy) {
    // 以x为增量
    int e = -dx;
    for (int i = 0; i < dx; ++i) {
      x += ux;
      e += 2 * dy;
      if (e >= 0) {
        y += uy;
        e -= 2 * dx;
      }

      if (Vec2i(x, y) != p2) {
        SetPoint(Vec2i(x, y), false);
      }
    }
  } else {
```

```
     int e = -dy;
     for (int i = 0; i < dy; ++i) {
       y += uy;
31     e += 2 * dx;
       if (e >= 0) {
         x += ux;
         e -= 2 * dy;
       }
36     if (Vec2i(x, y) != p2) {
         SetPoint(Vec2i(x, y), false);
       }
     }
   }
41 }

   /// 设置栅格中的某个点为占据
   void OccupancyMap::SetPoint(const Vec2i& pt, bool occupy) {
     int x = pt[0], y = pt[1];
46   if (x < 0 || y < 0 || x >= occupancy_grid_.cols || y >= occupancy_grid_.rows) {
       if (occupy) {
         has_outside_pts_ = true;
       }

51     return;
     }

     /// 设置了一个上下限
     uchar value = occupancy_grid_.at<uchar>(y, x);
56   if (occupy) {
       if (value > 117) {
         occupancy_grid_.ptr<uchar>(y)[x] -= 1;
       }
     } else {
61     if (value < 137) {
         occupancy_grid_.ptr<uchar>(y)[x] += 1;
       }
     }
   }
```

6.3.3　基于模板的地图生成

如果不使用直线填充算法，或者直线数量和距离明显超过指定区域（例如，有些激光射程可达 100 米至 200 米），那么可以考虑使用模板算法进行栅格填充。模板区域内每个格子的角度和距离都是预先算好的，如图 6-8 所示。需要更新栅格地图时，将模板中的每个格子的距离值与激光**在该角度下的距离值**进行比较。如果模板中的距离小于激光打到的距离，就可以认为该格子是空白的。如果等于激光打到的距离值，则认为该格子被占据。如果大于激光打到的距离值，则该格子不做更新。这样，就可以回避对每个激光线进行栅格化的过程。

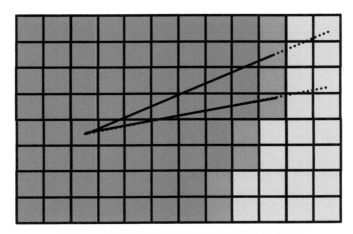

图 6-8　利用模板方式计算占据栅格的示意图

栅格地图的更新**原则上**应该按照概率形式来计算。换句话说，每个栅格存储自己被占据的概率，这个数应该为 0 ~ 1 的浮点数。当每次被观测到占据或者非占据时，按照概率原理更新自身的占据概率估计。这种方式需要引入 logit 的概念，在实际计算中会引入指数和对数的计算，反而比较复杂。在工程中，可以直接使用图像灰度来描述一个格子是否被占据。由于 8 位图像使用 0 ~ 255 的整数来描述灰度，所以，如果一个栅格数值为 127，则可以认为该格子的状态为未知。每次观测到障碍物时，让该格的数值减一；反之则加一。同时，限制每个格子的最大与最小计数。这样，相当于统计了每个格子被观测到障碍物的次数，既能形成更新的效果，又节省了计算时间。在后文的实现过程中，主要以这种方式来实现概率栅格。

下面来实现占据栅格地图。为了与后文保持兼容，需要注意以下几点。

1. 由于后文会以子地图的形式来管理地图并实现回环检测，因此会对每个子地图生成一个对应的占据栅格地图。占据栅格地图本身的尺寸不会很大，它们使用子地图的坐标系。在没有进行回环修正时，可以视为地图坐标系。
2. 占据栅格地图也会和前面介绍的似然场绑定。一个子地图会**同时生成**占据栅格地图和对应的似然场，供匹配算法使用。似然场用栅格地图中已经表示为障碍物的栅格生成。
3. 本节介绍如何对二维的扫描数据生成局部的占据栅格地图，6.5 节将介绍如何管理多个栅格地图，以及如何将这些栅格地图合并成一个全局地图。

栅格地图的实现参见 src/ch6/occupancy_map.h 和相应的.cc 文件，其中比较重要的是栅格化算法。如果某个扫描数据的位姿已知，就可以把它加到一个栅格地图中。利用前文介绍的模板区域方法，计算栅格地图中哪些格点应该被观测为障碍物，哪些又被观测为可通行状态。

首先，栅格地图会在构造时生成一个固定大小的模板。预先计算好模板点的距离和夹角：

src/ch6/occupancy_map.cc

```
/// 栅格模板，预先计算
struct Model2DPoint {
  int dx_ = 0;
  int dy_ = 0;
  double angle_ = 0;  // in rad
  float range_ = 0;   // in meters
};


void OccupancyMap::BuildModel() {
  for (int x = -model_size_; x <= model_size_; x++) {
    for (int y = -model_size_; y <= model_size_; y++) {
      Model2DPoint pt;
      pt.dx_ = x;
      pt.dy_ = y;
      pt.range_ = sqrt(x * x + y * y) * inv_resolution_;
      pt.angle_ = std::atan2(y, x);
      pt.angle_ = pt.angle_ > M_PI ? pt.angle_ - 2 * M_PI : pt.angle_;  // limit in 2pi
      model_.push_back(pt);
    }
  }
}
```

利用这个模板来更新栅格信息，先将激光雷达扫描数据转到世界坐标系下，然后按角度进行排序。遍历所有模板栅格，比较模板栅格在某个角度中的距离是否大于激光雷达扫描到的距离，再进行栅格的更新操作。这种做法的计算量是固定的（总体计算量和模板点数线性相关），而且非常容易实现并发。实现代码如下：

src/ch6/occupancy_map.cc

```
void OccupancyMap::AddLidarFrame(std::shared_ptr<Frame> frame, GridMethod method) {
  auto& scan = frame->scan_;
  SE2 pose_in_submap = pose_.inverse() * frame->pose_;
  float theta = pose_in_submap.so2().log();
  has_outside_pts_ = false;

  // 先计算末端点所在的网格
  std::set<Vec2i, less_vec<2>> endpoints;

  for (size_t i = 0; i < scan->ranges.size(); ++i) {
    if (scan->ranges[i] < scan->range_min || scan->ranges[i] > scan->range_max) {
      continue;
    }

    double real_angle = scan->angle_min + i * scan->angle_increment;
    double x = scan->ranges[i] * std::cos(real_angle);
    double y = scan->ranges[i] * std::sin(real_angle);

    endpoints.emplace(World2Image(frame->pose_ * Vec2d(x, y)));
```

```
    }

    if (method == GridMethod::MODEL_POINTS) {
      // 遍历模板，生成白色点
      std::for_each(std::execution::par_unseq, model_.begin(), model_.end(), [&](const Model2DPoint&
          pt) {
        Vec2i pos_in_image = World2Image(frame->pose_.translation());
        Vec2i pw = pos_in_image + Vec2i(pt.dx_, pt.dy_);  // 子地图下

        if (pt.range_ < closest_th_) {
          // 较小的距离内认为无物体
          SetPoint(pw, false);
          return;
        }

        double angle = pt.angle_ - theta;  // 激光坐标系下的角度
        double range = FindRangeInAngle(angle, scan);

        if (range < scan->range_min || range > scan->range_max) {
          /// 某方向无测量值时，认为无效
          /// 离机器比较近时，染白
          if (pt.range_ < endpoint_close_th_) {
            SetPoint(pw, false);
          }
          return;
        }

        if (range > pt.range_ && endpoints.find(pw) == endpoints.end()) {
          /// 末端点与车体连线上的点，染白
          SetPoint(pw, false);
        }
      });
    } else {
      Vec2i start = World2Image(frame->pose_.translation());
      std::for_each(std::execution::par_unseq, endpoints.begin(), endpoints.end(),
      [this, &start](const auto& pt) { BresenhamFilling(start, pt); });
    }

    /// 末端点染黑
    std::for_each(endpoints.begin(), endpoints.end(), [this](const auto& pt) { SetPoint(pt, true); });
}
```

　　栅格的更新结果直观地体现为"**染黑**"或者"**染白**"这样的染色问题。占据栅格被染黑，通行栅格被染白。因为加入了一些工程上的调整（例如，机器本身会具有一定体积），所以机器周围一定范围内的栅格会被染白，表示既然机器人在行走，附近区域必然可以通行。而实际的机器人附近通常会有人通过，或者由于激光雷达安装角度的问题，检测到了车体的一部分，这些问题在实际中都应该被考虑。

　　接下来，不做扫描匹配，单独测试对单个扫描数据进行栅格地图建图的结果。此时，栅格地图只有一个扫描数据，其中大部分栅格的概率值在 0.5 上下，将它进行二值化后显示出来，即只要

栅格中的存储值不等于 127，就会显示为黑色或者白色：

src/ch6/occupancy_map.cc

```
cv::Mat OccupancyMap::GetOccupancyGridBlackWhite() const {
  cv::Mat image(image_size_, image_size_, CV_8UC3);
  for (int x = 0; x < occupancy_grid_.cols; ++x) {
    for (int y = 0; y < occupancy_grid_.rows; ++y) {
      if (occupancy_grid_.at<uchar>(y, x) == 127) {
        image.at<cv::Vec3b>(y, x) = cv::Vec3b(127, 127, 127);
      } else if (occupancy_grid_.at<uchar>(y, x) < 127) {
        image.at<cv::Vec3b>(y, x) = cv::Vec3b(0, 0, 0);
      } else if (occupancy_grid_.at<uchar>(y, x) > 127) {
        image.at<cv::Vec3b>(y, x) = cv::Vec3b(255, 255, 255);
      }
    }
  }

  return image;
}
```

请读者编译运行 test_occupancy_grid 程序：

终端输入：

```
bin/test_occupancy_grid --bag_path ./dataset/sad/2dmapping/floor1.bag
```

可以通过–method 选项来指定不同的填充方法。该程序会显示单个扫描数据生成的栅格地图，如图 6-9 所示。最终的栅格地图就是这些栅格地图叠加之后的效果。可以看到，二维激光雷达扫描得到的障碍物和可通行区域与我们直观上想象的形状一致。实验中使用的激光雷达并不是 360° 的，在机器人身后区域会留有一个盲区。大部分具有一定高度的机器人都不可能让传感器完全悬空，不可避免地会遮挡一部分传感器数据。

图 6-9　单个扫描数据生成的栅格地图

在本章的测试程序中，模板算法需要大约 $10 \sim 20$ ms 来完成模板的填充，而直线方法只需要不到 1 ms，两者有明显的差异。这是因为模板方法的更新点数明显大于直线方法（几十万点对几百个点）。如果激光的角分辨率变得更高，或者距离变得更远，则模板方法可以限制计算范围，省下一些计算时间。

在基于模板刷新的栅格地图中，子地图的大小以及模板的大小，需要依据实际的传感器量程来设定。如果模板太小，则远处扫描的数据很可能用不上；如果子地图太小，则可能需要频繁地扩展子地图，带来不必要的计算。这里取 20 米的激光量程，栅格的模板和子地图大小都是按照这个量程来设定的。如果读者使用了更远的激光，则应该适当扩大这些参数。参数改变之后，算法的计算效率也会发生明显改变，请读者自行尝试。

6.4　子地图

6.4.1　子地图的原理

接下来，把匹配算法和栅格地图放在一起，利用栅格地图的更新机制将匹配好的数据放到一起。进一步，可以把若干个匹配好的结果放在一起，形成一个个**子地图**（Submap）。子地图是介于单个扫描数据与全局地图之间的数据组织形式。它把若干个扫描数据按时间顺序归到一起，使用起来非常灵活。它们既可以用于 2D SLAM，也可以用于 3D SLAM。

我们认为每个子地图含有一个可随时调整的位姿，以 $T_{\mathrm{WS}} \in \mathrm{SE}(2)$ 表示，其中 W 表示世界坐标系，S 表示子地图坐标系。于是，在进行配准时，Scan to Map 算法实际计算的是当前激光扫描与子地图之间的位姿关系 T_{SC}，这里 C 表示当前的扫描数据坐标系。那么，每个扫描数据的世界坐标为

$$T_{\mathrm{WC}} = T_{\mathrm{WS}} T_{\mathrm{SC}}. \tag{6.23}$$

这种做法将**子地图位姿**变量 T_{WS} 分离出来。每次求解的是相对于当前子地图的位姿，而每个子地图又有相对于世界的位姿。于是，在扫描匹配时，计算当前激光雷达的 T_{SC}。该变量算出之后即被固定。当我们希望调整整个地图的形状时，只需要调整每个子地图的 T_{WS}，不必再调整子地图内部的内容（也就是每帧的 T_{SC}）。于是，回环检测可以把子地图视为一个基本单元来处理，而无须考虑每个关键帧的世界坐标系下位姿。

按照下面的逻辑来实现一个基于子地图的 2D SLAM。

1. 一个子地图对应一个似然场和一个栅格地图。
2. 总是把当前的扫描数据与当前的子地图进行匹配，得到该扫描数据在当前子地图中的位姿[①]。

[①]这一步在工程实现中是比较灵活的。如果算力充裕，则可以匹配更多的历史子地图。

3. 如果机器人发生移动或转动，则按一定距离和角度取关键帧。

4. 如果机器人的移动范围超出了当前子地图，或者当前子地图包含的关键帧超出了一定数量，就建立一个新的子地图。新的子地图以当前帧为中心，它的位姿取 $T_{WS} = T_{WC}$。此时，新地图上面完全没有数据。为了方便后续配准，我们把旧的子地图里最近的一些关键帧复制至新的子地图中。

5. 合并每个子地图的栅格地图，就可以得到全局地图。

这个流程并不限于 2D SLAM，也可以在 3D SLAM 或者视觉 SLAM 中使用子地图的模式，只是实现起来会比单个地图复杂。

6.4.2　子地图的实现

在实现层面，把栅格地图和似然场的对象都放在 Submap 类内部，然后把建图的算法流程放在 Mapping 2D 类中。

Submap 类的主要内容如下：

src/ch6/submap.h

```
class Submap {
public:
  Submap(const SE2& pose) : pose_(pose) {
    Vec2f center = pose_.translation().cast<float>();
    occu_map_.SetCenter(center);
    field_.SetCenter(center);
  }

  /// 将frame与当前子地图进行匹配，计算frame->pose
  bool MatchScan(std::shared_ptr<Frame> frame);

  /// 在栅格地图中增加一个帧
  void AddScanInOccupancyMap(std::shared_ptr<Frame> frame);

  void AddKeyFrame(std::shared_ptr<Frame> frame) { frames_.emplace_back(frame); }

private:
  SE2 pose_;  // 子地图的pose, Tws
  size_t id_ = 0;

  std::vector<std::shared_ptr<Frame>> frames_;  // 一个子地图中的关键帧
  LikelihoodField field_;                        // 用于匹配
  OccupancyMap occu_map_;                        // 用于生成栅格地图
};
```

子地图的主要函数是扫描匹配与栅格地图的更新。这两个函数通过调用内部的对象函数来实现：

src/ch6/submap.cc

```
 1  bool Submap::MatchScan(std::shared_ptr<Frame> frame) {
      field_.SetSourceScan(frame->scan_);
      field_.AlignG2O(frame->pose_submap_);
      frame->pose_ = pose_ * frame->pose_submap_;   // T_w_c = T_w_s * T_s_c

 6    return true;
    }

    void Submap::AddScanInOccupancyMap(std::shared_ptr<Frame> frame) {
      occu_map_.AddLidarFrame(frame, OccupancyMap::GridMethod::MODEL_POINTS);   // 更新栅格地图中的格子
11    field_.SetFieldImageFromOccuMap(occu_map_.GetOccupancyGrid());            // 更新场函数图像
    }
```

调用基于 g2o 的似然场方法来实现配准，在配准中加入一些边界条件检查与鲁棒核函数，保证配准结果不受运动物体的影响。读者可以参考源代码来看这些步骤是如何实现的。接下来看外层的建图流程：

src/ch6/mapping_2d.cc

```
    bool Mapping2D::ProcessScan(Scan2d::Ptr scan) {
      current_frame_ = std::make_shared<Frame>(scan);
 3    current_frame_->id_ = frame_id_++;

      LOG(INFO) << "processing frame " << current_frame_->id_;
      if (last_frame_) {
        // set pose from last frame
 8      current_frame_->pose_ = last_frame_->pose_;
      }

      // 利用Scan Matching匹配地图
      if (!first_scan_) {
13      // 第一帧无法匹配，直接加入occupancy map
        current_submap_->MatchScan(current_frame_);
      }

      first_scan_ = false;
18    current_submap_->AddScanInOccupancyMap(current_frame_);

      if (IsKeyFrame()) {
        AddKeyFrame();

23      if (current_submap_->HasOutsidePoints() || (current_submap_->NumFrames()) > 50) {
          /// 离开当前子地图，或者单个子地图中的关键帧较多
          ExpandSubmap();
        }
      }

28    last_frame_ = current_frame_;

      return true;
```

```
 33 │ }
    │
    │ bool Mapping2D::IsKeyFrame() {
    │   if (last_keyframe_ == nullptr) {
    │     return true;
    │   }
 38 │
    │   SE2 delta_pose = last_keyframe_->pose_.inverse() * current_frame_->pose_;
    │   if (delta_pose.translation().norm() > keyframe_pos_th_ || fabs(delta_pose.so2().log()) >
    │   keyframe_ang_th_) {
    │     return true;
 43 │   }
    │
    │   return false;
    │ }
    │
 48 │ void Mapping2D::AddKeyFrame() {
    │   LOG(INFO) << "add keyframe " << keyframe_id_;
    │   current_frame_->keyframe_id_ = keyframe_id_++;
    │
    │   current_submap_->AddKeyFrame(current_frame_);
 53 │   last_keyframe_ = current_frame_;
    │ }
    │
    │ void Mapping2D::ExpandSubmap() {
    │   // 将当前子地图替换成新的
 58 │   all_submaps_.emplace_back(current_submap_);
    │
    │   current_submap_ = std::make_shared<Submap>(current_frame_->pose_);
    │   current_submap_->SetId(submap_id_++);
    │   current_submap_->AddKeyFrame(current_frame_);
 63 │   current_submap_->AddScanInOccupancyMap(current_frame_);
    │
    │   LOG(INFO) << "create submap " << current_submap_->GetId();
    │ }
```

　　总是把当前的扫描数据在当前的子地图中进行匹配。如果机器运动了一段距离，就把当前帧设置为新的关键帧。每个关键帧都会被放到当前的子地图中。如果子地图中的关键帧数量超过预定数目，则添加新的子地图，然后把旧的子地图放到历史数据中。

　　本节的测试程序只需读入 ROS 数据包中的激光雷达数据，不需要别的数据。这样就搭建了一个纯激光雷达的 2D SLAM：

src/ch6/test_2d_mapping.cc

```
    │ sad::RosbagIO rosbag_io(fLS::FLAGS_bag_path);
    │ sad::Mapping2D mapping;
    │
  4 │ if (mapping.Init(FLAGS_with_loop_closing) == false) {
    │   return -1;
    │ }
```

```
rosbag_io.AddScan2DHandle("/pavo_scan_bottom", [&](Scan2d::Ptr scan) { return mapping.ProcessScan(
    scan); }).Go();
cv::imwrite("./data/ch6/global_map.png", mapping.ShowGlobalMap(1000));
return 0;
```

　　读者可以运行 test_2d_mapping 测试程序，查看整个子地图的切换过程及每个子地图的栅格图与似然场图像。本节程序默认关闭回环检测。6.5 节会使用同样的测试程序，然后打开回环检测，测试打开之后的效果。

　　图 6-10 展示了运行过程中的 2D SLAM 的单个子地图和它对应的似然场。在测试过程中，这些图像都会动态地计算与更新，读者应能看到扫描匹配与子地图切换的过程。笔者将激光当前的位姿与当前的扫描数据以不同颜色画到了结果中，以便显示实时定位与建图效果。

图 6-10　运动过程中的 2D SLAM 的单个子地图与它对应的似然场

　　除了当前的子地图，也输出了全局地图的图像以供调试，如图 6-11 所示（此图的实际大小由程序参数指定，如果读者希望看到更清晰的图像，那么可以自行设定更大的图像尺寸）。虽然还未介绍回环检测算法，但可以看到，机器运动一段时间之后，累积误差会使地图产生明显的重影现象。6.5 节将介绍如何对已有地图进行回环检测，并消除这些累积误差。

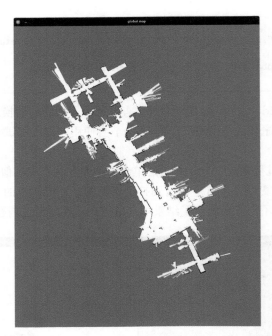

图 6-11   不带回环检测的全局地图。当机器人走完上半部分区域回到中心区域后，各个子地图之间会存在明显的重影现象

6.5   回环检测与闭环

回环检测是 SLAM 系统里的一个重要主题。如果没有回环检测，那么无论是激光雷达里程计还是惯性轮速的里程计方法，都会随着时间推移产生累积误差。6.4 节的例子就很清楚地展示了这个问题。当机器人走完一圈回到原来的场地时，新的子地图会与原来的子地图存在一定重叠区域。如果不对这些重叠区域做任何配准，那么它们在拼接时就会产生明显的重影现象。于是我们自然地想到，只要把当前的扫描数据或者子地图与历史地图配准，再调整各子地图之间的相对位置关系，不就可以轻松地消除累积误差了吗？事实也确实如此，不过这个过程中会产生以下细节问题。

1. 应该检查哪些历史子地图？这是一个回环**检测**问题，即应该检测哪些可能存在的回环。直观上看，与当前扫描数据空间位置相近的子地图都应该被配准，然而这种空间位置关系是基于当前估计轨迹建立的。如果累积误差变得过大，可能导致当前估计轨迹与实际回环区域存在显著偏差，导致回环没有被正确检测到。要使用这种方法，需要对累积误差的大小有一个大概的了解。

2. 检测回环时用的配准方法与里程计中的配准方法稍有不同。里程计的配准是基于**连续运动**的。它的前提是最优解与初始状态差别不大。而回环的位姿初值是由**累积误差的多少决定的**，它的位姿初值可能离优化值较远。在设计回环的配准算法时应该充分考虑到这一点。本书介绍的 ICP、似然场方法都会受到初值的严重影响。于是，实际的回环配准算法通常是在原有的 ICP 或似然场基础之上，增加一些针对较差位姿初值的处理方法，例如**网格搜索**（Grid Searching）[154]、**粒子滤波**（Particle Filter）[155]、**分枝定界**（Branch and Bound，BAB）[132]、**金字塔法**（Image Pyramid）[156]，等等。我们可以选择其中一种使用。其中分枝定界和金字塔法是比较实用的，二者的原理也比较相似。

3. 在检测到回环之后，需要对整个地图进行位姿修正。这种修正既可以基于关键帧的位姿来做，也可以基于子地图的位姿来做。子地图的数量要远少于关键帧的数量，所以使用子地图的优化问题规模会小很多。如果前端已经使用子地图管理，那么回环优化使用子地图作为数据单元是非常合适的。不过，基于子地图的回环优化无法修复单个子地图内部的畸变，因此现实中也有很多系统仍然使用关键帧作为基本的数据单元。

6.5.1　多分辨率的回环检测

金字塔式的回环检测方法，也被称为**由粗至精的**（Coarse-to-Fine），或者多分辨率（Multi-Resolution）的配准方法。与其说它是一种方法，不如说它是一种解决初值问题的思路。这些思路的应用相当普遍，并不限于点云配准这一个主题。例如，分枝定界法既是一种用于粗配准的方法，也是整数规划中的一个重要方法，可以用于遍历任意树形的结构。金字塔方法既可以用于似然场的配准，也是光流法（Optical Flow）中的重要手段[157]，在许多计算机视觉任务中都有用处。从遍历方法的角度来看，它们都是快速地遍历某个问题的求解范围，在不影响效果的前提下找到最优解。由于分枝定界和由粗至精的方法都需要用到多个分辨率下的栅格地图，因此把它们统一归类至多分辨率下的回环检测方法。

本节介绍多分辨率的似然场匹配。注意，它依旧是一个扫描匹配问题，无非是在原先的基础上增加了初始位姿估计不太准确这个条件。为了减少初始值不准确带来的影响，我们在原有的似然场之外，增加一些其他分辨率的似然场。例如，在前面的示例代码中使用分辨率为 20 像素/米的栅格地图与似然场。如果初始位姿估计较差，那么激光投出来的点可能产生较大的误差，难以与动态物体产生的误差区分，容易被当成异常值剔除。如果使用小分辨率的似然场，那么每个点对应的误差也会变小。于是，可以在小分辨率的似然场中先进行一次配准，然后把粗配准的结果投影到高分辨率的似然场中，形成由粗至精的匹配过程。图 6-12 直观地显示了多分辨率配准的可视化结果。这里使用了四层似然场。每往上一层，场的图像大小缩小一半。最小分辨率下的似然场里的障碍物形状已经很难看清了，但是每个障碍物点形成的似然场的物理尺寸也变得更大。这在一定程度上允许了较差的初始位姿。

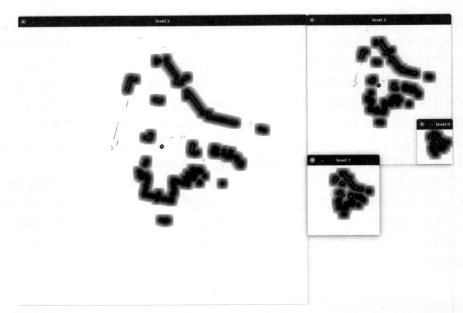

图 6-12　多分辨率配准的可视化结果。左侧：原始分辨率的似然场；右侧：其他降低分辨率之后的似然场。红
色：未配准的扫描数据；绿色：配准之后的扫描数据

多分辨率配准的代码参见 src/ch6/multi_resolution_likelihood_field.cc。它的整体逻辑和帧
间匹配一致，但在细节参数方面做了一定的调整。似然场也从单个变成多个：

src/ch6/multi_resolution_likelihood_field.cc

```
void MRLikelihoodField::BuildModel() {
  const int range = 20;  // 生成多少个像素的模板

  /// 生成模板金字塔图像
  field_ = {
    cv::Mat(125, 125, CV_32F, 30.0),
    cv::Mat(250, 250, CV_32F, 30.0),
    cv::Mat(500, 500, CV_32F, 30.0),
    cv::Mat(1000, 1000, CV_32F, 30.0),
  };

  for (int x = -range; x <= range; ++x) {
    for (int y = -range; y <= range; ++y) {
      model_.emplace_back(x, y, std::sqrt((x * x) + (y * y)));
    }
  }
}

bool MRLikelihoodField::AlignG2O(SE2& init_pose) {
  num_inliers_.clear();
```

```
  inlier_ratio_.clear();

  for (int l = 0; l < levels_; ++l) {
    if (!AlignInLevel(l, init_pose)) {
      return false;
    }
  }

  return true;
}

bool MRLikelihoodField::AlignInLevel(int level, SE2& init_pose) {
  using BlockSolverType = g2o::BlockSolver<g2o::BlockSolverTraits<3, 1>>;
  using LinearSolverType = g2o::LinearSolverCholmod<BlockSolverType::PoseMatrixType>;
  auto* solver = new g2o::OptimizationAlgorithmLevenberg(
  g2o::make_unique<BlockSolverType>(g2o::make_unique<LinearSolverType>()));
  g2o::SparseOptimizer optimizer;
  optimizer.setAlgorithm(solver);

  auto* v = new VertexSE2();
  v->setId(0);
  v->setEstimate(init_pose);
  optimizer.addVertex(v);

  const double range_th = 15.0;   // 不考虑太远的scan，不准
  const double rk_delta[] = {0.2, 0.3, 0.6, 0.8};

  std::vector<EdgeSE2LikelihoodFiled*> edges;

  // 遍历source
  for (size_t i = 0; i < source_->ranges.size(); ++i) {
    float r = source_->ranges[i];
    if (r < source_->range_min || r > source_->range_max) {
      continue;
    }

    if (r > range_th) {
      continue;
    }

    float angle = source_->angle_min + i * source_->angle_increment;
    if (angle < source_->angle_min + 30 * M_PI / 180.0 || angle > source_->angle_max - 30 * M_PI /
        180.0) {
      continue;
    }

    auto e = new EdgeSE2LikelihoodFiled(field_[level], r, angle, resolution_[level]);
    e->setVertex(0, v);

    if (e->IsOutSide()) {
      delete e;
      continue;
```

```
      }

      e->setInformation(Eigen::Matrix<double, 1, 1>::Identity());
75    auto rk = new g2o::RobustKernelHuber;
      rk->setDelta(rk_delta[level]);
      e->setRobustKernel(rk);
      optimizer.addEdge(e);

80    edges.emplace_back(e);
    }

    if (edges.empty()) {
      return false;
85    }

    optimizer.setVerbose(false);
    optimizer.initializeOptimization();
    optimizer.optimize(10);
90
    /// 计算edges中有多少inlier
    int num_inliers =
    std::accumulate(edges.begin(), edges.end(), 0, [&rk_delta, level](int num, EdgeSE2LikelihoodFiled*
        e) {
      if (e->level() == 0 && e->chi2() < rk_delta[level]) {
95      return num + 1;
      }
      return num;
    });

100   std::vector<double> chi2(edges.size());
    for (int i = 0; i < edges.size(); ++i) {
      chi2[i] = edges[i]->chi2();
    }

105   std::sort(chi2.begin(), chi2.end());

    /// 要求inlier的比例超过一定值
    const float inlier_ratio_th = 0.4;
    float inlier_ratio = float(num_inliers) / edges.size();
110
    num_inliers_.emplace_back(num_inliers);
    inlier_ratio_.emplace_back(inlier_ratio);

    if (num_inliers > 100 && inlier_ratio > inlier_ratio_th) {
115   init_pose = v->estimate();
      return true;
    } else {
      // LOG(INFO) << "rejected because ratio is not enough: " << inlier_ratio;
      return false;
120   }
}
```

我们来实现金字塔式的匹配方式。如果上层匹配失败，就不再进行下层的匹配。注意，由于初值可能较差，而且我们的激光雷达并不是 360° 旋转的，因此可能导致当前的扫描与历史的子地图虽然在同一个位置，但可能朝向不同，从而导致扫描数据与地图存在较大差异。帧间匹配时的激光雷达扫描整体上与子地图的相似性很高，而回环检测时的子地图与扫描数据的匹配度很可能没有那么高。从图 6-12 的例子中可以明显看出激光雷达扫描左侧的很大一部分区域在该子地图中并没有被匹配，这是因为机器人虽然回到了之前的子地图，但并不一定回到和当初完全一样的朝向。为了允许这种部分匹配的情况，在多分辨率配准中，只要匹配点数超过所有扫描数据的一定比例（实现中取 40%），就可以认为地图被匹配上了。这个阈值是回环检测的一个关键阈值，它体现了回环检测的敏感程度。如果要求匹配比例较高，那么回环检测会变得**更准确**、**更严格**，但可能导致机器人要完全回到出发点，并且具有相同朝向时才会产生回环效果；反之，如果降低这里的匹配度要求，那么回环会变得**更灵敏**、**更宽松**，但也可能导致错误的回环结果。这种算法中的阈值设定需要考虑实际的场景和激光雷达传感器的安装方式。本书实验中使用的激光雷达传感器只有 270°的视场，因此天然地不适用于过高的匹配比例，所以实现时取了较低的 40%。读者也可以尝试采用其他的阈值。

本节主要将多分辨率地图用于由粗至精的配准过程（Coarse-to-Fine）。需要注意的是，其他算法也可以使用多分辨率的地图实现配准。例如，在典型的分枝定界法配准过程中[132]，就会使用粗分辨率的结果来指导后续的搜索过程。就配准结果而言，它们是非常类似的。由粗至精的方法会在每层分辨率上进行一次匹配，而分枝定界则在每层取若干个解，计算一次匹配分值。由于它们的实现方法非常相似，本书并不准备介绍其他算法的细节，只实现其中一种回环检测方法，并观察其实现结果。

6.5.2　基于子地图的回环修正

如果回环检测成功地得到了当前帧与历史子地图之间的配准关系，就会启动一次回环修正。这个问题又可以建模为一个 SE(2) 上的位姿图（Pose Graph）问题。而且，由于前面章节已经构建了子地图，位姿图问题可以仅使用子地图位姿作为优化节点。

考虑当前帧与某个历史子地图之间的关系。我们通过多分辨率匹配计算了当前帧在历史子地图中的位姿。记历史子地图 S_1 本身的位姿为 T_{WS_1}，当前帧自身的位姿为 T_{WC}，当前帧所在的子地图 S_2 的位姿为 T_{WS_2}。那么多分辨率匹配实际计算的应该是相对位姿 T_{S_1C}。于是，可以把这个结果转换为历史子地图与当前子地图之间的位姿变换：

$$T_{S_1S_2} = T_{S_1C}T_{WC}^{-1}T_{WS_2} \tag{6.24}$$

得到 S_1 与 S_2 之间的相对位姿关系。这个过程的示意图如图 6-13 所示。

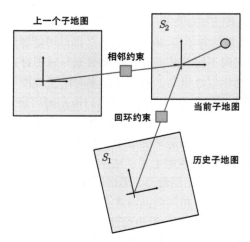

上一个子地图

S_2

相邻约束

当前子地图

回环约束

S_1

历史子地图

图 6-13 子地图的位姿图优化示意图

在回环优化中，以每个子地图的位姿为优化变量，构建一个位姿图进行优化。该位姿图的观测主要来源于两种：一种是相邻位姿图之间的相对位姿观测，另一种是回环检测计算出来的两个子地图之间的相对位姿关系。依旧考虑子地图 S_1 和子地图 S_2 之间的相对位姿，假设回环检测计算的相对位姿观测量为 $\boldsymbol{T}_{S_1 S_2}$，那么它的残差项为

$$e = \mathrm{Log}(\boldsymbol{T}_{\mathrm{WS}_1}^{-1} \boldsymbol{T}_{\mathrm{WS}_2} \boldsymbol{T}_{\mathrm{S}_1\mathrm{S}_2}^{-1}) \in \mathbb{R}^3. \tag{6.25}$$

它的雅可比矩阵比较烦琐，我们交给自动求导来完成。为了防止检测到错误的回环，可以添加一个回环的验证过程，即修正的累积误差不应该太大，否则回环会被当成异常值剔除。回环检测的实现代码如下：

src/ch6/loop_closing.cc

```
class LoopClosing {
  public:
  /// 一个回环约束
  struct LoopConstraints {
    LoopConstraints(size_t id1, size_t id2, const SE2& T12) : id_submap1_(id1), id_submap2_(id2),
        T12_(T12) {}
    size_t id_submap1_ = 0;
    size_t id_submap2_ = 0;
    SE2 T12_;  //  相对pose
    bool valid_ = true;
  };

  /// 添加最近的子地图, 这个子地图可能正在构建中
  void AddNewSubmap(std::shared_ptr<Submap> submap);

  /// 添加一个已经建完的子地图
```

```
   void AddFinishedSubmap(std::shared_ptr<Submap> submap);

   /// 为新的frame进行回环检测，更新它的pose和子地图的pose
19  void AddNewFrame(std::shared_ptr<Frame> frame);
private:
   /// 检测当前帧与历史地图可能存在的回环
   bool DetectLoopCandidates();
24
   /// 将当前帧与历史子地图进行匹配
   void MatchInHistorySubmaps();

   /// 进行子地图间的pose graph优化
29  void Optimize();

   std::shared_ptr<Frame> current_frame_ = nullptr;
   size_t last_submap_id_ = 0;  // 最新子地图的id

34  std::map<size_t, std::shared_ptr<Submap>> submaps_;  // 所有的子地图

   // 子地图到mr field之间的对应关系
   std::map<std::shared_ptr<Submap>, std::shared_ptr<MRLikelihoodField>> submap_to_field_;

39  std::vector<size_t> current_candidates_;                      // 可能的回环检测点
   std::map<std::pair<size_t, size_t>, LoopConstraints> loop_constraints_;  // 回环约束，以被约束的两
      个子地图为索引

   /// 参数
   inline static constexpr float candidate_distance_th_ = 15.0;  // candidate frame与子地图中心之间的
      距离
44  inline static constexpr int submap_gap_ = 1;                  // 当前scan与最近子地图编号上的差异
   inline static constexpr double loop_rk_delta_ = 1.0;          // 回环检测的robust kernel阈值
};

void LoopClosing::AddFinishedSubmap(std::shared_ptr<Submap> submap) {
49  auto mr_field = std::make_shared<MRLikelihoodField>();
   mr_field->SetPose(submap->GetPose());
   mr_field->SetFieldImageFromOccuMap(submap->GetOccuMap().GetOccupancyGrid());
   submap_to_field_.emplace(submap, mr_field);
}
54
void LoopClosing::AddNewSubmap(std::shared_ptr<Submap> submap) {
   submaps_.emplace(submap->GetId(), submap);
   last_submap_id_ = submap->GetId();
}
59
void LoopClosing::AddNewFrame(std::shared_ptr<Frame> frame) {
   current_frame_ = frame;
   if (!DetectLoopCandidates()) {
      return;
64  }
```

```
      MatchInHistorySubmaps();

      if (has_new_loops_) {
69      Optimize();
      }
    }

  bool LoopClosing::DetectLoopCandidates() {
74    // 要求当前帧与历史子地图有一定间隔
    has_new_loops_ = false;
    if (last_submap_id_ < submap_gap_) {
      return false;
    }
79
    current_candidates_.clear();

    for (auto& sp : submaps_) {
      if ((last_submap_id_ - sp.first) <= submap_gap_) {
84        // 不检查最近的几个子地图
        continue;
      }

      // 如果这个子地图和历史子地图已经存在有效的关联，也忽略之
89      auto hist_iter = loop_constraints_.find(std::pair<size_t, size_t>(sp.first, last_submap_id_));
      if (hist_iter != loop_constraints_.end() && hist_iter->second.valid_) {
        continue;
      }

94      Vec2d center = sp.second->GetPose().translation();
      Vec2d frame_pos = current_frame_->pose_.translation();
      double dis = (center - frame_pos).norm();
      if (dis < candidate_distance_th_) {
        current_candidates_.emplace_back(sp.first);
99      }
      }

    return !current_candidates_.empty();
  }
104
  void LoopClosing::MatchInHistorySubmaps() {
    // 先把要检查的scan、pose和submap存入离线文件，把mr match调完了再实际上线
    // current_frame_->Dump("./data/ch6/frame_" + std::to_string(current_frame_->id_) + ".txt");

109    for (const size_t& can : current_candidates_) {
      auto mr = submap_to_field_.at(submaps_[can]);
      mr->SetSourceScan(current_frame_->scan_);

      auto submap = submaps_[can];
114      SE2 pose_in_target_submap = submap->GetPose().inverse() * current_frame_->pose_;   // T_S1_C
      SE2 init_guess = pose_in_target_submap;

      if (mr->AlignG2O(pose_in_target_submap)) {
```

```
119    // 将当前子地图的限制条件设置到目标子地图
       // T_S1_S2 = T_S1_C * T_C_W * T_W_S2
       SE2 T_this_cur =
       pose_in_target_submap * current_frame_->pose_.inverse() * submaps_[last_submap_id_]->GetPose()
           ;
       loop_constraints_.emplace(std::pair<size_t, size_t>(can, last_submap_id_),
         LoopConstraints(can, last_submap_id_, T_this_cur));
124    has_new_loops_ = true;
     }
   }

   current_candidates_.clear();
129 }
```

　　该部分代码在每个子地图完成时建立它的多分辨率似然场，然后将最近的 Scan 与建完的子地图进行匹配。如果多分辨率匹配成功，就调用 Optimize 函数进行一次回环修正。修正的结果将直接影响每个子地图的位姿。Optimize 函数实现了 g2o 图优化的搭建，由于过程和之前列出的 g2o 程序类似，本节不再给出。为了简化程序，不把回环检测作为独立线程运行（否则需要为很多数据进行加锁或解锁处理），而是将它简单地串行在 2D 建图的主函数中。同时，把子地图的坐标系及子地图之间的回环关系显示在全局地图中，运行 test_2d_mapping 程序并设定–with_loop_closing=true 就可以实时地看到这个过程。回环修正之后的全局地图如图 6-14 所示，对比图 6-11，可以明显看到地图中间部分得到了修复。

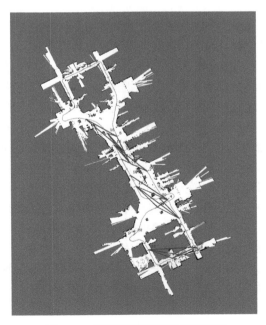

图 6-14　回环修正之后的全局地图

至此，笔者和读者一起完成了一个相对完整的、基于子地图管理模式的 2D SLAM 程序。如果把这种栅格地图保存下来，则能直接用于定位和导航。许多现实中的机器人，或者功能相对简单的自动驾驶车辆，就是通过这种方式实现自主定位和导航的。简洁起见，本节代码并未考虑许多工程上的细节，读者可以去完善它。

6.5.3　讨论

下面给出本节程序的一些改进点。本书主要介绍算法原理，不希望引入过多工程细节使代码变得复杂，以下内容主要以叙述为主。

激光雷达的运动补偿、反光等问题

首先，考虑激光雷达传感器本身。激光雷达传感器是周期性旋转的，它在设计时并不会考虑机器底盘本身也在旋转的情况。如果底盘静止，那么激光雷达传感器旋转 360° 时，在物理世界中也应该旋转 360°。然而，如果机器人本身也在旋转，那么当激光雷达转满一圈时，实际的旋转角度应该略大或略小于 360°。这个略大或略小的量取决于底盘转动的速度与方向。同样，底盘的平移也会影响激光雷达每个点的实际测量距离。这个过程被称为**运动畸变**。

运动畸变可以由运动补偿算法来去除。运动补偿算法的基本思路是获取每个激光雷达周期的起始时刻位姿与终止时刻位姿。目前，大部分激光雷达传感器旋转一周为 100 ms，于是这 100 ms 内机器人本身的运动应该被考虑进来，对每个激光点进行补偿。第 7 章要介绍的三维激光雷达传感器也存在同样的问题。那么，如何获取起始时刻与终止时刻的位姿呢？毕竟在刚拿到激光雷达数据时，尚未估计机器人的定位，而运动补偿又依赖定位的估计值。在有 IMU 的场景下，可以通过 IMU 的数据，短时间内预测激光雷达在 100 ms 以内的运动，从而实现运动补偿。

运动补偿会使子地图内的配准更有效。我们把详细的运动补偿算法放在 3D SLAM 章节介绍（见 7.5.4 节），现有的三维激光雷达通常会给出每个点的时刻，而二维激光雷达往往不能直接获取，需要根据不同激光雷达的扫描过程自行推算。这会牵扯到一些激光的物理参数，让程序变得复杂。

另外，激光雷达传感器的原理仍是测量发射光与反射光之间的时间差，如果被测物体本身可以吸收、透射或镜面反射激光的入射波，会对激光测距的读数产生影响。典型的例子是随处可见的玻璃场景。玻璃的表面可能会引起激光回波，也可能被直接穿透，在地图上则表现为断断续续存在的障碍物和墙面。而镜子则是另一个极端。打到镜面物体上的激光会被镜面反射到另一块区域，表现为该方向的测量距离明显变长，使得镜面物体完全无法在地图中测出。

如果机器人在运动过程中发生震动，激光雷达传感器不再水平，可能导致激光测距的一致性变差。激光还可能打到地面或者斜坡上，其障碍物模型不再符合前面所述的栅格地图模型。许多机器人在 2D SLAM 中需要人工标注斜坡区域。而在有 IMU 的场合，也可以通过 IMU 估计的姿态来确定机器人自身的三维旋转状态。

上述问题都可以在本节实验中观察到，如图 6-15 所示。实际工程中的 SLAM 系统需要考虑

的问题明显多于理论上介绍的。

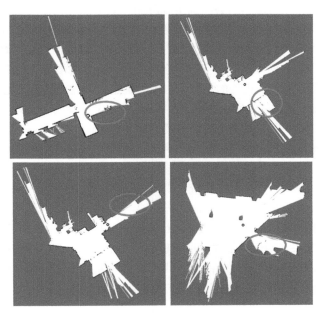

图 6-15　2D SLAM 中常见的问题。左上：未做运动补偿时，激光雷达旋转一周所扫描的区域略小于实际场景；右上：观测玻璃场景时，存在透视现象，导致玻璃墙面被刷新成可通行区；左下：左侧墙壁末端的反光现象导致走廊末端存在一小段墙外区域；右下：机器震动导致激光雷达打到地面，形成本不存在的障碍物

IMU 与机器人里程计的融合问题

　　本节介绍的 2D SLAM 是一个纯激光雷达的方案。虽然激光雷达拥有很高的测量精度，但单线激光雷达的观测方式比较单一，视野通常也不够宽阔，纯激光雷达的方案容易受到各种场景结构的影响。典型的例子是空旷场景和走廊场景。在这两种场景中，二维扫描匹配算法原则上无法确定激光扫描的位置，其结果可能存在一个或一个以上的额外自由度。这类问题被称为**退化问题**。图 6-16 所示为一个退化问题的案例。

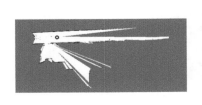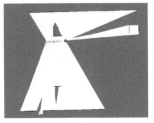

图 6-16　二维激光雷达在退化场景和空旷场景下存在退化问题

在退化场景中，大部分纯激光雷达的扫描匹配算法都难以给出正确的位姿估计。例如，在走廊场景中，似然场方法生成的似然场会围绕走廊两侧，如果此时机器人沿着走廊行走，则新的扫描数据会正常匹配到旧的走廊上面。于是激光匹配算法会认为机器人并没有行走。其他 ICP 类方法也会出现类似的现象。这时，称机器人的位姿估计**沿走廊方向产生了额外的自由度**（Gauge Freedom），而垂直于走廊方向则没有产生这种自由度，因此走廊场景下的额外自由度为 1。另外，在空旷广场场景下，既不能确定机器的平移，也不能确定机器的旋转，于是它的额外自由度为 3。除了走廊和广场，在许多规则、对称的场景下（正圆、单边墙、多面同向墙、单面圆柱等）也会存在额外自由度，读者应能举出一些退化场景的例子。

退化问题在纯激光雷达 SLAM 系统中比较明显。如果引入其他传感器，则可以在一定程度上补偿退化带来的影响。后面章节将介绍多个传感器融合而成的 SLAM 系统，最常见的是将 IMU、轮速、里程计或 GPS 信息融入 SLAM 系统，得到更具鲁棒性的效果。无论是松耦合还是紧耦合，都可以在退化场景下对激光雷达建图或定位进行补偿。

尝试使用本章提供的其他几个实验数据进行实验，可以看到 SLAM 系统的基本功能是完善的，如图 6-17 所示。如果加上运动补偿、退化检测、二次回波检测、多传感器融合等技术，还能取得更好的建图结果。2D SLAM 存在许多实际限制，主要适用于相对简单的室内环境。第 7 章介绍的 3D SLAM，则能够在室外大规模场景下有很好的表现。

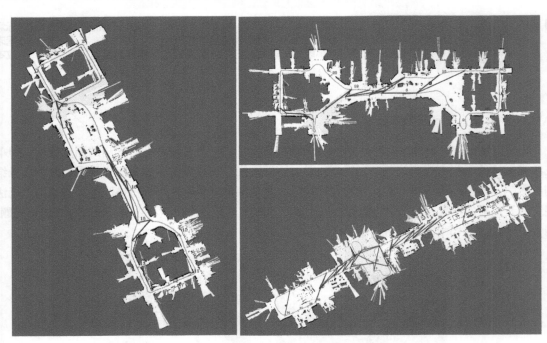

图 6-17   本章另外几个数据集的建图效果

6.6　本章小结

本章主要介绍 2D SLAM 涉及的各种算法模块，它们曾经是 SLAM 研究的主体内容。在二维场景下，很多问题可以得到简化。我们实现了诸如 ICP、ICL、高斯似然场等二维配准算法，并使用子地图模型管理它们，最后得到全局的栅格地图。本章介绍了如何在 2D SLAM 中管理不同时刻的子地图，并用回环检测修正长时间的累积误差。本章介绍的 2D SLAM 可以作为算法雏形，用于各种单线激光雷达的定位与建图场景。

习题

1. 实现基于优化器的二维点到点 ICP（基于 g2o 或 ceres）。
2. 实现基于优化器的二维点到线 ICP（基于 g2o 或 ceres）。
3. 实现基于优化器的似然场配准方法（基于 g2o 或 ceres）。
4. 在似然场方法中，可以利用对似然场图像进行插值，得到更精确的误差值与梯度函数。请实现基于线性插值的似然场扫描匹配方法。
5. 利用直线拟合，实现 2D SLAM 的退化检测方法。

第 7 章　3D SLAM

　　本章介绍基于三维激光雷达的定位与建图。三维激光雷达的信息比二维激光雷达的信息更丰富，不容易被遮挡，能够更好地重建场地的三维结构。我们既可以对三维点云直接进行配准，也可以提取一些几何特征后再进行配准。这两类方法在自动驾驶领域都有大规模的应用。笔者会手写其中的核心算法，然后组成一个激光雷达里程计系统。

point to point

point to plane

point to distribution

配准方法可以使用各种不同的
误差类型。

7.1   多线激光雷达的工作原理

7.1.1   机械旋转式激光雷达

多线激光雷达的测距原理与单线激光雷达是一样的。它们向被测物体发送一个激光脉冲，然后测量返回脉冲与发送脉冲之间的时间间隔，再乘以光速来计算被测物体的距离。如果测量过程中发生透射，接收器可能得到多次回波。大部分激光雷达会计算多次回波的测量距离，以最强的那次回波作为被测距离值。这种测距原理称为飞行时间原理（Time of Flight，ToF），是大部分激光雷达传感器、RGBD 相机的主要原理。细分的话，还可以分为 DToF（Direct ToF）和 IToF（Indirect ToF），其中 IToF 还可以进一步细分为调频方案（FMCW）和调幅方案（AMCW）。由于 DToF 的功率较低，实现简单，目前多数激光雷达和 RGBD 相机都使用 DToF 方案来测距。

相比单线激光雷达，多线激光雷达通常具有多个激光雷达发射器。它们由电机控制，按固定频率（例如每秒 10 圈）绕某个转轴进行旋转。这些激光雷达探头彼此之间有一个很小的夹角，旋转起来后，就可以扫描到一定视野范围内的物体。这种旋转方式构成的激光雷达称为**机械旋转式激光雷达**。机械旋转式激光雷达的水平探测角度通常是 360°，而垂直方向则视具体的探头安装方式，通常在 30°~45°。探头的数量也称为**线束**。激光雷达往往是上下对称的，它们的线束通常是 2 的整数倍。常见的有 4 线、16 线、32 线、64 线、128 线激光雷达，其复杂程度和造价成本也随着线束明显上升。图 7-1 所示为几种常见的三维激光雷达和它们的单帧扫描数据，可以看到其信息的丰富程度要大于二维激光雷达。

图 7-1   几种常见的三维激光雷达和它们的单帧扫描数据

三维激光雷达带来的丰富信息使很多计算任务轻松了不少。例如，可以在三维点云中检测车辆、路牌等形状明显的物体[158-159]，可以检测静止和运动的障碍物，可以通过反射强度获取车道线信息[160-161]，这些在二维激光雷达中都是很难完成的任务。从定位和建图的角度来说，也可以将多个扫描数据进行配准，得到全局的点云地图，然后让标注人员在点云中标注**高精地图**，让车辆在点云地图中进行**高精定位**。这是目前许多 L4 自动驾驶车辆的标准做法。

早年的机械旋转式激光雷达主要由 Velodyne 公司提供。近年来，随着技术的发展，以速腾、禾赛、大疆等公司为代表的国产雷达有逐步替代之势，Velodyne 逐渐式微。如今，我们能够以相对合理的价格购买到机械旋转式激光雷达，尤其是价格比较亲民的 16 线激光雷达，已成为众多低速自动驾驶产品的首选。图 7-2 所示为一部分使用多线激光雷达传感器的低速自动驾驶车辆。这些车辆普遍采用一个或多个激光雷达来实现地图定位功能。为了保证激光雷达不被遮挡，它们不约而同地把激光雷达放在了车顶的位置，这样激光雷达就能顺畅地观察车身周围 360° 范围内的物体。不过，由于激光雷达在垂直方向视野受限，顶部激光雷达在车辆近处会存在不小的视野盲区。为了弥补这种盲区，有些较大体型的车辆也会在车辆前方安装一到两个补盲激光雷达，防止车辆与前方物体发生碰撞。然而，使用多个激光雷达也会使整车成本显著提高，成为量产的一大阻碍。

图 7-2   使用多线激光雷达作为主要传感器的低速无人驾驶车辆

7.1.2　固态激光雷达

机械旋转式激光雷达必须让激光探头转动起来，才能探测周身 360° 范围内的距离，所以，它们不可避免地要内置一套精密的运动机构。这种运动机构使得机械旋转式激光雷达的成本过高，在车辆震动等恶劣条件下容易损坏。因此，市面上也存在整体上让激光发射和接收装置不运动就能测量距离的雷达，它们统称为**固态激光雷达**（如图 7-3 所示）。

图 7-3　一些常见的固态激光雷达和它们的扫描点云

固态激光雷达有以下几种测量原理。

1. 保持激光雷达发射器和接收器不动，在前方加一个棱镜结构，改变激光的走向，实现对不同位置的扫描。棱镜结构会有微小的运动，所以这种固态激光雷达并不是完全不动的，而是把机械旋转式激光雷达中的激光雷达探头转动改成了棱镜的转动。这种激光雷达有时称为**转镜式激光雷达**，或者**半固态激光雷达**。目前，速腾与大疆已能够量产转镜式激光雷达，一些新型的量产乘用车也开始搭载固态激光雷达作为感知传感器。

2. 整个激光雷达发射接收机构都不运动，但存在一个面阵式的发射和接收机构。它们或者按照一定顺序来扫描（相位控制技术），或者同时扫描、同时接收（Flash 技术），形成**纯固态激光雷达**。目前，这种固态激光雷达的成熟度相对较低。

无论是半固态激光雷达还是纯固态激光雷达，这些雷达都需要一个对外扫描窗口，用户可以得到该窗口扫描到的点云数据。我们把这个窗口的大小称为激光雷达的**视野**（Field of View，FoV）。固态激光雷达的水平视野远小于机械旋转式激光雷达，通常在 120° 以内，垂直视野则和机械旋转式激光雷达相当。由于固态激光雷达的扫描方式与机械旋转式激光雷达有明显差异，因此一般不谈论固态激光雷达的**线束**概念[①]。例如，大疆的 Livox 系列激光雷达，以"花瓣式"顺序对前面窗口进行扫描；而有的激光雷达以水平方式进行扫描，与机械旋转式激光雷达一致，这些激光雷达会有一个等效的线束。较小的视野范围使得固态激光雷达能在更高的频率下工作，但获取的点较少。在点云精度方面，固态激光雷达和机械旋转式激光雷达都使用 ToF 测距，在精度指标上没有本质差异。

由于固态激光雷达成本较低，使用寿命更长，它们目前已在部分量产车辆中得到了应用，但主要还是用于车辆前方的障碍物感知，很少直接用于 L4 自动驾驶车辆的高精地图与定位。量产车辆通常在前方配置一到两个固态激光雷达作为距离传感器使用，而 L4 自动驾驶车辆则更习惯于

[①] 有的厂商会使用"等效线束"的概念。以等效线束来看的话，多数固态激光雷达会等效于 128 线以上的机械旋转式激光雷达，但视野范围则明显要小。

360° 视野，会使用 4 到 5 个固态激光雷达拼成一圈之后再使用。然而，这种使用方式会带来额外的标定和同步问题，其成本也会和机械旋转式激光雷达持平，没有明显优势。

后文介绍的算法大部分与激光雷达的线型或视野无关，这些算法既可以使用机械旋转式激光雷达的点云，也可以使用固态激光雷达的点云。笔者也为读者准备了机械旋转式激光雷达与固态激光雷达的数据集，读者可以体验不同雷达在 SLAM 上的效果。除了这些常见的雷达，还有一些新型的雷达传感器会使用球形或半球形视野，能够在固态激光雷达的结构基础上，获得更大的视野。整个激光雷达领域的产品和技术仍在不断发展中，也会刺激新型的 SLAM 系统迭代更新。

7.2 多线激光雷达的扫描匹配

多线激光雷达的 SLAM 框架与单线激光雷达的类似。笔者先来介绍对两个扫描数据进行匹配的方法，再介绍后端的一些处理方式。多线激光雷达的扫描匹配效果通常好于单线激光雷达，所以后端的处理更简单，大多数多线激光雷达的 SLAM 系统都不使用子地图这样的概念，而是直接管理点云本身。点云的配准主要以 Scan to Scan 或 Scan to Map 为主。

7.2.1 点到点 ICP

原理部分

点到点 ICP 是最基本的点云配准方法之一。设需要配准两个点云 $S_1 = \{p_1, \cdots, p_m\}$ 和 $S_2 = \{q_1, \cdots, q_n\}$。如果两个点云能够正确配准，那么对一组匹配点 $p_i \in S_1, q_j \in S_2$ 来说，应该满足：

$$p_i = R q_j + t. \tag{7.1}$$

注意，并不假设两个点云的点数是相等的，也不假设按照初始的排序，点云里的每个点都是匹配的。它们完全可以是两个无关的点云，里面点的顺序也是任意的。为了解决这样两个点云的配准问题，ICP 的整体思路如下：

1. 设初始的位姿估计为 R_0, t_0。
2. 从初始位姿估计开始迭代。设第 k 次迭代时位姿估计为 R_k, t_k。
3. 在 R_k, t_k 估计下，按照最近邻方式寻找匹配点。记匹配之后的点对为 (p_i, q_i)。
4. 计算本次迭代的结果：

$$R_{k+1}, t_{k+1} = \arg\min_{R, t} \sum_i \|p_i - (R q_i + t)\|_2^2. \tag{7.2}$$

5. 判断解是否收敛，若不收敛则返回 3，收敛则退出。

可以简单地将 ICP 看成**交替计算位姿与匹配**两个问题的过程[162]。在每次迭代中，用前一步的位姿估计来寻找最近邻匹配，再用匹配的结果计算本步的位姿。在进一步解释详细做法之前，先对这种解问题的思路进行评注：

- 交替的解法是对问题的一种简化，并不是说非这样做不可。实际上，近年的配准方法里有不少是将匹配问题与位姿估计问题放在一起求解的[163]。交替求解的好处是让问题保持简单，最近邻匹配问题和已知匹配的优化问题都是很容易求解的。匹配问题实际上是当前 R_k, t_k 下的最优解，而 R_{k+1}, t_{k+1} 又是已知匹配的最优解。理论上，两个最优解应该能使最小二乘误差不断下降，问题不断收敛[148]。匹配问题，也就是最近邻问题，已经在第 5 章详细介绍过。优化问题则有闭式解或者迭代解法。然而，交替求解在实际使用中并不一定收敛。因为大部分匹配算法的结果是一些匹配好的点对，这些点对只允许一对一，不允许一对多或者多对多的形式。如果这个对应关系出错，则后面的位姿估计也会受影响。

- 式 (7.2) 是一个典型的最小二乘问题，可以利用很多改进方法对它的求解过程进行改进。比较常见的是引入权重矩阵、增加核函数、改变误差计算方式等[147, 164-165]。这些做法都会引出不同的 ICP 变种。后面介绍的点到线、点到面 ICP[166] 属于改变误差方式这一类，其他改进手段也是工程中普遍使用的。

- 除了使用所有点云进行匹配，也可以对点云提取特征之后，再用特征进行匹配。自动驾驶场景的内容相对稳定，我们可以提取一些平面、柱状物等几何特征。它们在室外场景中比较丰富。特征是对原始点云的抽象，它们的层次比单纯的点更高。对特征进行匹配可以有效降低 ICP 的计算量，也可以提升匹配的鲁棒性。

下面来实现基础 ICP 算法。我们会使用优化的思路进行位姿估计而不是用解析的方法[①]。这可以让本节与后文内容保持一致，而且也容易添加一些最小二乘法中的额外功能。为了方便后续计算，定义点到点的误差为

$$e_i = p_i - Rq_i - t. \tag{7.3}$$

R 部分依然使用右乘更新，那么 e_i 将旋转和平移的导数定义为

$$\frac{\partial e_i}{\partial R} = Rq_i^{\wedge}, \quad \frac{\partial e_i}{\partial t} = -I. \tag{7.4}$$

实现部分

原始 ICP 算法本身是非常简单的。省略外围的 I/O 代码，直接给出核心部分。为了防止本书太过无趣，笔者写了一个并发 ICP 代码。它应该显著快于 PCL 内置的 ICP：

ch7/icp_3d.cc

```
bool Icp3d::AlignP2P(SE3& init_pose) {
  LOG(INFO) << "aligning with point to point";
  assert(target_ != nullptr && source_ != nullptr);
```

[①] 解析方法参见《视觉 SLAM 十四讲：从理论到实践》中的 7.9 节。

```
     SE3 pose = init_pose;
 6   pose.translation() = target_center_ - source_center_;   // 设置平移初始值
     LOG(INFO) << "init trans set to " << pose.translation().transpose();

     // 对点的索引，预先生成
     std::vector<int> index(source_->points.size());
11   for (int i = 0; i < index.size(); ++i) {
       index[i] = i;
     }

     // 我们来写一些并发代码
16   std::vector<bool> effect_pts(index.size(), false);
     std::vector<Eigen::Matrix<double, 3, 6>> jacobians(index.size());
     std::vector<Vec3d> errors(index.size());

     for (int iter = 0; iter < options_.max_iteration_; ++iter) {
21     // 高斯-牛顿迭代法
       // 最近邻，可以并发
       std::for_each(std::execution::par_unseq, index.begin(), index.end(), [&](int idx) {
         auto q = ToVec3d(source_->points[idx]);
         Vec3d qs = pose * q;   // 转换之后的q
26       std::vector<int> nn;
         kdtree_->GetClosestPoint(ToPointType(qs), nn, 1);

         if (!nn.empty()) {
           Vec3d p = ToVec3d(nn[0]);
31         double dis = (p - qs).norm();
           if (dis > options_.max_nn_distance_) {
             // 删除距离太远的点
             return;
           }
36
           effect_pts[idx] = true;

           // 构建残差
           Vec3d e = p - qs;
41         Eigen::Matrix<double, 3, 6> J;
           J.block<3, 3>(0, 0) = pose.so3().matrix() * SO3::hat(q);
           J.block<3, 3>(0, 3) = -Mat3d::Identity();

           jacobians[idx] = J;
46         errors[idx] = e;
         }
       });

       // 累加Hessian和error, 计算dx
51     // 原则上，可以用reduce并发，写起来比较麻烦，这里写成accumulate
       double total_res = 0;
       int effective_num = 0;
       auto H_and_err = std::accumulate(
       index.begin(), index.end(), std::pair<Mat6d, Vec6d>(Mat6d::Zero(), Vec6d::Zero()),
56     [&jacobians, &errors, &effect_pts, &total_res, &effective_num](const std::pair<Mat6d, Vec6d>&
```

```
                pre,
          int idx) -> std::pair<Mat6d, Vec6d> {
            if (!effect_pts[idx]) {
              return pre;
            } else {
              total_res += errors[idx].dot(errors[idx]);
              effective_num++;
              return std::pair<Mat6d, Vec6d>(pre.first + jacobians[idx].transpose() * jacobians[idx],
              pre.second + -jacobians[idx].transpose() * errors[idx]);
            }
        });

        if (effective_num < options_.min_effective_pts_) {
          LOG(WARNING) << "effective num too small: " << effective_num;
          return false;
        }

        Mat6d H = H_and_err.first;
        Vec6d err = H_and_err.second;

        Vec6d dx = H.inverse() * err;
        pose.so3() = pose.so3() * SO3::exp(dx.head<3>());
        pose.translation() += dx.tail<3>();

        // 更新
        LOG(INFO) << "iter " << iter << " total res: " << total_res << ", eff: " << effective_num
        << ", mean res: " << total_res / effective_num << ", dxn: " << dx.norm();

        if (dx.norm() < options_.eps_) {
          LOG(INFO) << "converged, dx = " << dx.transpose();
          break;
        }
    }

    init_pose = pose;
    return true;
}
```

这里使用了第 5 章写的 K-d 树来计算点云的最近邻,当然,读者也可以使用其他结构。本章的 test_icp.cc 提供了一个测试程序,读者可以用它来测试任意两个点云的匹配结果。

src/ch7/test/test_icp.cc

```
sad::CloudPtr source(new sad::PointCloudType), target(new sad::PointCloudType);
pcl::io::loadPCDFile(fLS::FLAGS_source, *source);
pcl::io::loadPCDFile(fLS::FLAGS_target, *target);

bool success;

sad::evaluate_and_call(
[&]() {
  sad::Icp3d icp;
```

```
      icp.SetSource(source);
      icp.SetTarget(target);
      icp.SetGroundTruth(gt_pose);
13    SE3 pose;
      success = icp.AlignP2P(pose);
      if (success) {
        LOG(ERROR) << "icp p2p align success, pose: " << pose.so3().unit_quaternion().coeffs().transpose
            ()
        << ", " << pose.translation().transpose();
18      sad::CloudPtr source_trans(new sad::PointCloudType);
        pcl::transformPointCloud(*source, *source_trans, pose.matrix().cast<float>());
        pcl::io::savePCDFileBinaryCompressed("./data/ch7/icp_trans.pcd", *source_trans);
      } else {
        LOG(ERROR) << "align failed.";
23    }
    },
    "ICP P2P", 1);
```

　　由于本章需要测试各种算法的配准情况，因此笔者为读者准备了一些仿真数据。这些数据是从 EPFL 雕像数据集获取的[①]。这个雕像数据集含有一些高精度重建之后的点云。我们为每个点云模型施加一个随机的位姿变换，然后进行采样，得到待配准的目标点云（Target）和源点云（Source）。第 7 章的数据位于 data/ch7/EPFL/ 目录中，笔者准备了 kneeling_lady 和 aquarius 两个模型，也提供了它们对应的真值位姿。利用真值位姿，可以计算每一步的配准后位姿误差，评估各算法的收敛性。在本章的配准实验中，给所有测试算法设置真值，并打印每一步的真值误差。这样可以很好地衡量算法的收敛情况与最后的配准精度。

　　现在来测试 ICP（本节后面的配准算法也会使用同一个测试程序）。

终端输出

```
I0130 16:46:40.795749 84155 icp_3d.cc:13] aligning with point to point
I0130 16:46:40.805476 84155 icp_3d.cc:96] iter 0 total res: 11.523, eff: 44455, mean res:
    0.000259205, dxn: 0.0271729
I0130 16:46:40.805512 84155 icp_3d.cc:101] iter 0 pose error: 0.0689234
I0130 16:46:40.811969 84155 icp_3d.cc:96] iter 1 total res: 6.15052, eff: 44515, mean res:
    0.000138167, dxn: 0.020881
5 I0130 16:46:40.811990 84155 icp_3d.cc:101] iter 1 pose error: 0.0482068
I0130 16:46:40.817767 84155 icp_3d.cc:96] iter 2 total res: 3.09131, eff: 44515, mean res: 6.94443e
    -05, dxn: 0.0151463
I0130 16:46:40.817786 84155 icp_3d.cc:101] iter 2 pose error: 0.0331819
I0130 16:46:40.823176 84155 icp_3d.cc:96] iter 3 total res: 1.53192, eff: 44515, mean res: 3.44137e
    -05, dxn: 0.0106271
I0130 16:46:40.823194 84155 icp_3d.cc:101] iter 3 pose error: 0.0226472
10 I0130 16:46:40.828258 84155 icp_3d.cc:96] iter 4 total res: 0.771876, eff: 44515, mean res: 1.73397e
    -05, dxn: 0.0073822
I0130 16:46:40.828275 84155 icp_3d.cc:101] iter 4 pose error: 0.0153446
I0130 16:46:40.828277 84155 icp_3d.cc:105] converged, dx = 000.00535824 0-0.00211531 0-0.00348113
    -0.000893223 000.00178099 0-0.00228551
```

---

① 相关信息见"链接 6"。

```
I0130 16:46:40.828301 84155 test_icp.cc:54] icp p2p align success, pose: 0.0265454 0-0.01074
    0-0.02348 00.999314, -0.0688936 0-0.103293 0.00503732
I0130 16:46:40.878885 84155 sys_utils.h:32] 方法 ICP P2P 平均调用时间/次数: 163.421/1 毫秒.
...
I0130 16:46:42.158504 84155 test_icp.cc:140] pose from icp pcl: 0000.029222 -0.00915236 0-0.0195184
    0000.999341, -0.0636124 -0.0567144 0.00273507
I0130 16:46:42.161834 84155 test_icp.cc:146] ICP PCL pose error: 0.262063
I0130 16:46:42.162148 84155 sys_utils.h:32] 方法 ICP PCL 平均调用时间/次数: 895.009/1 毫秒.
```

可见，并发 ICP 要明显快于 PCL 的版本，其配准精度也优于 PCL 版本的 ICP。在点云密度较小时，并发 ICP 的计算效率更高。每次迭代的总体误差、平均误差和真值误差也明显随迭代次数下降。本实验配准前后的结果如图 7-4 所示[①]，可以看到，配准后的两个模型明显贴合在了一起。从真值位姿可以看出，PCL 版本的 ICP 还存在约 0.26 左右的误差，在贴合模型中还能看出一圈黑边，而本节介绍的 ICP 达到 0.015 左右的误差，肉眼几乎看不到差异。读者可以在自己的计算机上打开这几个模型：

```
pcl_viewer ./data/ch7/icp_trans.pcd ./data/ch7/EPFL/kneeling_lady_target.pcd
```

此时，可以看到配准之后的模型和目标模型。读者可以旋转这几个三维模型，看出更多细节方面的差异。

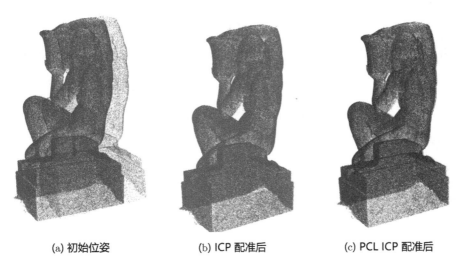

(a) 初始位姿   (b) ICP 配准后   (c) PCL ICP 配准后

图 7-4   初始位姿，ICP 配准后，PCL ICP 配准后的结果

虽然 ICP 的原理和实现都非常简单，但在自动驾驶中并不是非常好的解决方法。由于多线激

[①] 注意，读者机器上的颜色并不一定和本书插图的颜色一样，它们是由 pcl_viewer 随机设置的。

光点云比较稀疏，即使激光打到同一个物体上，每次也不一定返回同一个点。而点到点 ICP 的基本目标是将一个点云中的每个点和另一个点云进行配准，这必然会带来一些问题。我们可以对 ICP 进行各种各样的改进，例如允许一个点与多个点进行匹配，或者将一个点和**另一些点**的统计量进行配准。这就是后文介绍的点到面 ICP、NDT 方法的思路。

7.2.2 点到线、点到面 ICP

原理部分

点到线 ICP 和点到面 ICP 是两种对 ICP 的直接改进方法。它们的原理和第 6 章介绍的二维点到线 ICP 类似，只是优化变量部分需要改成三维的，自变量和导数也要按照流形来处理。沿用 7.2.1 节的定义，设依然寻找两个点云 S_1, S_2 之间的变换 R, t。对某个 q_i 进行变换后，并不是单独地寻找一个最近邻 p_i，而是寻找一些最近邻点，将它们拟合成一个平面或直线。

先来考虑平面的情况。假设拟合成的平面参数为 $(n, d) \in \mathbb{R}^4$，其中 n 为单位长度法线，d 为截距。对于平面上的点 p，它与平面参数之间的关系为

$$n^\top p + d = 0, \tag{7.5}$$

而对于平面外的一个点，它离平面的距离可以写为 $n^\top p + d$，于是可以建立 q_i 与它最近邻点构成的那个平面之间的误差函数：

$$e_i = n^\top (Rq_i + t) + d. \tag{7.6}$$

注意，由于 $|n| = 1$，这里的距离不必再除以 $|n|$。同时，这是一个有向误差，可能产生正值或负值。很容易求出它对 R 和 t 的导数：

$$\frac{\partial e}{\partial R} = -n^\top Rq_i^\wedge, \quad \frac{\partial e}{\partial t} = n. \tag{7.7}$$

另外，如果 q_i 的最近邻构成了直线，则可以设直线方程为

$$p = d\tau + p_0, \tag{7.8}$$

其中 d 是单位长度的方向向量，p_0 是直线上一点，τ 为参数。对于不在直线上的某个点 q_i，利用叉乘的定义，将它到直线的垂直向量长度作为误差函数。注意，到两个向量的叉乘长度即为垂直距离，所以优化叉乘向量即可：

$$e_i = d \times (Rq_i + t - p_0), \tag{7.9}$$

或者写成

$$e_i = d^\wedge (Rq_i + t - p_0). \tag{7.10}$$

这个误差关于 R 和 t 的导数为

$$\frac{\partial e_i}{\partial R} = -d^\wedge R q_i^\wedge, \quad \frac{\partial e_i}{\partial t} = d^\wedge. \tag{7.11}$$

这几个导数都是非常简单的，留作习题。

实现部分

点到面 ICP 与点到点 ICP 的思路基本一致，有以下两个小的差异点。

1. 需要给最近邻点拟合平面，因此需要查找多个最近邻，然后进行局部的平面拟合。这两部分都已经在第 5 章实现。

2. 需要添加一些阈值检查来判定平面是否合理，然后用平面参数计算高斯-牛顿函数的雅可比矩阵。

实现代码如下。省略了与点到点 ICP 一样的部分：

ch7/icp_3d.cc

```
bool Icp3d::AlignP2Plane(SE3& init_pose) {
  // 整体流程与P2P一致，读者请关注变化部分
  for (int iter = 0; iter < options_.max_iteration_; ++iter) {
    // 高斯-牛顿迭代法
    // 最近邻，可以并发
    std::for_each(std::execution::par_unseq, index.begin(), index.end(), [&](int idx) {
      auto q = ToVec3d(source_->points[idx]);
      Vec3d qs = pose * q;  // 转换之后的q
      std::vector<int> nn;
      kdtree_->GetClosestPoint(ToPointType(qs), nn, 5);  // 这里取5个最近邻
      if (nn.size() > 3) {
        // convert to eigen
        std::vector<Vec3d> nn_eigen;
        for (int i = 0; i < nn.size(); ++i) {
          nn_eigen.emplace_back(ToVec3d(target_->points[nn[i]]));
        }

        Vec4d n;
        if (!math::FitPlane(nn_eigen, n)) {
          // 失败的不要
          effect_pts[idx] = false;
          return;
        }

        double dis = n.head<3>().dot(qs) + n[3];
        if (fabs(dis) > options_.max_plane_distance_) {
          // 点离得太远了不要
          effect_pts[idx] = false;
          return;
        }
```

```
        effect_pts[idx] = true;

        // 构建残差
        Eigen::Matrix<double, 1, 6> J;
        J.block<1, 3>(0, 0) = -n.head<3>().transpose() * pose.so3().matrix() * SO3::hat(q);
        J.block<1, 3>(0, 3) = n.head<3>().transpose();

        jacobians[idx] = J;
        errors[idx] = dis;
    } else {
        effect_pts[idx] = false;
    }
});

    // 后面迭代部分也一致，省略
}

init_pose = pose;
return true;
}
```

可以看到，在这里找了 5 个最近邻，然后把点云与这个平面进行配准。也按照之前的推导对雅可比矩阵进行了修改。读者可以运行本节的测试程序，观察点到面 ICP 的结果。点到面 ICP 需要查找更多的最近邻，同时要为这些最近邻拟合平面。在同样点数的前提下，它的计算量明显比原始 ICP 大。点到面 ICP 的测试程序与先前一样，结果如下：

终端输出：

```
I0130 16:46:40.951284 84155 icp_3d.cc:115] aligning with point to plane
I0130 16:46:40.961686 84155 icp_3d.cc:207] iter 0 total res: 9.30441, eff: 44484, mean res:
    0.000209163, dxn: 0.0787665
I0130 16:46:40.961706 84155 icp_3d.cc:212] iter 0 pose error: 0.0181549
I0130 16:46:40.970448 84155 icp_3d.cc:207] iter 1 total res: 0.34871, eff: 44515, mean res: 7.83354e
    -06, dxn: 0.0175234
I0130 16:46:40.970465 84155 icp_3d.cc:212] iter 1 pose error: 0.000704989
I0130 16:46:40.979491 84155 icp_3d.cc:207] iter 2 total res: 0.00386552, eff: 44515, mean res:
    8.68363e-08, dxn: 0.000711016
I0130 16:46:40.979509 84155 icp_3d.cc:212] iter 2 pose error: 1.4282e-05
I0130 16:46:40.979511 84155 icp_3d.cc:216] converged, dx = 00.000454918 -0.000186085 -5.22035e-05
    08.53571e-05 00.000451053 -0.000224737
E0130 16:46:40.979521 84155 test_icp.cc:75] icp p2plane align success, pose: 00.0323446 -0.0136961
    0-0.026442 000.999033, -0.0699089 0-0.101207 -2.933e-06
I0130 16:46:41.028216 84155 sys_utils.h:32] 方法 ICP P2Plane 平均调用时间/次数: 149.302/1 毫秒.
```

可以看到，在本节的数据中，点到面 ICP 的迭代次数更少，误差下降更快。整体的计算效率略优于点到点 ICP。

点到线 ICP 思路与点到面 ICP 思路一致，把点面残差修改为点线残差即可。同样只贴出修改部分的代码：

ch7/icp_3d.cc

```
std::for_each(std::execution::par_unseq, index.begin(), index.end(), [&](int idx) {
  auto q = ToVec3d(source_->points[idx]);
  Vec3d qs = pose * q;   // 转换之后的q
  std::vector<int> nn;
  kdtree_->GetClosestPoint(ToPointType(qs), nn, 5);   // 这里取5个最近邻
  if (nn.size() == 5) {
    // convert to eigen
    std::vector<Vec3d> nn_eigen;
    for (int i = 0; i < 5; ++i) {
      nn_eigen.emplace_back(ToVec3d(target_->points[nn[i]]));
    }

    Vec3d d, p0;
    if (!math::FitLine(nn_eigen, p0, d, options_.max_line_distance_)) {
      // 失败的不要
      effect_pts[idx] = false;
      return;
    }

    Vec3d err = SO3::hat(d) * (qs - p0);

    if (err.norm() > options_.max_line_distance_) {
      // 点离得太远了不要
      effect_pts[idx] = false;
      return;
    }

    effect_pts[idx] = true;

    // build residual
    Eigen::Matrix<double, 3, 6> J;
    J.block<3, 3>(0, 0) = -SO3::hat(d) * pose.so3().matrix() * SO3::hat(q);
    J.block<3, 3>(0, 3) = SO3::hat(d);

    jacobians[idx] = J;
    errors[idx] = err;
  } else {
    effect_pts[idx] = false;
  }
});
```

　　读者应注意到，这里需要把雅可比矩阵改为 3×6 的，同样残差也应该是 3 维的。点到线 ICP 的结果如下：

终端输出：

```
I0130 16:46:41.100083 84155 icp_3d.cc:232] aligning with point to line
I0130 16:46:41.100085 84155 icp_3d.cc:238] init trans set to -0.0565748 0-0.122053 00.0288451
I0130 16:46:41.109969 84155 icp_3d.cc:325] iter 0 pose error: 0.0536047
I0130 16:46:41.109987 84155 icp_3d.cc:329] iter 0 total res: 11.3604, eff: 44503, mean res:
```

```
     0.000255272, dxn: 0.0430716
5   I0130 16:46:41.118880 84155 icp_3d.cc:325] iter 1 pose error: 0.0279122
   I0130 16:46:41.118896 84155 icp_3d.cc:329] iter 1 total res: 3.6516, eff: 44515, mean res: 8.20309e
     -05, dxn: 0.0261939
   I0130 16:46:41.127648 84155 icp_3d.cc:325] iter 2 pose error: 0.0143381
   I0130 16:46:41.127663 84155 icp_3d.cc:329] iter 2 total res: 1.01329, eff: 44515, mean res: 2.27629e
     -05, dxn: 0.0137801
   I0130 16:46:41.135840 84155 icp_3d.cc:325] iter 3 pose error: 0.00729808
10  I0130 16:46:41.135855 84155 icp_3d.cc:329] iter 3 total res: 0.292701, eff: 44515, mean res: 6.57534
     e-06, dxn: 0.00714061
   I0130 16:46:41.135859 84155 icp_3d.cc:333] converged, dx = 00.00544767 -0.00272804 -0.00242026
     -0.00030664 00.00164058 00-0.002286
   E0130 16:46:41.135869 84155 test_icp.cc:96] icp p2line align success, pose: 00.0296021 -0.0118281
     -0.0256589 000.999162, -0.0701601 00-0.10191 0.00248837
   I0130 16:46:41.186185 84155 sys_utils.h:32] 方法 ICP P2Plane 平均调用时间/次数: 157.942/1 毫秒.
```

点到线 ICP 的结果与点到点 ICP 相当，略差于点到面 ICP。在三种 ICP 算法中，点到面 ICP 在精度和效率上都具有一定优势。它们都明显快于 PCL 内置的 ICP 版本。

读者可能会提出疑问，为什么必须单独使用点到点或者点到面的模型呢？可不可以先判断目标点云里的内容是什么形状，再确定用点线还是点面模型？譬如，如果目标点云在被查询的那个点附近呈现为平面形状，就用点面的残差模型；如果呈现为直线的形状，就用点线的残差模型。这种配准方法会不会比统一使用点线和点面模型更好？实际上，这是自动驾驶中非常常见的一种做法，相当于先对点云提取特征，再根据特征形式调用不同的 ICP 算法。这也是后文要介绍的主要内容之一。在此之前，先来介绍另一种基于统计量的配准方法：NDT。

7.2.3　NDT 方法

原理部分

无论是点到线 ICP 还是点到面 ICP，与原始 ICP 的最大区别是，不再把点配准到某个单独的**点**上，而是与某个**统计量**进行配准。点到面 ICP 是对局部点进行平面拟合，点到线 ICP 则进行直线拟合。沿着这个思路思考：为什么要事先假定这些点是平面还是直线呢？为什么要精确地知道面和线的参数呢？只需要得到这堆点云的**局部统计信息**，然后利用这些统计信息进行匹配就可以了。而一组点云最基本的统计信息，就是它们的**均值**和**方差**。沿着这个思路继续推导，会得到传统的 NDT（Normal Distribution Transform）方法[167-168]。

本节介绍 NDT 方法的原理。笔者尽量使用比较简单的符号，这会让我们的算法和最早的 NDT 论文有一定差异，但原理上保持一致。NDT 的大概思路如下。

1. 把目标点云按一定分辨率分成若干体素。
2. 计算每个体素中的点云高斯分布。设第 k 个体素中的均值为 μ_k，方差为 Σ_k。
3. 配准时，先计算每个点落在哪个体素中，然后建立该点与该体素的 μ_k, Σ_k 构成的残差。
4. 利用高斯-牛顿法或 L-M（Levenberg-Marquardt）方法对估计位姿进行迭代，然后更新位姿估计。

这里最关键的是第 3 步。设被配准的点云中的某个点为 q_i，它经过 R, t 变换后，落在某个统计指标为 μ_i, Σ_i 的体素中[①]，记这个栅格中的残差为

$$e_i = Rq_i + t - \mu_i, \tag{7.12}$$

而最后的 R, t 由一个加权的最小二乘问题决定：

$$(R, t)^* = \arg\min_{R,t} \sum_i (e_i^\top \Sigma_i^{-1} e_i). \tag{7.13}$$

由最小二乘法的知识不难看出，上述问题相当于最大化每个点落在所在栅格的概率分布，因此是一个最大似然估计（MLE）[②]：

$$(R, t)^* = \arg\max_{R,t} \prod_i P(Rq_i + t) \tag{7.14}$$

也就是说，既然目标栅格的点云符合某个统计形状，那么在正确的位姿估计下，落在其中的点也应当符合这个分布。而 Σ_i^{-1} 相当于提供了这个最小二乘问题的权重分布。如果栅格内的点云分布比较集中，那么估计出来的点也应该更靠近均值；反之，如果栅格内的点云分布比较分散，那么即使与均值有一些偏差也可以接受。

一个加权最小二乘问题的高斯-牛顿法如下：

$$\sum_i (J_i^\top \Sigma_i^{-1} J_i) \Delta x = -\sum_i J_i^\top \Sigma_i^{-1} e_i, \tag{7.15}$$

其中 Δx 是每一步的增量，J_i 为残差项对自变量的雅可比矩阵，显然有

$$\frac{\partial e_i}{\partial R} = -Rq_i^\wedge, \quad \frac{\partial e_i}{\partial t} = I. \tag{7.16}$$

如果希望迭代过程更具鲁棒性，也可以使用 L-M 来迭代。

注意，这段关于 NDT 的推导与原始论文[80] 有较大差异，更接近于早期二维 NDT 的论文[143]。如果读者仔细对比推导过程，应能发现它们在本质上是一样的。由于在原始 NDT 论文的时代，流形优化方法在 SLAM 领域尚不普及，不得不采用带有许多正弦函数和余弦函数的形式来表达目标函数的各种导数。但在理解问题本质之后，读者应该能发现本节的原理和参考文献 [80] 是一致的。笔者省略了混合在 NDT 中的均匀分布，让推导和实现都更简洁。事实上，大部分算法都会在NDT 的基础上做一些工程上的改进[144, 169]。同理，本节介绍的其他算法，也不与原始论文完全一致，而是适应本书的各种符号习惯与表达方式。

[①]注意，实际中，由于位姿存在误差，该点也可能落在邻接的体素而不是正好落在同一个体素中。所以大部分 NDT 需要查找若干个体素的最近邻，来扩大自己的收敛范围。

[②]读者应当熟悉这个推导过程。如不熟悉，请参考《视觉 SLAM 十四讲：从理论到实践》第 6 章开头部分。

实现部分

　　NDT 的实现主要分为建立体素的部分与配准的部分，NDT 类内部维护这些体素和它们的索引。建立体素部分和第 5 章介绍的栅格法类似，只是不需要再实现最近邻查找。主要代码如下：

src/ch7/ndt_3d.cc

```cpp
class Ndt3d {
  public:
  enum class NearbyType {
    CENTER,    // 只考虑中心
    NEARBY6,   // 上下左右前后
  };

  using KeyType = Eigen::Matrix<int, 3, 1>;  // 体素的索引
  struct VoxelData {
    VoxelData() {}
    VoxelData(size_t id) { idx_.emplace_back(id); }

    std::vector<size_t> idx_;        // 点云中点的索引
    Vec3d mu_ = Vec3d::Zero();       // 均值
    Mat3d sigma_ = Mat3d::Zero();    // 协方差
    Mat3d info_ = Mat3d::Zero();     // 协方差之逆
  };

private:
  void BuildVoxels();

  /// 根据最近邻的类型，生成附近网格
  void GenerateNearbyGrids();

  CloudPtr target_ = nullptr;
  CloudPtr source_ = nullptr;

  Vec3d target_center_ = Vec3d::Zero();
  Vec3d source_center_ = Vec3d::Zero();
  Options options_;

  std::unordered_map<KeyType, VoxelData, hash_vec<3>> grids_;  // 栅格数据
  std::vector<KeyType> nearby_grids_;                          // 附近的栅格
};

void Ndt3d::BuildVoxels() {
  assert(target_ != nullptr);
  assert(target_->empty() == false);

  /// 分配体素
  std::vector<size_t> index(target_->size());
  std::for_each(index.begin(), index.end(), [idx = 0](size_t& i) mutable { i = idx++; });

  std::for_each(index.begin(), index.end(), [this](const size_t& idx) {
```

```
     auto pt = ToVec3d(target_->points[idx]);
     auto key = (pt * options_.inv_voxel_size_).cast<int>();
47   if (grids_.find(key) == grids_.end()) {
       grids_.insert({key, {idx}});
     } else {
       grids_[key].idx_.emplace_back(idx);
     }
52 });

   /// 计算每个体素中的均值和协方差
   std::for_each(std::execution::par_unseq, grids_.begin(), grids_.end(), [this](auto& v) {
     if (v.second.idx_.size() > options_.min_pts_in_voxel_) {
57     // 要求至少有 3 个点
       math::ComputeMeanAndCov(v.second.idx_, v.second.mu_, v.second.sigma_,
         [this](const size_t& idx) { return ToVec3d(target_->points[idx]); });
       v.second.info_ = (v.second.sigma_ + Mat3d::Identity() * 1e-3).inverse();  // 避免矩阵不可逆的
           情况
     }
62 });

   /// 删除点数不够的
   for (auto iter = grids_.begin(); iter != grids_.end();) {
     if (iter->second.idx_.size() > options_.min_pts_in_voxel_) {
67     iter++;
     } else {
       iter = grids_.erase(iter);
     }
   }
72
   LOG(INFO) << "voxels: " << grids_.size();
}

void Ndt3d::GenerateNearbyGrids() {
77 if (options_.nearby_type_ == NearbyType::CENTER) {
     nearby_grids_.emplace_back(KeyType::Zero());
   } else if (options_.nearby_type_ == NearbyType::NEARBY6) {
     nearby_grids_ = {KeyType(0, 0, 0),  KeyType(-1, 0, 0), KeyType(1, 0, 0), KeyType(0, 1, 0),
       KeyType(0, -1, 0), KeyType(0, 0, -1), KeyType(0, 0, 1)};
82 }
}
```

　　体素的最近邻可以由用户来选择。可以仅使用中心体素，或者加上周围 6 个体素作为最近邻。只要体素内部存在三个以上的点，就计算其均值和协方差。在仿真程序中，可能存在多个点拥有同样的 x, y, z 轴坐标，使得协方差矩阵在某个对角线上为零。或者，当体素内部点云近似为平面或直线时，也会出现协方差矩阵奇异的情况。因此在计算它的逆时，可以人为地在主对角线上添加一个小量，以防止求逆过程中出现非法值。

NDT 配准代码如下：

src/ch7/ndt_3d.cc

```
bool Ndt3d::AlignNdt(SE3& init_pose) {
  LOG(INFO) << "aligning with ndt";
  assert(grids_.empty() == false);

  SE3 pose = init_pose;
  if (options_.remove_centroid_) {
    pose.translation() = target_center_ - source_center_;   // 设置平移初始值
    LOG(INFO) << "init trans set to " << pose.translation().transpose();
  }

  // 对点的索引，预先生成
  int num_residual_per_point = 1;
  if (options_.nearby_type_ == NearbyType::NEARBY6) {
    num_residual_per_point = 7;
  }

  std::vector<int> index(source_->points.size());
  for (int i = 0; i < index.size(); ++i) {
    index[i] = i;
  }

  // 写一些并发代码
  int total_size = index.size() * num_residual_per_point;

  for (int iter = 0; iter < options_.max_iteration_; ++iter) {
    std::vector<bool> effect_pts(total_size, false);
    std::vector<Eigen::Matrix<double, 3, 6>> jacobians(total_size);
    std::vector<Vec3d> errors(total_size);
    std::vector<Mat3d> infos(total_size);

    // 高斯-牛顿迭代法
    // 最近邻，可以并发
    std::for_each(std::execution::par_unseq, index.begin(), index.end(), [&](int idx) {
      auto q = ToVec3d(source_->points[idx]);
      Vec3d qs = pose * q;   // 转换之后的q

      // 计算qs所在的栅格以及它的最近邻栅格
      Vec3i key = (qs * options_.inv_voxel_size_).cast<int>();

      for (int i = 0; i < nearby_grids_.size(); ++i) {
        key += nearby_grids_[i];
        auto it = grids_.find(key);
        int real_idx = idx * num_residual_per_point + i;
        if (it != grids_.end()) {
          auto& v = it->second;   // voxel
          Vec3d e = qs - v.mu_;

          // 确认卡方分布阈值
```

```
      double res = e.transpose() * v.info_ * e;
      if (std::isnan(res) || res > options_.res_outlier_th_) {
        effect_pts[real_idx] = false;
        continue;
      }

      // 构建残差
      Eigen::Matrix<double, 3, 6> J;
      J.block<3, 3>(0, 0) = -pose.so3().matrix() * SO3::hat(q);
      J.block<3, 3>(0, 3) = Mat3d::Identity();

      jacobians[real_idx] = J;
      errors[real_idx] = e;
      infos[real_idx] = v.info_;
      effect_pts[real_idx] = true;
    } else {
      effect_pts[real_idx] = false;
    }
  }
});

// 累加Hessian和error，计算dx
// 原则上，可以用reduce并发，写起来比较麻烦，这里写成accumulate
double total_res = 0;
int effective_num = 0;

Mat6d H = Mat6d::Zero();
Vec6d err = Vec6d::Zero();

for (int idx = 0; idx < effect_pts.size(); ++idx) {
  if (!effect_pts[idx]) {
    continue;
  }

  total_res += errors[idx].transpose() * infos[idx] * errors[idx];
  // chi2.emplace_back(errors[idx].transpose() * infos[idx] * errors[idx]);
  effective_num++;

  H += jacobians[idx].transpose() * infos[idx] * jacobians[idx];
  err += -jacobians[idx].transpose() * infos[idx] * errors[idx];
}

if (effective_num < options_.min_effective_pts_) {
  LOG(WARNING) << "effective num too small: " << effective_num;
  return false;
}

Vec6d dx = H.inverse() * err;
pose.so3() = pose.so3() * SO3::exp(dx.head<3>());
pose.translation() += dx.tail<3>();

// 更新
```

```
      LOG(INFO) << "iter " << iter << " total res: " << total_res << ", eff: " << effective_num
102   << ", mean res: " << total_res / effective_num << ", dxn: " << dx.norm()
      << ", dx: " << dx.transpose();

      // std::sort(chi2.begin(), chi2.end());
      // LOG(INFO) << "chi2 med: " << chi2[chi2.size() / 2] << ", .7: " << chi2[chi2.size() * 0.7]
107   //           << ", .9: " << chi2[chi2.size() * 0.9] << ", max: " << chi2.back();

      if (gt_set_) {
        double pose_error = (gt_pose_.inverse() * pose).log().norm();
        LOG(INFO) << "iter " << iter << " pose error: " << pose_error;
112   }

      if (dx.norm() < options_.eps_) {
        LOG(INFO) << "converged, dx = " << dx.transpose();
        break;
117   }
    }

    init_pose = pose;
    return true;
122 }
```

　　整个流程与前文探讨的基本一致，读者可以根据需要添加一些收敛条件的检查。由于协方差矩阵的存在，基于高斯-牛顿法的迭代过程中必须施加一些协方差矩阵的约束，这也会使问题能够更快地收敛[①]。运行本章的测试程序，读者应能发现这个 NDT 实现运行得更快：

终端输出：

```
I0130 17:48:05.746295 88880 ndt_3d.cc:69] aligning with ndt
I0130 17:48:05.746309 88880 ndt_3d.cc:75] init trans set to -0.0565748 0-0.122053 00.0288451
I0130 17:48:05.748436 88880 ndt_3d.cc:168] iter 0 total res: 136282, eff: 44120, mean res: 3.0889,
    dxn: 0.0323376, dx: 0000.0211872 -0.000537798 00-0.0209437 0-0.00778771 000.00688938
    0-0.00705587
I0130 17:48:05.748458 88880 ndt_3d.cc:178] iter 0 pose error: 0.065853
I0130 17:48:05.750505 88880 ndt_3d.cc:168] iter 1 total res: 135276, eff: 44226, mean res: 3.05875,
    dxn: 0.0207051, dx: 000.0149359 -0.00215353 0-0.0112279 000-0.00416 00.00511557 -0.00560745
I0130 17:48:05.750521 88880 ndt_3d.cc:178] iter 1 pose error: 0.0468751
I0130 17:48:05.752625 88880 ndt_3d.cc:168] iter 2 total res: 134888, eff: 44285, mean res: 3.0459,
    dxn: 0.0144742, dx: 000.0104926 -0.00346564 -0.00709958 -0.00225139 00.00344287 -0.00448023
I0130 17:48:05.752640 88880 ndt_3d.cc:178] iter 2 pose error: 0.0335875
I0130 17:48:05.754623 88880 ndt_3d.cc:168] iter 3 total res: 134260, eff: 44292, mean res: 3.03126,
    dxn: 0.0099664, dx: 00000.006923 0-0.00354255 0-0.00492196 -0.000534661 000.00213988
    0-0.00312422
I0130 17:48:05.754639 88880 ndt_3d.cc:178] iter 3 pose error: 0.0244301
I0130 17:48:05.754640 88880 ndt_3d.cc:182] converged, dx = 00000.006923 0-0.00354255 0-0.00492196
    -0.000534661 000.00213988 0-0.00312422
E0130 17:48:05.754648 88880 test_icp.cc:121] ndt align success, pose: 000.0267037 -0.00489808
    0-0.0221562 0000.999386, -0.0713086 0-0.104465 0.00857731
```

[①] 也可以在点到面 ICP 中使用这种协方差约束，例如，更注重平面法线方向的误差，而不是均衡地优化所有误差。

```
13  I0130 17:48:05.758247 88880 sys_utils.h:32] 方法 NDT 平均调用时间/次数: 20.9043/1 毫秒.
    ...
    I0130 17:44:52.916667 88363 test_icp.cc:160] pose from ndt pcl: 0-0.0276939 -0.00399581 0-0.0326939
        0000.999074, 0-0.0370633 -0.00879984 000.033367518530452800.301441
    I0130 17:44:52.928372 88363 test_icp.cc:163] score: 0.301441
    I0130 17:44:52.928387 88363 test_icp.cc:167] NDT PCL pose error: 0.201841
18  I0130 17:44:52.928720 88363 sys_utils.h:32] 方法 NDT PCL 平均调用时间/次数: 250.998/1 毫秒.
```

在只考虑中心体素的情况下，NDT 的性能可以达到 PCL 版本的十倍以上。如果使用 6 个最近邻的配置，则可以达到 PCL 版本的三至四倍左右。如果点云比较稠密，则可以仅使用中心体素。如果点云比较稀疏，则应该考虑周边体素的情况。

NDT 的思路极其简洁，算法又非常实用（不需要像 ICP 那样区分被配准的点云形成平面还是线条），已经成为许多配准算法的标配或者对标基准。当然，NDT 本身也存在一些问题。跟所有配准算法一样，NDT 同样存在依赖初始估计的问题。如果初始估计不准，则被配准的点云在初始估计下，很可能落在错误的体素中，从而形成错误的配准关系。这自然会影响最后的配准结果。另外，NDT 也是依赖体素大小的算法。所有依赖体素的算法都会存在体素的离散化问题，即多大的体素是比较合适的尺寸。显然，体素应该取多大，取决于配准时场景点云的规模。如果点云场景很大而体素太小，则容易使每个体素中的点数太小而失去拟合意义。反之，如果要配准很密集的点云而体素过大，则容易让体素内部无法拟合复杂的结构，降低配准的精度。因此，体素大小就成为一个影响配准结果，但又难以事先设置的超参数。在实际工程中，应该重视体素类算法中的体素大小问题。

7.2.4　本节各种配准方法与 PCL 内置方法的对比

可以用本节提供的 EPFL 数据集测试各种配准方法在时间和精度上的指标。就目前的实现而言，可以横向比较以下几种方法。

1. 本节的点到点 ICP。
2. 本节的点到面 ICP。
3. 本节的点到线 ICP。
4. 本节的 NDT。
5. PCL 版本 ICP。
6. PCL 版本 NDT。

它们的用时对比图和误差收敛曲线图，如图 7-5 和图 7-6 所示。由于 PCL 版本的函数只能得到最终输出的位姿而非每次迭代的位姿，因此将它的误差以水平直线来表示。通过本章的对比实验可看出，对于像 EPFL 数据集里的小模型来说，点到面 ICP 能够取得最好的位姿精度，也有最快的收敛速度；NDT 算法则在其次，速度较快，但最终的收敛精度不如点到面 ICP。相比来说，基础的点到点 ICP 是相对初级的方法，在该例中表现得不够理想。

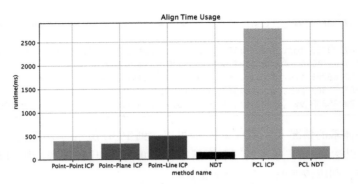

图 7-5   各种配准方法的用时对比

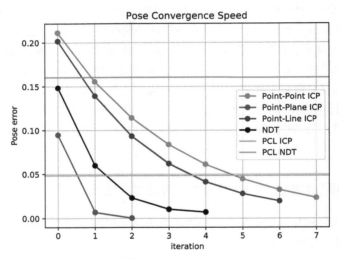

图 7-6   各种配准方法的位姿收敛曲线

如果按最近邻方法进行细分，还可以区分基于 K-d 树和基于体素最近邻的各种配准方法。它们的具体性能表现必定不尽相同。把更多的对比实验留给读者，相信本节的对比实验让读者大体了解了如何评价一个配准算法的性能。然而，小模型的匹配结果与大模型的不能一概而论。对于精细的小模型而言，它们的表面比较完整和光滑，利用表面构建出来的最近邻信息也比较丰富，于是点到面 ICP 在这种场景下占有一定的优势，而 NDT 算法的性能取决于使用多大的体素。如果体素相比模型更粗糙，则 NDT 也可能收敛不到最好的结果。然而，自动驾驶场景的点云，通常是大结构，表面更为稀疏，且带有更多的噪声。在自动驾驶场景中，这些算法又可能表现出不同的特性，不能笼统地根据单个数据集确定算法的好坏，应该按照实际的应用场景来判定。

7.3 直接法激光雷达里程计

有了 ICP、NDT 等配准方法，就可以配准多个点云，然后将它们拼在一起，形成局部地图，最终构建一个激光雷达里程计（Lidar Odometry）模块。最简单的配准方式是连续使用 Scan to Scan 方法，将下一帧数据与上一帧数据进行匹配；在 3D SLAM 中，点云之间可以很容易地进行合并，也可以将过去一段时间内的点云组成一个局部地图，然后将当前帧和这个局部地图进行配准。这种不需要提取特征的激光雷达里程计被称为直接法激光雷达里程计（Direct Lidar Odometry）。根据使用的配准方法不同，可以写出两种实现激光雷达里程计的思路，如图 7-7 所示。

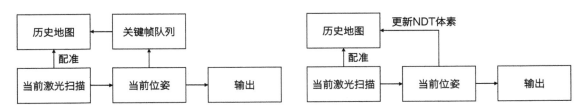

图 7-7 两种实现激光雷达里程计的思路

当然，如果愿意多花一点时间，做得更精细一些，则可以在 NDT 的体素层面再做一些修改。例如，不必把过去的点云拼在一起形成局部地图，而是把配准好的点云更新到 NDT 的每个体素内部，更新它们的高斯分布的状态，再做下一步的配准。这种思路被称为增量式 NDT（Incremental NDT）。在这种情况下，不必重新构建 NDT 的内部状态，也不必重新构建 K-d 树等数据结构，是一种相当快速的实现方式。下面分别实现两种思路下的 NDT，并比较其计算性能。

7.3.1 使用 NDT 构建激光雷达里程计

先按照第一种思路来实现激光雷达里程计。这个里程计维护一个由多个 Scan 组成的局部地图，然后把它们拼在一起，调用 7.2 节的 NDT 配准来求解当前帧的位姿。主要实现代码如下：

src/ch7/direct_ndt_lo.cc

```
class DirectNDTLO {
  public:
  struct Options {
    Options() {}
    double kf_distance_ = 0.5;              // 关键帧距离
    double kf_angle_deg_ = 30;              // 旋转角度
    int num_kfs_in_local_map_ = 30;         // 局部地图含有多少个关键帧
    bool use_pcl_ndt_ = true;               // 使用本章的NDT还是PCL的NDT
    bool display_realtime_cloud_ = true;    // 是否显示实时点云

    Ndt3d::Options ndt3d_options_;  // NDT 3D的配置
```

```
12      };

        DirectNDTLO(Options options = Options()) : options_(options) {
          if (options_.display_realtime_cloud_) {
            viewer_ = std::make_shared<PCLMapViewer>(0.5);
17        }

          ndt_ = Ndt3d(options_.ndt3d_options_);

          ndt_pcl_.setResolution(1.0);
22        ndt_pcl_.setStepSize(0.1);
          ndt_pcl_.setTransformationEpsilon(0.01);
        }

        /**
27       * 往LO中增加一个点云
         * @param scan  当前帧点云
         * @param pose 估计pose
         */
        void AddCloud(CloudPtr scan, SE3& pose);
32
    private:
        /// 与local map进行配准
        SE3 AlignWithLocalMap(CloudPtr scan);

37      /// 判定是否为关键帧
        bool IsKeyframe(const SE3& current_pose);

        private:
        Options options_;
42      CloudPtr local_map_ = nullptr;
        std::deque<CloudPtr> scans_in_local_map_;
        std::vector<SE3> estimated_poses_;   // 所有估计出来的pose，用于记录轨迹和预测下一个帧
        SE3 last_kf_pose_;                   // 上一个关键帧的位姿

47      pcl::NormalDistributionsTransform<PointType, PointType> ndt_pcl_;
        Ndt3d ndt_;
    };

    void DirectNDTLO::AddCloud(CloudPtr scan, SE3& pose) {
52      if (local_map_ == nullptr) {
          // 第一个帧，直接加入local map
          local_map_.reset(new PointCloudType);
          *local_map_ += *scan;
          pose = SE3();
57        last_kf_pose_ = pose;

          if (options_.use_pcl_ndt_) {
            ndt_pcl_.setInputTarget(local_map_);
          } else {
62          ndt_.SetTarget(local_map_);
          }
```

```
       return;
     }
67
     // 计算scan相对于local map的位姿
     pose = AlignWithLocalMap(scan);
     CloudPtr scan_world(new PointCloudType);
     pcl::transformPointCloud(*scan, *scan_world, pose.matrix().cast<float>());
72
     if (IsKeyframe(pose)) {
       last_kf_pose_ = pose;

       // 重建local map
77     scans_in_local_map_.emplace_back(scan_world);
       if (scans_in_local_map_.size() > options_.num_kfs_in_local_map_) {
         scans_in_local_map_.pop_front();
       }

82     local_map_.reset(new PointCloudType);
       for (auto& scan : scans_in_local_map_) {
         *local_map_ += *scan;
       }

87     if (options_.use_pcl_ndt_) {
         ndt_pcl_.setInputTarget(local_map_);
       } else {
         ndt_.SetTarget(local_map_);
       }
92   }
   }

   SE3 DirectNDTLO::AlignWithLocalMap(CloudPtr scan) {
     if (options_.use_pcl_ndt_) {
97     ndt_pcl_.setInputSource(scan);
     } else {
       ndt_.SetSource(scan);
     }

102  CloudPtr output(new PointCloudType());

     SE3 guess;
     bool align_success = true;
     if (estimated_poses_.size() < 2) {
107    if (options_.use_pcl_ndt_) {
         ndt_pcl_.align(*output, guess.matrix().cast<float>());
         guess = Mat4dToSE3(ndt_pcl_.getFinalTransformation().cast<double>().eval());
       } else {
         align_success = ndt_.AlignNdt(guess);
112    }
     } else {
       // 从最近的两个pose来推断
       SE3 T1 = estimated_poses_[estimated_poses_.size() - 1];
```

```
          SE3 T2 = estimated_poses_[estimated_poses_.size() - 2];
117       guess = T1 * (T2.inverse() * T1);

          if (options_.use_pcl_ndt_) {
            ndt_pcl_.align(*output, guess.matrix().cast<float>());
            guess = Mat4dToSE3(ndt_pcl_.getFinalTransformation().cast<double>().eval());
122       } else {
            align_success = ndt_.AlignNdt(guess);
          }
        }

127     LOG(INFO) << "pose: " << guess.translation().transpose() << ", "
        << guess.so3().unit_quaternion().coeffs().transpose();

        if (options_.use_pcl_ndt_) {
          LOG(INFO) << "trans prob: " << ndt_pcl_.getTransformationProbability();
132     }

        estimated_poses_.emplace_back(guess);

        return guess;
137 }
```

在这个简单的里程计中，一直对当前的扫描数据和局部地图进行 NDT 配准。用户可以指定使用 PCL 内置的 NDT 或是自己书写的 NDT。每隔一定距离或一定角度就取一个关键帧，再把最近的若干个关键帧拼成一个局部地图，作为 NDT 算法的配准目标。在配准时，用上两帧的相对运动作为运动模型，预测当前帧的位姿，然后将它作为 NDT 的位姿初值。构建出来的局部地图会实时显示在一个基于 PCL 的 3D 窗口中，算法结束之后也会把合并之后的点云储存为 .pcd 文件。

本节的测试程序如下，在 GFlags 里可以指定是否使用 PCL 版本的 NDT，以及本书 NDT 的最近邻数量：

src/ch7/test/test_ndt_lo.cc

```
/// 本程序以ULHK数据集为例
/// 测试以NDT为主的激光雷达里程计
3  /// 若使用PCL NDT，会重新建立NDT树
DEFINE_string(bag_path, "./dataset/sad/ulhk/test2.bag", "path to rosbag");
DEFINE_string(dataset_type, "ULHK", "NCLT/ULHK/KITTI/WXB_3D");  // 数据集类型
DEFINE_bool(use_pcl_ndt, false, "use pcl ndt to align?");
DEFINE_bool(use_ndt_nearby_6, false, "use ndt nearby 6?");
8  DEFINE_bool(display_map, true, "display map?");

int main(int argc, char** argv) {
  sad::RosbagIO rosbag_io(fLS::FLAGS_bag_path, sad::Str2DatasetType(FLAGS_dataset_type));

13   sad::DirectNDTLO::Options options;
  options.use_pcl_ndt_ = fLB::FLAGS_use_pcl_ndt;
  options.ndt3d_options_.nearby_type_ =
```

```
        FLAGS_use_ndt_nearby_6 ? sad::Ndt3d::NearbyType::NEARBY6 : sad::Ndt3d::NearbyType::CENTER;
        options.display_realtime_cloud_ = FLAGS_display_map;
18      sad::DirectNDTLO ndt_lo(options);

        rosbag_io
        .AddAutoPointCloudHandle([&ndt_lo](sensor_msgs::PointCloud2::Ptr msg) -> bool {
          sad::common::Timer::Evaluate(
23        [&]() {
            SE3 pose;
            ndt_lo.AddCloud(sad::VoxelCloud(sad::PointCloud2ToCloudPtr(msg)), pose);
          },
          "NDT registration");
28        return true;
        })
        .Go();

        if (FLAGS_display_map) {
33        // 把地图存下来
          ndt_lo.SaveMap("./data/ch7/map.pcd");
        }

        sad::common::Timer::PrintAll();
38      LOG(INFO) << "done.";

        return 0;
      }
```

如果读者希望自己运行本章程序，则需要下载 ULHK 的两个测试数据包。它们的路径可以通过 GFlags 指定。现在编译运行：

终端输入：

```
bin/test_ndt_lo
```

读者应该能看到图 7-8 所示的结果（它们的颜色可能不同，为了方便印刷，书中会转换成白色底色的插图）。在程序结束时，Timer 类会打印算法的运行效率：

终端输出：

```
I0131 10:51:49.840482 102707 timer.cc:16] >>> ===== Printing run time =====
I0131 10:51:49.840484 102707 timer.cc:18] > [ NDT registration ] average time usage: 36.349 ms ,
    called times: 3178
I0131 10:51:49.840495 102707 timer.cc:23] >>> ===== Printing run time end =====
I0131 10:51:49.840497 102707 test_ndt_lo.cc:56] done.
```

关闭可视化时，本章的 NDT 里程计的每帧处理用时通常在 15 毫秒左右（如果使用 6 个最近邻，则在 18 毫秒左右），PCL 的 NDT 则要稍微慢一些，约在 85 毫秒左右。读者也可以测试这两套算法在自己机器上的表现。可以看到，最近邻个数虽然影响配准算法的计算效率，但放到里程计算法中，则没有占到非常大的比重。局部地图的合并，以及地图对应的体素、K-d 树构建才是里程计模块中主要消耗算力的部分。

简单分析本节的 NDT 里程计比 PCL 自带的 NDT 更快的原因：

1. NDT 虽然是基于体素的方法，但 PCL 自带的 NDT 仍然需要 K-d 树来查找最近邻。在进行 Scan to Map 的配准时，为局部地图构建 K-d 树的时间是不能忽略的。而本节的 NDT 里程计则直接使用体素的最近邻进行查找，显然要快于 PCL 自带的 NDT 方法。

2. 在计算配准时，每个点的残差计算部分（以及对应的雅可比矩阵计算部分）使用了并发处理，这也比串行的 NDT 要快很多。

然而，仔细分析的话，整个激光雷达里程计的流程并不尽如人意。例如，增加关键帧时，每次都需要重新建立局部地图，同时要重置所有的 NDT 体素。尽管这比 K-d 树更快，但这个计算问题完全可以更优雅地解决。可以把当前的扫描数据直接放到 NDT 的体素中，同时对体素增加一个时间队列处理，让它自动地丢弃很久没用到的那些体素。这种做法被称为**增量的 NDT**。下面就来实现这种方法，并比较它相对于前一种做法的性能变化。

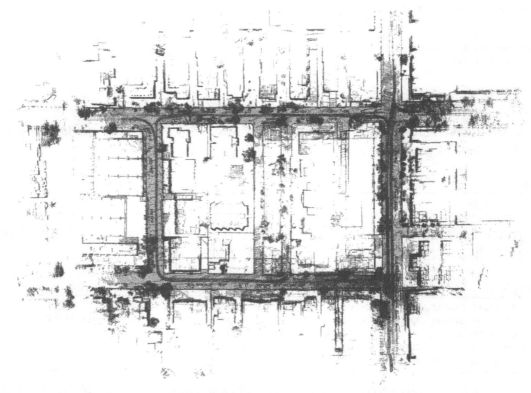

图 7-8   NDT 里程计构建出来的点云地图，数据集来自 ULHK

7.3.2 增量 NDT 里程计

增量更新的原理

实现增量的 NDT 里程计会带来两个问题：一是如何维护不断增加的体素，二是每个体素内的高斯参数应该如何改变。先来讨论如何对单个体素内的估计进行更新的问题。假设已经在某个体素内估计了一个高斯分布。如果此时又在这个体素中添加了一些新的点云，那么这个高斯分布的参数应该怎样改变？这部分推导需要一点点概率学的知识。

高斯分布的增量更新 设某个体素之前有 m 个历史点云，它们构成的高斯分布为 $\boldsymbol{\mu}_{\mathrm{H}}, \boldsymbol{\Sigma}_{\mathrm{H}}$。现在，又在这里新增了 n 个点，这 n 个点的均值和方差为 $\boldsymbol{\mu}_{\mathrm{A}}, \boldsymbol{\Sigma}_{\mathrm{A}}$。设合并之后的估计为 $\boldsymbol{\mu}, \boldsymbol{\Sigma}$，现在来推导它们之间的数学关系。记历史点云中的点为 $\boldsymbol{x}_1, \cdots, \boldsymbol{x}_m$，新增点云为 $\boldsymbol{y}_1, \cdots, \boldsymbol{y}_n$。

均值方面非常简单，由定义可得

$$\boldsymbol{\mu} = \frac{\boldsymbol{x}_1 + \cdots + \boldsymbol{x}_m + \boldsymbol{y}_1 + \cdots + \boldsymbol{y}_n}{m + n} = \frac{m\boldsymbol{\mu}_{\mathrm{H}} + n\boldsymbol{\mu}_{\mathrm{A}}}{m + n}. \tag{7.17}$$

协方差方面则需要一点点推导。忽略贝塞尔修正，按样本方差的定义来讨论：

$$\boldsymbol{\Sigma} = \frac{1}{m + n} \left(\sum_{i=1}^{m} (\boldsymbol{x}_i - \boldsymbol{\mu})(\boldsymbol{x}_i - \boldsymbol{\mu})^{\top} + \sum_{j=1}^{n} (\boldsymbol{y}_j - \boldsymbol{\mu})(\boldsymbol{y}_j - \boldsymbol{\mu})^{\top} \right). \tag{7.18}$$

先来看左侧这一项，使用一些简单的数学技巧：

$$\sum_{i=1}^{m} (\boldsymbol{x}_i - \boldsymbol{\mu})(\boldsymbol{x}_i - \boldsymbol{\mu})^{\top} = \sum_{i=1}^{m} \left[\boldsymbol{x}_i - \boldsymbol{\mu}_{\mathrm{H}} + (\boldsymbol{\mu}_{\mathrm{H}} - \boldsymbol{\mu}) \right] \left[\boldsymbol{x}_i - \boldsymbol{\mu}_{\mathrm{H}} + (\boldsymbol{\mu}_{\mathrm{H}} - \boldsymbol{\mu}) \right]^{\top}, \tag{7.19}$$

$$= \sum_{i=1}^{m} \left(\underbrace{(\boldsymbol{x}_i - \boldsymbol{\mu}_{\mathrm{H}})(\boldsymbol{x}_i - \boldsymbol{\mu}_{\mathrm{H}})^{\top}}_{=\boldsymbol{\Sigma}_{\mathrm{H}}} + (\boldsymbol{x}_i - \boldsymbol{\mu}_{\mathrm{H}})(\boldsymbol{\mu}_{\mathrm{H}} - \boldsymbol{\mu})^{\top} \right. \tag{7.20}$$

$$\left. + (\boldsymbol{\mu}_{\mathrm{H}} - \boldsymbol{\mu})(\boldsymbol{x}_i - \boldsymbol{\mu}_{\mathrm{H}})^{\top} + (\boldsymbol{\mu}_{\mathrm{H}} - \boldsymbol{\mu})(\boldsymbol{\mu}_{\mathrm{H}} - \boldsymbol{\mu})^{\top} \right). \tag{7.21}$$

这只是个简单的多项式展开，不难发现第 1 项和第 4 项都可以提到求和号外面，而中间两项为零。写出第 2 项的部分推导：

$$\sum_{i=1}^{m} (\boldsymbol{x}_i - \boldsymbol{\mu}_{\mathrm{H}})(\boldsymbol{\mu}_{\mathrm{H}} - \boldsymbol{\mu})^{\top} = \sum_{i=1}^{m} \boldsymbol{x}_i (\boldsymbol{\mu}_{\mathrm{H}} - \boldsymbol{\mu})^{\top} - m\boldsymbol{\mu}_{\mathrm{H}}(\boldsymbol{\mu}_{\mathrm{H}} - \boldsymbol{\mu})^{\top} = \boldsymbol{0}. \tag{7.22}$$

对于第 3 项也是类似的。于是可得

$$\sum_{i=1}^{m} (\boldsymbol{x}_i - \boldsymbol{\mu})(\boldsymbol{x}_i - \boldsymbol{\mu})^{\top} = m \left(\boldsymbol{\Sigma}_{\mathrm{H}} + (\boldsymbol{\mu}_{\mathrm{H}} - \boldsymbol{\mu})(\boldsymbol{\mu}_{\mathrm{H}} - \boldsymbol{\mu})^{\top} \right). \tag{7.23}$$

同理，对于式 (7.18) 中的第 2 项，类似可得

$$\sum_{j=1}^{n}(\boldsymbol{y}_j - \boldsymbol{\mu})(\boldsymbol{y}_j - \boldsymbol{\mu})^{\top} = n(\boldsymbol{\Sigma}_{\mathrm{A}} + (\boldsymbol{\mu}_{\mathrm{A}} - \boldsymbol{\mu})(\boldsymbol{\mu}_{\mathrm{A}} - \boldsymbol{\mu})^{\top}). \tag{7.24}$$

综上，可以得到协方差的合并公式：

$$\boldsymbol{\Sigma} = \frac{m(\boldsymbol{\Sigma}_{\mathrm{H}} + (\boldsymbol{\mu}_{\mathrm{H}} - \boldsymbol{\mu})(\boldsymbol{\mu}_{\mathrm{H}} - \boldsymbol{\mu})^{\top}) + n(\boldsymbol{\Sigma}_{\mathrm{A}} + (\boldsymbol{\mu}_{\mathrm{A}} - \boldsymbol{\mu})(\boldsymbol{\mu}_{\mathrm{A}} - \boldsymbol{\mu})^{\top})}{m + n}. \tag{7.25}$$

可以利用该公式更新 NDT 中的均值和方差的估计。

体素的增量维护 除了更新体素内部的高斯分布来适应点云变化，由于车辆通常是从某个地点出发一直前行，体素的数量也应随着车辆运动而增加。然而，如果长时间使用这个里程计算法，则应该将体素数量限制在一定范围内。例如，希望体素总量保持在十万个左右，那些很久之前建立的体素应该定期删除。这需要我们维护一个近期使用的缓存机制（Least Recently Used Cache, LRU）。设置一个队列模型，把最近更新的体素放到最前面。当整个队列超出预期容量时，就删除最旧的那部分体素。

下面来看代码实现：

src/ch7/ndt_inc.h

```
 1  class IncNdt3d {
     public:
     enum class NearbyType {
       CENTER,    // 只考虑中心
       NEARBY6,   // 上下左右前后
 6   };

     using KeyType = Eigen::Matrix<int, 3, 1>;  // 体素的索引

     /// 体素的内置结构
11   struct VoxelData {
       VoxelData() {}
       VoxelData(const Vec3d& pt) {
         pts_.emplace_back(pt);
         num_pts_ = 1;
16     }

       void AddPoint(const Vec3d& pt) {
         pts_.emplace_back(pt);
         if (!ndt_estimated_) {
21         num_pts_++;
         }
       }

       std::vector<Vec3d> pts_;       // 内部点，多于一定数量之后再估计均值和协方差
26     Vec3d mu_ = Vec3d::Zero();      // 均值
       Mat3d sigma_ = Mat3d::Zero();   // 协方差
       Mat3d info_ = Mat3d::Zero();    // 协方差之逆
```

```
      bool ndt_estimated_ = false;    // NDT是否已经被估计
31    int num_pts_ = 0;               // 总共的点数, 用于更新估计
   };

   /// 在voxel里添加点云,
   void AddCloud(CloudPtr cloud_world);
36
   /// 使用高斯-牛顿方法进行NDT配准
   bool AlignNdt(SE3& init_pose);

private:
41  /// 更新体素内部数据, 根据新加入的pts和历史的估计情况来确定自己的估计
   void UpdateVoxel(VoxelData& v);

   CloudPtr source_ = nullptr;
   Options options_;
46
   using KeyAndData = std::pair<KeyType, VoxelData>;  // 预定义
   std::list<KeyAndData> data_;                        // 真实数据, 会缓存, 也会清理
   std::unordered_map<KeyType, std::list<KeyAndData>::iterator, hash_vec<3>> grids_;  // 栅格数据, 存
        储真实数据的迭代器
   std::vector<KeyType> nearby_grids_;                                    // 附近的栅格
51 };
```

在 IncNdt3d 类中，把实际的体素数据放在双向链表中，然后在哈希表中维护它们的迭代器作为查找索引。当用户在里程计中添加新的点云时，再去维护体素数据、更新它们内部的高斯分布，并且维护缓存队列。其中，体素内部的高斯分布的更新是可以并发的，通过并发函数来调用它。

src/ch7/ndt_inc.cc

```
void IncNdt3d::AddCloud(CloudPtr cloud_world) {
   std::set<KeyType, less_vec<3>> active_voxels;  // 记录哪些voxel被更新
   for (const auto& p : cloud_world->points) {
4    auto pt = ToVec3d(p);
     auto key = (pt * options_.inv_voxel_size_).cast<int>();
     auto iter = grids_.find(key);
     if (iter == grids_.end()) {
        // 栅格不存在
9       data_.push_front({key, {pt}});
        grids_.insert({key, data_.begin()});

        if (data_.size() >= options_.capacity_) {
           // 删除一个尾部的数据
14         grids_.erase(data_.back().first);
           data_.pop_back();
        }
     } else {
        // 栅格存在, 添加点, 更新缓存
19      iter->second->second.AddPoint(pt);
        data_.splice(data_.begin(), data_, iter->second);  // 更新的那个放到最前
```

```
      iter->second = data_.begin();                    // 将grids迭代器也指向最前
    }

24    active_voxels.emplace(key);
  }

  // 更新active_voxels
  std::for_each(std::execution::par_unseq, active_voxels.begin(), active_voxels.end(),
29    [this](const auto& key) { UpdateVoxel(grids_[key]->second); });
}

void IncNdt3d::UpdateVoxel(VoxelData& v) {
  if (v.ndt_estimated_ && v.num_pts_ > options_.max_pts_in_voxel_) {
34    return;
  }

  if (!v.ndt_estimated_ && v.pts_.size() > options_.min_pts_in_voxel_) {
    // 新增的voxel
39    math::ComputeMeanAndCov(v.pts_, v.mu_, v.sigma_, [this](const Vec3d& p) { return p; });
    v.info_ = (v.sigma_ + Mat3d::Identity() * 1e-3).inverse();   // 避免出NAN
    v.ndt_estimated_ = true;
    v.pts_.clear();
  } else if (v.ndt_estimated_ && v.pts_.size() > options_.min_pts_in_voxel_) {
44    // 已经估计，而且还有新来的点
    Vec3d cur_mu, new_mu;
    Mat3d cur_var, new_var;
    math::ComputeMeanAndCov(v.pts_, cur_mu, cur_var, [this](const Vec3d& p) { return p; });
    math::UpdateMeanAndCov(v.num_pts_, v.pts_.size(), v.mu_, v.sigma_, cur_mu, cur_var, new_mu,
        new_var);

49
    v.mu_ = new_mu;
    v.sigma_ = new_var;
    v.num_pts_ += v.pts_.size();
    v.pts_.clear();

54
    // check info
    Eigen::JacobiSVD svd(v.sigma_, Eigen::ComputeFullU | Eigen::ComputeFullV);
    Vec3d lambda = svd.singularValues();
    if (lambda[1] < lambda[0] * 1e-3) {
59      lambda[1] = lambda[0] * 1e-3;
    }

    if (lambda[2] < lambda[0] * 1e-3) {
      lambda[2] = lambda[0] * 1e-3;
64    }

    Mat3d inv_lambda = Vec3d(1.0 / lambda[0], 1.0 / lambda[1], 1.0 / lambda[2]).asDiagonal();
    v.info_ = svd.matrixV() * inv_lambda * svd.matrixU().transpose();
  }
69 }
```

　　每个体素会带有一个标记，标志它内部的高斯参数是否已经被估计。为每个体素设计一个缓冲区，当缓冲区中的点数大于一定数量时，才估计它的高斯参数。同时，新加入的点也会放入这个缓冲区，达到一定数量后会重新估计。此外，如果一个栅格里的累积点数已经有很多，就不再对其进行更新，这也可以节省一定的计算量。所有体素内部的更新是可以并发的，相互之间不会有任何影响。

　　高斯更新的计算与前文的公式对应，它的实现代码非常简单：

src/common/math_utils.h

```cpp
template <typename S, int D>
void UpdateMeanAndCov(int hist_m, int curr_n, const Eigen::Matrix<S, D, 1>& hist_mean,
  const Eigen::Matrix<S, D, D>& hist_var, const Eigen::Matrix<S, D, 1>& curr_mean,
  const Eigen::Matrix<S, D, D>& curr_var, Eigen::Matrix<S, D, 1>& new_mean,
  Eigen::Matrix<S, D, D>& new_var) {
  new_mean = (hist_m * hist_mean + curr_n * curr_mean) / (hist_m + curr_n);
  new_var = (hist_m * (hist_var + (hist_mean - new_mean) * (hist_mean - new_mean).template transpose
      ()) + curr_n * (curr_var + (curr_mean - new_mean) * (curr_mean - new_mean).template transpose
      ())) /(hist_m + curr_n);
}
```

　　激光雷达里程计的算法参见 src/ch7/increment_ndt_lo.cc，实现逻辑比之前的里程计更简单，只需取一些关键帧，不断地往 NDT 内部添加新关键帧，然后调用配准函数即可。现在，局部地图已经被放到 NDT 内部维护，不必再去拼接关键帧点云了。

src/ch7/incremental_ndt_lo.cc

```cpp
class IncrementalNDTLO {
  public:
  struct Options {
    Options() {}
    double kf_distance_ = 0.5;            // 关键帧距离
    double kf_angle_deg_ = 30;            // 旋转角度
    bool display_realtime_cloud_ = true;  // 是否显示实时点云
    IncNdt3d::Options ndt3d_options_;     // NDT 3D的配置
  };

  IncrementalNDTLO(Options options = Options()) : options_(options) {
    if (options_.display_realtime_cloud_) {
      viewer_ = std::make_shared<PCLMapViewer>(0.5);
    }

    ndt_ = IncNdt3d(options_.ndt3d_options_);
  }

  /**
  * 往LO中增加一个点云
  * @param scan   当前帧点云
  * @param pose   估计pose
  */
```

```
    void AddCloud(CloudPtr scan, SE3& pose, bool use_guess = false);

  private:
    Options options_;
    bool first_frame_ = true;
    std::vector<SE3> estimated_poses_;   // 所有估计出来的pose，用于记录轨迹和预测下一个帧
    SE3 last_kf_pose_;                   // 上一个关键帧的位姿
    int cnt_frame_ = 0;

    IncNdt3d ndt_;
    std::shared_ptr<PCLMapViewer> viewer_ = nullptr;
};

void IncrementalNDTLO::AddCloud(CloudPtr scan, SE3& pose, bool use_guess) {
    if (first_frame_) {
      // 第一个帧，直接加入local map
      pose = SE3();
      last_kf_pose_ = pose;
      ndt_.AddCloud(scan);
      first_frame_ = false;
      return;
    }

    // 此时，local map位于NDT内部，直接配准即可
    SE3 guess;
    ndt_.SetSource(scan);
    if (estimated_poses_.size() < 2) {
      ndt_.AlignNdt(guess);
    } else {
      if (!use_guess) {
        // 从最近的两个pose来推断
        SE3 T1 = estimated_poses_[estimated_poses_.size() - 1];
        SE3 T2 = estimated_poses_[estimated_poses_.size() - 2];
        guess = T1 * (T2.inverse() * T1);
      } else {
        guess = pose;
      }

      ndt_.AlignNdt(guess);
    }

    pose = guess;
    estimated_poses_.emplace_back(pose);

    CloudPtr scan_world(new PointCloudType);
    pcl::transformPointCloud(*scan, *scan_world, guess.matrix().cast<float>());

    if (IsKeyframe(pose)) {
      last_kf_pose_ = pose;
      cnt_frame_ = 0;
      // 放入NDT内部的local map
      ndt_.AddCloud(scan_world);
```

```
    }
77
    if (viewer_ != nullptr) {
      viewer_->SetPoseAndCloud(pose, scan_world);
    }
    cnt_frame_++;
82  }
```

　　可见，里程计部分只需要维护一些标志位和计数器处理逻辑就行了，基本没有算法部分。请读者调用 test_inc_ndt_lo 测试程序。它的输入参数和 7.2 节相同，本节不再列出。增量式 NDT 输出的点云如图 7-9 所示。在俯视视角下，它看起来应该和图 7-8 差不多，但侧视视角下能够明显看到走完一圈之后与起点的偏差。这种**累积误差**是里程计算法难以避免的，后续章节会介绍三维激光雷达中的回环检测与位姿图优化问题。

图 7-9　**增量式 NDT 输出的点云，另一视角**

　　在关闭可视化后，本节的增量式 NDT 每帧的处理时间只需 6 ms 左右。而对于同样的点云，最初基于 PCL 中的 NDT 里程计则需要接近 100 ms 才能完成一次配准，整体性能提高了 10 倍以上。通过本章，读者应该能发现，只要理解了算法的原理，就可以很自由地定制它们的计算过程，从流程上优化整个系统的性能，不必受软件库 API 接口之类的限制。由于各种历史原因，在当前的标准下，经典算法的实现并不一定是尽善尽美的，它们也很难满足未来的需求。

　　本节和 7.4 节介绍的里程计都属于**纯激光雷达里程计**。在乘用车数据集上，它们通常能够正常运行，但在一些自转较快的小型车辆中的表现可能不佳。后文会介绍如何在激光雷达里程计中添加 IMU 和 RTK 观测数据，让它们更稳定地运行。

7.4 特征法激光雷达里程计

7.4.1 特征的提取

7.3 节介绍的这种**直接配准点云**本身的里程计称为直接法里程计。与之相对的，自动驾驶中也经常使用**先提特征，再做配准**的激光雷达里程计，我们称为特征法激光雷达里程计（或者间接法激光雷达里程计）[20]。特征法激光雷达里程计需要先对点云提取一些简单的特征，在此基础上，仅对特征点进行配准。同时，根据特征点本身的不同性质，采取不同的配准方法，使之更加精准[170]。基于特征点的里程计对不同的点云结构实施不同的配准方法，相比统一使用 ICP 或 NDT 的直接法里程计，实用性要更好。在特征法里程计中，LOAM 系列[171]，包括最初的 LOAM[171] 和后续各种改进版本（LeGO-LOAM[172]、ALOAM①、FLOAM②），是自动驾驶行业中常用的开源方案，也是后续许多 LIO 系统的基础。但实际的 LOAM 开源代码是比较复杂的，笔者不准备在书里介绍。本书将探讨 LOAM 系列的设计思路，然后按照原理做一个简单的实现。

谈到特征法，我们最关心的问题应该是：对于一个多线激光雷达，应该提取什么样的特征？怎么使用这些特征进行点云配准？点云特征有许多种，常见的有 PFH[173]、FPFH[174]，以及各种各样的深度学习特征。我们要问：什么样的特征对实时配准是有意义的？点云特征既可以用来做配准，也可以用于数据库检索、比对、压缩。实时 SLAM 对特征有以下几个要求。

1. 特征应该能反映点云的特点。例如，自动驾驶的点云通常由多线激光雷达扫描而成，并不像 RGBD 点云那样稠密，而是有明显的**线束**特性。每个点云应属于激光雷达的某一条线。我们不必直接对整个点云提取特征，而可以对单个线条上的扫描数据提取特征。
2. 在提取特征之后，应该很容易对这些特征点进行几何的配准。配准方法可以使用前面的各种 ICP 或 NDT。
3. 特征提取不应占用太多 CPU 或 GPU 资源，也不应使用特殊的硬件。
4. 在系统设计上，我们希望整个激光雷达里程计或 SLAM 系统使用同样的计算结构，而不是一部分运行在 CPU 上，一部分运行在 GPU 上，造成不必要的数据传输和资源占用。

因此，在工业界的激光雷达里程计系统中，人们通常使用一些简单的特征结构，而非那些复杂的，基于统计信息甚至神经网络计算的特征描述。大部分系统会使用**线束**信息进行特征提取。下面介绍类 LOAM 系统的特征提取方法。

7.4.2 基于激光雷达线束的特征提取

多线激光雷达天生带有**线束**这一信息。我们从激光雷达中得到的点云，除了 x, y, z 这样的位置，还能得到额外的信息：

---

① 相关信息见"链接 7"。
② 相关信息见"链接 8"。

1. 某个激光点来自哪一条扫描线。
2. 同一条线上的激光点的先后顺序关系。
3. 有些驱动也会输出各点的极坐标角度、扫描时间等精确信息。

知道哪些点处于同一条扫描线，以及它们的时间顺序，对设计激光雷达里程计算法有很大用处。最明显的是可以省去寻找同一条扫描线上的最近邻工作。其次，根据这些点的先后顺序，可以计算它们的**曲率**，然后根据曲率判断这些点的类型。曲率本身的计算可以定义为同一根线束上的某个点与其他近邻点之间的差值。在 LOAM 系统的工作中，研究人员给出了一种非常简单的处理方法：沿着同一根线束的曲率，如果曲率较大，就认为是角点；如果曲率较小，就认为是平面点。为了取到最明显的角点与平面点，可以根据当前点云的曲率情况，取最大和最小的几个采样点作为特征点。在多线激光雷达的扫描中，角点一般位于垂直物体的表面，或者两个平面的交界面上，在垂直方向适合使用点到线 ICP。此外，平面点在不同线束上采样，就可以使用点到面 ICP 进行配准。整个特征提取和最近邻的过程如图 7-10 所示。

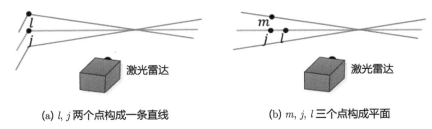

(a) l, j 两个点构成一条直线   (b) m, j, l 三个点构成平面

图 7-10   使用线束曲率来判断角点和平面点，然后取它们的最近邻。本图来自参考文献 [171]

值得一提的是，这种角点和平面点也可以在二维激光雷达中工作，完全可以将这种思路用到二维扫描匹配中。另外，它们的提取方法也不仅一种。例如，LeGO-LOAM[172] 使用了距离图像来提取地面点、角点和平面点，mulls 则利用 PCA 来提取地面、立面、柱状线条、水平线条等特征[175]。但是，大部分实用系统中的特征提取过程都比较烦琐，笔者并不准备在此介绍其细节。读者只需注意，一定限度地提取特征，有助于进一步优化配准结果。然而，这种基于线束的方法实际上利用了很多先验信息，如点云由若干条扫描线组成，激光雷达是水平放置的，等等。它们的实现往往非常工程化，依赖于每种激光雷达的扫描角度、线束信息。这种假设在固态激光雷达，或者 RGBD 相机点云中无法正常工作，也限制了此类里程计的使用范围。

7.4.3   特征提取部分的实现

先来实现特征提取部分。基于线束的特征提取需要知道点云本身的线束信息，有一部分雷达会在驱动程序中提供，但是如果转换为常见的 PCL 点云，则无法恢复这些信息。当然，我们可以根据每个点的坐标计算该点的俯仰角度，然后通过雷达自身每条线的俯仰角度信息，推断该点属于哪一个线束。只是这种做法会让程序变得复杂，还需要引入雷达驱动程序等额外的软件，增加本书的学习成本。笔者为读者准备了一些自带线束信息的点云，读者可以直接读取它们。只需关注如何计算角点和平面点即可。

特征提取的算法主要包括以下几个部分。

1. 计算每个点的线束并归类。由于点云中已携带了这部分信息，因此这步可以跳过。
2. 依次计算线束中每个点的曲率。
3. 把点云按一周分成若干个区间（现实中取 6 个区间）。选择其中曲率最大的若干个点作为角点。剩余的点作为平面点。

请读者注意，大多数特征提取方法并没有明确的理论依据，更多是通过工程实践摸索。读者也可以灵活自主地设计这个特征提取的流程，增加或减少一些计算流程。下面展示代码实现：

src/ch7/loam_like/feature_extraction.cc

```
void FeatureExtraction::Extract(FullCloudPtr pc_in, CloudPtr pc_out_edge, CloudPtr pc_out_surf) {
  int num_scans = 16;
  std::vector<CloudPtr> scans_in_each_line;  // 分线束的点云
  for (int i = 0; i < num_scans; i++) {
    scans_in_each_line.emplace_back(new PointCloudType);
  }

  for (auto &pt : pc_in->points) {
    assert(pt.ring >= 0 && pt.ring < num_scans);
    PointType p;
    p.x = pt.x;
    p.y = pt.y;
    p.z = pt.z;
    p.intensity = pt.intensity;

    scans_in_each_line[pt.ring]->emplace_back(p);
  }

  // 处理曲率
  for (int i = 0; i < num_scans; i++) {
    if (scans_in_each_line[i]->points.size() < 131) {
      continue;
    }

    std::vector<IdAndValue> cloud_curvature;  // 每条线对应的曲率
    int total_points = scans_in_each_line[i]->points.size() - 10;
    for (int j = 5; j < (int)scans_in_each_line[i]->points.size() - 5; j++) {
      // 两头留一定余量，采样周围10个点取平均值
      double diffX = scans_in_each_line[i]->points[j - 5].x + scans_in_each_line[i]->points[j - 4].x
        +
      scans_in_each_line[i]->points[j - 3].x + scans_in_each_line[i]->points[j - 2].x +
      scans_in_each_line[i]->points[j - 1].x - 10 * scans_in_each_line[i]->points[j].x +
      scans_in_each_line[i]->points[j + 1].x + scans_in_each_line[i]->points[j + 2].x +
      scans_in_each_line[i]->points[j + 3].x + scans_in_each_line[i]->points[j + 4].x +
      scans_in_each_line[i]->points[j + 5].x;
```

```
        double diffY = scans_in_each_line[i]->points[j - 5].y + scans_in_each_line[i]->points[j - 4].y
                +
            scans_in_each_line[i]->points[j - 3].y + scans_in_each_line[i]->points[j - 2].y +
            scans_in_each_line[i]->points[j - 1].y - 10 * scans_in_each_line[i]->points[j].y +
            scans_in_each_line[i]->points[j + 1].y + scans_in_each_line[i]->points[j + 2].y +
            scans_in_each_line[i]->points[j + 3].y + scans_in_each_line[i]->points[j + 4].y +
            scans_in_each_line[i]->points[j + 5].y;
        double diffZ = scans_in_each_line[i]->points[j - 5].z + scans_in_each_line[i]->points[j - 4].z
                +
            scans_in_each_line[i]->points[j - 3].z + scans_in_each_line[i]->points[j - 2].z +
            scans_in_each_line[i]->points[j - 1].z - 10 * scans_in_each_line[i]->points[j].z +
            scans_in_each_line[i]->points[j + 1].z + scans_in_each_line[i]->points[j + 2].z +
            scans_in_each_line[i]->points[j + 3].z + scans_in_each_line[i]->points[j + 4].z +
            scans_in_each_line[i]->points[j + 5].z;
        IdAndValue distance(j, diffX * diffX + diffY * diffY + diffZ * diffZ);
        cloud_curvature.push_back(distance);
      }

      // 对每个区间选取特征，把360°分为6个区间
      for (int j = 0; j < 6; j++) {
        int sector_length = (int)(total_points / 6);
        int sector_start = sector_length * j;
        int sector_end = sector_length * (j + 1) - 1;
        if (j == 5) {
          sector_end = total_points - 1;
        }

        std::vector<IdAndValue> sub_cloud_curvature(cloud_curvature.begin() + sector_start,
        cloud_curvature.begin() + sector_end);

        ExtractFromSector(scans_in_each_line[i], sub_cloud_curvature, pc_out_edge, pc_out_surf);
      }
    }
  }

void FeatureExtraction::ExtractFromSector(const CloudPtr &pc_in, std::vector<IdAndValue> &
    cloud_curvature, CloudPtr &pc_out_edge, CloudPtr &pc_out_surf) {
  // 按曲率排序
  std::sort(cloud_curvature.begin(), cloud_curvature.end(),
  [](const IdAndValue &a, const IdAndValue &b) { return a.value_ < b.value_; });

  int largest_picked_num = 0;
  int point_info_count = 0;

  /// 选取曲率最大的角点
  std::vector<int> picked_points;  // 标记被选中的角点，角点附近的点都不会被选取
  for (int i = cloud_curvature.size() - 1; i >= 0; i--) {
    int ind = cloud_curvature[i].id_;
    if (std::find(picked_points.begin(), picked_points.end(), ind) == picked_points.end()) {
      if (cloud_curvature[i].value_ <= 0.1) {
        break;
      }
```

```
            largest_picked_num++;
            picked_points.push_back(ind);

88          if (largest_picked_num <= 20) {
              pc_out_edge->push_back(pc_in->points[ind]);
              point_info_count++;
            } else {
              break;
93          }

            for (int k = 1; k <= 5; k++) {
              double diffX = pc_in->points[ind + k].x - pc_in->points[ind + k - 1].x;
              double diffY = pc_in->points[ind + k].y - pc_in->points[ind + k - 1].y;
98            double diffZ = pc_in->points[ind + k].z - pc_in->points[ind + k - 1].z;
              if (diffX * diffX + diffY * diffY + diffZ * diffZ > 0.05) {
                break;
              }
              picked_points.push_back(ind + k);
103         }
            for (int k = -1; k >= -5; k--) {
              double diffX = pc_in->points[ind + k].x - pc_in->points[ind + k + 1].x;
              double diffY = pc_in->points[ind + k].y - pc_in->points[ind + k + 1].y;
108           double diffZ = pc_in->points[ind + k].z - pc_in->points[ind + k + 1].z;
              if (diffX * diffX + diffY * diffY + diffZ * diffZ > 0.05) {
                break;
              }
              picked_points.push_back(ind + k);
            }
113       }
        }

        /// 选取曲率较小的平面点
        for (int i = 0; i <= (int)cloud_curvature.size() - 1; i++) {
118         int ind = cloud_curvature[i].id_;
            if (std::find(picked_points.begin(), picked_points.end(), ind) == picked_points.end()) {
              pc_out_surf->push_back(pc_in->points[ind]);
            }
          }
123   }
```

整个流程与前文所述一致。使用本节的 test_feature_extraction 程序测试单个点云的提取效果。本节程序会读取原始的 Velodyne packet，把它们转换为点云。这个转换过程中可以还原点云的线束信息。然后，特征提取算法会把角点和平面点分别提取出来，存储于两个 .pcd 文件中，如图 7-11 所示。在室内结构环境中，角点和平面点可以被准确地提取。角点通常分布于建筑物的棱上，平面点则位于建筑物的面上。对于室外开阔场景，平面点通常效果较好，角点则要差一些。另外，地面上的点通常不呈直线分布，而是呈圆周分布，如图 7-12 所示。基于曲率的算法并不能很好地区别角点和平面点，所以有些里程计算法会倾向于将地面部分先剔除，或者单独为地面进行建模。在有天花板的场景中，也会利用类似的做法来处理天花板。

　　特征提取算法通常会占据一定的计算资源，所以大多数基于特征的里程计会慢于直接配准的里程计，但效果通常更稳定。

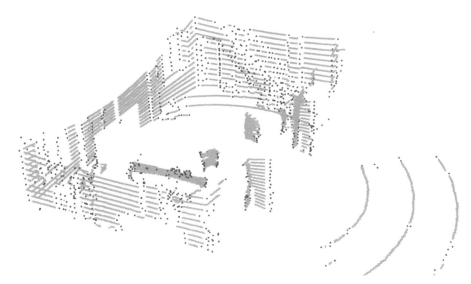

图 7-11　一次扫描数据中得到的角点与平面点。红色点：角点（或者边缘点）；绿色点：平面点

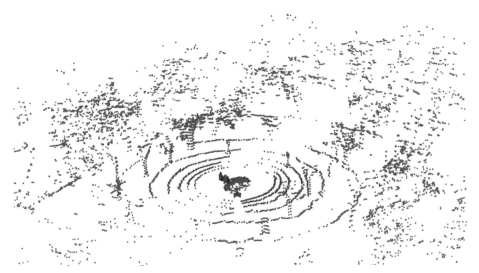

图 7-12　室外开阔场景中的角点和平面点。红棕色点：平面点；绿色点：角点

7.4.4   特征法激光雷达里程计的实现

下面实现特征法激光雷达里程计。整个里程计的计算流程和之前基于 NDT 的类似，为角点和平面点分别构建两个局部地图，两者的 ICP 会放入同一个优化问题中。配准部分的主要代码如下：

src/ch7/loam-like/loam_like_odom.cc

```cpp
class LoamLikeOdom {
  public:
  struct Options {
    Options() {}

    int min_edge_pts_ = 20;              // 最小边缘点数
    int min_surf_pts_ = 20;              // 最小平面点数
    double kf_distance_ = 1.0;           // 关键帧距离
    double kf_angle_deg_ = 15;           // 旋转角度
    int num_kfs_in_local_map_ = 30;      // 局部地图含有多少个关键帧
    bool display_realtime_cloud_ = true; // 是否显示实时点云

    // ICP参数
    int max_iteration_ = 5;              // 最大迭代次数
    double max_plane_distance_ = 0.05;   // 平面最近邻查找时阈值
    double max_line_distance_ = 0.5;     // 点线最近邻查找时阈值
    int min_effective_pts_ = 10;         // 最近邻点数阈值
    double eps_ = 1e-3;                  // 收敛判定条件

    bool use_edge_points_ = true;  // 是否使用边缘点
    bool use_surf_points_ = true;  // 是否使用平面点
  };

  explicit LoamLikeOdom(Options options = Options());

  /**
   * 往里程计中添加一个点云，内部会分为角点和平面点
   * @param pcd_edge
   * @param pcd_surf
   */
  void ProcessPointCloud(FullCloudPtr full_cloud);

private:
  /// 与局部地图进行配准
  SE3 AlignWithLocalMap(CloudPtr edge, CloudPtr surf);

  /// 判定是否为关键帧
  bool IsKeyframe(const SE3& current_pose);

  Options options_;

  int cnt_frame_ = 0;
  int last_kf_id_ = 0;
```

```
   CloudPtr local_map_edge_ = nullptr, local_map_surf_ = nullptr;  // 局部地图的local map
   std::vector<SE3> estimated_poses_;      // 所有估计出来的pose, 用于记录轨迹和预测下一个关键帧
47 SE3 last_kf_pose_;                       // 上一个关键帧的位姿
   std::deque<CloudPtr> edges_, surfs_;  // 缓存的角点和平面点

   CloudPtr global_map_ = nullptr;  // 用于保存的全局地图

52 std::shared_ptr<FeatureExtraction> feature_extraction_ = nullptr;

   std::shared_ptr<PCLMapViewer> viewer_ = nullptr;
   KdTree kdtree_edge_, kdtree_surf_;
};

57
void LoamLikeOdom::ProcessPointCloud(FullCloudPtr cloud) {
   LOG(INFO) << "processing frame " << cnt_frame_++;
   // 提特征
   CloudPtr current_edge(new PointCloudType), current_surf(new PointCloudType);
62 feature_extraction_->Extract(cloud, current_edge, current_surf);

   if (current_edge->size() < options_.min_edge_pts_ || current_surf->size() < options_.min_surf_pts_
      ) {
      LOG(ERROR) << "not enough edge/surf pts: " << current_edge->size() << "," << current_surf->size
         ();
      return;
67 }

   LOG(INFO) << "edge: " << current_edge->size() << ", surf: " << current_surf->size();

   if (local_map_edge_ == nullptr || local_map_surf_ == nullptr) {
72    // 首帧特殊处理
      local_map_edge_ = current_edge;
      local_map_surf_ = current_surf;

      kdtree_edge_.BuildTree(local_map_edge_);
77    kdtree_surf_.BuildTree(local_map_surf_);

      edges_.emplace_back(current_edge);
      surfs_.emplace_back(current_surf);
      return;
82 }

   /// 与局部地图配准
   SE3 pose = AlignWithLocalMap(current_edge, current_surf);
   CloudPtr scan_world(new PointCloudType);
87 pcl::transformPointCloud(*ConvertToCloud<FullPointType>(cloud), *scan_world, pose.matrix());

   CloudPtr edge_world(new PointCloudType), surf_world(new PointCloudType);
   pcl::transformPointCloud(*current_edge, *edge_world, pose.matrix());
   pcl::transformPointCloud(*current_surf, *surf_world, pose.matrix());

92
   if (IsKeyframe(pose)) {
      LOG(INFO) << "inserting keyframe";
```

```
      last_kf_pose_ = pose;
      last_kf_id_ = cnt_frame_;
97
      // 重建local map
      edges_.emplace_back(edge_world);
      surfs_.emplace_back(surf_world);

102   if (edges_.size() > options_.num_kfs_in_local_map_) {
        edges_.pop_front();
      }
      if (surfs_.size() > options_.num_kfs_in_local_map_) {
        surfs_.pop_front();
107   }

      local_map_surf_.reset(new PointCloudType);
      local_map_edge_.reset(new PointCloudType);

112   for (auto& s : edges_) {
        *local_map_edge_ += *s;
      }
      for (auto& s : surfs_) {
        *local_map_surf_ += *s;
117   }

      local_map_surf_ = VoxelCloud(local_map_surf_, 1.0);
      local_map_edge_ = VoxelCloud(local_map_edge_, 1.0);

122   LOG(INFO) << "insert keyframe, surf pts: " << local_map_surf_->size()
      << ", edge pts: " << local_map_edge_->size();

      kdtree_surf_.BuildTree(local_map_surf_);
      kdtree_edge_.BuildTree(local_map_edge_);
127
      *global_map_ += *scan_world;
    }

    LOG(INFO) << "current pose: " << pose.translation().transpose() << ", "
132 << pose.so3().unit_quaternion().coeffs().transpose();

    if (viewer_ != nullptr) {
      viewer_->SetPoseAndCloud(pose, scan_world);
    }
137 }

  SE3 LoamLikeOdom::AlignWithLocalMap(CloudPtr edge, CloudPtr surf) {
    // 这部分的ICP需要自己写
    SE3 pose;
142 if (estimated_poses_.size() >= 2) {
      // 从最近两个pose来推断
      SE3 T1 = estimated_poses_[estimated_poses_.size() - 1];
      SE3 T2 = estimated_poses_[estimated_poses_.size() - 2];
      pose = T1 * (T2.inverse() * T1);
```

```
147   }

      int edge_size = edge->size();
      int surf_size = surf->size();

152   // 写一些并发代码
      for (int iter = 0; iter < options_.max_iteration_; ++iter) {
        std::vector<bool> effect_surf(surf_size, false);
        std::vector<Eigen::Matrix<double, 1, 6>> jacob_surf(surf_size);  // 点到面的残差是1维的
        std::vector<double> errors_surf(surf_size);

157
        std::vector<bool> effect_edge(edge_size, false);
        std::vector<Eigen::Matrix<double, 3, 6>> jacob_edge(edge_size);  // 点到线的残差是3维的
        std::vector<Vec3d> errors_edge(edge_size);

162     std::vector<int> index_surf(surf_size);
        std::iota(index_surf.begin(), index_surf.end(), 0);  // 填入
        std::vector<int> index_edge(edge_size);
        std::iota(index_edge.begin(), index_edge.end(), 0);  // 填入

167     // 高斯-牛顿迭代法
        // 最近邻，角点部分
        if (options_.use_edge_points_) {
          std::for_each(std::execution::par_unseq, index_edge.begin(), index_edge.end(), [&](int idx) {
            Vec3d q = ToVec3d(edge->points[idx]);
172         Vec3d qs = pose * q;

            // 检查最近邻
            std::vector<int> nn_indices;

177         kdtree_edge_.GetClosestPoint(ToPointType(qs), nn_indices, 5);
            effect_edge[idx] = false;

            if (nn_indices.size() >= 3) {
              std::vector<Vec3d> nn_eigen;
182           for (auto& n : nn_indices) {
                nn_eigen.emplace_back(ToVec3d(local_map_edge_->points[n]));
              }

              // P2P残差
187           Vec3d d, p0;
              if (!math::FitLine(nn_eigen, p0, d, options_.max_line_distance_)) {
                return;
              }

192           Vec3d err = SO3::hat(d) * (qs - p0);
              if (err.norm() > options_.max_line_distance_) {
                return;
              }

197           effect_edge[idx] = true;
```

```
            // 构建残差
            Eigen::Matrix<double, 3, 6> J;
            J.block<3, 3>(0, 0) = -SO3::hat(d) * pose.so3().matrix() * SO3::hat(q);
            J.block<3, 3>(0, 3) = SO3::hat(d);

            jacob_edge[idx] = J;
            errors_edge[idx] = err;
        }
    });
}

/// 最近邻，平面点部分
if (options_.use_surf_points_) {
    std::for_each(std::execution::par_unseq, index_surf.begin(), index_surf.end(), [&](int idx) {
        Vec3d q = ToVec3d(surf->points[idx]);
        Vec3d qs = pose * q;

        // 检查最近邻
        std::vector<int> nn_indices;

        kdtree_surf_.GetClosestPoint(ToPointType(qs), nn_indices, 5);
        effect_surf[idx] = false;

        if (nn_indices.size() == 5) {
            std::vector<Vec3d> nn_eigen;
            for (auto& n : nn_indices) {
                nn_eigen.emplace_back(ToVec3d(local_map_surf_->points[n]));
            }

            // 点面残差
            Vec4d n;
            if (!math::FitPlane(nn_eigen, n)) {
                return;
            }

            double dis = n.head<3>().dot(qs) + n[3];
            if (fabs(dis) > options_.max_plane_distance_) {
                return;
            }

            effect_surf[idx] = true;

            // 构建残差
            Eigen::Matrix<double, 1, 6> J;
            J.block<1, 3>(0, 0) = -n.head<3>().transpose() * pose.so3().matrix() * SO3::hat(q);
            J.block<1, 3>(0, 3) = n.head<3>().transpose();

            jacob_surf[idx] = J;
            errors_surf[idx] = dis;
        }
    });
}
```

```
// 累加Hessian和error，计算dx
// 原则上可以用reduce并发，写起来比较麻烦，这里写成accumulate
double total_res = 0;
int effective_num = 0;

Mat6d H = Mat6d::Zero();
Vec6d err = Vec6d::Zero();

for (const auto& idx : index_surf) {
  if (effect_surf[idx]) {
    H += jacob_surf[idx].transpose() * jacob_surf[idx];
    err += -jacob_surf[idx].transpose() * errors_surf[idx];
    effective_num++;
    total_res += errors_surf[idx] * errors_surf[idx];
  }
}

for (const auto& idx : index_edge) {
  if (effect_edge[idx]) {
    H += jacob_edge[idx].transpose() * jacob_edge[idx];
    err += -jacob_edge[idx].transpose() * errors_edge[idx];
    effective_num++;
    total_res += errors_edge[idx].norm();
  }
}

if (effective_num < options_.min_effective_pts_) {
  LOG(WARNING) << "effective num too small: " << effective_num;
  return pose;
}

Vec6d dx = H.inverse() * err;
pose.so3() = pose.so3() * SO3::exp(dx.head<3>());
pose.translation() += dx.tail<3>();

// 更新
LOG(INFO) << "iter " << iter << " total res: " << total_res << ", eff: " << effective_num
<< ", mean res: " << total_res / effective_num << ", dxn: " << dx.norm();

if (dx.norm() < options_.eps_) {
  LOG(INFO) << "converged, dx = " << dx.transpose();
  break;
}
}

estimated_poses_.emplace_back(pose);
return pose;
}
```

由于要同时处理点到线和点到面的配准，这里的代码会比较长。它们的流程和 ICP 部分完全一样，只是多了一部分局部地图的维护过程。读者需要编译运行 test_loam_odom 程序来运行这个里程计：

终端输入：

```
1 bin/test_loam_odom
```

图 7-13 是类 LOAM 里程计算法得到的点云地图，读者可以清晰地看到各种物体的结构形状。

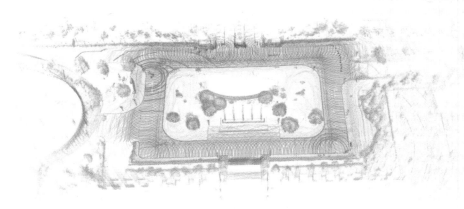

图 7-13　类 LOAM 里程计算法得到的点云地图

从原理上看，特征类算法对原始点云进行简单的特征分类，再针对不同特征构建不同优化问题。为什么要提这些特征，为什么角点和平面点应该用不同的 ICP，这些流程仍然是根据人们的调试经验来设计的。在实测效果中，角点和平面点并不一定能完美分类，它们只是一个大概结果。而许多被分为角点或平面点的点云，实际可能落在树木、灌木上，在它们的表面进行点到面 ICP 也不一定符合真实的物理含义。因此，特征类的点云配准方法，更多的是按照经验设计。它们可能在一些数据集上运行得更好，但换一个场景则不一定能够正常工作。许多特征提取的过程也很难有理论支撑，而是凭借经验设计。像 LeGO-LOAM、mulls 等系统有着更复杂的特征提取方式，但配准部分则和经典算法一致。可以将地面、天花板分离出来单独处理，按照线束曲率大小，把点云进一步细分为**角点、不那么尖锐的角点、平面点、不那么平的平面点**，等等。这些细化工作都可以进一步提升配准的效果。

从性能指标看，该里程计在 16 线雷达数据上的处理时间约为 20 毫秒/帧，略慢于前文的增量 NDT 里程计。这一方面是由于引入了特征提取；另一方面，点到面 ICP 和点到线 ICP 还需要重新构建 K-d 树来查找最近邻。也有一些方法可以利用体素来查找 ICP 的最近邻，读者可以自己尝试实现。除了书中演示的例子，读者也可以运行本书提供的其他几个例子。

7.5 松耦合 LIO 系统

前文已经系统介绍了激光 SLAM 系统和惯性导航系统、组合导航的原理。是时候把它们"拼"到一起了。

很多激光雷达里程计算法都会使用 IMU 来指导激光匹配的预测方向。这种 Lidar-inertial Odometry 系统被称为 LIO 系统或 LINS 系统，可以看成是激光雷达与 IMU 进行耦合的系统。按两个系统耦合的方法来分，可以分为"紧耦合 LIO 系统"和"松耦合 LIO 系统"。本节介绍松耦合 LIO 系统。紧耦合 LIO 系统理论上相对复杂，将在第 8 章介绍。

在松耦合 LIO 系统中，依然有一个状态估计器来计算车辆自身的状态。IMU 和轮速为这个估计器提供惯性和速度方面的观测源，而**点云匹配的结果**为这个系统提供位姿数据的观测源。在松耦合估计中，并不将点云本身的残差，如点线残差、点面残差、NDT 残差等，直接放入状态估计器中，而是将点云配准的**输出位姿**融入其中。这样，估计器中的卡尔曼滤波部分和点云配准部分是相对**解耦**的[176]。可以任意选择一个前面章节的里程计位姿作为观测源。另外，点云配准时，也可以使用状态估计器的预测输出，作为初始位姿估计进行配准。但是，如果点云结构发生退化或受到干扰，点云配准的算法也会相对不稳定，反过来影响状态估计器。

相对地，所谓紧耦合 LIO 系统，就是把点云的残差方程直接作为观测方程，写入观测模型中。这种做法相当于在滤波器或者优化算法中内置了一个 ICP 或 NDT。因为 ICP 和 NDT 需要迭代来更新它们的最近邻，所以相应的滤波器也应该使用可以迭代的版本。本章已经介绍了许多种配准方法，前面几章也介绍了若干种惯性导航的递推方式，可以任意地对它们进行组合，得到一个 LIO 方案。这里实现一个相对简单的案例：使用第 3 章介绍的 ESKF，配合 7.3.2 节中的增量式 NDT 里程计，实现松耦合 LIO 系统。这种系统实现起来相对简单，适合教学，读者也可以将激光雷达里程计改成 ICP 或者基于特征的方法。

7.5.1 坐标系说明

由于引入了 IMU，因此现在有三个坐标系：世界坐标系（W）、IMU 坐标系（I）、雷达坐标系（L）。IMU 坐标系和雷达坐标系并不重合，它们之间存在一个转换关系，记为 T_{IL}。在不同数据集中，雷达和 IMU 的安装位置不同，这个参数也会不一样。我们把不同数据集中的 T_{IL} 记录在配置文件里，每次启动程序时读取这个配置文件，获得这个外参数。

到了点云配准这一步，实际上存在若干种做法。由于 IMU 的运动模型都是在 IMU 坐标系下推导的，因此希望它们尽量保持不变，不要再引入其他变量。于是，选择通过外参将点云转换到 IMU 坐标系下。这样，整个系统将以 IMU 为中心来实现定位与建图效果。点云雷达里程计中的局部地图，也是在 IMU 坐标系下描述的。这个转换关系实际上十分简单，设雷达点扫描到的某个

点为 p_L，那么 IMU 坐标系下这个点为

$$p_I = T_{IL}p_L = R_{IL}p_L + t_{IL}. \tag{7.26}$$

这种做法的好处是，不会在观测模型中引入额外的外参相关的参数。相对地，另外一种做法是，让激光雷达里程计继续工作在雷达坐标系下，但观测位姿通过 T_{IL} 转换到 IMU 坐标系。如果那样做，观测方程中就会引入一个额外的 T_{IL}，其雅可比矩阵会变得更复杂。

7.5.2   松耦合 LIO 系统的运动与观测方程

整个松耦合 LIO 系统运行在 IMU 坐标系中，状态变量的运动方程与式 (3.47) 保持一致，不再展开叙述。同时，激光雷达里程计的输出位姿，可直接视为对状态变量 R, p 的观测。这个过程实际和式 (3.64) 介绍的 GNSS 观测是一样的。写成抽象的 $z = h(x)$ 的形式，平移部分应为

$$p_{LO} = p. \tag{7.27}$$

而旋转方面，为了方便计算导数，将它写成

$$\delta\theta = \text{Log}(R^\top R_{LO}). \tag{7.28}$$

此时，里程计旋转观测相对于误差状态变量 $\delta\theta$ 的观测雅可比矩阵应为 I，同时残差定义为

$$r_R = -\text{Log}(R^\top R_{LO}). \tag{7.29}$$

在代码实现层面，将使用和 GNSS 一致的观测函数，因为它们本质上都是对旋转与平移的直接观测。

7.5.3   松耦合 LIO 系统的数据准备

松耦合 LIO 系统的代码实现主要分为三个部分：第一部分，需要将 IMU 数据与雷达数据同步。雷达通常使用 10Hz 的频率，而 IMU 通常使用更高的 100Hz 的频率。我们希望统一处理两个雷达数据之间的那 10 个 IMU 数据。第二部分，需要处理雷达的运动补偿，而运动补偿需要有雷达测量时间内的位姿数据来源，正好可以用 ESKF 对每个 IMU 数据的预测值。第三部分，应该从 ESKF 中拿到预测的位姿数据，交给里程计算法，再将里程计配准之后的位姿放入 ESKF 中。此外，由于希望这个里程计能够运行本书支持的各种数据集，所以还会定义一个额外的数据转换处理类。

本节的 CloudConvert 类负责将各种格式的点云转化为 PCL 格式的点云，它的主要接口如下：

src/ch7/loosly_coupled_lio/cloud_convert.h

```cpp
class CloudConvert {
  public:
  EIGEN_MAKE_ALIGNED_OPERATOR_NEW

  enum class LidarType {
    AVIA = 1,   // 大疆的固态激光雷达
    VELO32,     // Velodyne 32线
    OUST64,     // Ouster 64线
  };

  CloudConvert() = default;
  ~CloudConvert() = default;

  /**
   * 处理livox avia点云
   * @param msg
   * @param pcl_out
   */
  void Process(const livox_ros_driver::CustomMsg::ConstPtr &msg, FullCloudPtr &pcl_out);

  /**
   * 处理sensor_msgs::PointCloud2点云
   * @param msg
   * @param pcl_out
   */
  void Process(const sensor_msgs::PointCloud2::ConstPtr &msg, FullCloudPtr &pcl_out);

  /// 从YAML中读取参数
  void LoadFromYAML(const std::string &yaml);

  private:
  void AviaHandler(const livox_ros_driver::CustomMsg::ConstPtr &msg);
  void Oust64Handler(const sensor_msgs::PointCloud2::ConstPtr &msg);
  void VelodyneHandler(const sensor_msgs::PointCloud2::ConstPtr &msg);

  FullPointCloudType cloud_full_, cloud_out_;      // 输出点云
  LidarType lidar_type_ = LidarType::AVIA;         // 雷达类型
  int point_filter_num_ = 1;                       // 跳点
  int num_scans_ = 6;                              // 扫描线束
  float time_scale_ = 1e-3;                        // 雷达点的时间字段与秒的比例
};
```

它的实现内容相对简单，主要是统一点云的接口。经过该类处理之后，后续的模块只需要书写 FullCloudPtr 的输入接口即可。该类会处理点云的单点时间系数、跳点比例等参数，实际得到的点云通常要比传感器输出的点云小很多。由于它的实现相对琐碎，因此略去该类的具体代码。

接下来，将 IMU 数据与点云进行同步，定义 MessageSync 类：

src/ch7/loosly_coupled_lio/measure_sync.h

```
/// 将IMU数据与雷达同步
struct MeasureGroup {
  MeasureGroup() { this->lidar_.reset(new FullPointCloudType()); };

  double lidar_begin_time_ = 0;    // 雷达包的起始时间
  double lidar_end_time_ = 0;      // 雷达包的终止时间
  FullCloudPtr lidar_ = nullptr;   // 点云
  std::deque<IMUPtr> imu_;         // 上一时刻到现在的IMU读数
};

/**
 * 将雷达数据和IMU数据同步
 */
class MessageSync {
  public:
  using Callback = std::function<void(const MeasureGroup &)>;

  MessageSync(Callback cb) : callback_(cb), conv_(new CloudConvert) {}

  /// 初始化
  void Init(const std::string &yaml);

  /// 处理IMU数据
  void ProcessIMU(IMUPtr imu);

  /**
   * 处理sensor_msgs::PointCloud2点云
   * @param msg
   */
  void ProcessCloud(const sensor_msgs::PointCloud2::ConstPtr &msg);

  void ProcessCloud(const livox_ros_driver::CustomMsg::ConstPtr &msg);

  private:
  /// 尝试同步IMU与雷达数据，成功时返回true
  bool Sync();

  Callback callback_;                              // 同步数据后的回调函数
  std::shared_ptr<CloudConvert> conv_ = nullptr;   // 点云转换
  std::deque<FullCloudPtr> lidar_buffer_;          // 雷达数据缓冲
  std::deque<IMUPtr> imu_buffer_;                  // IMU数据缓冲
  double last_timestamp_imu_ = -1.0;               // 最近IMU时间戳
  double last_timestamp_lidar_ = 0;                // 最近雷达时间戳
  std::deque<double> time_buffer_;
  bool lidar_pushed_ = false;
  MeasureGroup measures_;
  double lidar_end_time_ = 0;
};

bool MessageSync::Sync() {
```

```
     if (lidar_buffer_.empty() || imu_buffer_.empty()) {
       return false;
     }
54
     if (!lidar_pushed_) {
       measures_.lidar_ = lidar_buffer_.front();
       measures_.lidar_begin_time_ = time_buffer_.front();

59     lidar_end_time_ = measures_.lidar_begin_time_ + measures_.lidar_->points.back().time / double
           (1000);

       measures_.lidar_end_time_ = lidar_end_time_;
       lidar_pushed_ = true;
     }
64
     if (last_timestamp_imu_ < lidar_end_time_) {
       return false;
     }

69   double imu_time = imu_buffer_.front()->timestamp_;
     measures_.imu_.clear();
     while ((!imu_buffer_.empty()) && (imu_time < lidar_end_time_)) {
       imu_time = imu_buffer_.front()->timestamp_;
       if (imu_time > lidar_end_time_) {
74       break;
       }
       measures_.imu_.push_back(imu_buffer_.front());
       imu_buffer_.pop_front();
     }
79
     lidar_buffer_.pop_front();
     time_buffer_.pop_front();
     lidar_pushed_ = false;

84   if (callback_) {
       callback_(measures_);
     }

     return true;
89   }
```

该类接收 ROS 数据包中原始的 IMU 消息与激光雷达消息，通过 Sync 函数将它们组装成一个 MeasureGroup，再传递给回调函数。后续的松耦合、紧耦合算法只需考虑如何处理 MeasureGroup 对象，不必再"操心"数据准备、同步的实现代码。

7.5.4　松耦合 LIO 系统的主要流程

松耦合 LIO 系统的主要实现代码如下。它持有一个 ESKF 对象，一个 MessageSync 对象，处理同步之后的点云数据和 IMU 数据。

src/ch7/loosely_coupled_lio/loosly_lio.h

```
1  class LooselyLIO {
   public:
   EIGEN_MAKE_ALIGNED_OPERATOR_NEW;
   struct Options {
     Options() {}
6    bool save_motion_undistortion_pcd_ = false;   // 是否保存去畸变前后的点云
     bool with_ui_ = true;                         // 是否带着UI
   };

   LooselyLIO(Options options);
11 ~LooselyLIO() = default;

   /// 从配置文件初始化
   bool Init(const std::string &config_yaml);

16 /// 点云回调函数
   void PCLCallBack(const sensor_msgs::PointCloud2::ConstPtr &msg);
   void LivoxPCLCallBack(const livox_ros_driver::CustomMsg::ConstPtr &msg);

   /// IMU回调函数
21 void IMUCallBack(IMUPtr msg_in);

   /// 结束程序，退出UI
   void Finish();

26 private:
   /// 处理同步之后的IMU和雷达数据
   void ProcessMeasurements(const MeasureGroup &meas);

   /// 尝试让IMU初始化
31 void TryInitIMU();

   /// 利用IMU预测状态信息
   /// 这段时间的预测数据会放入imu_states_里
   void Predict();

36
   /// 对measures_中的点云去畸变
   void Undistort();

   /// 执行一次配准和观测
41 void Align();

   private:
   /// modules
   std::shared_ptr<MessageSync> sync_ = nullptr;  // 消息同步器
46 StaticIMUInit imu_init_;                        // IMU静止初始化
   std::shared_ptr<sad::IncrementalNDTLO> inc_ndt_lo_ = nullptr;

   /// 点云数据
   FullCloudPtr scan_undistort_{new FullPointCloudType()};  // scan after undistortion
```

```
51  SE3 pose_of_lo_;

    Options options_;

    // flags
56  bool imu_need_init_ = true;    // 是否需要估计IMU初始零偏
    bool flg_first_scan_ = true;   // 是否是第一个雷达
    int frame_num_ = 0;            // 帧数计数

    // EKF数据
61  MeasureGroup measures_;                      // 同步之后的IMU和点云
    std::vector<NavStated> imu_states_;    // ESKF预测期间的状态
    ESKFD eskf_;                                 // ESKF
    SE3 TIL_;                                     // 雷达与IMU之间的外参数

66  std::shared_ptr<ui::PangolinWindow> ui_ = nullptr;
    };
```

它的主要处理逻辑位于 ProcessMeasurements 函数中，包括以下几步：

```
void LooselyLIO::ProcessMeasurements(const MeasureGroup &meas) {
    LOG(INFO) << "call meas, imu: " << meas.imu_.size() << ", lidar pts: " << meas.lidar_->size();
3   measures_ = meas;

    if (imu_need_init_) {
        // 初始化IMU系统
        TryInitIMU();
8       return;
    }

    // 利用IMU的数据进行状态预测
    Predict();
13
    // 对点云去畸变
    Undistort();

    // 配准
18  Align();
}
```

可以看到，它的处理流程非常简单：当 IMU 未初始化时，使用第 3 章介绍的静止初始化来估计 IMU 零偏。初始化完毕后，先使用 IMU 数据进行预测，再用预测数据对点云去畸变，最后对去畸变的点云做配准。静止初始化部分在前文已经介绍了，现在分别介绍这三个函数的实现。

预测部分非常简单，直接将 IMU 数据传递给滤波器，然后记录滤波器的名义状态变量即可：

src/ch7/loosely_coupled_lio/loosly_lio.cc

```
1   void LooselyLIO::Predict() {
    imu_states_.clear();
    imu_states_.emplace_back(eskf_.GetNominalState());
```

```
    ///  对IMU状态进行预测
    for (auto &imu : measures_.imu_) {
      eskf_.Predict(*imu);
      imu_states_.emplace_back(eskf_.GetNominalState());
    }
}
```

关于去畸变部分，先来考察去畸变的原理。

使用 IMU 预测位姿进行运动补偿　由于松耦合 LIO 系统里有 IMU 位姿，因此可以用 IMU 预测的位姿对点云进行运动补偿。这部分内容在前面纯激光雷达的系统中并未提到，在此介绍一下。

所谓运动补偿，指的是补偿由车辆运动带来的扫描数据畸变。如果扫描过程中雷达本身静止，那么扫描到的物体真实距离与测量距离一致。然而，如果雷达本身随车辆运动，就应当在扫描的过程中考虑车辆的运动情况。大部分雷达的扫描频率为 $10 \sim 20 \text{Hz}$，扫描时间为 $0.1\,\text{s}$ 至 $0.05\,\text{s}$。如果车辆以 $20\,\text{m/s}$ 的速度运行，那么扫描开始时的车辆位姿与结束时的车辆位姿可能相差 1 至 $2\,\text{m}$。车速越快，或者车辆转动角度越大，运动畸变就越明显。有的小型自动驾驶车辆或机器人还可以很快地自转。如果不做运动补偿，则在这段时间扫描的角度很可能不足或者超过 $360°$，导致单次扫描自身都出现重影。因此，车辆运动较快时，必须考虑运动补偿的问题。

运动补偿的原理非常简单。它需要知道在扫描过程中的车辆位姿。假设雷达的单次扫描时间为 t_s。在这次扫描过程中，雷达返回的每个点应该带有它的时间信息（这通常由雷达驱动程序实现。如果知道雷达的型号，则可以通过每个点的方位角来推算它的扫描时间）。记单个扫描点的位置（**雷达坐标系下**）为 $p_t = (x, y, z)^\top, t \in (0, t_s)$。通过某种手段，可以任意地查询到从 0 到 t_s 时刻的雷达位姿（实践中可以通过对 IMU 位姿进行插值得到）。不妨记 t 时刻对应的 IMU 位姿为 $\boldsymbol{T}(t)_{\text{WI}}$，结束时刻为 $\boldsymbol{T}(t_s)_{\text{WI}}$。为了实现运动补偿，计算这个点在扫描结束时刻的位姿，对它的坐标进行转换。

设 IMU 与雷达之间的外参为 $\boldsymbol{T}_{\text{IL}}$，那么运动补偿的转换公式应为

$$\boldsymbol{p}' = \boldsymbol{T}_{\text{LI}} \boldsymbol{T}(t_s)_{\text{IW}} \boldsymbol{T}(t)_{\text{WI}} \boldsymbol{T}_{\text{IL}} \boldsymbol{p}_t. \tag{7.30}$$

从右往左读式 (7.30) 是很自然的，它的结果是 t_s 时刻雷达坐标系下的坐标。如果希望直接得到 IMU 坐标系下的点云，则可以不乘左侧的那个矩阵。

实现中，可以通过不同手段获取雷达起止时刻的位姿。在松耦合 LIO 系统里，一个很自然的做法是在 EKF 预测阶段得到上个扫描到下个扫描之间的相对位姿。上面的 Predict 函数已经存储了两个雷达之间的 IMU 预测位姿，所以去畸变的代码可以写为：

src/ch7/loosely_coupled_lio/loosly_lio.cc

```
void LooselyLIO::Undistort() {
  auto cloud = measures_.lidar_;
  auto imu_state = eskf_.GetNominalState();  // 最后时刻的状态
  SE3 T_end = SE3(imu_state.R_, imu_state.p_);
```

```
  /// 将所有点转到最后时刻的状态上
  std::for_each(std::execution::par_unseq, cloud->points.begin(), cloud->points.end(), [&](auto &pt)
      {
    SE3 Ti = T_end;
    NavStated match;

    // 根据pt.time查找时间，pt.time是该点测量时间与雷达开始时间之差，单位为毫秒
    math::PoseInterp<NavStated>(
        measures_.lidar_begin_time_ + pt.time * 1e-3, imu_states_, [](const NavStated &s) { return s.
            timestamp_; },
        [](const NavStated &s) { return s.GetSE3(); }, Ti, match);

    Vec3d pi = ToVec3d(pt);
    Vec3d p_compensate = TIL_.inverse() * T_end.inverse() * Ti * TIL_ * pi;

    pt.x = p_compensate(0);
    pt.y = p_compensate(1);
    pt.z = p_compensate(2);
  });
  scan_undistort_ = cloud;
}
```

图 7-14 展示了一次点云去畸变的效果。该图右侧部分的点云接近扫描结束点，所以修正量更小；左侧部分的点云接近扫描开始时间点，所以修正量较大。当然，这种去畸变的方法的前提是滤波器本身有效。如果滤波器失效或位姿发散，则去畸变算法也就随之发散了。

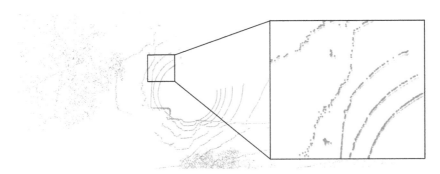

图 7-14 点云去畸变的效果，绿色：修正后

7.5.5 松耦合 LIO 系统的配准部分

最后，介绍松耦合 LIO 系统的配准部分的代码。由于前文已经得到了去畸变的点云，这里只需传递给 NDT 里程计，计算位姿后再返回给卡尔曼滤波器即可：

src/ch7/loosely_coupled_lio/loosly_lio.cc

```
void LooselyLIO::Align() {
  FullCloudPtr scan_undistort_trans(new FullPointCloudType);
  pcl::transformPointCloud(*scan_undistort_, *scan_undistort_trans, TIL_.matrix());
  scan_undistort_ = scan_undistort_trans;

  auto current_scan = ConvertToCloud<FullPointType>(scan_undistort_);

  // 体素滤波
  pcl::VoxelGrid<PointType> voxel;
  voxel.setLeafSize(0.5, 0.5, 0.5);
  voxel.setInputCloud(current_scan);

  CloudPtr current_scan_filter(new PointCloudType);
  voxel.filter(*current_scan_filter);

  /// 处理首帧激光雷达数据
  if (flg_first_scan_) {
    SE3 pose;
    inc_ndt_lo_->AddCloud(current_scan_filter, pose);
    flg_first_scan_ = false;
    return;
  }

  /// 从EKF中获取预测pose，放入LO，获取LO位姿，最后合入EKF
  SE3 pose_predict = eskf_.GetNominalSE3();
  inc_ndt_lo_->AddCloud(current_scan_filter, pose_predict, true);
  pose_of_lo_ = pose_predict;
  eskf_.ObserveSE3(pose_of_lo_, 1e-2, 1e-2);

  if (options_.with_ui_) {
    // 放入UI
    ui_->UpdateScan(current_scan, eskf_.GetNominalSE3());  // 转成激光雷达pose传给UI
    ui_->UpdateNavState(eskf_.GetNominalState());
  }
  frame_num_++;
}
```

请运行 test_loosely_lio 程序来测试本章程序的表现。本程序支持在 ULHK、UTBM、NCLT 三个数据集上运行。具体使用哪个数据集可以通过 GFlags 指定，例如：

```
./bin/test_loosely_lio --bag_path ./dataset/sad/nclt/20120429.bag --dataset_type NCLT --config ./
    config/velodyne_nclt.yaml
```

可以运行某个指定的 NCLT 数据包。NCLT 的数据看起来应该像图 7-15 那样。

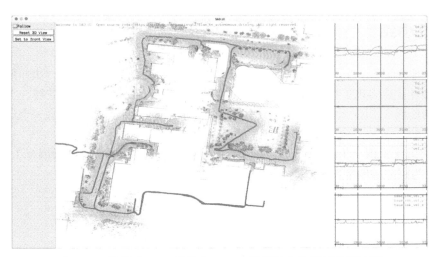

图 7-15 松耦合 LIO 程序在 NCLT 数据集上的实时运行结果

本例程序也可以在固态激光雷达数据集上运行，例如指定 AVIA 数据集：

```
bin/test_loosely_lio --bag_path ./dataset/sad/avia/HKU_MB_2020-09-20-13-34-51.bag --config ./config/
    avia.yaml --dataset_type=AVIA
```

AVIA 数据集使用了大疆的固态激光雷达，可以观察到它的视野要明显小于 360° 的机械旋转式激光雷达（如图 7-16 所示）。

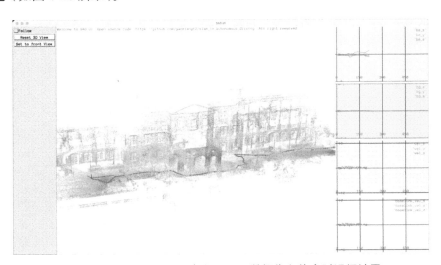

图 7-16 松耦合 LIO 程序在 AVIA 数据集上的实时运行结果

7.6　本章小结

本节系统地介绍了一个 3D SLAM 的基础算法。书写了各种 ICP、NDT 方法并把它们拓展成激光雷达里程计。也实现了特征法激光雷达里程计，并结合前面的卡尔曼滤波器，实现了基于卡尔曼滤波器的松耦合 LIO 系统。相信通过本节的程序，读者能够更深刻地体会一个点云系统是如何组成并运行的。

第 8 章将关注紧耦合 LIO 系统。介绍基于迭代卡尔曼滤波器和优化的紧耦合 LIO 系统。还会加入 RTK 约束与回环检测约束，实现完整的建图定位功能。

习题

1. 推导式 (7.4) 中关于 R 的右乘导数。
2. 使用 std::reduce 对 Hessian 矩阵的累加部分进行并发处理。
3. 推导点面残差和点线残差对 R 的导数。
4. 解释 NDT 中加权最小二乘问题和最大似然估计之间的关系。
5. 为激光线束曲率的计算设计一个并发计算流程并实现。
6. 为本书的 Loam Like Odometry 设计一个地面提取的流程，并为地面点云单独使用点到面 ICP。
7. 阅读文献，理解 LOAM 或 LeGO-LOAM 等算法在特征提取方法上的差异。
8. * 尝试用本书介绍的其他方法（点到面 ICP、特征法等）实现一个松耦合 LIO 系统。

第三部分

▼

应用实例

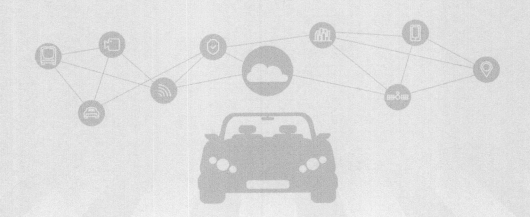

第 8 章　紧耦合 LIO 系统

第 8 章～第 10 章将向读者介绍一些实用的自动驾驶定位与建图技术。本章要介绍紧耦合的 Lidar-IMU-Odometry 系统，即紧耦合 LIO 系统（有的文献中也叫 Lins[177]，即激光雷达与惯性导航组合的系统）。第 9 章与第 10 章则介绍离线地图构建与实时定位系统。总体而言，自动驾驶对 SLAM 的应用主要集中在定位与建图这两大模块。而在定位模块中，也常常需要使用 DR 或 LIO 进行局部的位置估计。紧耦合 LIO 系统比第 7 章介绍的松耦合 LIO 系统更复杂。本章先介绍其原理，再介绍程序实现。

8.1　紧耦合的原理和优点

先来回答几个问题：什么是紧耦合？为什么需要用紧耦合的 LIO 系统呢？第 7 章介绍的松耦合 LIO 已经有了不错的表现，紧耦合又能够带来什么呢？实际上，**"紧耦合"**（Tightly Coupled）三个字并不仅在 LIO 系统里用到，在传统组合导航和 VIO 领域亦有类似的说法[178-180]。广义上，只要我们设计的状态估计系统考虑了各传感器内在的性质，而**非模块化**地将它们的输出进行融合，就可以称为紧耦合 LIO 系统[181]。例如，考虑了 IMU 观测噪声和零偏的系统，就可以称为 IMU（或 INS）的紧耦合；考虑了激光的配准残差，就可以称为激光的紧耦合；考虑了视觉特征点的重投影误差，或者考虑了 RTK 的细分状态、搜星数等信息，就可以称为视觉或 RTK 的紧耦合[182-183]。而在松耦合 LIO 系统中，可以单纯地将各传感器或算法模块看成黑箱，只考虑它们的输出。第 7 章演示了松耦合 LIO 系统的工作方法，相信读者应该有所理解。

那么，紧耦合能带来什么好处呢？实际上，就笔者的经验而言，如果各算法模块都在正常工作，那么紧耦合 LIO 系统与松耦合 LIO 系统可能没有明显差异。例如，GINS 系统与雷达里程计进行融合时，如果 RTK 信号一直有效，那么松紧耦合应该没有显著的差异。然而在实际的系统里，单个算法模块往往并不能一直保持正常工作。单独的 IMU 系统，若没有速度和位置方面的观测，是会很快发散的；单独的雷达里程计和视觉里程计，在场景结构不良的场合，也可能出现丢失、退化的问题。在松耦合 LIO 系统中，如果一个模块失效，就必须在逻辑上识别出它的失效，再想办法将它恢复成正常状态。而在紧耦合 LIO 系统里，一个模块的工作状态能够直接反映到另一个模块中，帮助它们更好地约束自身的工作维度。以松耦合 LIO 系统来说，如果车辆经过了某段退化区域，那么单独以点云匹配方式推算自身运动的雷达里程计容易失效，它的解空间存在额外的自由度，给出错误的位姿估计，融合之后就会带偏整个系统。而紧耦合 LIO 系统中的状态还会受到其他传感器的约束，这些自由度会被别的模块约束在一个固定范围内，使系统仍然工作在有效状态中。当然，这样的说法可能比较抽象，本章就以实际案例让读者体会一下。

8.2　基于 IEKF 的 LIO 系统

8.2.1　IEKF 状态变量与运动方程

在紧耦合 LIO 系统中，IMU 与点云配准使用同样的状态模型、运动方程与观测方程。于是，最直接的融合方法是把它们都写到 EKF 模型中，IMU 提供运动过程的约束，点云提供观测方程的约束。然而，不管是 ICP 还是 NDT，点云配准往往需要多次最近邻迭代之后才能得出正确的解，这一点读者应该在介绍 ICP 和 NDT 的章节中体会到了。所以，也要把传统的 EKF 滤波器改成它的迭代版本 IEKF。IEKF 理论会比 EKF 稍微复杂一些，好在第 3 章已经推导了 ESKF，本节将把重心放在如何迭代以及如何融合激光残差上。

首先，回顾前文介绍的 ESKF 理论。方便起见，我们将它的高维状态变量统一记作 $\boldsymbol{x}$。它定义在一个高维流形空间 $\mathcal{M}$：

$$\boldsymbol{x} = [\boldsymbol{p}, \boldsymbol{v}, \boldsymbol{R}, \boldsymbol{b}_{\mathrm{g}}, \boldsymbol{b}_{\mathrm{a}}, \boldsymbol{g}]^\top \in \mathcal{M}. \tag{8.1}$$

它的误差状态可以定义在通常的向量空间，也就是 $\mathcal{M}$ 在工作点附近的切空间：$\delta\boldsymbol{x} \in \mathbb{R}^{18}$。在 IMU 数据到来时，滤波器根据 IMU 读数和当前的状态变量进行递推。运动过程包括以下两个部分。

1. 按照陀螺仪和加速度计的读数，对状态进行递推。设 t 到 $t+\Delta t$ 之间的 IMU 读数为 $\tilde{\boldsymbol{\omega}}, \tilde{\boldsymbol{a}}$，那么离散时间的递推过程可以写为

$$\boldsymbol{p}(t + \Delta t) = \boldsymbol{p}(t) + \boldsymbol{v}\Delta t + \frac{1}{2}\left(\boldsymbol{R}(\tilde{\boldsymbol{a}} - \boldsymbol{b}_{\mathrm{a}})\right)\Delta t^2 + \frac{1}{2}\boldsymbol{g}\Delta t^2, \tag{8.2a}$$

$$\boldsymbol{v}(t + \Delta t) = \boldsymbol{v}(t) + \boldsymbol{R}(\tilde{\boldsymbol{a}} - \boldsymbol{b}_{\mathrm{a}})\Delta t + \boldsymbol{g}\Delta t, \tag{8.2b}$$

$$\boldsymbol{R}(t + \Delta t) = \boldsymbol{R}(t)\mathrm{Exp}\left((\tilde{\boldsymbol{\omega}} - \boldsymbol{b}_{\mathrm{g}})\Delta t\right), \tag{8.2c}$$

$$\boldsymbol{b}_{\mathrm{g}}(t + \Delta t) = \boldsymbol{b}_{\mathrm{g}}(t), \tag{8.2d}$$

$$\boldsymbol{b}_{\mathrm{a}}(t + \Delta t) = \boldsymbol{b}_{\mathrm{a}}(t), \tag{8.2e}$$

$$\boldsymbol{g}(t + \Delta t) = \boldsymbol{g}(t). \tag{8.2f}$$

2. 在观测过程中，名义状态按照上式更新，而误差状态的均值为零，只需要更新它的方差：

$$\boldsymbol{P}_{\mathrm{pred}} = \boldsymbol{F}\boldsymbol{P}\boldsymbol{F}^\top + \boldsymbol{Q}, \tag{8.3}$$

其中 $\boldsymbol{Q}$ 为噪声矩阵，$\boldsymbol{P}$ 为上一时刻的状态协方差，$\boldsymbol{F}$ 阵由运动误差的线性形式给出：

$$\boldsymbol{F} = \begin{bmatrix} \boldsymbol{I} & \boldsymbol{I}\Delta t & \boldsymbol{0} & \boldsymbol{0} & \boldsymbol{0} & \boldsymbol{0} \\ \boldsymbol{0} & \boldsymbol{I} & -\boldsymbol{R}(\tilde{\boldsymbol{a}} - \boldsymbol{b}_{\mathrm{a}})^\wedge\Delta t & \boldsymbol{0} & -\boldsymbol{R}\Delta t & \boldsymbol{I}\Delta t \\ \boldsymbol{0} & \boldsymbol{0} & \mathrm{Exp}\left(-(\tilde{\boldsymbol{\omega}} - \boldsymbol{b}_{\mathrm{g}})\Delta t\right) & -\boldsymbol{I}\Delta t & \boldsymbol{0} & \boldsymbol{0} \\ \boldsymbol{0} & \boldsymbol{0} & \boldsymbol{0} & \boldsymbol{I} & \boldsymbol{0} & \boldsymbol{0} \\ \boldsymbol{0} & \boldsymbol{0} & \boldsymbol{0} & \boldsymbol{0} & \boldsymbol{I} & \boldsymbol{0} \\ \boldsymbol{0} & \boldsymbol{0} & \boldsymbol{0} & \boldsymbol{0} & \boldsymbol{0} & \boldsymbol{I} \end{bmatrix}. \tag{8.4}$$

这些内容在前文都有介绍，见式 (3.47)。为方便读者查阅，本章重新列写了一遍。由于雷达频率通常比 IMU 频率低，所以两个雷达数据之间会存在多个 IMU 读数。读者按照式 (8.4) 进行多次递推即可。方便起见，笔者不再使用上下标来记录多次递推的过程，而是把递推之后的状态估计记为 $\boldsymbol{x}_{\mathrm{pred}}, \boldsymbol{P}_{\mathrm{pred}}$。在使用观测方程进行修正之前，得到的估计均值和协方差就是这两个量。

8.2.2　观测方程中的迭代过程

在紧耦合 LIO 系统中，把雷达的 ICP、NDT 残差作为观测方程，写入 EKF 的模型中。然而，由于 ICP 和 NDT 都需要迭代才会收敛，因此应该为 EKF 的观测过程增加**迭代过程**。这个迭代过程有以下几个要点。

1. 迭代过程会对**误差状态**进行**线性化**。也就是说，名义状态将从 x_pred 出发，不断地被误差状态 δx 更新。因为每次更新的 δx 并不一样，所以需要把第 k 次迭代的误差状态记为 δx_k，把此时的协方差记为 P_k[①]。那么，当 $k = 0$ 时，不妨把起点记作 $\delta x_0 = 0, P_0 = P_\text{pred}$。

2. 由于观测方程需要迭代，每次迭代也需要重新计算卡尔曼增益和更新过程。于是和更新过程相关的量也会带有下标 k，记作 K_k, H_k。在更新之前，把工作点记作 x_k。这个量本质上是从 x_0 处出发，逐渐加上各步的 δx_k 后得到的。从名义状态和误差状态的角度来说，也可以认为第 k 次迭代的名义状态为 x_k，而此时的误差状态为 0。

3. 关于 P 阵的迭代，存在一些实用小技巧。实际上，在 IEKF 未收敛时，不妨认为滤波器并未结束，只是改变了工作点，所以不需要在每次迭代中都计算 P，只需要将起始的 P_pred 投影到当前的切空间中即可。在最后一次迭代中，再统一更新 P 阵，并投影到新的工作点。

4. 请读者注意多次线性化带来的符号差异。在 EKF 中，只需要在 x_pred 处进行线性化就够了；而在 IEKF 中，第 k 次的线性化点应该在 x_k 处计算。传统 EKF 描述了如何从 $x_\text{pred}, P_\text{pred}$ 推出更新之后的 x, P，而在 IEKF 中，需要关心如何从 x_{k-1}, P_{k-1} 推出 x_k, P_k（按照上一条的说法，P_k 不必真的计算出来）。这个差异会使 IEKF 的更新过程与 EKF 存在明显差异，后面的程序实现也会印证这一点。

5. 与 ICP 和 NDT 一样，紧耦合 LIO 系统应该在每次迭代时更新每个匹配点的最近邻关系。这也会导致 IEKF 的观测模型**方程数量是变化的**，并不像普通 EKF 那样有固定的观测维度[②]。当观测方程数量很多时，需要对 EKF 的几个公式进行一些恒等变换，来处理维度过高的问题。

整个示意图如图 8-1 所示。从 x_0, P_0 出发，不断迭代观测模型，计算出本次迭代的 δx，进而得到下一次迭代的 x 和 P，最终收敛。

下面来推导这个过程。现在考虑第 k 次迭代，工作点是 x_k, P_k，希望计算本次的增量 δx_{k+1}。首先，要解释 x_k, P_k 与 x_0, P_0 之间的关系。当然，x_k 是非常直观的，只要把每次迭代的增量部分加到现有估计中即可。P_k 则和第 3 章中讨论的一样，需要像式 (3.63) 一样，进行切空间的投影变换。记第 k 次迭代的那个切空间变换雅可比矩阵为 J_k，它定义为

$$J_k = \text{diag}(I_3, I_3, J_\theta, I_3, I_3, I_3), \quad J_\theta = I - \frac{1}{2}\delta\theta_k^\wedge, \quad \delta\theta_k = \text{Log}(R_k^\top R_0). \tag{8.5}$$

[①] 请注意，第 3 章中的下标 k 是用来描述第 k 时刻的。而本节关注单个时刻内部每次迭代的状态，所以改变了 k 的含义，其表示迭代次数而非工作时刻。如果再给迭代次数加一个上标或下标，书写方式就会变得非常臃肿。

[②] 这只是在 LIO 中的特殊情况，并不是说普通的 IEKF 都会改变观测方程的数量。

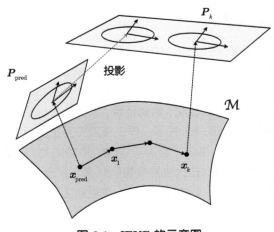

图 8-1　IEKF 的示意图

这个 J_k 描述了 P_{pred} 与 P_k 的转换关系。于是，在 x_k 视角下，先验分布应为

$$\delta x_k \sim \mathcal{N}(0, J_k P_{\text{pred}} J_k^\top). \tag{8.6}$$

记 $P_k = J_k P_{\text{pred}} J_k^\top$。另外，迭代 EKF 的观测模型和 EKF 是一样的。于是，参考 EKF 的更新公式 (3.51)，将 IEKF 的更新过程列写为

$$K_k = P_k H_k^\top (H_k P_k H_k^\top + V)^{-1}, \tag{8.7a}$$

$$\delta x_k = K_k(z - h(x_k)). \tag{8.7b}$$

如果滤波器没有收敛，则暂不对 P 进行更新，因为下一时刻的 J_{k+1} 可以由 x_{k+1} 算得，所以按照那时的 J_{k+1}，将初始分布的协方差投影过去。反之，如果滤波器收敛，则 P_{k+1} 应该按照卡尔曼公式进行更新：

$$P_{k+1} = (I - K_k H_k) J_k P_{\text{pred}} J_k^\top. \tag{8.8}$$

也就是说，从协方差角度而言，只认为**最后一次**迭代是有效的。卡尔曼增益 K_k 和线性化矩阵 H_k 也仅影响最后一次迭代。中间迭代过程的 x_k 只是改变了更新的起始点。

如果 IEKF 结束迭代，则应该将 P_{k+1} 投影至结束时刻的切空间中，以保持整个 IEKF 的一致性。整体而言，IEKF 每次迭代是在求解一个带先验的最小二乘问题：

$$\delta x_k = \arg\min_{\delta x} \|z - H_k(x_k \boxplus \delta x)\|_V^2 + \|\delta x_k\|_{P_k}^2. \tag{8.9}$$

其中第一项为观测部分的残差，第二项为投影过来的先验残差。本文的推导与其他类似材料（如参考文献 [8, 51]）会有少许区别，整体而言更为简单。如果按照完整的做法，则应该在每步迭代时更新协方差矩阵 P_k，而不是把 P_{pred} 投影过来作为本次迭代的先验。或者，也可以在 x_0 处

考虑所有的增量、协方差矩阵，但那样做会使数学符号更复杂。

8.2.3　高维观测的等效处理

在紧耦合 LIO 系统中，需要把 NDT 或 ICP 的残差直接写入观测方程，这会让观测方程的维度显著变大。在 RTK 等传统组合导航领域，观测方程通常是 3 维或者 6 维的。而一旦把点云写入观测方程，很容易就让观测方程变为几千维或者几万维。如果按照式 (8.7a) 那样的方式计算卡尔曼增益，势必会碰到一个很大维度的矩阵求逆。设残差维度为 m，此时 $\boldsymbol{H}_k$ 应为 $m \times 18$ 维，而卡尔曼增益式中的 $(\boldsymbol{H}_k \boldsymbol{P}_k \boldsymbol{H}_k^\top + \boldsymbol{V})$ 变为 $m \times m$ 维矩阵的求逆，这显然需要避免。

在卡尔曼滤波器中，Sherman-Morrison-Woodbury 恒等式（SMW 恒等式）[8, 184] 是一组广泛使用的恒等变换，对各种卡尔曼滤波器的推导都十分有用。SMW 恒等式共有四组，它们基本是相互等价的，其中一项形如：

$$\boldsymbol{AB}(\boldsymbol{D} + \boldsymbol{CAB})^{-1} = (\boldsymbol{A}^{-1} + \boldsymbol{BD}^{-1}\boldsymbol{C})^{-1}\boldsymbol{BD}^{-1}, \tag{8.10}$$

其中 $\boldsymbol{A}, \boldsymbol{B}, \boldsymbol{C}, \boldsymbol{D}$ 为矩阵块，各乘法满足矩阵乘法法则。可以把 $\boldsymbol{P}_k, \boldsymbol{H}_k, \boldsymbol{V}$ 等矩阵代入本式，得到

$$\boldsymbol{K}_k = (\boldsymbol{P}_k^{-1} + \boldsymbol{H}_k^\top \boldsymbol{V}^{-1} \boldsymbol{H}_k)^{-1} \boldsymbol{H}_k^\top \boldsymbol{V}^{-1}. \tag{8.11}$$

注意，该式内部的求逆变为 18×18 维，极大地减小了求逆矩阵的维度。处理高维度观测时，可以尽量使用本式计算卡尔曼增益。同时，对比 NDT 中的线性增量方程式 (7.15)，会发现它们有极高的相似性：卡尔曼增益左侧部分的 $(\boldsymbol{H}_k^\top \boldsymbol{V}^{-1} \boldsymbol{H})^{-1}$ 与线性方程系数完全一致，而 $\boldsymbol{H}^\top \boldsymbol{V}^{-1}$ 则对应式 (7.15) 的右侧残差部分。这也提示了卡尔曼滤波器本质上是先验与观测进行平衡。

笔者觉得有必要通过公式推导向读者更加清晰地介绍 NDT 与卡尔曼滤波器之间的联系。注意，卡尔曼增益的 $\delta\boldsymbol{x}$ 为

$$\delta\boldsymbol{x}_k = \boldsymbol{K}_k(\boldsymbol{z} - \boldsymbol{h}(\boldsymbol{x}_k)), \tag{8.12}$$

而 NDT、ICP 等最小二乘的增量为

$$\sum_i (\boldsymbol{J}_i^\top \boldsymbol{\Sigma}_i^{-1} \boldsymbol{J}_i) \Delta\boldsymbol{x} = -\sum_i \boldsymbol{J}_i^\top \boldsymbol{\Sigma}_i^{-1} \boldsymbol{e}_i. \tag{8.13}$$

观察力较强的读者应该能看出这两个公式的一致性。式 (8.13) 中的左侧矩阵求逆之后，就和式 (8.11) 中没有预测的卡尔曼增益一致了。只是通常的卡尔曼增益写成了矩阵形式，而 ICP 或 NDT 写成了求和形式。为了方便后文介绍 NDT LIO，下面推导将 NDT 误差写入卡尔曼增益的形式。并且，在实验部分，也会参考这里的推导方式，而不使用矩阵形式的卡尔曼增益。

考虑一组点云的 NDT 配准。设点云一共有 N 个点，当考虑第 j 个点的配准情况时，它应该落在被配准的目标点云中的一个体素内，并产生一个与 NDT 相关的残差 $\boldsymbol{r}_j$。按照第 7 章的推导，

这个残差的信息矩阵为该栅格中的正态分布参数 $\boldsymbol{\Sigma}_j^{-1}$。它产生的平方误差为 e_j，形为

$$e_j = \boldsymbol{r}_j^\top \boldsymbol{\Sigma}_j^{-1} \boldsymbol{r}_j. \tag{8.14}$$

又知道 $\boldsymbol{r}_j$ 相对于旋转和平移的雅可比矩阵为

$$\frac{\partial \boldsymbol{r}_j}{\partial \boldsymbol{R}} = -\boldsymbol{R}\boldsymbol{q}_j^\wedge, \quad \frac{\partial \boldsymbol{r}_j}{\partial \boldsymbol{t}} = \boldsymbol{I}. \tag{8.15}$$

按照状态变量的定义顺序，把它记为

$$\boldsymbol{J}_j = \left[\frac{\partial \boldsymbol{r}_j}{\partial \boldsymbol{t}}, \boldsymbol{0}_3, \frac{\partial \boldsymbol{r}_j}{\partial \boldsymbol{R}}, \boldsymbol{0}_3, \boldsymbol{0}_3, \boldsymbol{0}_3 \right]. \tag{8.16}$$

这部分雅可比矩阵已经在第 7 章介绍过，将它填充几个零矩阵块以适配状态变量 $\boldsymbol{x}$ 的定义式 (8.1)。此时，滤波器中的 $\boldsymbol{H}_k$ 阵的第 j 行[①]应为 $\boldsymbol{J}_j$，而噪声矩阵则是由 $\boldsymbol{\Sigma}_j^{-1}$ 组成的对角矩阵块：

$$\boldsymbol{H}_k = \begin{bmatrix} \vdots \\ \boldsymbol{J}_j \\ \vdots \end{bmatrix}, \quad \boldsymbol{V} = \mathrm{diag}(\cdots, \boldsymbol{\Sigma}_j, \cdots). \tag{8.17}$$

由于 $\boldsymbol{V}$ 是一个对角矩阵块，于是卡尔曼增益公式中的 $\boldsymbol{H}_k^\top \boldsymbol{V}^{-1} \boldsymbol{H}_k$ 完全可以写成求和的形式：

$$\boldsymbol{H}_k^\top \boldsymbol{V}^{-1} \boldsymbol{H}_k = \sum_j \boldsymbol{J}_j^\top \boldsymbol{\Sigma}_j^{-1} \boldsymbol{J}_j. \tag{8.18}$$

而 $\boldsymbol{H}_k^\top \boldsymbol{V}^{-1}$ 再乘以 $(\boldsymbol{z} - \boldsymbol{h}(\boldsymbol{x}_k))$ 就得到

$$\boldsymbol{H}_k^\top \boldsymbol{V}^{-1}(\boldsymbol{z} - \boldsymbol{h}(\boldsymbol{x}_k)) = \left[\cdots, \boldsymbol{J}_j^\top, \cdots \right] \mathrm{diag}(\cdots, \boldsymbol{\Sigma}_j^{-1}, \cdots) \begin{bmatrix} \vdots \\ \boldsymbol{r}_j \\ \vdots \end{bmatrix}, \tag{8.19}$$

$$= \sum_j \boldsymbol{J}_j^\top \boldsymbol{\Sigma}_j^{-1} \boldsymbol{r}_j. \tag{8.20}$$

关于式 (8.8) 中的协方差更新，可以将 $\boldsymbol{K}$ 代入 $\boldsymbol{I} - \boldsymbol{K}_k \boldsymbol{H}_k$ 中，写成

$$\boldsymbol{P}_{k+1} = (\boldsymbol{I} - (\boldsymbol{P}_k^{-1} + \boldsymbol{H}_k^\top \boldsymbol{V}^{-1} \boldsymbol{H}_k)^{-1} \boldsymbol{H}_k^\top \boldsymbol{V}^{-1} \boldsymbol{H}_k) \boldsymbol{J}_k \boldsymbol{P}_{\mathrm{pred}} \boldsymbol{J}_k^\top \tag{8.21}$$

$\boldsymbol{H}_k^\top \boldsymbol{V}^{-1} \boldsymbol{H}_k$ 亦可用 NDT 内部的求和代入。这样，整个 IEKF 的解算就完全和 NDT 挂钩了。在这种程度上，完全可以把紧耦合 LIO 系统看成带 IMU 预测的高维 NDT 或 ICP，并且这些预测分布还会被推导至下一时刻。

[①]严格来说，应是第 $3 \times j$ 个行，因为 $\boldsymbol{J}_j$ 本身有 3 行。如果理解成分块矩阵则没问题。

8.3 实现基于 IEKF 的 LIO 系统

下面来实现 IEKF 及配套的 LIO 系统。和前文所述类似，紧耦合 LIO 系统的点云残差可以有多种计算方式，如点到线、点到面、NDT，等等。本节来实现一个基于 IEKF 的 NDT LIO，读者也可以参考本书或者参考文献 [65-66, 96] 实现基于点到面 ICP 的 LIO。对第 3 章的 ESKF 稍做改造，设计 IEKF 的接口。我们希望从 NDT 中直接获取雅可比矩阵和信息矩阵，所以在 IEKF 实现层面，我们希望 NDT 能够计算 $H^\top V^{-1} H$ 和 $H^\top V^{-1} r$（这些量由 NDT 内部算完）。IESKF 使用它的返回值来迭代整个滤波器：

src/ch8/lio-iekf/iekf.hpp

```
/**
 * NDT观测函数，输入一个SE3 Pose，返回式(8.10)中的几个项
 * HT V^{-1} H
 * H^\top V{-1} r
 * 二者都可以用求和的形式来做
 */
using CustomObsFunc = std::function<void(const SE3& input_pose, Eigen::Matrix<S, 18, 18>& HT_Vinv_H,
Eigen::Matrix<S, 18, 1>& HT_Vinv_r)>;

/// 使用自定义观测函数更新滤波器
bool UpdateUsingCustomObserve(CustomObsFunc obs) {
  SO3 start_R = R_;
  Eigen::Matrix<S, 18, 1> HTVr;
  Eigen::Matrix<S, 18, 18> HTVH;
  Eigen::Matrix<S, 18, Eigen::Dynamic> K;
  Mat18T Pk, Qk;

  for (int iter = 0; iter < options_.num_iterations_; ++iter) {
    // 调用obs function
    obs(GetNominalSE3(), HTVH, HTVr);

    // 投影P
    Mat18T J = Mat18T::Identity();
    J.template block<3, 3>(6, 6) = Mat3T::Identity() - 0.5 * SO3::hat((R_.inverse() * start_R).log()
      );
    Pk = J * cov_ * J.transpose();

    // 卡尔曼更新
    Qk = (Pk.inverse() + HTVH).inverse();  // 这个记作中间变量，最后更新时可以用
    dx_ = Qk * HTVr;
    LOG(INFO) << "iter " << iter << " dx = " << dx_.transpose() << ", dxn: " << dx_.norm();

    // dx合入名义变量
    UpdateAndReset();

    if (dx_.norm() < options_.quit_eps_) {
      break;
```

```
      }
   }

   // 更新P
   cov_ = (Mat18T::Identity() - Qk * HTVH) * Pk;

   // 投影P
   Mat18T J = Mat18T::Identity();
   J.template block<3, 3>(6, 6) = Mat3T::Identity() - 0.5 * SO3::hat(dx_.template block<3, 1>(6, 0));
   cov_ = J * cov_ * J.inverse();

   dx_.setZero();
   return true;
}
```

该函数给出一个当前估计 x_k，让外部算法计算对应的 $H_k^\top V^{-1} H_k$ 和 $H_k^\top V^{-1} r_k$，然后代入 IEKF 的计算公式，得到当前时刻的增量 δx_k，最后代入名义状态变量。注意，代码中把 $(P_k^{-1} + H_k^\top V^{-1} H)^{-1}$ 记作了中间变量 Q_k。这个变量可以让我们更简单地计算卡尔曼滤波器的误差状态和协方差：

$$\delta x_k = Q_k H_k^\top V^{-1} r_k \tag{8.22}$$

$$P_{k+1} = (I - Q_k H_k^\top V^{-1} H_k) P_k \tag{8.23}$$

按照前面的推导，在第 7 章的 NDT 中增加一个接口，计算对应的几个矩阵，并返回结果。整个计算流程和之前的 NDT 完全一致，只是不需要 NDT 自己来计算更新量而已。

src/ch7/ndt_inc.cc

```
void IncNdt3d::ComputeResidualAndJacobians(const SE3& input_pose, Mat18d& HTVH, Vec18d& HTVr) {
   assert(grids_.empty() == false);
   SE3 pose = input_pose;

   // 大部分流程和前面的Align是一样的，只是会把z、H、R交给外部计算
   int num_residual_per_point = 1;
   if (options_.nearby_type_ == NearbyType::NEARBY6) {
      num_residual_per_point = 7;
   }

   std::vector<int> index(source_->points.size());
   for (int i = 0; i < index.size(); ++i) {
      index[i] = i;
   }

   int total_size = index.size() * num_residual_per_point;

   std::vector<bool> effect_pts(total_size, false);
   std::vector<Eigen::Matrix<double, 3, 18>> jacobians(total_size);
   std::vector<Vec3d> errors(total_size);
   std::vector<Mat3d> infos(total_size);
```

```cpp
// 高斯-牛顿迭代法
// 最近邻,可以并发
std::for_each(std::execution::par_unseq, index.begin(), index.end(), [&](int idx) {
  auto q = ToVec3d(source_->points[idx]);
  Vec3d qs = pose * q;  // 转换之后的q

  // 计算qs所在的栅格以及它的最近邻栅格
  Vec3i key = (qs * options_.inv_voxel_size_).cast<int>();

  for (int i = 0; i < nearby_grids_.size(); ++i) {
    Vec3i real_key = key + nearby_grids_[i];
    auto it = grids_.find(real_key);
    int real_idx = idx * num_residual_per_point + i;
    /// 这里要检查高斯分布是否已经估计
    if (it != grids_.end() && it->second.ndt_estimated_) {
      auto& v = it->second;  // voxel
      Vec3d e = qs - v.mu_;

      // 确认卡方分布阈值
      double res = e.transpose() * v.info_ * e;
      if (std::isnan(res) || res > options_.res_outlier_th_) {
        effect_pts[real_idx] = false;
        continue;
      }

      // 构建残差
      Eigen::Matrix<double, 3, 18> J;
      J.setZero();
      J.block<3, 3>(0, 0) = Mat3d::Identity();                 // 对p
      J.block<3, 3>(0, 6) = -pose.so3().matrix() * SO3::hat(q);  // 对R

      jacobians[real_idx] = J;
      errors[real_idx] = e;
      infos[real_idx] = v.info_;
      effect_pts[real_idx] = true;
    } else {
      effect_pts[real_idx] = false;
    }
  }
});

// 累加Hessian和error,计算dx
double total_res = 0;
int effective_num = 0;

HTVH.setZero();
HTVr.setZero();

std::vector<double> err;
const double info_ratio = 0.01;  // 每个点反馈的info因子
```

```
     for (int idx = 0; idx < effect_pts.size(); ++idx) {
75     if (!effect_pts[idx]) {
         continue;
       }

       total_res += errors[idx].transpose() * infos[idx] * errors[idx];
80     effective_num++;

       err.push_back(errors[idx].transpose() * infos[idx] * errors[idx]);

       HTVH += jacobians[idx].transpose() * infos[idx] * jacobians[idx] * info_ratio;
85     HTVr += -jacobians[idx].transpose() * infos[idx] * errors[idx] * info_ratio;
     }
   }
```

这里，并发地计算了 NDT 的各体素内分布，收集各点对应的雅可比矩阵和残差，然后累加到两个输出的矩阵上：$H_k^\top V^{-1} H_k$ 在累加之后应为 18×18 的矩阵，而 $H_k V^{-1} r_k$ 在累加之后应该为 18×1 的向量，读者可以通过代码验证这一点。由于 NDT 的点数要明显多于预测方程，这可能导致估计结果向 NDT 倾斜，因此给这里的信息矩阵 Σ^{-1} 添加一个乘积因子（取 0.01），让更新部分更加平衡。读者也可以自行调试本参数。

在 LIO 层面，沿用松耦合的框架，只需要将之前松耦合的配准函数改写为紧耦合的形式。这个过程并不需要改动预测过程和去畸变过程，只需要将配准过程改为：

src/ch8/lio-iekf/lio_iekf.cc

```
// 后续的scan，使用NDT配合pose进行更新
ndt_.SetSource(current_scan_filter);
3  ieskf_.UpdateUsingCustomObserve([this](const SE3 &input_pose, Mat18d &HTVH, Vec18d &HTVr) {
     ndt_.ComputeResidualAndJacobians(input_pose, HTVH, HTVr);
   });

   // 若运动了一定范围，则把点云放入地图中
8  SE3 current_pose = ieskf_.GetNominalSE3();
   SE3 delta_pose = last_pose_.inverse() * current_pose;
   if (delta_pose.translation().norm() > 1.0 || delta_pose.so3().log().norm() > math::deg2rad(10)) {
     // 将地图合入NDT中
     CloudPtr current_scan_world(new PointCloudType);
13 pcl::transformPointCloud(*current_scan_filter, *current_scan_world, current_pose.matrix());
     ndt_.AddCloud(current_scan_world);
     last_pose_ = current_pose;
   }
```

在代码内部，IEKF 会为 NDT 提供当前的状态估计值，然后 NDT 会计算前文所述的两个矩阵，返回给 IEKF，最后 IEKF 再去更新自己内部的状态估计。这样就得到了本次激光扫描对应的位姿。另外，如果车辆运动超过 1 米或角度超过 10°，就把当前的激光扫描数据合入 NDT 地图中，这样可以防止车辆在静止时一直花时间更新地图。可以通过本章的 test_lio_iekf 程序来测试紧耦合 NDT 的效果。测试程序会在 UI 界面显示当前的点云与内部状态量。

终端输入：

```
bin/test_lio_iekf --bag_path ./dataset/sad/nclt/20120115.bag --dataset_type NCLT --config ./config/
    velodyne_nclt.yaml
```

读者可以任意选择一个本书提供的数据集来测试本章的紧耦合 LIO 程序（结果如图 8-2 所示）。由于紧耦合的卡尔曼滤波器迭代过程和 NDT 是一体化的，它们的计算效率也非常之高。在笔者的机器上，一次 32 线雷达的配准只需要 2.7 ms，意味着整个雷达里程计的频率可以超过 300Hz。而传统的雷达里程计（Loam[171]、LeGo-LOAM[172]、LIO-SAM[185]）等通常需要几十毫秒或者上百毫秒。基于 IEKF 和 NDT 的里程计在计算效率方面的优势是很明显的。

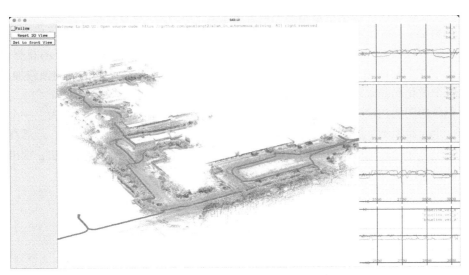

图 8-2　紧耦合 LIO 的重建点云结果

8.4　基于预积分的 LIO 系统

8.4.1　预积分 LIO 系统的原理

下面介绍基于预积分和点云配准的 LIO 系统。和第 3 章一样，既然使用卡尔曼滤波器实现了 LIO 系统，笔者也会使用预积分和图优化重新实现一遍，方便读者体会它们的联系与区别。和组合导航一样，带有点云的 LIO 系统也可以通过预积分 IMU 因子加上雷达残差来实现。一些现代的激光 SLAM 系统也采用了这种方式。相比滤波器方法来说，预积分因子可以更方便地整合到现有的优化框架中，从开发到实现都更为便捷。在实现中，预积分的使用方式是相当灵活的，要设置的参数也比 EKF 系统多。例如，LIO-SAM 把预积分因子与雷达里程计的因子结合，构建整个优化问题[185-186]。而在 VSLAM 系统里，也可以把预积分因子与重投影误差结合起来，求解 Bundle Adjustment[187]。在此，介绍一些预积分应用上的经验。

1. 预积分因子通常关联两个关键帧的高维状态（典型的 15 维状态）。在转换为图优化问题时，可以选择把各顶点分开处理，例如 SE(3) 占一个顶点，v 占一个顶点，然后让一个预积分边关联到 8 个顶点上；也可以选择把高维状态写成一个顶点，而预积分边关联两个顶点，但雅可比矩阵含有大量的零块。在本节实际操作中，选择前一种做法，即顶点种类较多，但边的维度较低的写法。

2. 由于预积分因子关联的变量较多，且观测量大部分是状态变量的差值，因此应该对状态变量有足够的观测和约束，否则整个状态变量容易在零空间内自由变动。例如，预积分的速度观测 $\Delta\tilde{v}_{ij}$ 描述了两个关键帧速度之差。如果为两个关键帧的速度都增加固定值，也可以让速度项误差保持不变，而在位移项添加一些调整，还能让位移部分的观测保持不变。因此，在实际使用中，会给前一个关键帧施加先验约束，给后一个关键帧施加观测约束，让整个优化问题限制在一定的范围内。

3. 预积分的图优化模型如图 8-3 所示。在对两个关键帧进行计算优化时，为上一个关键帧添加一个先验因子，然后在两个帧间添加预积分因子和零偏随机游走因子，最后在下一个关键帧中添加 NDT 观测的位姿约束。在本轮优化完成后，利用边缘化方法，求出下一个关键帧位姿的协方差，作为下一轮优化的先验因子来使用。

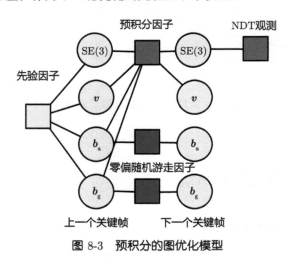

图 8-3   预积分的图优化模型

4. 这个图优化模型和第 4 章中的 GINS 系统非常相似。但是应当注意到，雷达里程计的观测位姿是依赖预测数据的，这和 RTK 的位姿观测有着**本质区别**。如果 RTK 信号良好，则可以认为 RTK 的观测有着固定的精度，此时滤波器和图优化器都可以保证在位移和旋转方面收敛。然而，如果雷达里程计使用一个不准确的预测位姿，则很有可能给出一个不正常的观测位姿，进而使整个 LIO 系统发散。这也导致基于图优化的 LIO 系统的调试难度明显大于 GINS 系统。

5. 为了重复使用 8.3 节的代码，我们仍然使用前文所用的 LIO 框架，只是将原先 EKF 处理的预测和观测部分变为预积分器的预测和观测部分[①]。预积分的 LIO 计算框架如图 8-4 所示。我们会在两个点云之间使用预积分进行优化。当然，预积分的使用方式十分灵活，读者不必拘泥于本书的实现方式，也可以使用更长时间的预积分优化，或者将 NDT 内部的残差放到图优化中。相对地，由于预积分因子关联的顶点较多，实际调试会比较困难，容易造成误差发散的情况。从一个现有系统出发，再进行后端优化是个不错的选择。

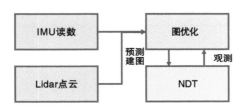

图 8-4 预积分的 LIO 计算框架

8.4.2 代码实现

本节代码主要是在 8.3 节的基础上，添加一些图优化方法。大部分代码逻辑保持不变。LIO 系统具有一个预积分器，它负责对 IMU 数据进行积分，并给出预测状态。同时，它持有一个增量 NDT 的里程计，用来进行点云配准，管理局部地图。

src/ch8/lio-preinteg/lio_preinteg.h

```
class LioPreinteg {
private:
  /// modules
  std::shared_ptr<MessageSync> sync_ = nullptr;
  StaticIMUInit imu_init_;

  /// 点云数据
  FullCloudPtr scan_undistort_{new FullPointCloudType()};  // scan after undistortion
  CloudPtr current_scan_ = nullptr;

  // 优化相关
  NavStated last_nav_state_, current_nav_state_;  // 上一时刻的状态与本时刻的状态
  Mat15d prior_info_ = Mat15d::Identity();        // 先验约束
  std::shared_ptr<IMUPreintegration> preinteg_ = nullptr;
```

[①] 在实际的系统中，也可以将滤波器作为前端，把图优化当成关键帧后端来使用。

```
    IMUPtr last_imu_ = nullptr;

    /// NDT数据
19  IncNdt3d ndt_;
    SE3 ndt_pose_;
    SE3 last_ndt_pose_;

    Options options_;
24  std::shared_ptr<ui::PangolinWindow> ui_ = nullptr;
};
```

在预测阶段，使用预积分得到的位姿对点云去畸变：

src/ch8/lio-preinteg/lio_preinteg.cc

```
void LioPreinteg::Predict() {
  imu_states_.clear();
  imu_states_.emplace_back(last_nav_state_);

5  /// 对IMU状态进行预测
  for (auto &imu : measures_.imu_) {
    if (last_imu_ != nullptr) {
      preinteg_->Integrate(*imu, imu->timestamp_ - last_imu_->timestamp_);
    }

10   last_imu_ = imu;
    imu_states_.emplace_back(preinteg_->Predict(last_nav_state_, imu_init_.GetGravity()));
  }
}
```

在配准时，使用预积分给出的预测位姿作为 NDT 里程计的输入，同时使用 NDT 的输出作为观测值进行优化：

src/ch8/lio-preinteg/lio_preinteg.cc

```
1  void LioPreinteg::Align() {
  LOG(INFO) << "=== frame " << frame_num_;
  ndt_.SetSource(current_scan_filter);

  current_nav_state_ = preinteg_->Predict(last_nav_state_, imu_init_.GetGravity());
6  ndt_pose_ = current_nav_state_.GetSE3();

  ndt_.AlignNdt(ndt_pose_);

  Optimize();
11 }

void LioPreinteg::Optimize() {
  using BlockSolverType = g2o::BlockSolverX;
  using LinearSolverType = g2o::LinearSolverEigen<BlockSolverType::PoseMatrixType>;
16
```

```cpp
auto *solver = new g2o::OptimizationAlgorithmLevenberg(
g2o::make_unique<BlockSolverType>(g2o::make_unique<LinearSolverType>()));
g2o::SparseOptimizer optimizer;
optimizer.setAlgorithm(solver);

// 上时刻顶点，pose, v, bg, ba
auto v0_pose = new VertexPose();
v0_pose->setId(0);
v0_pose->setEstimate(last_nav_state_.GetSE3());
optimizer.addVertex(v0_pose);

auto v0_vel = new VertexVelocity();
v0_vel->setId(1);
v0_vel->setEstimate(last_nav_state_.v_);
optimizer.addVertex(v0_vel);

auto v0_bg = new VertexGyroBias();
v0_bg->setId(2);
v0_bg->setEstimate(last_nav_state_.bg_);
optimizer.addVertex(v0_bg);

auto v0_ba = new VertexAccBias();
v0_ba->setId(3);
v0_ba->setEstimate(last_nav_state_.ba_);
optimizer.addVertex(v0_ba);

// 本时刻顶点，pose, v, bg, ba
auto v1_pose = new VertexPose();
v1_pose->setId(4);
v1_pose->setEstimate(ndt_pose_);  // NDT的pose作为初值
// v1_pose->setEstimate(current_nav_state_.GetSE3());  // 预测的pose作为初值
optimizer.addVertex(v1_pose);

auto v1_vel = new VertexVelocity();
v1_vel->setId(5);
v1_vel->setEstimate(current_nav_state_.v_);
optimizer.addVertex(v1_vel);

auto v1_bg = new VertexGyroBias();
v1_bg->setId(6);
v1_bg->setEstimate(current_nav_state_.bg_);
optimizer.addVertex(v1_bg);

auto v1_ba = new VertexAccBias();
v1_ba->setId(7);
v1_ba->setEstimate(current_nav_state_.ba_);
optimizer.addVertex(v1_ba);

// IMU因子
auto edge_inertial = new EdgeInertial(preinteg_, imu_init_.GetGravity());
edge_inertial->setVertex(0, v0_pose);
edge_inertial->setVertex(1, v0_vel);
```

```
     edge_inertial->setVertex(2, v0_bg);
     edge_inertial->setVertex(3, v0_ba);
71   edge_inertial->setVertex(4, v1_pose);
     edge_inertial->setVertex(5, v1_vel);
     auto *rk = new g2o::RobustKernelHuber();
     rk->setDelta(200.0);
     edge_inertial->setRobustKernel(rk);
76   optimizer.addEdge(edge_inertial);

     // 零偏随机游走
     auto *edge_gyro_rw = new EdgeGyroRW();
     edge_gyro_rw->setVertex(0, v0_bg);
81   edge_gyro_rw->setVertex(1, v1_bg);
     edge_gyro_rw->setInformation(options_.bg_rw_info_);
     optimizer.addEdge(edge_gyro_rw);

     auto *edge_acc_rw = new EdgeAccRW();
86   edge_acc_rw->setVertex(0, v0_ba);
     edge_acc_rw->setVertex(1, v1_ba);
     edge_acc_rw->setInformation(options_.ba_rw_info_);
     optimizer.addEdge(edge_acc_rw);

91   // 上一帧pose, vel, bg, ba的先验
     auto *edge_prior = new EdgePriorPoseNavState(last_nav_state_, prior_info_);
     edge_prior->setVertex(0, v0_pose);
     edge_prior->setVertex(1, v0_vel);
     edge_prior->setVertex(2, v0_bg);
96   edge_prior->setVertex(3, v0_ba);
     optimizer.addEdge(edge_prior);

     /// 使用NDT的pose进行观测
     auto *edge_ndt = new EdgeGNSS(v1_pose, ndt_pose_);
101  edge_ndt->setInformation(options_.ndt_info_);
     optimizer.addEdge(edge_ndt);

     // go
     optimizer.setVerbose(options_.verbose_);
106  optimizer.initializeOptimization();
     optimizer.optimize(20);

     // get results
     last_nav_state_.R_ = v0_pose->estimate().so3();
111  last_nav_state_.p_ = v0_pose->estimate().translation();
     last_nav_state_.v_ = v0_vel->estimate();
     last_nav_state_.bg_ = v0_bg->estimate();
     last_nav_state_.ba_ = v0_ba->estimate();

116  current_nav_state_.R_ = v1_pose->estimate().so3();
     current_nav_state_.p_ = v1_pose->estimate().translation();
     current_nav_state_.v_ = v1_vel->estimate();
     current_nav_state_.bg_ = v1_bg->estimate();
     current_nav_state_.ba_ = v1_ba->estimate();
```

```
121   /// 重置预积分

      options_.preinteg_options_.init_bg_ = current_nav_state_.bg_;
      options_.preinteg_options_.init_ba_ = current_nav_state_.ba_;
126   preinteg_ = std::make_shared<IMUPreintegration>(options_.preinteg_options_);

      // 计算当前时刻的先验
      // 构建Hessian
      // 15x2，顺序: v0_pose, v0_vel, v0_bg, v0_ba, v1_pose, v1_vel, v1_bg, v1_ba
131   //           0         6       9      12      15        21      24      27
      Eigen::Matrix<double, 30, 30> H;
      H.setZero();

      H.block<24, 24>(0, 0) += edge_inertial->GetHessian();
136
      Eigen::Matrix<double, 6, 6> Hgr = edge_gyro_rw->GetHessian();
      H.block<3, 3>(9, 9) += Hgr.block<3, 3>(0, 0);
      H.block<3, 3>(9, 24) += Hgr.block<3, 3>(0, 3);
      H.block<3, 3>(24, 9) += Hgr.block<3, 3>(3, 0);
141   H.block<3, 3>(24, 24) += Hgr.block<3, 3>(3, 3);

      Eigen::Matrix<double, 6, 6> Har = edge_acc_rw->GetHessian();
      H.block<3, 3>(12, 12) += Har.block<3, 3>(0, 0);
      H.block<3, 3>(12, 27) += Har.block<3, 3>(0, 3);
146   H.block<3, 3>(27, 12) += Har.block<3, 3>(3, 0);
      H.block<3, 3>(27, 27) += Har.block<3, 3>(3, 3);

      H.block<15, 15>(0, 0) += edge_prior->GetHessian();
      H.block<6, 6>(15, 15) += edge_ndt->GetHessian();
151
      H = math::Marginalize(H, 0, 14);
      prior_info_ = H.block<15, 15>(15, 15);

      if (options_.verbose_) {
156     LOG(INFO) << "info trace: " << prior_info_.trace();
        LOG(INFO) << "optimization done.";
      }

      NormalizeVelocity();
161   last_nav_state_ = current_nav_state_;
    }
```

可以看到，这里大部分代码用于搭建图优化的结构，它们和图 8-3 相对应。按照本书的写法，两个关键帧的图优化问题共有 8 个顶点、1 个预积分边、2 个随机游走边、1 个 NDT 后验位姿的观测和 1 个先验约束。笔者并没有把 NDT 观测写成图优化的形式，这是因为 NDT 需要在迭代过程中更新每个点的最近邻，而笔者使用的 g2o 并不直接支持这样做。在每次优化完时，将上个时刻的状态进行边缘化。由于 g2o 不直接支持边缘化操作，因此通过各个边的雅可比矩阵拼接整个 Hessian 矩阵。每条边的雅可比矩阵已经在线性化时计算完毕，需要将它拼接成整个大的 Hessian 矩阵。

src/common/g2o_types.h

```
class EdgePriorPoseNavState : public g2o::BaseMultiEdge<15, Vec15d> {
public:
  void computeError();
  virtual void linearizeOplus();

  Eigen::Matrix<double, 15, 15> GetHessian() {
    linearizeOplus();
    Eigen::Matrix<double, 15, 15> J;
    J.block<15, 6>(0, 0) = _jacobianOplus[0];
    J.block<15, 3>(0, 6) = _jacobianOplus[1];
    J.block<15, 3>(0, 9) = _jacobianOplus[2];
    J.block<15, 3>(0, 12) = _jacobianOplus[3];
    return J.transpose() * information() * J;
  }

  NavStated state_;
};
```

最后，把 H 矩阵交给 math::Marginalize 函数处理，把第 0 行至第 14 行矩阵进行边缘化，得到下一个时刻状态的信息矩阵（15×15 维）。该矩阵又在下一个时刻作为先验信息放入优化问题中。最后运行 test_lio_preinteg 程序，就可以看到该 LIO 的实时点云了，如图 8-5 所示。

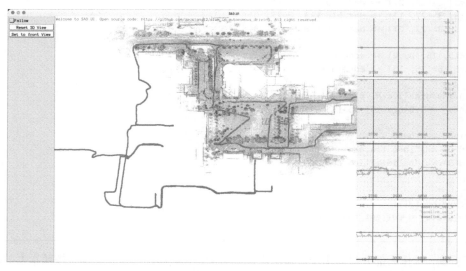

图 8-5　基于预积分的 LIO 系统

本节展示的预积分优化主要在两个连续激光扫描数据之间进行。读者可以将它改成累积一段时间的方式，可以更好地体现预积分方法与滤波器方法的差异。笔者把它留作习题。

8.5 本章小结

本节向读者介绍了紧耦合的 LIO 系统，展示了基于 IEKF 的方法和基于预积分非线性优化方法的两种做法。整体上，这两种做法都能顺利工作。它们在正常工作时的点云质量没有明显差异，但实际调试的难度却有所区别，预积分系统的实现要明显更加复杂。也可以将每个 NDT 配准设置为图优化因子，实现真正意义上的紧耦合，但那也意味着要调试的内容更加丰富。希望读者可以通过本章的学习，了解紧耦合 LIO 系统前后端的工作方式。

习题

1. 参考 NDT 的 LIO 推导，请推导基于点面残差的 LIO 卡尔曼更新公式，并说明点到面 ICP 与 LIO 之间的关系。
2. 考察 NDT LIO 中由 NDT 计算的矩阵中是否有大量的零块。若希望减小矩阵的大小，能否将这里的零块去除，只返回非零块？
3. 在预积分的 LIO 系统中，增加预积分的时间，例如大于 3 s 之后再进行边缘化，而不是每计算完一个帧后就进行边缘化。
4. * 将 NDT 残差放入预积分系统中，实现 LIO 系统。

第 9 章　自动驾驶车辆的离线地图构建

  本章向读者介绍完整的自动驾驶点云建图和高精地图相关技术。完整的点云建图可以看成一个 RTK、IMU、轮速、激光雷达的综合优化问题。大部分 L4 自动驾驶任务都需要一张完整的、与 RTK 对准的点云地图进行地图标注、高精定位等任务。本章会逐步介绍点云建图的完整过程：前端、后端、回环检测、地图切分导出等过程。这些过程在大部分应用中都是大同小异的。

  本章将实现一个完整的点云地图构建系统，其中部分内容可以简单地用前面章节的算法模块拼合。这个系统可以从离线的数据包开始，建立并导出可以实际用于高精定位的点云地图。笔者也会顺便介绍一些向量地图相关的内容，但向量高精地图的标注与生成和 SLAM 算法关系不大，并不需要读者自己做地图标注的工作。第 10 章也会使用本章构建的点云地图进行实时的融合定位算法测试。

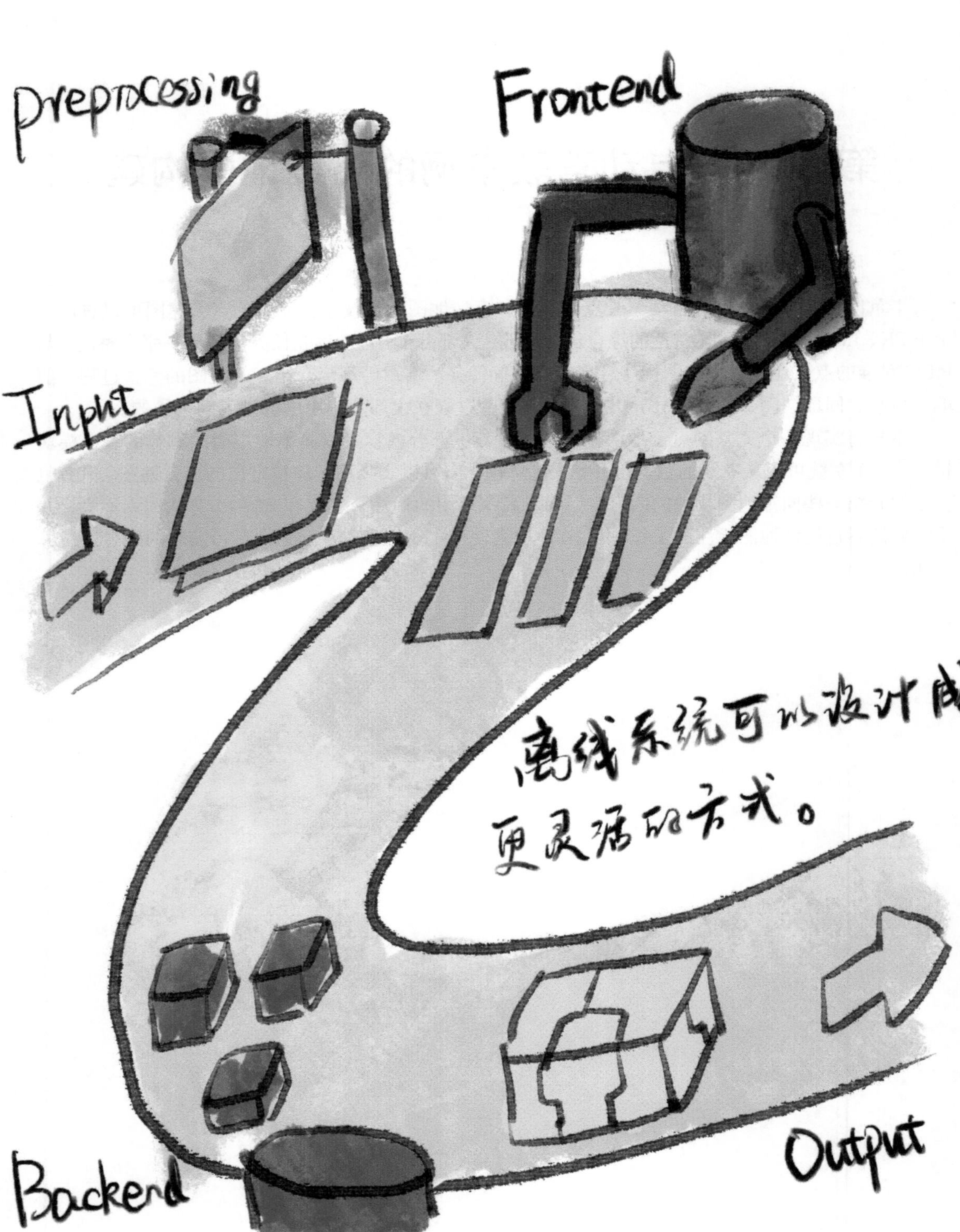
Preprocessing
Frontend
Input
离线系统可以设计成
更灵活的方式。
Backend
Output

9.1　点云建图的流程

与在线 SLAM 系统不一样，地图构建系统完全可以工作在离线模式下。离线系统的一大好处是有很强的确定性。每一个算法步骤应该怎样做，产生怎样的输出，都可以事先规划和确定。模块与模块之间也没有线程、资源上的调度问题，而在线系统往往要考虑线程间的等待关系，例如后端的回环检测在计算完成之前是否要插入新的子地图、是否允许导出回环检测未闭合的地图，等等。因此，按照离线系统来设计建图框架，会比实时 SLAM 系统更加容易，可以实现更强大的自动化能力。

笔者按照参考文献 [188] 中的方案来设计整个建图流程，如图 9-1 所示。

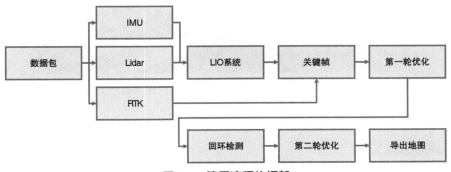

图 9-1　建图流程的框架

1. 从给定的 ROS 数据包中解出 IMU、RTK 和激光雷达数据。由于数据集的差异性，并非所有的数据集都含有轮速信息（而且往往轮速信息的格式与车辆相关，各有不同），因此我们主要使用 IMU 和激光雷达数据组成 LIO 系统。这部分内容会直接使用第 8 章的 IEKF LIO 代码。

2. 大部分自动驾驶车辆还会携带 RTK 设备或者组合导航设备。这些设备能给出车辆在物理世界中的位置，但可能受到信号影响。在 LIO 系统中按照一定距离来收集点云关键帧，然后按照 RTK 或组合导航的位姿给每个关键帧赋一个 RTK 位姿，作为观测。本书主要以 NCLT 数据集为例（如图 9-2 所示），而 NCLT 数据集的 RTK 信号属于单天线方案，仅有平移信息而不含位姿信息。

3. 使用 LIO 作为相邻帧运动观测，使用 RTK 位姿作为绝对坐标观测，优化整条轨迹并判定各关键帧的 RTK 有效性。这称为**第一轮优化**。如果 RTK 正常，那么此时我们会得到一条和 RTK 大致相符的轨迹。然而在实际环境中，RTK 会存在许多无效观测，我们也需要在算法中加以判定。

4. 在上一步的基础上对地图进行回环检测。检测算法可以简单地使用基于欧氏距离的检测，并使用 NDT 或常见的配准算法计算它们的相对位姿。本例使用多分辨率的 NDT 匹配作为回环检测方法。

5. 再把这些信息放到统一的位姿图中进行优化，消除累积误差带来的重影，同时移除 RTK 失效区域。这称为**第二轮优化**。在确定了位姿以后，我们就按照这些位姿导出点云地图。为了方便地图加载与查看，我们还会对点云地图进行切片处理。处理完之后的点云就可以用来进行高精定位或者地图标注了。

图 9-2 NCLT 数据集中所采用的车辆，图片来自参考文献 [15]

9.2 前端实现

首先来实现前端。由于前面几章介绍的内容已经包含了完整的 LIO 系统，因此本章只需要添加一些数据包解算的外围逻辑。前端的主要代码位于：

src/ch9/frontend.cc

```
void Frontend::Run() {
  sad::RosbagIO rosbag_io(bag_path_, DatasetType::NCLT);

  // 先提取RTK pose，注意NCLT只有平移部分
  rosbag_io
  .AddAutoRTKHandle([this](GNSSPtr gnss) {
    gnss_.emplace(gnss->unix_time_, gnss);
    return true;
  })
  .Go();
  rosbag_io.CleanProcessFunc();  // 不再需要处理RTK

  RemoveMapOrigin();

  // 再运行LIO
  rosbag_io
  .AddAutoPointCloudHandle([&](sensor_msgs::PointCloud2::Ptr cloud) -> bool {
    lio_->PCLCallBack(cloud);
```

```
        ExtractKeyFrame(lio_->GetCurrentState());
        return true;
      })
      .AddImuHandle([&](IMUPtr imu) {
23      lio_->IMUCallBack(imu);
        return true;
      })
      .Go();
    lio_->Finish();

28    // 保存运行结果
    SaveKeyframes();

    LOG(INFO) << "done.";
33 }
```

可以看到，前端主要做了以下几件事。

1. 将 ROS 数据包中的 RTK 数据提取出来，放在 RTK 消息队列中，按采集时间排序。
2. 用第一个有效的 RTK 数据作为地图原点，用其他 RTK 读数减去本原点，作为 RTK 的位置观测。
3. 用 IMU 和激光数据运行 LIO，按照距离和角度阈值抽取关键帧，再保存关键帧结果。

抽取关键帧时，也会从 LIO 中获取它的位姿和点云：

src/ch9/frontend.cc

```
void Frontend::ExtractKeyFrame(const sad::NavStated& state) {
2  if (last_kf_ == nullptr) {
    // 第一个帧
    auto kf = std::make_shared<Keyframe>(state.timestamp_, kf_id_++, state.GetSE3(), lio_->
        GetCurrentScan());
    FindGPSPose(kf);
    kf->SaveAndUnloadScan("./data/ch9/");
7    keyframes_.emplace(kf->id_, kf);
    last_kf_ = kf;
  } else {
    // 计算当前state与kf之间的相对运动阈值
    SE3 delta = last_kf_->lidar_pose_.inverse() * state.GetSE3();
12   if (delta.translation().norm() > kf_dis_th_ || delta.so3().log().norm() > kf_ang_th_deg_ * math
        ::kDEG2RAD) {
      auto kf = std::make_shared<Keyframe>(state.timestamp_, kf_id_++, state.GetSE3(), lio_->
          GetCurrentScan());
      FindGPSPose(kf);
      keyframes_.emplace(kf->id_, kf);
      kf->SaveAndUnloadScan("./data/ch9/");
17     LOG(INFO) << "生成关键帧" << kf->id_;
      last_kf_ = kf;
    }
  }
}
```

这些点云按顺序存储到 data/ch9/目录下，然后被从内存中清理。同时，按照时间戳查询 RTK 队列中的位姿，这里会调用 math 里的通用位姿插值函数，如下：

src/ch9/frontend.cc

```
void Frontend::FindGPSPose(std::shared_ptr<Keyframe> kf) {
  SE3 pose;
  GNSSPtr match;
  if (math::PoseInterp<GNSSPtr>(
  kf->timestamp_, gnss_, [](const GNSSPtr& gnss) -> SE3 { return gnss->utm_pose_; }, pose, match)) {
    kf->rtk_pose_ = pose;
    kf->rtk_valid_ = true;
  } else {
    kf->rtk_valid_ = false;
  }
}


/**
 * pose 插值算法
 * @tparam T      数据类型
 * @param query_time 查找时间
 * @param data   数据
 * @param take_pose_func 从数据中取pose的位姿
 * @param result 查询结果
 * @param best_match_iter 查找到的最近匹配
 *
 * NOTE 要求query_time必须在data最大时间和最小时间之间，不会外推
 * data的map按时间排序
 * @return 插值是否成功
 */
template <typename T>
bool PoseInterp(double query_time, const std::map<double, T>& data, const std::function<SE3(const T
    &)>& take_pose_func,
SE3& result, T& best_match) {
  if (data.empty()) {
    LOG(INFO) << "data is empty";
    return false;
  }

  if (query_time > data.rbegin()->first) {
    LOG(INFO) << "query time is later than last, " << std::setprecision(18) << ", query: " <<
        query_time
    << ", end time: " << data.rbegin()->first;

    return false;
  }

  auto match_iter = data.begin();
  for (auto iter = data.begin(); iter != data.end(); ++iter) {
    auto next_iter = iter;
    next_iter++;
```

```
      if (iter->first < query_time && next_iter->first >= query_time) {
        match_iter = iter;
        break;
      }
49    }

      auto match_iter_n = match_iter;
      match_iter_n++;
54    assert(match_iter_n != data.end());

      double dt = match_iter_n->first - match_iter->first;
      double s = (query_time - match_iter->first) / dt;   // s=0 时为第一帧，s=1时为next

59    SE3 pose_first = take_pose_func(match_iter->second);
      SE3 pose_next = take_pose_func(match_iter_n->second);
      result = {pose_first.unit_quaternion().slerp(s, pose_next.unit_quaternion()),
        pose_first.translation() * (1 - s) + pose_next.translation() * s};
      best_match = s < 0.5 ? match_iter->second : match_iter_n->second;
64    return true;
    }
```

该函数可以从任意的 map 结构体中获取位姿（需要用户提供获取位姿的方法）并进行插值。对于 RTK 读数来说，返回它的 utm_pose 即可。这样就为每个关键帧找到了它对应的 LIO、RTK 位姿及扫描到的点云。这些数据都会被存储在 data/ch9/目录下，供后续的算法模块使用。

请编译并运行前端的测试程序：

终端输入：

```
bin/run_frontend --config_yaml ./config/mapping.yaml
```

该程序从 yaml 配置文件中读取数据目录等基本信息，然后运行整个前端。这个过程会需要一些计算时间。在计算完成后，读者应该能在./data/ch9/目录中看到一系列.pcd 文件和一个 keyframes.txt 关键帧位姿数据文件，内容大致如下：

keyframes.txt

```
0 1326652772.63223195 0 1 1 0.00323679756335721767 -0.0144500186628650669 0.00648581949310997503
    0.00102604343126653629 -0.0006107946948379971455 -0.0029297491644235183 0.999994995354752558 0 0
    0 0 0 1 0 0 0 0 0 1 0 0 0 0 0 1
1 1326652810.69380093 0 1 1 -0.00878834742957286877 0.00258137652733943018 -0.0370536530158143834
    0.00556325961406906912 -0.000227692342581170451 0.0937748334061895006 0.995577861806049347
    -0.0020728605856310420 0.00403151070086457675 0.00941915643412104611 0 0 0 1 0 0 0 0 0 1 0 0
    0 0 0 1
2 1326652811.20330048 0 1 1 0.00422691408508832616 -0.0517418751056824486 -0.0160935510000861509
    0.0231508342749745313 -0.00193957036575541104 0.191042271176856737 0.981306846792967979
    -0.00323174750160585156 0.0129979040447824497 0.0161721026594033174 0 0 0 1 0 0 0 0 0 1 0 0 0
    0 0 0 1
3 1326652813.51224709 0 1 1 0.401907347299137463 -0.959786854845477433 -0.0772027821235120038
    0.108749752190681712 0.0143241272304329356 0.187688702845765748 0.976084659034054059
```

```
-0.0201519057154655457 0.305439419113099575 0.0159999999999627107 0 0 0 1 0 0 0 0 0 0 1 0 0 0 0
0 0 1
4 1326652814.32679105 0 1 1 0.764588972100686437 -1.91970590325136792 -0.0977756250833726193
0.0454533237407165613 -0.0122335876446319734 0.187788495604154393 0.981080942436958869
-0.268586141930427402 0.693511614575982205 0.0269999999999868123 0 0 0 1 0 0 0 0 0 1 0 0 0 0 0
0 1
```

该文件记录了每个关键帧的 RTK、雷达里程计、后端优化的各种位姿。现在只运行了前端，所以只有 RTK 和雷达里程计的位姿是有效的，后面将用这些信息来做回环检测和位姿优化。现在，读者可以使用前端估算的位姿，将上述关键帧点云合并成一个完整的地图文件：

终端输入：

```
bin/dump_map --pose_source=lidar
```

读者可以查看 dump_map.cc 文件来观察地图合并是如何运行的。该命令会在./data/ch9/目录下生成一个 map.pcd 文件。读者可以用 pcl_viewer 工具打开它，如图 9-3 所示。可以看到，前端结构在局部是比较准确的，但不可避免地存在累积误差，在多次经过的地图区域会有明显的重影现象。读者也不必着急。在介绍了融合优化和回环检测之后，可以自然地消除这里的重影现象。

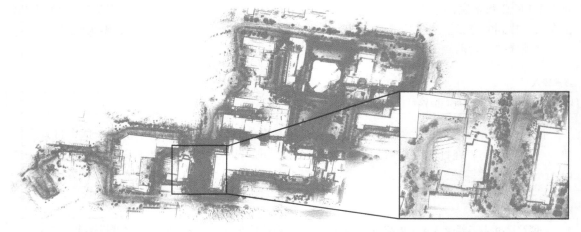

图 9-3　NCLT 数据在前端估计位姿下导出的结果，可以看到框内区域有明显重影

后续的建图流程可以从前端的结果出发，不必再次解析 ROS 数据包。相比原始数据，关键帧数据在距离和角度上进行了抽取，会显著小于原始数据的数据量（本例使用的 NCLT 是原始数据约 55GB 的数据量，关键帧数据只有 2GB）。下面先使用 RTK 位姿和 LIO 位姿进行联合优化，在此基础上进行回环检测，消除累积误差。

9.3　后端位姿图优化与异常值检验

首先，考察后端位姿图优化的算法。我们希望最终优化的轨迹能考虑到各种传感器的输入，因此后端图优化需要包含以下因子。

- RTK 因子。RTK 因子是一种绝对的位姿观测数据。如果数据集里的 RTK 含有姿态，那么把它的姿态也考虑进来。如果只含有平移，就只构建平移相关的约束。按照第 3 章中的讨论，当 RTK 存在外参时，它的平移观测需要经过转换才能正确作用于车体的位移。在代码实现中也会体现这一点。

- 雷达里程计信息。使用前面介绍的激光雷达里程计或 LIO 作为局部连续性约束。

- 回环因子。如果执行了回环检测，就加载回环检测的相关信息，把它们放入图优化中。

这三种因子构成了最基本的位姿图优化问题。在 g2o 框架下实现这些因子的具体定义：

src/common/g2o_types.h

```
/**
 * 三自由度的GNSS
 **/
class EdgeGNSSTransOnly : public g2o::BaseUnaryEdge<3, Vec3d, VertexPose> {
  public:
  EIGEN_MAKE_ALIGNED_OPERATOR_NEW;
  EdgeGNSSTransOnly() = default;
  EdgeGNSSTransOnly(VertexPose* v, const Vec3d& obs, const SE3& TBG = SE3()) {
    setVertex(0, v);
    setMeasurement(obs);
    TBG_ = TBG;
  }

  void computeError() override {
    VertexPose* v = (VertexPose*)_vertices[0];
    _error = (v->estimate() * TBG_).translation() - _measurement;
  };

  void linearizeOplus() override {
    // jacobian 3x6
    VertexPose* v = (VertexPose*)_vertices[0];
    SE3 TWB = v->estimate();
    _jacobianOplusXi.setZero();
    _jacobianOplusXi.block<3, 3>(0, 0) = -TWB.so3().matrix() * SO3::hat(TBG_.translation());
    _jacobianOplusXi.block<3, 3>(0, 3) = Mat3d::Identity();
  }

private:
  SE3 TBG_;
};

/**
 * 六自由度相对运动
```

```
 * 误差的平移在前，角度在后
 * 观测：T12
 */
class EdgeRelativeMotion : public g2o::BaseBinaryEdge<6, SE3, VertexPose, VertexPose> {
  public:
  EIGEN_MAKE_ALIGNED_OPERATOR_NEW;
  EdgeRelativeMotion() = default;
  EdgeRelativeMotion(VertexPose* v1, VertexPose* v2, const SE3& obs) {
    setVertex(0, v1);
    setVertex(1, v2);
    setMeasurement(obs);
  }

  void computeError() override {
    VertexPose* v1 = (VertexPose*)_vertices[0];
    VertexPose* v2 = (VertexPose*)_vertices[1];
    SE3 T12 = v1->estimate().inverse() * v2->estimate();
    _error = (_measurement.inverse() * v1->estimate().inverse() * v2->estimate()).log();
  };
};
```

其中，VertexPose 为表达位姿的顶点，EdgeGNSSTransOnly 为单天线的 GNSS 观测（还考虑了 GNSS 本身的外参）。而雷达和回环检测的观测则由相对运动约束 EdgeRelativeMotion 来描述。在优化之前构建这些顶点和边，为它们设置合适的权重和核函数，再将它们放入优化器中。

构建优化问题的相关代码如下：

src/ch9/optimization.cc

```
void Optimization::BuildProblem() {
  using BlockSolverType = g2o::BlockSolverX;
  using LinearSolverType = g2o::LinearSolverEigen<BlockSolverType::PoseMatrixType>;
  auto* solver = new g2o::OptimizationAlgorithmLevenberg(
  g2o::make_unique<BlockSolverType>(g2o::make_unique<LinearSolverType>()));

  optimizer_.setAlgorithm(solver);

  AddVertices();
  AddRTKEdges();
  AddLidarEdges();
  AddLoopEdges();
}
```

本章不再展开介绍如何为每个函数添加各种顶点和边，请读者查阅本书仓库中的对应代码。在建立整个问题后，会带着鲁棒核对其进行优化，再去除异常值中的鲁棒核，然后进行一次优化。这样可以排除异常值带来的影响。此外，如果 RTK 全程不含有姿态，那么雷达里程计的轨迹可能与 RTK 整条轨迹相差一个旋转，我们会调用一次轨迹的 ICP 来估计这个旋转。

读者可以调用本章的 run_optimization 程序来执行一轮优化：

终端输入：

```
bin/run_optimization --stage=1
```

优化的结果会被写入 keyframes.txt 中，可以使用 scripts/all_path.py 进行绘制，如图 9-4 所示。然后查看：

终端输入：

```
python3 scripts/all_path.py ./data/ch9/keyframes.txt
```

可以看到，第一轮优化后，RTK 的轨迹基本与优化轨迹重合，部分失效区域也被很好地识别出来。但此时点云仍然会存在重影，因为还没有进行回环检测。

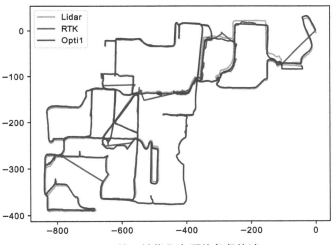

图 9-4　第一轮优化之后的各条轨迹

9.4　回环检测

点云地图的质量很大程度上取决于回环检测是否充分。如果没有回环检测，那么点云的形状就主要取决于雷达里程计的状态。然而，雷达里程计算法只处理连续时刻的点云，这就导致我们的地图点云在连续运动下虽然是正确的，但不同时刻、不同位置下的观测并没有得到很好的配准。在回环检测这一步，我们希望设计一个算法流程，让程序能够充分地对未配准的区域进行配准。当然，回环检测的具体实现方式是灵活的，书里介绍的是偏向简单直接、易于教学的方式。而且，由于系统是离线运行的，可以一次性地把所有该检查的区域检查完，不必像实时运行那样等待前端的构建结果。在执行匹配时，也可以充分利用并行机制，加速回环检测的过程。

设计回环检测的步骤如下。

1. 遍历第一轮优化轨迹中的关键帧。对每两个在空间上相隔较近，但在时间上存在一定距离的关键帧进行一次回环检测。我们称这样一对关键帧为**检查点**。为了防止检查点数量太大，我们设置一个 ID 间隔，即每隔多少个关键帧检查一次。实验中，这个间隔取 5。

2. 对于每个关键帧对，使用 **Scan to Map** 的配准方式，在关键帧附近抽取一定数量的点云作为子地图，然后对扫描和子地图进行配准。这种方式可以避免单个扫描数据量太少，点云纹理结构不充分的问题，缺点是计算量较大。

3. 由于每个检查点的计算都是独立的，使用并发编程让第 2 步能够在机器上并发执行，以加快速度。

4. 配准的实际执行由 NDT 完成，使用 NDT 的分值作为回环有效性的判定依据。与里程计方法不同，在回环检测配准的过程中，经常要面对初值位姿估计很差的情况，希望算法不太依赖于给定的位姿初值。因此，给 NDT 方法增加一个由粗至精的配准过程，这和第 6 章介绍的多分辨率二维配准非常相似。

5. 记录所有成功的回环，并在下次调用优化算法时读取回环检测的结果。

回环检测结果由一个回环候选对来描述：

src/ch9/loopclosure.h

```
/**
 * 回环检测候选帧
 */
struct LoopCandidate {
  LoopCandidate() {}
  LoopCandidate(IdType id1, IdType id2, SE3 Tij) : idx1_(id1), idx2_(id2), Tij_(Tij) {}

  IdType idx1_ = 0;
  IdType idx2_ = 0;
  SE3 Tij_;
  double ndt_score_ = 0.0;
};
```

检测算法则是简单的"先检测、再计算"的方式：

src/ch9/loopclosure.cc

```
void LoopClosure::Run() {
  DetectLoopCandidates();
  ComputeLoopCandidates();

  SaveResults();
}

void LoopClosure::DetectLoopCandidates() {
  KFPtr check_first = nullptr;
  KFPtr check_second = nullptr;

  LOG(INFO) << "detecting loop candidates from pose in stage 1";
```

```
// 本质上是两重循环
for (auto iter_first = keyframes_.begin(); iter_first != keyframes_.end(); ++iter_first) {
  auto kf_first = iter_first->second;

  if (check_first != nullptr && abs(int(kf_first->id_) - int(check_first->id_)) <= skip_id_) {
    // 两个关键帧之间的ID距离太近
    continue;
  }

  for (auto iter_second = iter_first; iter_second != keyframes_.end(); ++iter_second) {
    auto kf_second = iter_second->second;

    if (check_second != nullptr && abs(int(kf_second->id_) - int(check_second->id_)) <= skip_id_)
        {
      // 两个关键帧之间的ID距离太近
      continue;
    }

    if (abs(int(kf_first->id_) - int(kf_second->id_)) < min_id_interval_) {
      /// 在同一条轨迹中，如果间隔太近，就不考虑回环
      continue;
    }

    Vec3d dt = kf_first->opti_pose_1_.translation() - kf_second->opti_pose_1_.translation();
    double t2d = dt.head<2>().norm();  // x-y distance
    double range_th = min_distance_;

    if (t2d < range_th) {
      LoopCandidate c(kf_first->id_, kf_second->id_,
      kf_first->opti_pose_1_.inverse() * kf_second->opti_pose_1_);
      loop_candiates_.emplace_back(c);
      check_first = kf_first;
      check_second = kf_second;
    }
  }
}
LOG(INFO) << "detected candidates: " << loop_candiates_.size();
}

void LoopClosure::ComputeLoopCandidates() {
  // 执行计算
  std::for_each(std::execution::par_unseq, loop_candiates_.begin(), loop_candiates_.end(),
  [this](LoopCandidate& c) { ComputeForCandidate(c); });
  // 保存成功的候选
  std::vector<LoopCandidate> succ_candidates;
  for (const auto& lc : loop_candiates_) {
    if (lc.ndt_score_ > ndt_score_th_) {
      succ_candidates.emplace_back(lc);
    }
  }
  LOG(INFO) << "success: " << succ_candidates.size() << "/" << loop_candiates_.size();
```

```
  loop_candiates_.swap(succ_candidates);
}
```

实际对回环的计算位于 ComputeForCandidate 中：

src/ch9/loopclosure.cc

```
void LoopClosure::ComputeForCandidate(sad::LoopCandidate& c) {
  LOG(INFO) << "aligning " << c.idx1_ << " with " << c.idx2_;
  const int submap_idx_range = 40;
  KFPtr kf1 = keyframes_.at(c.idx1_), kf2 = keyframes_.at(c.idx2_);

  auto build_submap = [this](int given_id, bool build_in_world) -> CloudPtr {
    CloudPtr submap(new PointCloudType);
    for (int idx = -submap_idx_range; idx < submap_idx_range; idx += 4) {
      int id = idx + given_id;
      if (id < 0) {
        continue;
      }
      auto iter = keyframes_.find(id);
      if (iter == keyframes_.end()) {
        continue;
      }

      auto kf = iter->second;
      CloudPtr cloud(new PointCloudType);
      pcl::io::loadPCDFile("./data/ch9/" + std::to_string(id) + ".pcd", *cloud);
      RemoveGround(cloud, 0.1);

      if (cloud->empty()) {
        continue;
      }

      // 转到世界坐标系下
      SE3 Twb = kf->opti_pose_1_;

      if (!build_in_world) {
        Twb = keyframes_.at(given_id)->opti_pose_1_.inverse() * Twb;
      }

      CloudPtr cloud_trans(new PointCloudType);
      pcl::transformPointCloud(*cloud, *cloud_trans, Twb.matrix());

      *submap += *cloud_trans;
    }
    return submap;
  };

  auto submap_kf1 = build_submap(kf1->id_, true);

  kf2->cloud_.reset(new PointCloudType);
```

```
     pcl::io::loadPCDFile("./data/ch9/" + std::to_string(kf2->id_) + ".pcd", *kf2->cloud_);
     auto submap_kf2 = kf2->cloud_;

     if (submap_kf1->empty() || submap_kf2->empty()) {
49     c.ndt_score_ = 0;
       return;
     }

     pcl::NormalDistributionsTransform<PointType, PointType> ndt;
54
     ndt.setResolution(10.0);
     ndt.setTransformationEpsilon(0.05);
     ndt.setStepSize(0.7);
     ndt.setMaximumIterations(40);
59
     Mat4f Tw2 = kf2->opti_pose_1_.matrix().cast<float>();

     /// 不同分辨率下的匹配
     CloudPtr output(new PointCloudType);
64   std::vector<double> res{10.0, 5.0, 4.0, 3.0};
     for (auto& r : res) {
       ndt.setResolution(r);
       auto rough_map1 = VoxelCloud(submap_kf1, r * 0.1);
       auto rough_map2 = VoxelCloud(submap_kf2, r * 0.1);
69     ndt.setInputTarget(rough_map1);
       ndt.setInputSource(rough_map2);

       ndt.align(*output, Tw2);
       Tw2 = ndt.getFinalTransformation();
74   }

     Mat4d T = Tw2.cast<double>();
     Quatd q(T.block<3, 3>(0, 0));
     q.normalize();
79   Vec3d t = T.block<3, 1>(0, 3);
     c.Tij_ = kf1->opti_pose_1_.inverse() * SE3(q, t);
     c.ndt_score_ = ndt.getTransformationProbability();
   }
```

可以看到，分别在 10 米、5 米、4 米、3 米栅格分辨率下进行了配准，并把上一个配准结果代入下一次配准中。最后，使用 3 米栅格分辨率下的结果作为分值判定依据。

请编译运行回环检测的执行程序：

终端输入：

```
bin/run_loopclosure
```

回环检测会运行一段时间，运行时长由匹配数量决定。请耐心等待。在运行完成以后，再执行第二轮位姿优化，此时该优化程序会考虑回环检测的结果：

终端输入：

```
bin/run_optimization --stage=2
```

位姿优化结果会存储到./data/ch9/after.g2o 中。可以利用 g2o_viewer 查看带有回环检测结果的位姿图，如图 9-5 所示。可以看到，在绝大部分重复经过的区域都检测出了正确的回环。

图 9-5 　带有回环检测结果的位姿图

导出第二轮优化之后的点云地图（如图 9-6 所示），这个点云应该没有明显重影了。

终端输入：

```
/bin/dump_map --pose_source opti2
```

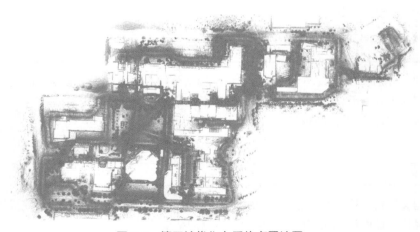

图 9-6 　第二轮优化之后的点云地图

优化前后的点云地图对比效果如图 9-7 所示。该图的局部细节明显得到了改善，说明回环检测和位姿优化是整个流程中非常有效的部分。实际中的回环检测范围和配准参数需要根据具体的传感器精度来调整，不过对于该数据集，这个点云地图已经足够我们使用了。

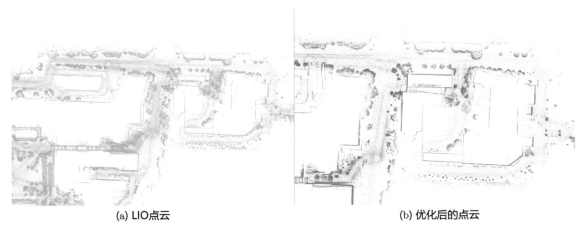

(a) LIO点云　　　　　　　　　　　　　(b) 优化后的点云

图 9-7　LIO 点云和优化后的点云的局部效果对比

9.5　地图的导出

最后，应该对整个点云地图进行导出。把所有点云放入一个地图固然方便查看，但在实时定位系统里这样做可不是一个好主意。在多数应用中，我们希望控制实时点云的载入规模，例如，只加载自身周围 200 米范围内的点云，其他范围的点云则视情况卸载，这样可以控制实时系统的计算量。下面重新组织本章建立的点云，按 100 米的边长进行分块，并设计分块加载和卸载的接口。

点云的切分实际上是根据每个点的坐标计算其所在的网格，然后把它投到对应的网格中。如果考虑得更周密，也可以把并行化、点云分批读写等行为考虑进来。不过，本章用到的数据规模相对较小，考虑并发处理的收益并不大，所以这里演示了单线程的版本。

src/ch9/split_map.cc

```cpp
int main(int argc, char** argv) {
  std::map<IdType, KFPtr> keyframes;
  if (!LoadKeyFrames("./data/ch9/keyframes.txt", keyframes)) {
    LOG(ERROR) << "failed to load keyframes";
    return 0;
  }

  std::map<Vec2i, CloudPtr, less_vec<2>> map_data;  // 以网格ID为索引的地图数据
  pcl::VoxelGrid<PointType> voxel_grid_filter;
  float resolution = FLAGS_voxel_size;
```

```
     voxel_grid_filter.setLeafSize(resolution, resolution, resolution);

     // 逻辑和dump map差不多，为每个点查找它的网格ID，没有的话会创建
14   for (auto& kfp : keyframes) {
       auto kf = kfp.second;
       kf->LoadScan("./data/ch9/");

       CloudPtr cloud_trans(new PointCloudType);
19     pcl::transformPointCloud(*kf->cloud_, *cloud_trans, kf->opti_pose_2_.matrix());

       // 体素尺寸
       CloudPtr kf_cloud_voxeled(new PointCloudType);
       voxel_grid_filter.setInputCloud(cloud_trans);
24     voxel_grid_filter.filter(*kf_cloud_voxeled);

       LOG(INFO) << "building kf " << kf->id_ << " in " << keyframes.size();

       // 添加到grid
29     for (const auto& pt : kf_cloud_voxeled->points) {
         int gx = int((pt.x - 50.0) / 100);
         int gy = int((pt.y - 50.0) / 100);
         Vec2i key(gx, gy);
         auto iter = map_data.find(key);
34       if (iter == map_data.end()) {
           // create point cloud
           CloudPtr cloud(new PointCloudType);
           cloud->points.emplace_back(pt);
           cloud->is_dense = false;
39         cloud->height = 1;
           map_data.emplace(key, cloud);
         } else {
           iter->second->points.emplace_back(pt);
         }
44     }
     }

     // 存储点云和索引文件
     LOG(INFO) << "saving maps, grids: " << map_data.size();
49   std::system("mkdir -p ./data/ch9/map_data/");
     std::system("rm -rf ./data/ch9/map_data/*");   // 清理文件夹
     std::ofstream fout("./data/ch9/map_data/map_index.txt");
     for (auto& dp : map_data) {
       fout << dp.first[0] << " " << dp.first[1] << std::endl;
54     dp.second->width = dp.second->size();
       VoxelGrid(dp.second, 0.1);

       pcl::io::savePCDFileBinaryCompressed(
       "./data/ch9/map_data/" + std::to_string(dp.first[0]) + "_" + std::to_string(dp.first[1]) + ".pcd
           ",
59     *dp.second);
     }
     fout.close();
```

```
    LOG(INFO) << "done.";
64  return 0;
}
```

切分完地图之后，每块地图会单独导出一个 PCD 文件。此外，把索引文件以文本格式存储在 map_index.txt 文件中，程序可以快速读取到地图区块的位置。切分之后的点云仍然可以用 pcl_viewer 打开，还可以让每个点云显示为不同颜色，如图 9-8 所示。此处演示的是 100 米边长的点云地图切分方案，读者也可以将它修改成更大或者更小的边长。

图 9-8　切分之后的点云地图

9.6　本章小结

本章主要向读者演示了一个完整的点云地图构建、优化、切分、导出的程序，可以看到，整个建图过程是比较流程化、自动化的。如果把本章的各步骤程序按固定顺序调用，就可以完成一个完整的建图程序。

src/ch9/run_mapping.cc

```
int main(int argc, char** argv) {
  google::InitGoogleLogging(argv[0]);
  FLAGS_stderrthreshold = google::INFO;
  FLAGS_colorlogtostderr = true;
  google::ParseCommandLineFlags(&argc, &argv, true);

  LOG(INFO) << "testing frontend";
  sad::Frontend frontend(FLAGS_config_yaml);
```

```
     if (!frontend.Init()) {
10     LOG(ERROR) << "failed to init frontend.";
       return -1;
     }

     frontend.Run();
15
     sad::Optimization opti(FLAGS_config_yaml);
     if (!opti.Init(1)) {
       LOG(ERROR) << "failed to init opti1.";
       return -1;
20   }
     opti.Run();

     sad::LoopClosure lc(FLAGS_config_yaml);
     if (lc.Init() == false) {
25     LOG(ERROR) << "failed to init loop closure.";
       return -1;
     }
     lc.Run();

30   sad::Optimization opti2(FLAGS_config_yaml);
     if (!opti2.Init(2)) {
       LOG(ERROR) << "failed to init opti1.";
       return -1;
     }
35   opti2.Run();

     LOG(INFO) << "done.";
     return 0;
   }
```

　　只需在配置文件中指定一个 NCLT 数据包，就可以自动建立一个完整的、带有回环修正的点云地图。读者可以尝试用该程序对其他几个 NCLT 数据包进行建图，对比它们的运行效果。这些地图可以帮助我们进行**激光高精定位**，让车辆和机器人在没有 RTK 的环境下获取高精度位姿。第 10 章将使用本章构建的点云地图，进行实时的高精定位。

习题

1. 将本章建图程序的前端修改成 LOAM 或其变种版本，比较它们与本书使用的 LIO 前端的性能差异。
2. 将本章后端的回环检测修改成 Scan Context 或其他配准方法，让后端运行起来更稳定。
3. 将回环检测使用的 NDT 配准改为第 7 章使用的 NDT。读者需要自己设计匹配分值的计算方法。

第 10 章　自动驾驶车辆的实时定位系统

　　本章关注实时的激光雷达定位系统。在点云地图的基础上，可以将当前的激光雷达扫描数据与地图进行匹配，获得车辆自身的位置，再与 IMU 等传感器进行滤波器融合[22]。然而，点云定位并不像 RTK 那样可以直接给出物理世界的坐标，而必须先给出一个大致的位置点，再引导点云配准算法收敛。因此，点云定位在实际使用时会遇到一些特有的逻辑问题。本章将使用第 9 章构建的点云地图，展示点云定位的使用方法，并演示一个基于卡尔曼滤波器的实时定位方案。

将制作的地图切片，
再用于重新定位。

10.1　点云融合定位的设计方案

在设计整个算法的流程之前，先来考察各种传感器输入信息的性质。

一方面，相比于传统组合导航，自动驾驶车辆的高精定位主要多了激光雷达定位这个输入来源。传统 RTK 与 IMU 的组合导航，受 RTK 本身信号质量的影响，并不十分适用于园区等场景。读者也可以通过 NCLT 数据集看出 RTK 在许多区域都存在抖动、消失等不稳定情况。另一方面，第 9 章建立的点云地图，是对静态场景三维结构的一个很好的描述。大部分场景在建筑物尺度上并不会频繁地发生变化，这就使点云定位成为一个可靠的定位来源。前文已经花了很大篇幅介绍将扫描点云与地图点云进行配准的方法，本章将使用 NDT 方法与地图进行配准，最后合入 ESKF 中。

从融合手段上看，点云融合定位可以与传统的组合导航一样，使用 ESKF 进行融合；也可以像现有的 SLAM 系统一样，使用位姿图优化进行融合。大体来说，卡尔曼方案从设计到实现都比较简单，其结果往往比较光滑，但可能收敛到错误的解，导致定位跑偏，而且不容易被修正。相对地，图优化方法更适用于检查各种因子与定位状态的偏差，从而在逻辑层面处理各种异常情况，但保障其定位平滑性是困难的（除非像第 8 章介绍的那样进行手动的边缘化处理，或者使用 GTSAM 这种自带边缘化的优化库）。

先来看整个点云融合定位的算法框图（如图 10-1 所示）。本章将演示基于卡尔曼滤波器的定位方案。由于卡尔曼滤波器的原理已经在第 3 章展开介绍过，本章重点关注点云定位与卡尔曼滤波器的融合部分。点云定位需要一个预测的车辆位置作为搜索的起点，因此笔者设计了一个初始化流程。当滤波器尚未计算出自身位置时，利用第一个有效 RTK 信号来控制点云定位的搜索范围。因为 NCLT 数据集中的 RTK 并不含有姿态信息，所以需要通过网格搜索来确定车辆的朝向。卡尔曼滤波器收敛后，再将滤波器的预测值作为点云定位的初值进行配准[①]。

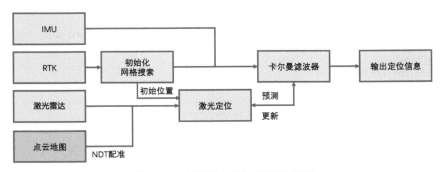

图 10-1　点云融合定位的算法框图

在点云定位层面，使用第 9 章切分好的点云进行定位。第 9 章介绍过将点云按边长 100 米的

[①] 也可以让点云定位根据历史位姿来预测下一时刻的激光位置，这样会让系统更加解耦，容易调试。

范围进行网格划分，所以本章控制点云地图的载入范围为车辆周边九格。同时，为了防止车辆在某个区块边缘处运动导致频繁加载与卸载，笔者也设定了一个卸载范围。当某个网格离车距离超过卸载范围，就将它卸载。卸载范围稍大于加载范围（实现中取 3 格），超出该范围的点云才会被卸载。

10.2　算法实现

下面来实现前文提到的算法。本章代码实现沿用第 3 章中的滤波器与第 8 章中的 IMU 处理代码。

10.2.1　RTK 初始搜索

按照前文所述的算法流程，当系统未收到第一个有效的 RTK 信号时，无法知道自车在地图中的位置，也就无法进行点云定位。如果某个时刻收到了首个有效的 RTK 信号，就在它周边进行**网格搜索**。笔者设计的搜索流程主要用于搜索车辆的初始航向角，该算法内部调用类似第 9 章回环检测使用的多分辨率匹配方法。

/ch10/fusion.cc

```
bool Fusion::SearchRTK() {
  // 由于RTK不带姿态，所以必须先搜索一定的角度范围
  std::vector<GridSearchResult> search_poses;
  LoadMap(last_gnss_->utm_pose_);

  /// 由于RTK不带角度，所以这里按固定步长扫描RTK角度
  double grid_ang_range = 360.0, grid_ang_step = 10;  // 角度搜索范围与步长
  for (double ang = 0; ang < grid_ang_range; ang += grid_ang_step) {
    SE3 pose(SO3::rotZ(ang * math::kDEG2RAD), Vec3d(0, 0, 0) + last_gnss_->utm_pose_.translation());
    GridSearchResult gr;
    gr.pose_ = pose;
    search_poses.emplace_back(gr);
  }

  LOG(INFO) << "grid search poses: " << search_poses.size();
  std::for_each(std::execution::par_unseq, search_poses.begin(), search_poses.end(),
    [this](GridSearchResult& gr) { AlignForGrid(gr); });

  // 选择最优的匹配结果
  auto max_ele = std::max_element(search_poses.begin(), search_poses.end(),
    [](const auto& g1, const auto& g2) { return g1.score_ < g2.score_; });
  LOG(INFO) << "max score: " << max_ele->score_ << ", pose: \n" << max_ele->result_pose_.matrix();
  if (max_ele->score_ > rtk_search_min_score_) {
    LOG(INFO) << "初始化成功, score: " << max_ele->score_ << ">" << rtk_search_min_score_;
    status_ = Status::WORKING;
```

```
26        /// 重置滤波器状态
          auto state = eskf_.GetNominalState();
          state.R_ = max_ele->result_pose_.so3();
          state.p_ = max_ele->result_pose_.translation();
31        state.v_.setZero();
          eskf_.SetX(state, eskf_.GetGravity());

          ESKFD::Mat18T cov;
          cov = ESKFD::Mat18T::Identity() * 1e-4;
36        cov.block<12, 12>(6, 6) = Eigen::Matrix<double, 12, 12>::Identity() * 1e-6;
          eskf_.SetCov(cov);

          return true;
        }
41
        init_has_failed_ = true;
        last_searched_pos_ = last_gnss_->utm_pose_;
        return false;
    }
46
    void Fusion::AlignForGrid(sad::Fusion::GridSearchResult& gr) {
        /// 多分辨率
        pcl::NormalDistributionsTransform<PointType, PointType> ndt;
        ndt.setTransformationEpsilon(0.05);
51      ndt.setStepSize(0.7);
        ndt.setMaximumIterations(40);

        ndt.setInputSource(current_scan_);
        auto map = ref_cloud_;
56
        CloudPtr output(new PointCloudType);
        std::vector<double> res{10.0, 5.0, 4.0, 3.0};
        Mat4f T = gr.pose_.matrix().cast<float>();
        for (auto& r : res) {
61        auto rough_map = VoxelCloud(map, r * 0.1);
          ndt.setInputTarget(rough_map);
          ndt.setResolution(r);
          ndt.align(*output, T);
          T = ndt.getFinalTransformation();
66      }

        gr.score_ = ndt.getTransformationProbability();
        gr.result_pose_ = Mat4ToSE3(ndt.getFinalTransformation());
    }
```

并发地调用多分辨率 NDT 搜索来确定车辆的初始角度。如果这些配准结果中的最大匹配分值大于预设值，就认为初始化成功。如果 RTK 初始化成功，融合系统就进入正常工作的模式。这里的代码框架与前文的 LIO 系统类似。笔者保留了点云去畸变、IMU 激光消息同步部分的代码，同时把原先的 LIO 配准改为地图配准：

/ch10/fusion.cc

```
void Fusion::ProcessMeasurements(const MeasureGroup& meas) {
  measures_ = meas;

  if (imu_need_init_) {
    TryInitIMU();
    return;
  }

  /// 以下三步与LIO一致，只是由Align函数完成地图匹配工作
  if (status_ == Status::WORKING) {
    Predict();
    Undistort();
  } else {
    scan_undistort_ = measures_.lidar_;
  }

  Align();
}

void Fusion::Align() {
  FullCloudPtr scan_undistort_trans(new FullPointCloudType);
  pcl::transformPointCloud(*scan_undistort_, *scan_undistort_trans, TIL_.matrix());
  scan_undistort_ = scan_undistort_trans;
  current_scan_ = ConvertToCloud<FullPointType>(scan_undistort_);
  current_scan_ = VoxelCloud(current_scan_, 0.5);

  if (status_ == Status::WAITING_FOR_RTK) {
    // 若存在最近的RTK信号，则尝试初始化
    if (last_gnss_ != nullptr) {
      if (SearchRTK()) {
        status_ == Status::WORKING;
        ui_->UpdateScan(current_scan_, eskf_.GetNominalSE3());
        ui_->UpdateNavState(eskf_.GetNominalState());
      }
    }
  } else {
    LidarLocalization();
    ui_->UpdateScan(current_scan_, eskf_.GetNominalSE3());
    ui_->UpdateNavState(eskf_.GetNominalState());
  }
}
```

在激光配准层面，加载预测位姿附近的点云，然后调用 NDT 进行配准：

/ch10/fusion.cc

```
bool Fusion::LidarLocalization() {
  SE3 pred = eskf_.GetNominalSE3();
  LoadMap(pred);

  ndt_.setInputCloud(current_scan_);
```

```
     CloudPtr output(new PointCloudType);
     ndt_.align(*output, pred.matrix().cast<float>());

9    SE3 pose = Mat4ToSE3(ndt_.getFinalTransformation());
     eskf_.ObserveSE3(pose, 1e-1, 1e-2);

     LOG(INFO) << "lidar loc score: " << ndt_.getTransformationProbability();

14   return true;
   }
```

LoadMap 函数会根据给出的位姿，加载、卸载必要的地图区块，代码如下：

/ch10/fusion.cc

```
void Fusion::LoadMap(const SE3& pose) {
  int gx = int((pose.translation().x() - 50.0) / 100);
  int gy = int((pose.translation().y() - 50.0) / 100);
  Vec2i key(gx, gy);

5 // 一个区域的周边地图，载入9个区块
  std::set<Vec2i, less_vec<2>> surrounding_index{
    key + Vec2i(0, 0), key + Vec2i(-1, 0), key + Vec2i(-1, -1), key + Vec2i(-1, 1), key + Vec2i(0,
        -1),
    key + Vec2i(0, 1), key + Vec2i(1, 0),  key + Vec2i(1, -1),  key + Vec2i(1, 1),
10 };

  // 加载必要区域
  bool map_data_changed = false;
  int cnt_new_loaded = 0, cnt_unload = 0;
15 for (auto& k : surrounding_index) {
    if (map_data_index_.find(k) == map_data_index_.end()) {
      // 该地图数据不存在
      continue;
    }
20
    if (map_data_.find(k) == map_data_.end()) {
      // 加载这个区块
      CloudPtr cloud(new PointCloudType);
      pcl::io::loadPCDFile(data_path_ + std::to_string(k[0]) + "_" + std::to_string(k[1]) + ".pcd",
          *cloud);
25    map_data_.emplace(k, cloud);
      map_data_changed = true;
      cnt_new_loaded++;
    }
  }
30
  // 卸载不需要的区域，这个距离稍微大于加载区域，不需要频繁卸载
  for (auto iter = map_data_.begin(); iter != map_data_.end();) {
    if ((iter->first - key).norm() > 3.0) {
      // 卸载本区块
35    iter = map_data_.erase(iter);
```

```
          cnt_unload++;
          map_data_changed = true;
        } else {
          iter++;
        }
40    }

      LOG(INFO) << "new loaded: " << cnt_new_loaded << ", unload: " << cnt_unload;
      if (map_data_changed) {
45      // 重建 ndt target map
        ref_cloud_.reset(new PointCloudType);
        for (auto& mp : map_data_) {
          *ref_cloud_ += *mp.second;
        }

50
        LOG(INFO) << "rebuild global cloud, grids: " << map_data_.size();
        ndt_.setResolution(1.0);
        ndt_.setInputTarget(ref_cloud_);
      }

55
      ui_->UpdatePointCloudGlobal(map_data_);
    }
```

地图区块的计算方式与第 9 章保持一致。如果地图区块发生改变，那么 PCL 版本的 NDT 内部的 K-d 树也需要重新构建。注意，这步可能会比较费时间，会导致系统在切换地图时出现一定的卡顿。在实际的系统中，可以单独增加一个加载线程来处理这件事情。

10.2.2 外围测试代码

最后，把 ROS 数据解包之后的消息发送给融合定位算法。测试代码如下：

src/ch10/run_fusion_offline.cc

```
int main(int argc, char** argv) {
  sad::Fusion fusion(FLAGS_config_yaml);
3   if (!fusion.Init()) {
    return -1;
  }

  auto yaml = YAML::LoadFile(FLAGS_config_yaml);
8   auto bag_path = yaml["bag_path"].as<std::string>();
  sad::RosbagIO rosbag_io(bag_path, sad::DatasetType::NCLT);

  /// 把各种消息交给fusion
  rosbag_io
13  .AddAutoRTKHandle([&fusion](GNSSPtr gnss) {
    fusion.ProcessRTK(gnss);
    return true;
  })
  .AddAutoPointCloudHandle([&](sensor_msgs::PointCloud2::Ptr cloud) -> bool {
```

```
18    fusion.ProcessPointCloud(cloud);
      return true;
    })
    .AddImuHandle([&](IMUPtr imu) {
      fusion.ProcessIMU(imu);
23    return true;
    })
    .Go();

    LOG(INFO) << "done.";
28  }
```

　　如果需要测试本节代码，那么应该先在配置文件中的 bag_path 字段填入要测试的数据集。公平起见，建议读者使用和建图数据不同的数据集。NCLT 数据集是在不同月份分别采集的。例如，读者可以使用 4 月的数据进行建图，然后用 5 月和 6 月的数据测试定位，这样可以包含一部分动态物体的情况。

　　执行 run_fusion_offline 命令之后，读者应该能够看到融合定位时的运行界面，如图 10-2 所示。图中灰色点云显示的是地图点云，彩色点云是当前扫描到的点云（会保留一段时间的累积效果），白色坐标系显示当前车辆的定位结果。读者应该可以观察到车辆在大部分时间段的定位都是有效的，如图 10-3 所示。

图 10-2　融合定位的测试结果

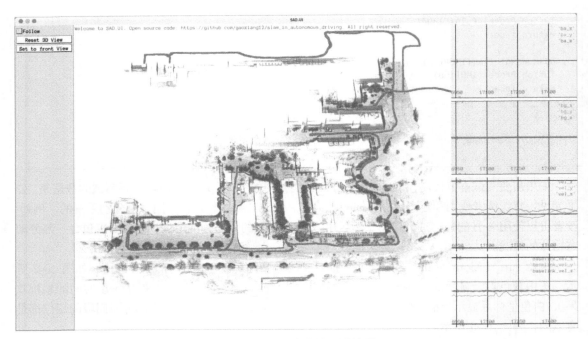

图 10-3　融合定位的全局结果

　　本节向读者演示了点云融合定位的效果。可以看到，点云定位通常比 RTK 定位具有更好的鲁棒性。只要点云地图本身构建得足够准确，在大部分地图区域内它都可以正常工作，定位系统不必依赖室外 RTK 信号的好坏。

10.3　本章小结

　　本章以第 9 章的点云建图结果为基础，演示了在已有激光点云地图的基础上，进行融合定位的案例。点云定位的几个优势和劣势可以概括如下。

1. 点云定位结果与场景结构相关，而与天气、遮挡无关，通常比 RTK 具有更好的环境适应性。点云定位既可以用于室外，也可以用于室内，没有太多限制因素。
2. 点云定位的结果可以和 RTK 一样，融入 ESKF 滤波器中，也可以像第 4 章那样组成一个图优化系统。
3. 如果在较大的场景中使用，应该先对地图点云切分，每次加载周围一小块区域用于定位。
4. 与 RTK 不同的是，点云定位需要事先指定一个大致的位置，而不是像 RTK 那样直接给出定位结果。如果初始位置精度不够，则需要对附近的位置和角度进行网格搜索，才能确定自身位置。

5. 点云定位对动态场景有一定的适应性。只要主体结构（通常是建筑物）变化不大，一些小型的动态物体（人群、车辆等）通常不会对点云定位产生很大的干扰。

6. 如果定位场景属于开阔场地，还可以对点云地图进行压缩，形成 2.5D 地图[189-191]。这种压缩之后的地图可以大幅减少所需的存储空间，对自动驾驶应用更加友好。限于篇幅，本书没有详细展开这些压缩算法和定位算法的原理。读者可以通过参考文献了解这些算法的工作方式。

习题

1. 尝试对本书提供的其他几个数据集进行建图、定位的工作。
2. 尝试使用自己书写的 NDT，代替 PCL 的 NDT，并解决地图切换时的卡顿问题。
3. 使用 NDT 分值判定当前激光雷达定位的匹配度。如果匹配度过低，则对系统进行重新初始化。
4. 将本程序改写为 ROS 节点，通过订阅回调的方式运行激光定位系统。为此，读者可能需要了解一些 ROS 的基本工作原理。
5. 尝试对点云地图进行压缩处理，使用 2D 或 2.5D 地图匹配定位[189]。

参 考 文 献

[1] 高翔, 张涛, 等. 视觉 SLAM 十四讲: 从理论到实践 [M]. 北京: 电子工业出版社, 2017.

[2] 刘少山, 唐洁, 吴双, 等. 第一本无人驾驶技术书（第 2 版）[M]. 北京: 电子工业出版社, 2019.

[3] 申泽邦, 雍宾宾, 周庆国, 等. 无人驾驶原理与实践 [M]. 北京: 机械工业出版社, 2020.

[4] 余贵珍, 周彬, 王阳, 等. 自动驾驶系统设计与应用 [M]. 北京: 清华大学出版社, 2020.

[5] 杨世春, 曹耀光, 陶吉, 等. 自动驾驶汽车决策与控制 [M]. 北京: 清华大学出版社, 2020.

[6] 李晓欢, 杨晴虹, 宋适宇, 等. 自动驾驶汽车定位技术 [M]. 北京: 清华大学出版社, 2020.

[7] 王建, 徐国艳, 陈竞凯, 等. 自动驾驶技术概论 [M]. 北京: 清华大学出版社, 2020.

[8] BARFOOT T D. State estimation for robotics[M]. [S.l.]: Cambridge University Press, 2017.

[9] MA Y, SOATTO S, KOSECKA J, et al. An invitation to 3-d vision: from images to geometric models: volume 26[M]. [S.l.]: Springer Science & Business Media, 2012.

[10] SOLÀ J. Quaternion kinematics for the error-state kalman filter[J/OL]. CoRR, 2017, abs/1711.02508. http://arxiv.org/abs/1711.02508.

[11] THRUN S, BURGARD W, FOX D. Probabilistic robotics[M]. [S.l.]: MIT Press, 2005.

[12] 秦永元. 惯性导航 [M]. 北京: 科学出版社, 2014.

[13] 严恭敏, 翁浚. 捷联惯导算法与组合导航原理 [M]. 西安: 西北工业大学出版社, 2019.

[14] 严恭敏, 李四海, 秦永元. 惯性仪器测试与数据分析 [M]. 北京: 国防工业出版社, 2012.

[15] CARLEVARIS-BIANCO N, USHANI A K, EUSTICE R M. University of Michigan North Campus long-term vision and lidar dataset[J]. International Journal of Robotics Research, 2015, 35(9): 1023-1035.

[16] YAN Z, SUN L, KRAJNIK T, et al. EU long-term dataset with multiple sensors for autonomous driving[C]//Proceedings of the 2020 IEEE/RSJ International Conference on Intelligent Robots and Systems (IROS). [S.l.: s.n.], 2020.

[17] WEN W, ZHOU Y, ZHANG G, et al. Urbanloco: A full sensor suite dataset for mapping and localization in urban scenes[C]//2020 IEEE International Conference on Robotics and Automation (ICRA). [S.l.]: IEEE, 2020: 2310-2316.

[18] QIAN R, GARG D, WANG Y, et al. End-to-end pseudo-lidar for image-based 3d object detection[Z]. [S.l.: s.n.], 2020.

[19] ZHANG Y, WANG J, WANG X, et al. Road-segmentation-based curb detection method for self-driving via a 3d-lidar sensor[J/OL]. IEEE Transactions on Intelligent Transportation Systems, 2018, 19(12): 3981-3991. DOI: 10.1109/TITS.2018.2789462.

[20] Wei P, Wang X, Guo Y. 3d-lidar feature based localization for autonomous vehicles[C/OL]//2020 IEEE 16th International Conference on Automation Science and Engineering (CASE). 2020: 288-293. DOI: 10.1109/CASE48305.2020.9216959.

[21] Hungar C, Jürgens S, Wilbers D, et al. Map-based localization with factor graphs for automated driving using non-semantic lidar features[C/OL]//2020 IEEE 23rd International Conference on Intelligent Transportation Systems (ITSC). 2020: 1-6. DOI: 10.1109/ITSC45102.2020.9294726.

[22] WANG L, ZHANG Y, WANG J. Map-based localization method for autonomous vehicles using 3d-lidar[J/OL]. IFAC-PapersOnLine, 2017, 50(1): 276-281. DOI: 10.1016/j.ifacol.2017.08.046.

[23] SUN L, PENG C, ZHAN W, et al. A fast integrated planning and control framework for autonomous driving via imitation learning[C]//Dynamic Systems and Control Conference: volume 51913. [S.l.]: American Society of Mechanical Engineers, 2018: V003T37A012.

[24] VIANA I B, KANCHWALA H, AHISKA K, et al. A comparison of trajectory planning and control frameworks for cooperative autonomous driving[J]. Journal of Dynamic Systems, Measurement, and Control, 2021, 143(7).

[25] REIHER L, LAMPE B, ECKSTEIN L. A sim2real deep learning approach for the transformation of images from multiple vehicle-mounted cameras to a semantically segmented image in bird's eye view[Z]. [S.l.: s.n.], 2020.

[26] ZHANG L, TAFAZZOLI F, KREHL G, et al. Hierarchical road topology learning for urban map-less driving[Z]. [S.l.: s.n.], 2021.

[27] Ort T, Murthy K, Banerjee R, et al. Maplite: Autonomous intersection navigation without a detailed prior map[J/OL]. IEEE Robotics and Automation Letters, 2020, 5(2): 556-563. DOI: 10.1109/LRA.2019.2961051.

[28] CAN Y B, LINIGER A, UNAL O, et al. Understanding bird's-eye view semantic hd-maps using an onboard monocular camera[Z]. [S.l.: s.n.], 2020.

[29] SUN A. A perception centered self-driving system without hd maps[J/OL]. International Journal of Advanced Computer Science and Applications, 2020, 11(10). DOI: 10.14569/ijacsa.2020.0111081.

[30] NG M H, RADIA K, CHEN J, et al. Bev-seg: Bird's eye view semantic segmentation using geometry and semantic point cloud[Z]. [S.l.: s.n.], 2020.

[31] HENDY N, SLOAN C, TIAN F, et al. Fishing net: Future inference of semantic heatmaps in grids[Z]. [S.l.: s.n.], 2020.

[32]   LEVINSON J, THRUN S.   Robust vehicle localization in urban environments using probabilistic maps[C]//2010 IEEE international conference on robotics and automation. [S.l.]: IEEE, 2010: 4372-4378.

[33]   WOLCOTT R W, EUSTICE R M.   Visual localization within lidar maps for automated urban driving[C]//2014 IEEE/RSJ International Conference on Intelligent Robots and Systems. [S.l.]: IEEE, 2014: 176-183.

[34]   MATTHAEI R, BAGSCHIK G, MAURER M.   Map-relative localization in lane-level maps for adas and autonomous driving[C]//2014 IEEE Intelligent Vehicles Symposium Proceedings. [S.l.]: IEEE, 2014: 49-55.

[35]   GHALLABI F, NASHASHIBI F, EL-HAJ-SHHADE G, et al.   Lidar-based lane marking detection for vehicle positioning in an hd map[C]//2018 21st International Conference on Intelligent Transportation Systems (ITSC). [S.l.]: IEEE, 2018: 2209-2214.

[36]   YANG B, LIANG M, URTASUN R.   Hdnet: Exploiting hd maps for 3d object detection[C]//Conference on Robot Learning. [S.l.]: PMLR, 2018: 146-155.

[37]   Spangenberg R, Goehring D, Rojas R.   Pole-based localization for autonomous vehicles in urban scenarios[C/OL]//2016 IEEE/RSJ International Conference on Intelligent Robots and Systems (IROS). 2016: 2161-2166.   DOI: 10.1109/IROS.2016.7759339.

[38]   LEVINSON J, MONTEMERLO M, THRUN S.   Map-based precision vehicle localization in urban environments[C]//Robotics: science and systems: volume 4. [S.l.]: Atlanta, GA, USA, 2007: 1.

[39]   SEIF H G, HU X.   Autonomous driving in the icity—hd maps as a key challenge of the automotive industry[J]. Engineering, 2016, 2(2): 159-162.

[40]   ZHOU Y, TAKEDA Y, TOMIZUKA M, et al.   Automatic construction of lane-level hd maps for urban scenes[J].   arXiv preprint arXiv:2107.10972, 2021.

[41]   DUPUIS M, STROBL M, GREZLIKOWSKI H.   Opendrive 2010 and beyond–status and future of the de facto standard for the description of road networks[C]//Proc. of the Driving Simulation Conference Europe. [S.l.: s.n.], 2010: 231-242.

[42]   POGGENHANS F, PAULS J H, JANOSOVITS J, et al.   Lanelet2: A high-definition map framework for the future of automated driving[C]//2018 21st international conference on intelligent transportation systems (ITSC). [S.l.]: IEEE, 2018: 1672-1679.

[43]   GHALLABI F, EL-HAJ-SHHADE G, MITTET M A, et al.   Lidar-based road signs detection for vehicle localization in an hd map[C]//2019 IEEE Intelligent Vehicles Symposium (IV). [S.l.]: IEEE, 2019: 1484-1490.

[44]   MA W C, TARTAVULL I, BÂRSAN I A, et al.   Exploiting sparse semantic hd maps for self-driving vehicle localization[C]//2019 IEEE/RSJ International Conference on Intelligent Robots and Systems (IROS). [S.l.]: IEEE, 2019: 5304-5311.

[45] ELHOUSNI M, LYU Y, ZHANG Z, et al. Automatic building and labeling of hd maps with deep learning[Z]. [S.l.: s.n.], 2020.

[46] LIAO B, CHEN S, WANG X, et al. Maptr: Structured modeling and learning for online vectorized hd map construction[J]. arXiv preprint arXiv:2208.14437, 2022.

[47] QIN T, LI P, SHEN S. Vins-mono: A robust and versatile monocular visual-inertial state estimator[J]. IEEE Transactions on Robotics, 2018, 34(4): 1004-1020.

[48] BARFOOT T, FORBES J R, FURGALE P T. Pose estimation using linearized rotations and quaternion algebra[J]. Acta Astronautica, 2011, 68(1-2): 101-112.

[49] RAUCH H E, TUNG F, STRIEBEL C T. Maximum likelihood estimates of linear dynamic systems[J]. AIAA journal, 1965, 3(8): 1445-1450.

[50] ZARCHAN P. Progress in astronautics and aeronautics: fundamentals of kalman filtering: a practical approach: volume 208[M]. [S.l.]: Aiaa, 2005.

[51] HE D, XU W, ZHANG F. Kalman filters on differentiable manifolds[J]. arXiv preprint arXiv:2102.03804, 2021.

[52] HUAI Z, HUANG G. Robocentric visual-inertial odometry[C]//2018 IEEE/RSJ International Conference on Intelligent Robots and Systems (IROS). [S.l.]: IEEE, 2018: 6319-6326.

[53] CRASSIDIS J L. Sigma-point kalman filtering for integrated gps and inertial navigation[J]. IEEE Transactions on Aerospace and Electronic Systems, 2006, 42(2): 750-756.

[54] WOODMAN O J. An introduction to inertial navigation[R]. [S.l.]: University of Cambridge, Computer Laboratory, 2007.

[55] 李庆扬. 数值分析 [M]. 北京: 清华大学出版社, 2001.

[56] LIU W, WU S, WEN Y, et al. Integrated autonomous relative navigation method based on vision and imu data fusion[J]. IEEE Access, 2020, 8: 51114-51128.

[57] 周建华, 陈俊平, 胡小工. 北斗卫星导航系统原理及其应用 [M]. 北京: 科学出版社, 2020.

[58] KLEINERT M, SCHLEITH S. Inertial aided monocular slam for gps-denied navigation[C]//2010 IEEE Conference on Multisensor Fusion and Integration. [S.l.]: IEEE, 2010: 20-25.

[59] LI M, MOURIKIS A I. High-precision, consistent ekf-based visual-inertial odometry[J/OL]. International Journal of Robotics Research, 2013, 32(6): 690-711. DOI: {10.1177/0278364913481251}.

[60] DAVISON A J. Real-time simultaneous localisation and mapping with a single camera[C]//Computer Vision, 2003. Proceedings. Ninth IEEE International Conference on. [S.l.]: IEEE, 2003: 1403-1410.

[61] KELLY J, SUKHATME G S. Visual-inertial sensor fusion: Localization, mapping and sensor-to-sensor self-calibration[J]. The International Journal of Robotics Research, 2011, 30(1): 56-79.

[62] MIRZAEI F M, ROUMELIOTIS S I. A kalman filter-based algorithm for imu-camera calibration: Observability analysis and performance evaluation[J]. IEEE transactions on robotics, 2008, 24(5): 1143-1156.

[63] CRASSIDIS J L. Sigma-point kalman filtering for integrated gps and inertial navigation[J]. IEEE Transactions on Aerospace and Electronic Systems, 2006, 42(2): 750-756.

[64] BONNANS J F, GILBERT J C, LEMARÉCHAL C, et al. Numerical optimization: theoretical and practical aspects[M]. [S.l.]: Springer Science & Business Media, 2006.

[65] XU W, ZHANG F. Fast-lio: A fast, robust lidar-inertial odometry package by tightly-coupled iterated kalman filter[J]. IEEE Robotics and Automation Letters, 2021, 6(2): 3317-3324.

[66] XU W, CAI Y, HE D, et al. Fast-lio2: Fast direct lidar-inertial odometry[J]. arXiv preprint arXiv:2107.06829, 2021.

[67] BLOESCH M, BURRI M, OMARI S, et al. Iterated extended kalman filter based visual-inertial odometry using direct photometric feedback[J]. The International Journal of Robotics Research, 2017, 36(10): 1053-1072.

[68] MADYASTHA V, RAVINDRA V, MALLIKARJUNAN S, et al. Extended kalman filter vs. error state kalman filter for aircraft attitude estimation[C]//AIAA Guidance, Navigation, and Control Conference. [S.l.: s.n.], 2011: 6615.

[69] LUPTON T, SUKKARIEH S. Efficient integration of inertial observations into visual slam without initialization[C]//2009 IEEE/RSJ International Conference on Intelligent Robots and Systems. [S.l.]: IEEE, 2009: 1547-1552.

[70] WEN W, PFEIFER T, BAI X, et al. Factor graph optimization for gnss/ins integration: A comparison with the extended kalman filter[J]. NAVIGATION: Journal of the Institute of Navigation, 2021, 68 (2): 315-331.

[71] HERTZBERG C, WAGNER R, FRESE U, et al. Integrating generic sensor fusion algorithms with sound state representations through encapsulation of manifolds[J]. Information Fusion, 2013, 14(1): 57-77.

[72] VIDAL-CALLEJA T, BRYSON M, SUKKARIEH S, et al. On the observability of bearing-only slam[C]//Robotics and Automation, 2007 IEEE International Conference on. [S.l.]: IEEE, 2007: 4114-4119.

[73] FORSTER C, CARLONE L, DELLAERT F, et al. Imu preintegration on manifold for efficient visual-inertial maximum-a-posteriori estimation[C]//Robotics: Science and Systems XI: EPFL-CONF-214687. [S.l.: s.n.], 2015.

[74] CHANG L, NIU X, LIU T. Gnss/imu/odo/lidar-slam integrated navigation system using imu/odo pre-integration[J]. Sensors, 2020, 20(17): 4702.

[75] YUAN Z, ZHU D, CHI C, et al. Visual-inertial state estimation with pre-integration correction for robust mobile augmented reality[C]//Proceedings of the 27th ACM International Conference on Multimedia. [S.l.: s.n.], 2019: 1410-1418.

[76] ECKENHOFF K, GENEVA P, HUANG G. Closed-form preintegration methods for graph-based visual–inertial navigation[J]. The International Journal of Robotics Research, 2019, 38(5): 563-586.

[77] MURRAY R M, LI Z, SASTRY S S. A mathematical introduction to robotic manipulation[M]. [S.l.]: CRC press, 2017.

[78] LUPTON T, SUKKARIEH S. Visual-inertial-aided navigation for high-dynamic motion in built environments without initial conditions[J]. IEEE Transactions on Robotics, 2011, 28(1): 61-76.

[79] LEUTENEGGER S, LYNEN S, BOSSE M, et al. Keyframe-based visual–inertial odometry using nonlinear optimization[J]. The International Journal of Robotics Research, 2015, 34(3): 314-334.

[80] MAGNUSSON M. The three-dimensional normal-distributions transform: an efficient representation for registration, surface analysis, and loop detection[D]. [S.l.]: Örebro universitet, 2009.

[81] 郭浩, 苏伟, 朱德海, 等. 点云库 PCL 从入门到精通 [M]. 北京: 机械工业出版社, 2019.

[82] RUSU R B, COUSINS S. 3d is here: Point cloud library (pcl)[C]//Robotics and Automation (ICRA), 2011 IEEE International Conference on. [S.l.]: IEEE, 2011: 1-4.

[83] DELLING D, SANDERS P, SCHULTES D, et al. Engineering route planning algorithms[M]// Algorithmics of large and complex networks. [S.l.]: Springer, 2009: 117-139.

[84] SABE K, FUKUCHI M, GUTMANN J.-S, et al. Obstacle avoidance and path planning for humanoid robots using stereo vision, Robotics and Automation (ICRA), IEEE, 2004 vol. 1, pp. 592-597.

[85] PARK C, KIM S, MOGHADAM P, et al. Probabilistic surfel fusion for dense lidar mapping[C]// Proceedings of the IEEE International Conference on Computer Vision Workshops. [S.l.: s.n.], 2017: 2418-2426.

[86] PARK C, MOGHADAM P, KIM S, et al. Elastic lidar fusion: Dense map-centric continuous-time slam[C]//2018 IEEE International Conference on Robotics and Automation (ICRA). [S.l.]: IEEE, 2018: 1206-1213.

[87] ROLDÃO L, DE CHARETTE R, VERROUST-BLONDET A. 3d surface reconstruction from voxel-based lidar data[C]//2019 IEEE Intelligent Transportation Systems Conference (ITSC). [S.l.]: IEEE, 2019: 2681-2686.

[88] WEBER R, SCHEK H J, BLOTT S. A quantitative analysis and performance study for similarity-search methods in high-dimensional spaces[C]//VLDB: volume 98. [S.l.: s.n.], 1998: 194-205.

[89] KUANG Q, ZHAO L. A practical gpu based knn algorithm[C]//Proceedings. The 2009 International Symposium on Computer Science and Computational Technology (ISCSCI 2009). [S.l.]: Citeseer, 2009: 151.

[90] GARCIA V, DEBREUVE E, BARLAUD M. Fast k nearest neighbor search using gpu[C]//2008 IEEE Computer Society Conference on Computer Vision and Pattern Recognition Workshops. [S.l.]: IEEE, 2008: 1-6.

[91] LI S, AMENTA N. Brute-force k-nearest neighbors search on the gpu[C]//International Conference on Similarity Search and Applications. [S.l.]: Springer, 2015: 259-270.

[92] TESCHNER M, HEIDELBERGER B, MÜLLER M, et al. Optimized spatial hashing for collision detection of deformable objects.[C]//Vmv: volume 3. [S.l.: s.n.], 2003: 47-54.

[93] KOIDE K, MIURA J, MENEGATTI E. A portable three-dimensional lidar-based system for long-term and wide-area people behavior measurement[J]. International Journal of Advanced Robotic Systems, 2019, 16(2): 1729881419841532.

[94] KOIDE K, YOKOZUKA M, OISHI S, et al. Voxelized gicp for fast and accurate 3d point cloud registration[J]. EasyChair Preprint, 2020(2703).

[95] HUANG F, WEN W, ZHANG J, et al. Point wise or feature wise? benchmark comparison of public available lidar odometry algorithms in urban canyons[J]. arXiv preprint arXiv:2104.05203, 2021.

[96] BAI C, XIAO T, CHEN Y, et al. Faster-lio: Lightweight tightly coupled lidar-inertial odometry using parallel sparse incremental voxels[J]. IEEE Robotics and Automation Letters, 2022, 7(2): 4861-4868.

[97] BENTLEY J L. Multidimensional binary search trees used for associative searching[J]. Communications of the ACM, 1975, 18(9): 509-517.

[98] CORTES C, VAPNIK V. Support-vector networks[J]. Machine learning, 1995, 20(3): 273-297.

[99] DE BERG M, VAN KREVELD M, OVERMARS M, et al. Computational geometry[M]//Computational geometry. [S.l.]: Springer, 1997: 1-17.

[100] GROSS M, LOJEWSKI C, BERTRAM M, et al. Fast implicit kd-trees: Accelerated isosurface ray tracing and maximum intensity projection for large scalar fields[C]//Proc. Computer Graphics and Imaging. [S.l.]: Citeseer, 2007: 67-74.

[101] DUVENHAGE B. Using an implicit min/max kd-tree for doing efficient terrain line of sight calculations[C]//Proceedings of the 6th International Conference on Computer Graphics, Virtual Reality, Visualisation and Interaction in Africa. [S.l.: s.n.], 2009: 81-90.

[102] DUCH A, ESTIVILL-CASTRO V, MARTINEZ C. Randomized k-dimensional binary search trees[C]//International Symposium on Algorithms and Computation. [S.l.]: Springer, 1998: 198-209.

[103] CAI Y, XU W, ZHANG F. ikd-tree: An incremental k-d tree for robotic applications[J]. ArXiv, 2021, abs/2102.10808.

[104] SAMET H. The quadtree and related hierarchical data structures[J]. ACM Computing Surveys (CSUR), 1984, 16(2): 187-260.

[105] MEAGHER D. Geometric modeling using octree encoding[J]. Computer graphics and image processing, 1982, 19(2): 129-147.

[106] SHAFFER C A, SAMET H. Optimal quadtree construction algorithms[J]. Computer Vision, Graphics, and Image Processing, 1987, 37(3): 402-419.

[107] HAINING R P, HAINING R. Spatial data analysis: theory and practice[M]. [S.l.]: Cambridge university press, 2003.

[108] OMOHUNDRO S M. Five balltree construction algorithms[M]. [S.l.]: International Computer Science Institute Berkeley, 1989.

[109] DOLATSHAH M, HADIAN A, MINAEI-BIDGOLI B. Ball*-tree: Efficient spatial indexing for constrained nearest-neighbor search in metric spaces[J]. arXiv preprint arXiv:1511.00628, 2015.

[110] LIU T, MOORE A W, GRAY A, et al. New algorithms for efficient high-dimensional nonparametric classification.[J]. Journal of Machine Learning Research, 2006, 7(6).

[111] GUTTMAN A. R-trees: A dynamic index structure for spatial searching[C]//Proceedings of the 1984 ACM SIGMOD international conference on Management of data. [S.l.: s.n.], 1984: 47-57.

[112] BECKMANN N, KRIEGEL H P, SCHNEIDER R, et al. The r*-tree: An efficient and robust access method for points and rectangles[C]//Proceedings of the 1990 ACM SIGMOD international conference on Management of data. [S.l.: s.n.], 1990: 322-331.

[113] BERGEN G V D. Efficient collision detection of complex deformable models using aabb trees[J]. Journal of graphics tools, 1997, 2(4): 1-13.

[114] LAWDER J K, KING P J H. Querying multi-dimensional data indexed using the hilbert space-filling curve[J]. ACM Sigmod Record, 2001, 30(1): 19-24.

[115] KHOSHGOZARAN A, SHAHABI C. Blind evaluation of nearest neighbor queries using space transformation to preserve location privacy[C]//International symposium on spatial and temporal databases. [S.l.]: Springer, 2007: 239-257.

[116] ORENSTEIN J A, MANOLA F A. Probe spatial data modeling and query processing in an image database application[J]. IEEE transactions on Software Engineering, 1988, 14(5): 611-629.

[117] DATAR M, IMMORLICA N, INDYK P, et al. Locality-sensitive hashing scheme based on p-stable distributions[C]//Proceedings of the twentieth annual symposium on Computational geometry. [S.l.: s.n.], 2004: 253-262.

[118] MAHAPATRA R P, CHAKRABORTY P S. Comparative analysis of nearest neighbor query processing techniques[J]. Procedia Computer Science, 2015, 57: 1289-1298.

[119] BHATIA N, et al. Survey of nearest neighbor techniques[J]. arXiv preprint arXiv:1007.0085, 2010.

[120] 李航. 统计学习方法 [M]. 北京: 清华大学出版社, 2012.

[121] NAVARRO-SERMENT L E, MERTZ C, HEBERT M. Pedestrian detection and tracking using three-dimensional ladar data[J]. The International Journal of Robotics Research, 2010, 29(12): 1516-1528.

[122] MAGNUS J R. Handbook of matrices: H. lütkepohl, john wiley and sons, 1996[J]. Econometric Theory, 1998, 14(3): 379-380.

[123] 张贤达. 矩阵分析与应用 [M]. 北京: 清华大学出版社, 2004.

[124] WOLD S, ESBENSEN K, GELADI P. Principal component analysis[J]. Chemometrics and intelligent laboratory systems, 1987, 2(1-3): 37-52.

[125] ECKART C, YOUNG G. The approximation of one matrix by another of lower rank[J]. Psychometrika, 1936, 1(3): 211-218.

[126] LAY D C. Linear algebra and its applications, 3rd updated edition[M]. [S.l.]: Addison Wesley, 2005.

[127] BLANCO J L, RAI P K. nanoflann: a C++ header-only fork of FLANN, a library for nearest neighbor (NN) with kd-trees[EB/OL]. 2014.

[128] JOHNSON J, DOUZE M, JÉGOU H. Billion-scale similarity search with GPUs[J]. IEEE Transactions on Big Data, 2019, 7(3): 535-547.

[129] BOYTSOV L, NOVAK D, MALKOV Y A, et al. Off the beaten path: Let's replace term-based retrieval with k-nn search[C/OL]//MUKHOPADHYAY S, ZHAI C, BERTINO E, et al. Proceedings of the 25th ACM International Conference on Information and Knowledge Management, CIKM 2016, Indianapolis, IN, USA, October 24-28, 2016. ACM, 2016: 1099-1108.

[130] MONTEMERLO M, THRUN S, KOLLER D, et al. Fastslam: A factored solution to the simultaneous localization and mapping problem[C]//Eighteenth National Conference On Artificial Intelligence (AAAI-02). [S.l.]: MIT PRESS, 2002: 593-598.

[131] GRISETTI G, STACHNISS C, BURGARD W. Improved techniques for grid mapping with rao-blackwellized particle filters[J]. IEEE transactions on Robotics, 2007, 23(1): 34-46.

[132] HESS W, KOHLER D, RAPP H, et al. Real-time loop closure in 2d lidar slam[C]//2016 IEEE International Conference on Robotics and Automation (ICRA). [S.l.]: IEEE, 2016: 1271-1278.

[133] THRUN S. Learning occupancy grid maps with forward sensor models[J]. Autonomous robots, 2003, 15: 111-127.

[134] MEYER-DELIUS D, BEINHOFER M, BURGARD W. Occupancy grid models for robot mapping in changing environments[C]//Proceedings of the AAAI Conference on Artificial Intelligence: volume 26. [S.l.: s.n.], 2012: 2024-2030.

[135] RAY H, PFISTER H, SILVER D, et al. Ray casting architectures for volume visualization[J]. IEEE Transactions on Visualization and Computer Graphics, 1999, 5(3): 210-223.

[136] PINEDA J. A parallel algorithm for polygon rasterization[C]//Proceedings of the 15th annual conference on Computer graphics and interactive techniques. [S.l.: s.n.], 1988: 17-20.

[137] ARUN K S, HUANG T S, BLOSTEIN S D. Least-squares fitting of two 3-d point sets[J]. Pattern Analysis and Machine Intelligence, IEEE Transactions on, 1987(5): 698-700.

[138] CENSI A. An icp variant using a point-to-line metric[C]//2008 IEEE International Conference on Robotics and Automation. [S.l.]: Ieee, 2008: 19-25.

[139] ALSHAWA M. lcl: Iterative closest line a novel point cloud registration algorithm based on linear features[J]. Ekscentar, 2007(10): 53-59.

[140] OLSON E B. Real-time correlative scan matching[C]//2009 IEEE International Conference on Robotics and Automation. [S.l.]: IEEE, 2009: 4387-4393.

[141] PARK S Y, SUBBARAO M. An accurate and fast point-to-plane registration technique[J]. Pattern Recognition Letters, 2003, 24(16): 2967-2976.

[142] LOW K L. Linear least-squares optimization for point-to-plane icp surface registration[J]. Chapel Hill, University of North Carolina, 2004, 4(10): 1-3.

[143] BIBER P, STRASSER W. The normal distributions transform: A new approach to laser scan matching[C]//Proceedings 2003 IEEE/RSJ International Conference on Intelligent Robots and Systems (IROS 2003)(Cat. No. 03CH37453): volume 3. [S.l.]: IEEE, 2003: 2743-2748.

[144] RAPP M, BARJENBRUCH M, HAHN M, et al. Clustering improved grid map registration using the normal distribution transform[C]//2015 IEEE Intelligent Vehicles Symposium (IV). [S.l.]: IEEE, 2015: 249-254.

[145] CABALEIRO M, RIVEIRO B, ARIAS P, et al. Algorithm for beam deformation modeling from lidar data[J]. Measurement, 2015, 76: 20-31.

[146] BESL P J, MCKAY N D. Method for registration of 3-d shapes[C]//Sensor fusion IV: control paradigms and data structures: volume 1611. [S.l.]: Spie, 1992: 586-606.

[147] SEGAL A, HAEHNEL D, THRUN S. Generalized-icp.[C]//Robotics: science and systems: volume 2. [S.l.]: Seattle, WA, 2009: 435.

[148] ZHANG J, YAO Y, DENG B. Fast and robust iterative closest point[J]. IEEE Transactions on Pattern Analysis and Machine Intelligence, 2021, 44(7): 3450-3466.

[149] FELZENSZWALB P F, HUTTENLOCHER D P. Distance transforms of sampled functions[J]. Theory of computing, 2012, 8(1): 415-428.

[150] KUMMERLE R, GRISETTI G, STRASDAT H, et al. G2o: a general framework for graph optimization[C]//IEEE International Conference on Robotics and Automation (ICRA). [S.l.]: IEEE, 2011: 3607-3613.

[151] TSARDOULIAS E G, ILIAKOPOULOU A, KARGAKOS A, et al. A review of global path planning methods for occupancy grid maps regardless of obstacle density[J]. Journal of Intelligent & Robotic Systems, 2016, 84: 829-858.

[152] QI X, WANG W, YUAN M, et al. Building semantic grid maps for domestic robot navigation[J]. International Journal of Advanced Robotic Systems, 2020, 17(1): 1729881419900066.

[153] COHEN-OR D, KAUFMAN A. 3d line voxelization and connectivity control[J]. IEEE Computer Graphics and Applications, 1997, 17(6): 80-87.

[154] SCHERER S A, KLOSS A, ZELL A. Loop closure detection using depth images[C]//2013 European Conference on Mobile Robots. [S.l.]: IEEE, 2013: 100-106.

[155] STACHNISS C, GRISETTI G, BURGARD W. Recovering particle diversity in a rao-blackwellized particle filter for slam after actively closing loops[C]//Proceedings of the 2005 IEEE International Conference on Robotics and Automation. [S.l.]: IEEE, 2005: 655-660.

[156] QIANHAO Z, MAI A, MENKE J, et al. Loop closure detection with rgb-d feature pyramid siamese networks[J]. arXiv preprint arXiv:1811.09938, 2018.

[157] FORTUN D, BOUTHEMY P, KERVRANN C. Optical flow modeling and computation: A survey[J]. Computer Vision and Image Understanding, 2015, 134: 1-21.

[158] ZHOU Y, TUZEL O. Voxelnet: End-to-end learning for point cloud based 3d object detection[C]// Proceedings of the IEEE conference on computer vision and pattern recognition. [S.l.: s.n.], 2018: 4490-4499.

[159] SHI S, WANG X, LI H. Pointrcnn: 3d object proposal generation and detection from point cloud[C]// Proceedings of the IEEE/CVF conference on computer vision and pattern recognition. [S.l.: s.n.], 2019: 770-779.

[160] SITHOLE G, VOSSELMAN G. Automatic structure detection in a point-cloud of an urban landscape[C]//2003 2nd GRSS/ISPRS Joint Workshop on Remote Sensing and Data Fusion over Urban Areas. [S.l.]: IEEE, 2003: 67-71.

[161] FERNANDES D, SILVA A, NÉVOA R, et al. Point-cloud based 3d object detection and classification methods for self-driving applications: A survey and taxonomy[J]. Information Fusion, 2021, 68: 161-191.

[162] PAVLOV A L, OVCHINNIKOV G W, DERBYSHEV D Y, et al. Aa-icp: Iterative closest point with anderson acceleration[C]//2018 IEEE International Conference on Robotics and Automation (ICRA). [S.l.]: IEEE, 2018: 3407-3412.

[163] YANG H, SHI J, CARLONE L. Teaser: Fast and certifiable point cloud registration[J]. IEEE Transactions on Robotics, 2020, 37(2): 314-333.

[164] POTTMANN H, LEOPOLDSEDER S, HOFER M. Registration without icp[J]. Computer Vision and Image Understanding, 2004, 95(1): 54-71.

[165] ZINSSER T, SCHMIDT J, NIEMANN H. A refined icp algorithm for robust 3-d correspondence estimation[C]//Proceedings 2003 international conference on image processing (Cat. No. 03CH37429): volume 2. [S.l.]: IEEE, 2003: II-695.

[166] CHEN Y, MEDIONI G. Object modelling by registration of multiple range images[J]. Image and vision computing, 1992, 10(3): 145-155.

[167] ULAS C, TEMELTAS H. 3d multi-layered normal distribution transform for fast and long range scan matching[J]. Journal of Intelligent & Robotic Systems, 2013, 71(1): 85-108.

[168] SAARINEN J P, ANDREASSON H, STOYANOV T, et al. 3d normal distributions transform occupancy maps: An efficient representation for mapping in dynamic environments[J]. The International Journal of Robotics Research, 2013, 32(14): 1627-1644.

[169] KUNG P C, WANG C C, LIN W C. A normal distribution transform-based radar odometry designed for scanning and automotive radars[C]//2021 IEEE International Conference on Robotics and Automation (ICRA). [S.l.]: IEEE, 2021: 14417-14423.

[170] HATA A Y, WOLF D F. Feature detection for vehicle localization in urban environments using a multilayer lidar[J]. IEEE Transactions on Intelligent Transportation Systems, 2015, 17(2): 420-429.

[171] ZHANG J, SINGH S. Loam: Lidar odometry and mapping in real-time.[C]//Robotics: Science and Systems: volume 2. [S.l.]: Berkeley, CA, 2014: 1-9.

[172] SHAN T, ENGLOT B. Lego-loam: Lightweight and ground-optimized lidar odometry and mapping on variable terrain[C]//2018 IEEE/RSJ International Conference on Intelligent Robots and Systems (IROS). [S.l.]: IEEE, 2018: 4758-4765.

[173] RUSU R B, BLODOW N, MARTON Z C, et al. Aligning point cloud views using persistent feature histograms[C]//2008 IEEE/RSJ international conference on intelligent robots and systems. [S.l.]: IEEE, 2008: 3384-3391.

[174] RUSU R B, BLODOW N, BEETZ M. Fast point feature histograms (fpfh) for 3d registration[C]//2009 IEEE international conference on robotics and automation. [S.l.]: IEEE, 2009: 3212-3217.

[175] PAN Y, XIAO P, HE Y, et al. Mulls: Versatile lidar slam via multi-metric linear least square[C]//2021 IEEE International Conference on Robotics and Automation (ICRA). [S.l.]: IEEE, 2021: 11633-11640.

[176] TANG J, CHEN Y, NIU X, et al. Lidar scan matching aided inertial navigation system in gnss-denied environments[J]. Sensors, 2015, 15(7): 16710-16728.

[177] QIN C, YE H, PRANATA C E, et al. Lins: A lidar-inertial state estimator for robust and efficient navigation[C]//2020 IEEE international conference on robotics and automation (ICRA). [S.l.]: IEEE, 2020: 8899-8906.

[178] YANG Y, GENEVA P, ZUO X, et al. Tightly-coupled aided inertial navigation with point and plane features[C]//2019 International Conference on Robotics and Automation (ICRA). [S.l.]: IEEE, 2019: 6094-6100.

[179] LIU Y, LIU F, GAO Y, et al. Implementation and analysis of tightly coupled global navigation satellite system precise point positioning/inertial navigation system (gnss ppp/ins) with insufficient satellites for land vehicle navigation[J]. Sensors, 2018, 18(12): 4305.

[180] KONG X, WU W, ZHANG L, et al. Tightly-coupled stereo visual-inertial navigation using point and line features[J]. Sensors, 2015, 15(6): 12816-12833.

[181] SOLOVIEV A. Tight coupling of gps, laser scanner, and inertial measurements for navigation in urban environments[C]//2008 IEEE/ION Position, Location and Navigation Symposium. [S.l.]: IEEE, 2008: 511-525.

[182] SHI Y, JI S, SHI Z, et al. Gps-supported visual slam with a rigorous sensor model for a panoramic camera in outdoor environments[J]. Sensors, 2012, 13(1): 119-136.

[183] SCHLEICHER D, BERGASA L M, OCAÑA M, et al. Real-time hierarchical gps aided visual slam on urban environments[C]//2009 IEEE International Conference on Robotics and Automation. [S.l.]: IEEE, 2009: 4381-4386.

[184] SHERMAN J, MORRISON W J. Adjustment of an inverse matrix corresponding to a change in one element of a given matrix[J]. The Annals of Mathematical Statistics, 1950, 21(1): 124-127.

[185] SHAN T, ENGLOT B, MEYERS D, et al. Lio-sam: Tightly-coupled lidar inertial odometry via smoothing and mapping[C]//2020 IEEE/RSJ international conference on intelligent robots and systems (IROS). [S.l.]: IEEE, 2020: 5135-5142.

[186] SHAN T, ENGLOT B, RATTI C, et al. Lvi-sam: Tightly-coupled lidar-visual-inertial odometry via smoothing and mapping[C]//2021 IEEE international conference on robotics and automation (ICRA). [S.l.]: IEEE, 2021: 5692-5698.

[187] CAMPOS C, ELVIRA R, RODRÍGUEZ J J G, et al. Orb-slam3: An accurate open-source library for visual, visual–inertial, and multimap slam[J]. IEEE Transactions on Robotics, 2021, 37(6): 1874-1890.

[188] GAO X, WANG Q, GU H, et al. Fully automatic large-scale point cloud mapping for low-speed self-driving vehicles in unstructured environments[C]//2021 IEEE Intelligent Vehicles Symposium (IV). [S.l.]: IEEE, 2021: 881-888.

[189] WOLCOTT R W, EUSTICE R M. Robust lidar localization using multiresolution gaussian mixture maps for autonomous driving[J]. The International Journal of Robotics Research, 2017, 36(3): 292-319.

[190] WOLCOTT R W, EUSTICE R M. Fastlidarlocalizationusingmultiresolutiongaussianmixturemaps [C]//2015 IEEE international conference on robotics and automation (ICRA). [s.l.]: IEEE, 2015: 2814-2821.

[191] WAN G, YANG X, CAI R, et al. Robust and precise vehicle localization based on multi-sensor fusion in diverse city scenes [C]//2018 IEEE international conference on robotics and automation (ICRA). [s.l.]: IEEE, 2018: 4670-4677.